汇通专升本系列教材

高等数学(三)

(文科类专业适用)

主　编　张天德　王　岳
副主编　张　欣　吕　娜　王伟伟

图书在版编目(CIP)数据

高等数学(三) / 张天德,王岳主编. —济南：山东大学出版社，2020.3

汇通专升本系列教材

ISBN 978-7-5607-6608-9

Ⅰ.①高… Ⅱ.①张… ②王 Ⅲ.①高等数学—成人高等教育—升学参考资料 Ⅳ.①O13

中国版本图书馆 CIP 数据核字(2020)第 036553 号

策划编辑:刘旭东　李　港

责任编辑:李　港

封面设计:牛　钧

出版发行:山东大学出版社

社　址　山东省济南市山大南路 20 号

邮　编　250100

电　话　(0531)88363008

经　销:新华书店

印　刷:济南华林彩印有限公司

规　格:850 毫米×1168 毫米　1/16

13.5 印张　387 千字

版　次:2020 年 3 月第 1 版

印　次:2020 年 3 月第 1 次印刷

定　价:48.00 元

前　言

山东省教育厅在《山东省教育厅关于调整普通高等教育专科升本科考试录取办法的通知》(鲁教学字〔2017〕21号)中提出，自2020年开始，山东专升本考试全面实行新政策，设四门公共基础课考试科目：英语(小语种的考政治)、计算机、大学语文、高等数学[分为高等数学(一)、高等数学(二)、高等数学(三)]。所有12个门类的专业中，理、工大类考高等数学(一)，农、医、财、管大类考高等数学(二)，所有文科大类考高等数学(三)，考试范围依次缩小，难度依次递减。

“高等数学”是高职高专院校理工、经济、管理类专业学生必修的一门公共基础课，是后续专业课程的基础，也是历年专升本考试的重点科目。为帮助广大考生更好地学习高等数学，备考专升本考试，编者根据自己20年高等数学课程的教学经验和专升本考试的辅导经验，编写了本书。全书系统分析了山东专升本考试中高等数学的最新考试大纲，细致讲解了高等数学的所有重要知识点、基本思想方法和常见常考题型，并重点分析了新大纲的变化和专升本高等数学的考试规律和趋势。书中的章节安排与一般的高等数学教材一致，便于复习与巩固。内容安排循序渐进，层次分明，前后呼应，重难点突出，能使考生更快、更好地掌握高等数学课程的基本内容。

本书既是专升本考试高等数学的备考用书，也是高职高专高等数学教材的配套辅导用书。本书主要针对高等数学(三)，内容主要包括三大模块：第一模块“新大纲解读与考点分析”，第二模块“新大纲高等数学(三)模拟题”，第三模块“检测训练、模拟题答案及详解”。

其中，第一模块“新大纲解读与考点分析”按高等数学的章节顺序编写，每章均设计了七个板块：

1. 知识结构导图：根据每章的知识体系，给出本章知识结构的思维导图，使学生能清晰直观地把握本章知识体系，对本章知识脉络有宏观认识。

2. 考纲内容解读：在每章的各单元中，详细给出最新考试大纲对本单元中各知识点的要求，其中以“掌握”“理解”“了解”等不同词语说明对其要求的不同程度。由名师对大纲进行细致解读，说明本单元知识点的重难点、常考内容和考试形式。

3. 考点知识梳理：给出本单元所涉及的全部知识点及学习过程中需注意的问题。将重点和难点一一归纳、详细讲解，以帮助读者对所学知识进行有效的查漏补缺、巩固提高。

4. 考点例题分析：以每章重点知识和题型为主线，结合历年专升本考试特点，对常考题型进行分类总结,归纳出多种常见且有效的解题方法和技巧,便于读者更好地学习掌握,进而达到举一反三的效果。

5. 考点真题解析:精选近十年本章知识点在专升本考试中出现的真题进行分析详解,使读者了解真题难度,熟悉真题特点,把握真题求解方法和技巧。通过对真题的研究学习达到巩固和强化基本知识,熟悉各知识点出题方式的目的。

6. 考点方法综述:在每章节的每个单元内容最后,总结本单元出现的常用常考的所有方法,通过名师的归纳总结,使学生巩固所学知识,从而在考试中能够迅速选择最佳方法解决问题。

7. 本章检测训练:为检测学生学习和知识巩固的情况,设计了“本章检测训练”,该训练在每章内容最后,分为 A,B 两套自测题:A 套题为基础题目,检测学生基础知识和基本方法的掌握。B 套题为难度略有提高的题目,检测学生学习的灵活性,是否具备举一反三的能力。

第二模块“新大纲高等数学(三)模拟题”是按照历年真题的特点和难度,团队老师精心设计的 10 套模拟题。模拟题是真题的补充,在对真题演练的同时,学生可以按照专升本考试要求进行多次模拟自测,不断强化所学知识,找到解决各类问题的最佳思路和方法。

第三模块“检测训练、模拟题答案及详解”中给出了本书全部章节检测训练、模拟题的答案和详细的分析求解过程。学生在做完各模块的练习后,通过和答案进行比对,可以学习最正确、快捷、有效的解题方法,为学生的学习和备考提供最大的支持和保障。

本书由山东大学张天德教授带领其专升本教研团队的王岳、张欣、吕娜、王伟伟几位老师编著而成,几位老师均长期主讲高等数学课程,年年辅导专升本考试,研究专升本高等数学的命题规律和变化。本书是各位老师多年研究专升本考试后提炼的精华。在编写过程中,作者的编写思路是重点突出高等数学中解题思路和方法的引导,力求将多年的教学经验与体会渗透到本书内容中,使学生能够掌握高等数学的基本知识和常用方法,全面提高数学思维水平。

该书既可以作为专升本考试高等数学科目的复习用书,也可以作为在读大学生同步学习的辅导用书,还可以作为广大教师的教学参考书,同时为众多成人学员自学提供富有成效的帮助。读者使用本书时,宜先独立求解,然后再与书中的分析求解过程作比较,这样一定会获益匪浅,掌握更多的有用知识。

限于编者水平,书中难免存在不当之处,欢迎广大专家、同行和读者批评指正。

编　者

2020 年 1 月

目　录

第一模块　新大纲解读与考点分析

第一章　函数、极限和连续

- 第一章
  - 函数
    - 函数的概念、定义域、表示法
    - 基本初等函数、初等函数
    - 函数的特性(单调性、奇偶性、周期性、有界性)
  - 极限
    - 极限的概念
      - 数列极限的定义
      - 函数极限
        - 当 $x\to\infty$ 时函数极限的定义
        - 当 $x\to x_0$ 时函数极限的定义
    - 极限的性质:唯一性、局部有界性、局部保号性
    - 极限公式定理
      - 四则运算法则
      - 两个重要极限
      - 极限存在准则:夹逼准则、单调有界准则
    - 无穷小与无穷大
      - 无穷小与无穷大的定义、无穷小的性质
      - 无穷小的比较、等价无穷小代换
      - 无穷小与无穷大的关系
    - 极限计算方法:四则运算法则、复合函数求极限法则、无穷小的性质、等价无穷小代换、两个重要极限、夹逼准则等
  - 连续
    - 连续性
      - 函数在一点连续的定义,左连续、右连续
      - 性质:四则运算、复合函数
      - 初等函数的连续性
    - 间断点
      - 第一类间断点(左、右极限都存在)
        - 可去间断点(左、右极限相等)
        - 跳跃间断点(左、右极限不相等)
      - 第二类间断点(左、右极限中至少有一个不存在)
    - 闭区间上函数的性质:有界定理、最值定理、介值定理、零点定理

第一单元　函　数

考纲内容解读

一、新大纲基本要求

1. 理解函数的概念,掌握函数的表示法,会求函数的定义域,会建立应用问题的函数关系.
2. 了解函数的有界性、单调性、周期性和奇偶性.
3. 了解分段函数和反函数的概念,理解复合函数的概念.
4. 掌握函数的四则运算与复合运算法则.
5. 掌握基本初等函数的性质及其图形,了解初等函数的概念.

二、新大纲名师解读

根据最新考纲的要求和对真题的统计,这一单元考查的重点是求解函数的定义域,通过代换求解初等函数的表达式以及基本初等函数的性质及图形的应用.在计算题中,还经常用到各类初等函数的图像,帮助分析求解题目.

考点知识梳理

一、函数的概念

设 x 和 y 是两个变量,D 是 $\mathbf{R}$ 上的非空子集,对于任意 $x \in D$,变量 y 按照某个对应关系 f 有唯一确定的实数与之对应,则称 y 是 x 的函数,记为 $y = f(x)$.

函数的两要素:定义域和对应法则.

【名师解析】关于函数的概念,考试中经常考查给出的两个函数是否为同一个函数.判断两个函数是否相同的主要看函数的两要素是否一致,即两个函数相同需要遵循二者的定义域相同和对应关系 f 也相同的原则.

二、函数的性质

1. 单调性

如果函数 $f(x)$ 在区间 I 内随 x 的增大而增大,即对于 I 内的任意两点 x_1, x_2,当 $x_1 < x_2$ 时,有 $f(x_1) < f(x_2)$,则称函数 $f(x)$ 在区间 I 上是单调增加的.

如果函数 $f(x)$ 在区间 I 内随 x 的增大而减小,即对于 I 内的任意两点 x_1, x_2,当 $x_1 < x_2$ 时,有 $f(x_1) > f(x_2)$,则称函数 $f(x)$ 在区间 I 上是单调减少的.

【名师解析】

(1) 函数的单调性一定要针对某个区间而言,同一函数在不同区间上的单调性有可能是不同的,比如 $f(x) = x^2 + 1$ 在区间 $[0, +\infty)$ 上是单调增加的,在区间 $(-\infty, 0]$ 上是单调减少的.

(2) 在函数单调性的定义中,若将 $f(x_1) < f(x_2)$ 变为 $f(x_1) \leqslant f(x_2)$[或者将 $f(x_1) > f(x_2)$ 变为 $f(x_1) \geqslant f(x_2)$],仍可称函数在区间 I 上是单调增加(或单调减少)的.

(3) 函数单调性除了应用上述定义判断以外,更多的是结合第二章导数的知识,在给定区间上可以利用函数一阶导数的符号来判断,这个方法我们将在第二章中具体介绍.

2. 奇偶性

如果函数 $f(x)$ 的定义域 D 关于原点对称,对于任意 $x \in D$ 都有 $f(-x) = f(x)$,则称函数 $f(x)$ 为偶函数;对于任意 $x \in D$ 都有 $f(-x) = -f(x)$,则称函数 $f(x)$ 为奇函数.

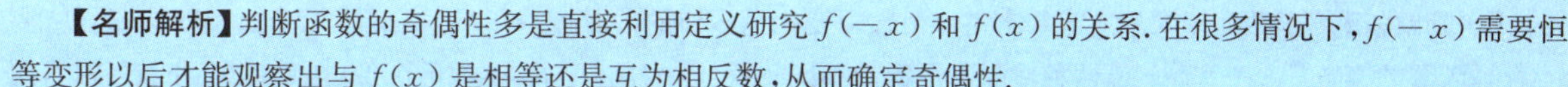

【名师解析】判断函数的奇偶性多是直接利用定义研究 $f(-x)$ 和 $f(x)$ 的关系. 在很多情况下,$f(-x)$ 需要恒等变形以后才能观察出与 $f(x)$ 是相等还是互为相反数,从而确定奇偶性.

关于函数的奇偶性,有以下结论:

(1) 偶函数的图像关于 y 轴对称,奇函数的图像关于原点对称.

(2) 判断一个函数是奇函数还是偶函数,首先要看它的定义域是否关于原点对称,然后再来判断它的奇偶性.

(3) 奇(偶) 函数的性质:

有限个奇函数的代数和仍是奇函数,有限个偶函数的代数和仍是偶函数.

奇数个奇函数的乘积是奇函数,偶数个奇函数的乘积是偶函数.

偶函数与偶函数的乘积仍是偶函数,奇函数与偶函数的乘积是奇函数.

奇函数与奇函数的复合是奇函数,奇函数与偶函数的复合是偶函数,偶函数与偶函数的复合是偶函数.

3. 有界性

对于函数 $f(x)$,定义域为 D,在区间 $I \subset D$ 内对任意 $x \in I$,存在正常数 M,对应的函数值均有 $|f(x)| \leqslant M$(可以没有等号),则称 $f(x)$ 在区间 I 内有界;如果不存在这样的正常数 M,则称函数 $f(x)$ 在区间 I 内无界. 在定义域 D 内有界的函数称为有界函数.

【名师解析】函数有界性的判断,是在给定区间上,看函数的绝对值能否小于等于某一个正数,有这样的正数存在,函数在该区间内就有界;反之,如果找不到任何一个正数使得不等式成立,函数在该区间内就是无界的.

常见的有界函数有:$y=\sin x$,$y=\cos x$,$y=\sin\dfrac{1}{x}$,$y=\cos\dfrac{1}{x}$,$y=\arcsin x$,$y=\arccos x$,$y=\arctan x$,$y=\operatorname{arccot} x$.

4. 周期性

对于函数 $f(x)$,如果存在一个常数 $T \neq 0$,对任意 $x \in D$,有 $x+T \in D$,且 $f(x+T)=f(x)$,则称函数 $f(x)$ 为周期函数,T 为函数的周期.

【名师解析】对于函数周期性的判断,主要利用定义. 我们一般所说的周期指的都是函数的最小正周期. 若求几个周期函数的代数和形成的函数的周期,需先分别求出每个函数的周期,再取它们的最小公倍数,就得到了和函数的周期.

在考试中,三角函数周期性的考查较多. $y=\sin x$ 和 $y=\cos x$ 的周期为 2π,而 $y=\tan x$ 和 $y=\cot x$ 的周期为 π,$y=\sin(\omega x+\varphi)$ 或 $y=\cos(\omega x+\varphi)$ 的周期为 $T=\dfrac{2\pi}{|\omega|}$.

关于函数的周期性,有以下结论:

(1) 若函数的周期为 T,则在每个长度为 T 的相邻区间上函数图像有相同形状.

(2) 若函数的周期为 T,则 $nT(n \in \mathbf{Z})$ 也是函数的周期.

(3) 若 $f(x)$ 的周期为 T,则函数 $f(ax+b)$ 的周期为 $\dfrac{T}{|a|}$,($a,b \in \mathbf{R}$,且 $a \neq 0$).

三、基本初等函数

基本初等函数包括幂函数、指数函数、对数函数、三角函数、反三角函数.

1. 幂函数

$y=x^{a}(a \in \mathbf{R}, a \neq 0)$. 常用幂函数的图像如图 1.1 所示.

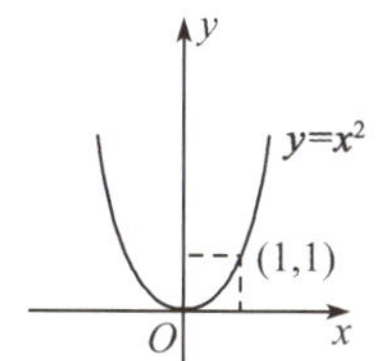

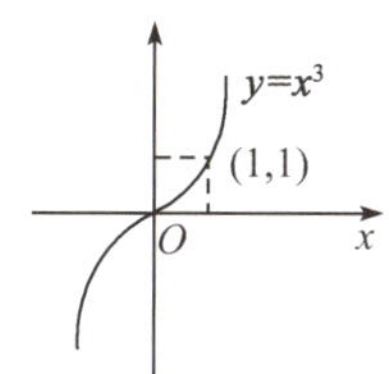

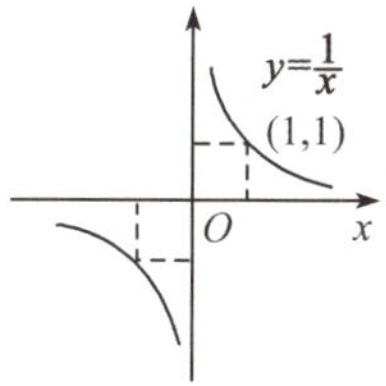

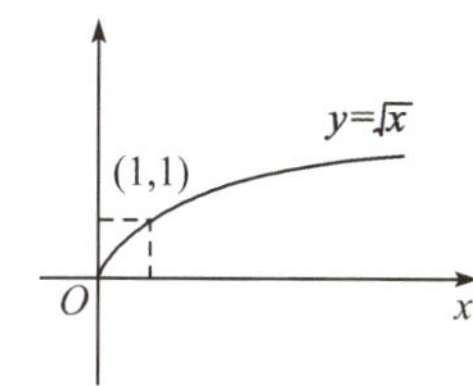

图 1.1　常用幂函数的图像

【名师解析】幂函数的图像是所有基本初等函数中变化最多样的,同学们可以记住上面几个典型图像. 另外,要注意幂函数的指数 $a>0$ 和 $a<0$ 两种情况下图像的不同特点. 当 $a>0$ 时,幂函数的图像过点 $(0,0)$ 和点 $(1,1)$,而当 $a<0$ 时,幂函数的图像过点 $(1,1)$,不过点 $(0,0)$.

2. 指数函数

$y=a^x(a>0,a\neq 1)$. 指数函数的图像如图 1.2 所示.

定义域为 $(-\infty,+\infty)$,值域为 $(0,+\infty)$,通过定点 $(0,1)$.

图像在第一、第二象限(x 轴上方). 当 $a>1$ 时是单增函数,当 $0<a<1$ 时是单减函数.

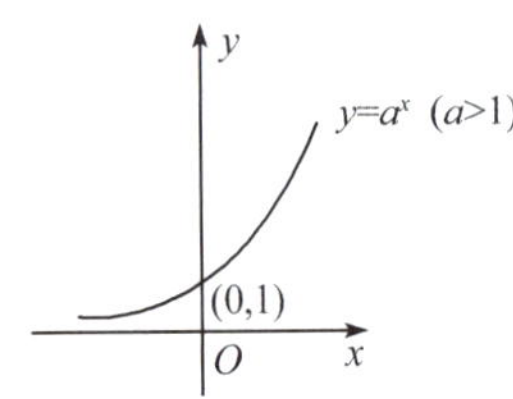

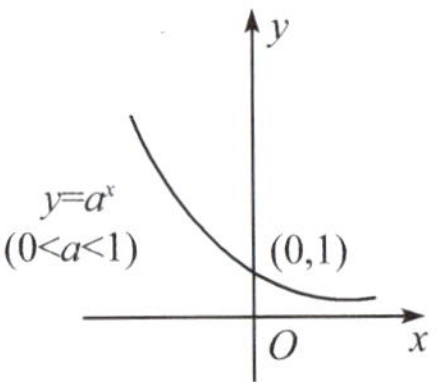

图 1.2 指数函数的图像

【名师解析】指数函数的图像根据 a 的值划分为两种情形. 同样是底数 $a>1$ 的函数,a 越大,函数增加速度越快,第一象限的图像越靠近 y 轴;同样是底数 $a<1$ 的函数,a 越小,函数减小速度越快,第一象限的图像越靠近 x 轴. 指数函数恒大于零,图像只出现在第一、第二象限.

3. 对数函数

$y=\log_a x(a>0,a\neq 1)$. 对数函数的图像如图 1.3 所示.

定义域为 $(0,+\infty)$,值域为 $(-\infty,+\infty)$,过定点 $(1,0)$.

图像在第一、第四象限(y 轴的右方). 当 $a>1$ 时是单增函数,当 $0<a<1$ 时是单减函数.

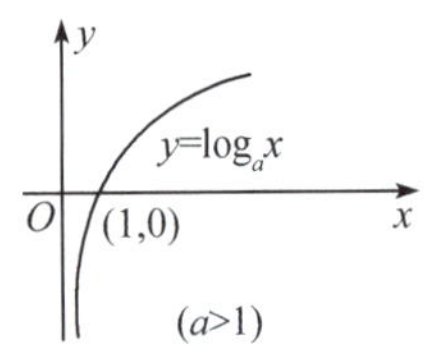

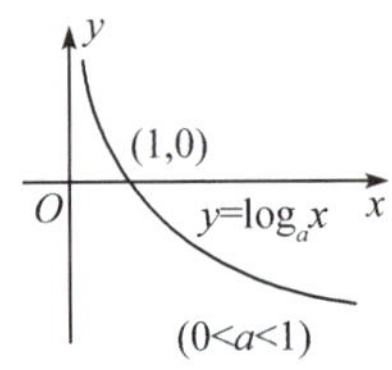

图 1.3 对数函数的图像

【名师解析】

(1) 同底的对数函数与指数函数互为反函数.

(2) 对数函数的图像和指数函数的图像的划分方法类似,也要根据 a 的值划分为两种情形. 对数函数的真数部分必须大于零,因此图像只出现在第一、第四象限.

4. 三角函数

正弦函数:$y=\sin x$,$-\infty<x<+\infty$;奇函数,以 2π 为周期,有界函数. 图像如图 1.4 所示.

余弦函数:$y=\cos x$,$-\infty<x<+\infty$;偶函数,以 2π 为周期,有界函数. 图像如图 1.5 所示.

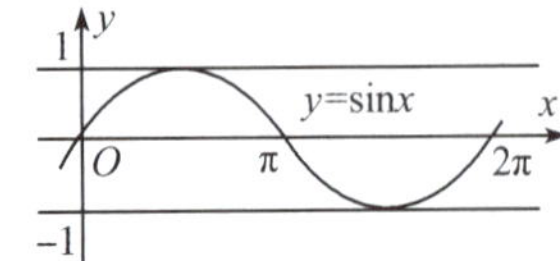

图 1.4 正弦函数的图像

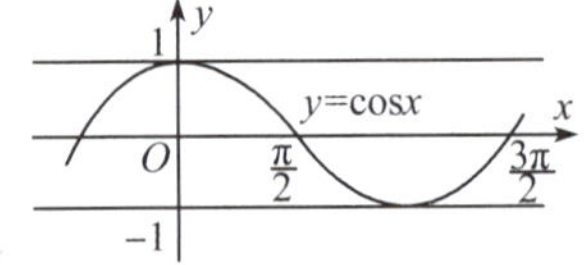

图 1.5 余弦函数的图像

正切函数:$y=\tan x$,$x\neq(2k+1)\dfrac{\pi}{2}(k\in\mathbf{Z})$;奇函数,以 π 为周期. 图像如图 1.6 所示.

余切函数:$y=\cot x=\dfrac{1}{\tan x}$,$x\neq k\pi(k\in\mathbf{Z})$;奇函数,以 π 为周期. 图像如图 1.7 所示.

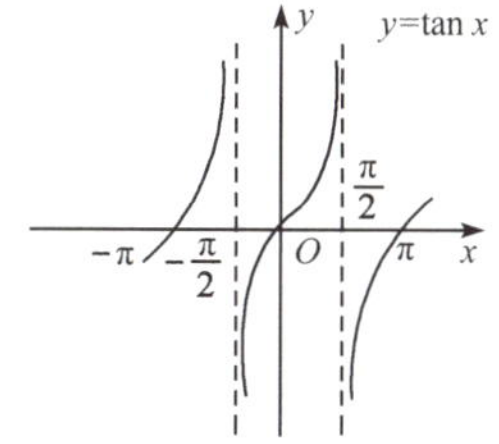

图 1.6　正切函数的图像

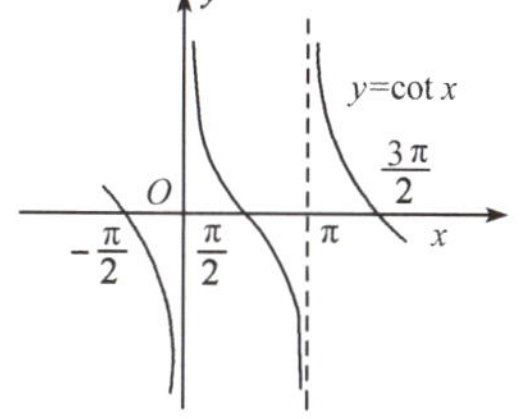

图 1.7　余切函数的图像

正割函数：$y=\sec x=\dfrac{1}{\cos x}$，$x\neq(2k+1)\dfrac{\pi}{2}(k\in\mathbf{Z})$；偶函数，以 2π 为周期.

余割函数：$y=\csc x=\dfrac{1}{\sin x}$，$x\neq k\pi\ (k\in\mathbf{Z})$；奇函数，以 2π 为周期.

三角函数的常用公式：

(1) 平方公式：$\sin^2 x+\cos^2 x=1$；$1+\tan^2 x=\sec^2 x$；$1+\cot^2 x=\csc^2 x$.

(2) 倍角公式：$\sin 2\alpha=2\sin\alpha\cos\alpha$；$\cos 2\alpha=\cos^2\alpha-\sin^2\alpha=2\cos^2\alpha-1=1-2\sin^2\alpha$.

(3) 万能公式：$\sin^2\dfrac{\alpha}{2}=\dfrac{1-\cos\alpha}{2}$；$\cos^2\dfrac{\alpha}{2}=\dfrac{1+\cos\alpha}{2}$.

【名师解析】三角函数在考试中出现的频率非常高，不管是后面章节中的函数求极限，还是函数求导、求积分、求微分方程等，都能用到三角函数及其公式，所以大家要熟练掌握三角函数中的平方公式、倒数公式、倍角公式和万能公式. 其中，应用万能公式时，需注意三角函数的“幂”和“角”同时发生变化，从左向右变形是正余弦函数的降幂过程，降幂的同时升角；而从右向左变形是升幂过程，升幂的时候降角.

对于三角函数的图像，可以重点记住上面给出的正弦、余弦、正切、余切这四类函数. 三角函数的各类性质从图像中都可以观察出来.

5. 反三角函数

反正弦函数：$y=\arcsin x$，$x\in[-1,1]$，$y\in\left[-\dfrac{\pi}{2},\dfrac{\pi}{2}\right]$.

反余弦函数：$y=\arccos x$，$x\in[-1,1]$，$y\in[0,\pi]$.

反正切函数：$y=\arctan x$，$x\in(-\infty,+\infty)$，$y\in\left(-\dfrac{\pi}{2},\dfrac{\pi}{2}\right)$. 图像如图 1.8 所示.

反余切函数：$y=\operatorname{arccot} x$，$x\in(-\infty,+\infty)$，$y\in(0,\pi)$. 图像如图 1.9 所示.

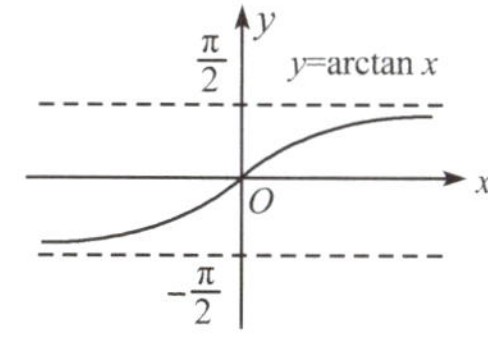

图 1.8　反正切函数的图像

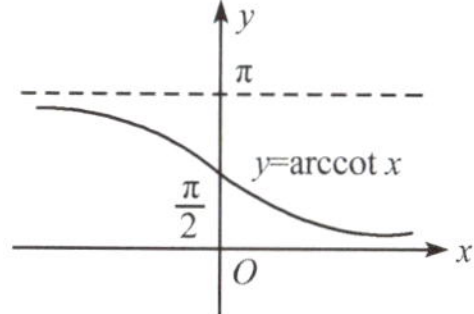

图 1.9　反余切函数的图像

【名师解析】反三角函数是高等数学中给出的，大家在中学数学的学习中并没有接触过，所以相对比较陌生. 需要注意的是，三角函数有六个，而反三角函数只有四个，而且四个三角函数在整个定义域内都不是单调的，所以不能在定义域内求反函数，只能在规定的某个单调区间内才能去求反函数.

由于反三角函数和给定区间内的三角函数互为反函数，所以反三角函数的定义域是对应三角函数的值域，而反三角函数的值域是对应三角函数中规定的单调区间，并非三角函数的定义域.

就反三角函数的图像而言，大家可以重点记住反正切和反余切的函数图像.

四、复合函数

设有两个函数 $y=f(u)$，$u=\varphi(x)$，且 $\varphi(x)$ 的值域与 $f(u)$ 的定义域的交集非空，那么 y 通过 u 的作用成为 x 的函数，我们称 $y=f[\varphi(x)]$ 是由函数 $y=f(u)$ 及函数 $u=\varphi(x)$ 复合而成的复合函数，u 称为中间变量.

【名师解析】需要注意的是:

(1) 并不是任意两个函数都可以复合成一个复合函数. 如 $y=\sqrt{u-2}$, $u=\sin x$ 在实数范围内就不能进行复合. 这是因为 $u=\sin x$ 在其定义域 $(-\infty,+\infty)$ 内任何 x 的值对应的 u 值都小于2,它们都不能使 $y=\sqrt{u-2}$ 有意义. 因此,两个函数 $y=f(u)$, $u=\varphi(x)$ 能复合的充要条件是:内层函数 $u=\varphi(x)$ 的值域与外层函数 $y=f(u)$ 的定义域的交集非空.

(2) 复合函数的复合过程是由内到外,函数"套"函数而成的;分解复合函数时,是采取由外到内、层层分解的办法,将复合函数拆分成若干基本初等函数或由基本初等函数的四则运算构成的函数(称为简单初等函数). 在学习中,我们既要掌握函数如何进行复合,又要学会对复合函数进行正确的分解. 后面第二章在对复合函数进行求导时,就要用到复合函数的分解过程.

五、反函数

设 $y=f(x)$ 是 x 的函数,其值域为 Z,如果对于 Z 中的每一个 y 值,都有一个确定的且满足 $y=f(x)$ 的 x 值与之对应,则得到一个定义在 Z 上的以 y 为自变量、以 x 为因变量的新函数,我们称之为直接函数 $y=f(x)$ 的反函数,记作 $x=f^{-1}(y)$.

习惯上,我们总是用 x 表示自变量,用 y 表示因变量,所以通常把 $x=f^{-1}(y)$ 中的 x 与 y 互换,改写成以 x 为自变量、以 y 为因变量的函数关系 $y=f^{-1}(x)$,此时我们称 $y=f^{-1}(x)$ 是 $y=f(x)$ 的反函数.

【名师解析】就图像而言,在同一直角坐标系下,直接函数 $y=f(x)$ 与其反函数 $y=f^{-1}(x)$ 的图像关于直线 $y=x$ 对称. 就求反函数的过程来说,一般是先根据直接函数 $y=f(x)$ 进行恒等变形,将 x 用 y 的表达式表示出来,再将 x 与 y 互换,得到反函数的表达式,同时需注明反函数的定义域.

六、初等函数

由常数和基本初等函数经过有限次的四则运算和复合构成的且能用一个式子表示的函数,称为初等函数.

例如 $y=2x^2-1$, $y=\sin\frac{1}{x}$, $y=\ln(x+\sqrt{x^2+1})$ 以及前面我们见过的很多函数都是初等函数. 高等数学中讨论的函数绝大多数都是初等函数.

【名师解析】分段函数一般不是初等函数. 分段函数是指自变量在不同变化范围内,用不同表达式表示的一个函数,而初等函数要求必须是用一个式子表示的函数.

函数 $f(x)=1+x+\frac{x^2}{2!}+\frac{x^3}{3!}+\cdots+\frac{x^n}{n!}+\cdots$ 也不是初等函数,因为此函数是无穷多项之和,不是通过有限次的四则运算得到的函数,同样不符合初等函数的定义.

考点例题分析

考点一 求函数定义域

【考点分析】对函数这个单元而言,考试中出现频率特别高的一类题目是求函数的定义域. 求定义域时常出现的有含根式的函数、对数函数、分式函数、反正弦函数、反余弦函数等,也经常出现复合函数、抽象函数. 求解时,要注意各类函数求定义域时的限制条件. 函数由解析式给出时,其定义域是使解析式子有意义的一切自变量的值. 为此,求函数的定义域时应遵守以下原则:

(1) 在分式中分母不能为零.

(2) 在偶次根式内非负.

(3) 在对数中真数大于零.

(4) 反三角函数 $\arcsin\varphi(x)$, $\arccos\varphi(x)$,要满足 $|\varphi(x)|\leq 1$.

(5) 两函数和(差)的定义域,应是两函数定义域的交集.

(6) 分段函数的定义域是各段定义域的并集.

(7) 求复合函数的定义域时,一般是由外层向里层逐步求.

例 1　函数 $y=\sqrt{4-x^2}+\arcsin\frac{x+1}{2}$ 的定义域是________.

解　由 $\begin{cases}4-x^2\geqslant 0,\\ -1\leqslant\frac{x+1}{2}\leqslant 1\end{cases}$ 解得 $-2\leqslant x\leqslant 1$，所以该函数的定义域为 $[-2,1]$.

故应填 $[-2,1]$.

【名师点评】 求函数定义域时，反正弦函数和反余弦函数是最常考的. 如果这两个函数为外函数，如 $\arcsin\varphi(x)$，要注意它的限制条件是内层函数 $|\varphi(x)|\leqslant 1$，即 $-1\leqslant\varphi(x)\leqslant 1$，再利用此不等式进一步求解 x 的范围. 此题最后一步是求两个不等式的交集，特别要注意每个不等式中是否包含等号，最后求得的定义域是否包含端点.

例 2　设函数 $f(x)$ 的定义域为 $[1,2]$，则函数 $f(x^2)$ 的定义域是________.

A. $[1,2]$　　B. $[1,\sqrt{2}]$　　C. $[-\sqrt{2},\sqrt{2}]$　　D. $[-\sqrt{2},-1]\cup[1,\sqrt{2}]$

解　由题意得 $1\leqslant x^2\leqslant 2$，解得定义域为 $[-\sqrt{2},-1]\cup[1,\sqrt{2}]$.

故应选 D.

【名师点评】 像此题这类对抽象复合函数求定义域是专升本考试中常考的一类题型，即已知函数 $f(x)$ 的自变量 x 的范围为 $[m,n]$，求函数 $f[g(x)]$ 中自变量 x 的范围. 该题型的解法是把函数 $f[g(x)]$ 中的 $g(x)$ 看成 $f(x)$ 中的 x，即求不等式 $m\leqslant g(x)\leqslant n$ 的解集，从而得到函数 $f[g(x)]$ 的定义域.

例 3　函数 $y=\frac{1}{1-\ln x}$ 的定义域是________.

解　由 $\begin{cases}x>0,\\ 1-\ln x\neq 0\end{cases}$ 知该函数的定义域为 $(0,\mathrm{e})\cup(\mathrm{e},+\infty)$.

故应填 $(0,\mathrm{e})\cup(\mathrm{e},+\infty)$.

【名师点评】 求函数的定义域，最终的表达形式既可以表示成集合也可以表示成区间.

考点二　判断两个函数是否相同或求反函数

【考点分析】 判断两个函数是否相同，主要看函数的两大要素——定义域和对应法则是否都相同. 若任何一个不相同，二者就不是同一函数. 虽然函数的两大要素里没有值域，但值域是由定义域和对应法则确定的，因此如果两个函数的值域明显不同，显然也不是同一函数.

例 4　下列各组中，两个函数为同一函数的是________.

A. $f(x)=\frac{x^2-1}{x-1}$，$g(x)=x+1$　　B. $f(x)=x$，$g(x)=\sqrt{x^2}$

C. $f(x)=2$，$g(x)=|x|+|x-2|$　　D. $f(x)=x^2+2x-1$，$g(t)=t^2+2t-1$

解　选项 A，两个函数的定义域不同；选项 B，两个函数的对应法则不同，也可以通过值域不同来排除；选项 C，两个函数的对应法则不同；选项 D，两个函数的定义域和对应法则都相同，是否为同一函数与自变量用哪个字母表示无关.

故应选 D.

例 5　下列各组中，两个函数为同一函数的是________.

A. $f(x)=\sqrt{x^2}$，$\varphi(x)=(\sqrt{x})^2$　　B. $f(x)=1$，$\varphi(x)=\sin^2x+\cos^2x$

C. $f(x)=2\lg x$，$\varphi(x)=\lg x^2$　　D. $f(x)=\sqrt{x(x-1)}$，$\varphi(x)=\sqrt{x}\cdot\sqrt{x-1}$

解　选项 A、C、D 都是两个函数的定义域不同；选项 B，两个函数的定义域和对应法则都相同.

故应选 B.

【名师点评】 判断两个函数是否相同的这类题目常以选择题的形式给出，相对比较简单，主要就是观察两个函数的定义域和对应法则这两大要素是否都相同. 如果函数的值域比较直观，那么若值域不同，同样可以排除该选项.

例 6 求函数 $y=1-\ln(2x+1)$ 的反函数.

解 由函数表达式解得 $\ln(2x+1)=1-y$,则 $2x+1=e^{1-y}$,解得 $x=\frac{1}{2}(e^{1-y}-1)$,将 x 和 y 互换,得函数 $y=1-\ln(2x+1)$ 的反函数为 $y=\frac{1}{2}(e^{1-x}-1)$,$x\in\mathbf{R}$.

【名师点评】指数函数和对数函数互为反函数,因此在求反函数的题目中经常出现这两类函数.求出反函数之后,要注意注明反函数的定义域.

考点三 求函数表达式及函数值

【考点分析】若求复合函数的表达式,需要充分理解复合的含义."复合"运算是函数的一种基本运算,采取的方法一般是按照由自变量开始,先内层后外层的顺序逐次求解.若已知一个复合函数 $f[\varphi(x)]$ 的表达式,求 $f(x)$ 的表达式,则经常用到换元的思路进行变形求解.

例 7 设 $f\left(\frac{1}{x}\right)=\frac{x}{x+1}$,则 $f(x)=$ ________.

解法一 先恒等变形,再换元.

$f(\frac{1}{x})=\frac{x}{x+1}=\frac{1}{1+\frac{1}{x}}$,用 x 代换 $\frac{1}{x}$ 后得 $f(x)=\frac{1}{1+x}$.

解法二 先换元,再改写自变量.

令 $\frac{1}{x}=t$,则 $x=\frac{1}{t}$,$f\left(\frac{1}{x}\right)=\frac{x}{x+1}$,所以 $f(t)=\frac{\frac{1}{t}}{\frac{1}{t}+1}=\frac{1}{1+t}$,即 $f(x)=\frac{1}{1+x}$.

故应填 $\frac{1}{1+x}$.

【名师点评】在此类题目中,已知复合函数等号右边的表达式如果能改写成关于内层函数的函数表达式,则可以直接进行改写变形,再用 x 替换等式两边的内层函数即可,例如解法一.

如果已知函数的表达式不容易凑成关于内层函数的表达式,一般是将内层函数进行整体换元,把 x 用新变量 t 表示出来,从而将原表达式两端的 x 都换成含 t 的函数,化简得到 $f(t)$ 的表达式,最后再将自变量 t 的符号改写为 x,从而得到 $f(x)$ 的表达式,例如解法二.

例 8 设 $f(x)=\begin{cases}1, & |x|<1,\\ 0, & |x|=1,\\ -1, & |x|>1,\end{cases}$ $g(x)=e^x$,则 $g[f(\ln2)]=$ ________.

解 因为 $\ln2<\ln e=1$,所以 $f(\ln2)=1$,因此 $g[f(\ln2)]=g(1)=e$.

故应填 e.

【名师点评】求复合函数在某一点的函数值,一般是由内层向外层进行代点求值.

例 9 设函数 $f(x)=\begin{cases}-1, & |x|>1,\\ 1, & |x|\leqslant 1,\end{cases}$ 求 $f[f(x)]$.

解 当 $|x|>1$ 时,$f(x)=-1$,$f[f(x)]=f(-1)=1$;当 $|x|\leqslant 1$ 时,$f(x)=1$,$f[f(x)]=f(1)=1$;所以 $f[f(x)]=1$.

【名师点评】此题由于 $f(x)$ 是分段函数,故求其复合函数的时候一般要进行分段讨论,层层进行.

例 10　设函数 $f(x)=\sin x$，$f[\varphi(x)]=1-x^2$，求 $\varphi(x)$.

解　由题意得 $f[\varphi(x)]=\sin\varphi(x)=1-x^2$，

则 $\varphi(x)=\arcsin(1-x^2)+2k\pi$ 或 $\varphi(x)=\pi-\arcsin(1-x^2)+2k\pi$，

综上 $\varphi(x)=(-1)^n\arcsin(1-x^2)+n\pi, n\in\mathbf{Z}$.

【名师点评】此题难度较大，因为 $\sin\varphi(x)=1-x^2$，可以得出 $\varphi(x)$ 的值域应该是 $(-\infty,+\infty)$，而反正弦函数的值域并非 $(-\infty,+\infty)$，是 $\left[-\dfrac{\pi}{2},\dfrac{\pi}{2}\right]$，所以我们不能直接用反正弦函数来表示 $\varphi(x)$，并且互补的两个函数的正弦值是相等的，即 $\sin(\pi-\alpha)=\sin\alpha$. 所以 $\arcsin(1-x^2)$ 与 $\pi-\arcsin(1-x^2)$ 都满足 $\varphi(x)$ 的条件，但要表示全所有满足条件的函数，所以根据周期性，必须在这两个函数后再加上 $2k\pi$.

考点四　函数性质的判定

【考点分析】函数的性质是专升本考试中经常考查的知识点. 我们需要熟练掌握并学会应用函数的单调性、奇偶性、周期性和有界性的概念. 有的性质也可以结合函数图像去观察判断.

例 11　下列函数在区间 $(-\infty,+\infty)$ 内单调递减的是________.

A. $\sin x$　　B. e^x　　C. $1-x$　　D. x^3

解　此类在给定区间内判断函数单调性的问题，结合函数图像来判别即可.

故应选 C.

【名师点评】在专升本考试中，关于函数单调性的判别方法主要有：

(1) 利用单调性的定义来判别.

(2) 借助函数图像判别单调性，主要适用于客观题.

(3) 借助导数作为判别工具，利用一阶导数的符号判别，此类题目见第三章导数的应用.

本题是客观题，给出的函数形式都非常简单，只需要借助函数图像来判别即可.

例 12　判断函数 $f(x)=\ln(x+\sqrt{1+x^2})$ 的奇偶性.

解　$f(-x)=\ln[-x+\sqrt{1+(-x)^2}]=\ln(\sqrt{1+x^2}-x)=\ln\dfrac{(\sqrt{1+x^2}-x)(\sqrt{1+x^2}+x)}{\sqrt{1+x^2}+x}$

$=\ln\dfrac{1}{\sqrt{1+x^2}+x}=\ln(\sqrt{1+x^2}+x)^{-1}=-\ln(\sqrt{1+x^2}+x)=-f(x)$.

所以 $f(x)=\ln(x+\sqrt{1+x^2})$ 为奇函数.

【名师点评】此题直接利用定义改写出来的 $f(-x)$，表面上看和 $f(x)$ 既不相等，也不互为相反数，所以我们必须对 $f(-x)$ 进行进一步的恒等变形. 内层函数 $\sqrt{1+x^2}-x=\dfrac{\sqrt{1+x^2}-x}{1}$，改写成分母为 1 的分式后，方便进行分子有理化的恒等变形，这也是含根式的函数常用的恒等变形方法.

例 13　假设函数 $f(x)=\sin\dfrac{x}{2}+\cos\dfrac{x}{3}$，则 $f(x)$ 的周期为________.

解　对于三角函数 $y=\sin(\omega x+\varphi)$ 或 $y=\cos(\omega x+\varphi)$，周期 $T=\dfrac{2\pi}{|\omega|}$，因此 $\sin\dfrac{x}{2}$ 的周期为 4π，$\cos\dfrac{x}{3}$ 的周期是 6π. 函数 $f(x)=\sin\dfrac{x}{2}+\cos\dfrac{x}{3}$ 的周期，取两个函数周期的最小公倍数，因此 $f(x)$ 的周期为 12π.

故应填 12π.

【名师点评】"三角函数的周期性"是函数周期性这一知识点考查的重点，可以直接用该题解法中的公式求其周期. 对于代数和形式的函数，一定是求这几个函数周期的最小公倍数. 另外，如果对周期函数求导，导函数的周期性不变. 如 $(\sin x)'=\cos x$，正余弦函数的周期不变.

例 14 函数 $y=\ln(x+2)$ 在区间 $(-2,+\infty)$ 内是________.

A. 单调减少函数　　B. 单调增加函数　　C. 非单调函数　　D. 有界函数

解 因为函数 $y=\ln(x+2)$ 是函数 $y=\ln x$ 向左平移两个单位长度得到的,由对数函数的图像可得该函数在 $(-2,+\infty)$ 上单调增加,并且 $x=-2$ 是 $y=\ln(x+2)$ 的一条垂直渐近线,所以 $y=\ln(x+2)$ 在区间 $(-2,+\infty)$ 内是无界的.

故应选 B.

【名师点评】对于比较简单的函数,可以直接利用函数图像观察出函数的各种性质.

例 15 函数 $y=x\tan x$ 是________.

A. 有界函数　　B. 单调函数　　C. 偶函数　　D. 周期函数

解 奇函数 $y=x$ 与奇函数 $y=\tan x$ 的乘积为偶函数.

故应选 C.

【名师点评】如果所研究函数的图像不容易画出,那么在函数的所有特性中奇偶性判断起来相对简单,所以只要有奇偶性的选项,先从判断奇偶性入手.此类题目往往选择函数最容易判断的特性先进行判断.

考点真题解析

考点一 求函数定义域或值域

真题 1 (2019.公共) 函数 $f(x)=\sqrt{4-x^2}+\dfrac{1}{\ln\cos x}$ 的定义域为________.

解 由已知得 $\begin{cases}4-x^2\geqslant 0,\\ \cos x>0,\\ \cos x\neq 1,\end{cases}$ 解得 $\begin{cases}-2\leqslant x\leqslant 2,\\ 2k\pi-\dfrac{\pi}{2}<x<2k\pi+\dfrac{\pi}{2},(k\in\mathbf{Z}),\\ x\neq 2k\pi,\end{cases}$ 求各不等式的交集,

所以定义域为 $\left(-\dfrac{\pi}{2},0\right)\cup\left(0,\dfrac{\pi}{2}\right)$.

故应填 $\left(-\dfrac{\pi}{2},0\right)\cup\left(0,\dfrac{\pi}{2}\right)$.

【名师点评】此题的对数函数出现在分母上,既要让真数部分大于零,又要让真数部分不等于 1 才能使分式有意义.另外,由于 $\cos x$ 是周期为 2π 的周期函数,所以解不等式 $\cos x>0$ 时,注意不要漏掉 $2k\pi$.最终各不等式解集的交集才是该函数的定义域.由于此题交集求出来是两部分区间,所以定义域是以两部分区间并集的形式表达的.

真题 2 (2018.公共) 函数 $y=\arcsin(1-x)+\dfrac{1}{2}\lg\dfrac{1+x}{1-x}$ 的定义域是________.

A. $(0,1)$　　B. $[0,1)$　　C. $(0,1]$　　D. $[0,1]$

解 由函数可得 $\begin{cases}\dfrac{1+x}{1-x}>0,\\ -1\leqslant 1-x\leqslant 1,\end{cases}$ 即 $\begin{cases}(x-1)(x+1)<0,\\ -1\leqslant x-1\leqslant 1,\end{cases}$ 解得定义域为 $[0,1)$.

故应选 B.

【名师点评】此题除了按一般思路列出每个函数的限制条件,解不等式组以外,对于给出选项的选择题有求解的技巧.可以很明显地看出,四个选项的唯一区别就是端点是否包含在定义域里,那么我们分别把两个端点 $x=0$ 和 $x=1$ 代入函数中,观察函数在这两点处是否有定义,从而确定定义域是否包含端点,这样就可以直接选出答案.

真题 3 (2017、2016.经管) 如果函数 $f(x)$ 的定义域是 $\left[-\dfrac{1}{3},3\right]$,则 $f\left(\dfrac{1}{x}\right)$ 的定义域是________.

A. $\left[-3,\dfrac{1}{3}\right]$　　B. $[-3,0)\cup\left(0,\dfrac{1}{3}\right]$

C. $(-\infty,-3]\cup\left[\frac{1}{3},+\infty\right)$　　D. $(-\infty,-3]\cup\left(0,\frac{1}{3}\right]$

解　由题意得 $-\frac{1}{3}\leqslant\frac{1}{x}\leqslant 3$，当 $x>0$ 时，由 $0<\frac{1}{x}\leqslant 3$ 解得 $x\in\left[\frac{1}{3},+\infty\right)$；

当 $x<0$ 时，由 $-\frac{1}{3}\leqslant\frac{1}{x}<0$ 解得 $x\in(-\infty,-3]$，取两部分的并集，得出 $f(\frac{1}{x})$ 的定义域是 $(-\infty,-3]\cup\left[\frac{1}{3},+\infty\right)$.

故应选 C.

【名师点评】此题的求解思路很明确，但解不等式是个难点，必须对 x 的符号进行分类讨论，才方便求解不等式. 在 x 的符号未知的情况下，解不等式时不等号的方向无法确定.

真题 4　(2015. 公共) 函数 $y=\ln|\sin x|$ 的定义域是________，其中 k 为整数.

A. $x\neq\frac{k\pi}{2}$　　B. $x\in(-\infty,\infty),x\neq k\pi$　　C. $x=k\pi$　　D. $x\in(-\infty,\infty)$

解　因为 $y=\ln|\sin x|$，根据对数函数对真数的限制条件，结合 $\sin x$ 的值域，得 $0<|\sin x|\leqslant 1$，由 $\sin x\neq 0$ 得出 $x\neq k\pi$，结合正弦函数定义域得该函数的定义域为 $x\in(-\infty,\infty),x\neq k\pi$，$k$ 为整数.

故应选 B.

真题 5　(2014. 经管、理工) 函数 $y=\ln[\ln(\ln x)]$ 的定义域为________.

解　$y=\ln[\ln(\ln x)]$ 应满足 $\begin{cases}x>0,\\ \ln x>0,\\ \ln(\ln x)>0,\end{cases}$ 解得 $\begin{cases}x>0,\\ x>1,\\ x>\mathrm{e}.\end{cases}$ 因此该函数的定义域为 $(\mathrm{e},+\infty)$.

故应填 $(\mathrm{e},+\infty)$.

【名师点评】此题为复合函数求定义域，可以由内向外找出每一层函数需满足的条件，列出不等式组，求交集.

真题 6　(2014. 公共) 函数 $y=[x]=n,n\leqslant x<n+1,n=0,\pm1,\pm2,\cdots$ 的值域为________.

解　$y=[x]$ 表示对 x 取整数部分，y 可取正值也可取负值和 0，所以该函数的值域为整数集 $\mathbf{Z}$.

故应填 $\mathbf{Z}$.

【名师点评】专升本考试以考查函数定义域为主，但偶尔也考查值域，但一般难度不大，只要找全函数 y 的取值范围即可. 取整函数 $y=[x]$ 实际上也是分段函数，可以通过图像或者取整后的值的情况观察出函数的值域.

考点二　判断两个函数是否相同或求反函数

真题 7　(2017. 经管；2014. 公共) 下列各组中，两个函数为同一函数的组是________.

A. $f(x)=\lg x+\lg(x+1),\ g(x)=\lg[x(x+1)]$　　B. $y=f(x),\ g(x)=f(\sqrt{x^2})$

C. $f(x)=|1-x|+1,\ g(x)=\begin{cases}x, & x\geqslant 1,\\ 2-x, & x<1.\end{cases}$　　D. $y=\frac{\sqrt{9-x^2}}{|x-5|-5},\ g(x)=\frac{\sqrt{9-x^2}}{x}$

解　函数的两大要素是定义域和对应法则，两大要素相同的函数为同一函数. 选项 A，两个函数的定义域不同. 选项 B、D，两个函数的对应法则不同. 选项 C，两个函数的定义域都是 $(-\infty,+\infty)$，对应法则去绝对值后也是相同的.

故应选 C.

【名师点评】定义域和对应法则两大要素都相同的函数为同一函数，二者缺一不可.

真题 8　(2018. 理工) 写出 $y=\frac{2^x}{2^x+1}$ 的反函数________.

解　由 $y=\frac{2^x}{2^x+1}$ 解得 $2^x=\frac{y}{1-y}$，所以 $x=\log_2\frac{y}{1-y}$，交换 x,y 可得函数的反函数为 $y=\log_2\frac{x}{1-x}$，又由

$\frac{x}{1-x}>0$ 得该反函数的定义域为(0,1).

故应填 $y=\log_2\frac{x}{1-x},x\in(0,1)$.

【名师点评】求函数的反函数,就是用变量 y 来表示出变量 x,再按照函数自变量和因变量的表示习惯,将 x 和 y 互换,得到反函数.需要注意的是,求出反函数之后,一般要在反函数后面注明其定义域.

考点三 求函数的表达式

真题 9 (2019.理工)若函数 $f(x)=\frac{1+\sqrt{1+x^2}}{x}$,则 $f\left(\frac{1}{x}\right)=$ ________.

解 由 $f(x)=\frac{1+\sqrt{1+x^2}}{x}$ 得 $f\left(\frac{1}{x}\right)=\frac{1+\sqrt{1+\left(\frac{1}{x}\right)^2}}{\frac{1}{x}}=\begin{cases}x+\sqrt{x^2+1}, & x>0,\\ x-\sqrt{x^2+1}, & x<0.\end{cases}$

故应填 $\begin{cases}x+\sqrt{x^2+1},x>0,\\ x-\sqrt{x^2+1},x<0.\end{cases}$

【名师点评】此题是非常易错的题目,整理 $f\left(\frac{1}{x}\right)$ 的表达式时,分子、分母同乘以 x 后,在将 x 放入根号里面时,一定要注意讨论 x 的符号.因为根号肯定是非负的,而 x 不一定是非负的,如果不讨论直接拿到根号里面来,有可能就不再是恒等变形了.

真题 10 (2019.财经)设 $f(x)=\sin x,g(x)=\begin{cases}x-\pi, & x\leqslant 0,\\ x+\pi, & x>0,\end{cases}$ 则 $f[g(x)]=$ ________.

A. $\sin x$　　B. $\cos x$　　C. $-\sin x$　　D. $-\cos x$

解 当 $x\leqslant 0$ 时,$g(x)=x-\pi$,$f[g(x)]=\sin(\pi-x)=-\sin x$;

当 $x>0$ 时,$g(x)=x+\pi$,$f[g(x)]=\sin(\pi+x)=-\sin x$.

所以 $f[g(x)]=-\sin x$.

故应选 C.

【名师点评】在函数复合过程中出现分段函数时,也需要分段进行讨论.如果各段复合后的结果相同,则可以合并成初等函数.

真题 11 (2015.理工)设函数 $f(x)=\frac{1}{1-x}$,则 $f[f(x)]=$ ________.

解 由 $f(x)=\frac{1}{1-x}$ 通过变量代换得

$$f[f(x)]=\frac{1}{1-f(x)}=\frac{1}{1-\frac{1}{1-x}}=\frac{1}{\frac{1-x-1}{1-x}}=\frac{1}{\frac{-x}{1-x}}=\frac{1-x}{-x}=\frac{x-1}{x}=1-\frac{1}{x}.$$

故应填 $1-\frac{1}{x}$.

真题 12 (2014.理工)已知 $f\left(x+\frac{1}{x}\right)=x^2+\frac{1}{x^2}$,则 $f(x)=$ ________.

解 因为 $f\left(x+\frac{1}{x}\right)=x^2+\frac{1}{x^2}=\left(x+\frac{1}{x}\right)^2-2$,所以 $f(x)=x^2-2$.

故应填 x^2-2.

【名师点评】此类题目要么是通过 $f(x)$ 去求复合函数 $f[\varphi(x)]$,要么是通过复合函数 $f[\varphi(x)]$ 来求 $f(x)$.常用变量换元或者整体代换的思想进行恒等变形求解.

考点四　函数性质的判定

真题 13　(2019. 理工) 函数 $f(x)=\dfrac{a^{x}-a^{-x}}{2}$，则 $f(x)$ 是 ________.

A. 奇函数　　B. 偶函数　　C. 非奇非偶函数　　D. 周期函数

解　因为 $f(-x)=\dfrac{a^{-x}-a^{x}}{2}=-\dfrac{a^{x}-a^{-x}}{2}=-f(x)$，所以 $f(x)$ 为奇函数.

故应选 A.

【名师点评】 此题考查函数的性质，可以直接用定义考查奇偶性，研究 $f(-x)$ 与 $f(x)$ 的关系. 若 $f(-x)=f(x)$，则为偶函数；若 $f(-x)=-f(x)$，则为奇函数；若 $f(-x)$ 与 $f(x)$ 既不相等，也不互为相反数，则为非奇非偶函数.

真题 14　(2018. 公共) 函数 $f(x)=x\dfrac{a^{x}-1}{a^{x}+1}$ 的图像关于 ________ 对称.

解　因为 $f(-x)=-x\dfrac{a^{-x}-1}{a^{-x}+1}=-x\dfrac{1-a^{x}}{1+a^{x}}=x\dfrac{a^{x}-1}{a^{x}+1}=f(x)$，所以 $f(x)$ 是偶函数，因此函数图像关于 y 轴对称.

故应填 y 轴或直线 $x=0$.

【名师点评】 图像的对称性是通过函数的奇偶性来确定的. 对于比较复杂的函数，不可能直接观察图像，所以一般是通过奇偶性的定义来判断的. $f(-x)$ 的表达式往往需要适当变形才容易观察出 $f(-x)$ 与 $f(x)$ 的关系.

真题 15　(2014. 经管) 设 $f(x)$ 是定义在 $(-\infty,+\infty)$ 内的函数，且 $f(x)\neq C$，则下列必是奇函数的是 ________.

A. $f(x^{3})$　　B. $[f(x)]^{3}$　　C. $f(x)\cdot f(-x)$　　D. $f(x)-f(-x)$

解　由于 $f(x)$ 的奇偶性未知，所以选项 A、B 中函数的奇偶性无法确定. 选项 C，将函数的自变量换为 $-x$，函数不变，$f(x)\cdot f(-x)=f(-x)\cdot f(x)$，所以为偶函数. 选项 D，设 $g(x)=f(x)-f(-x)$，则 $g(-x)=f(-x)-f(x)=-[f(x)-f(-x)]=-g(x)$，所以 $g(x)$ 是奇函数.

故应选 D.

真题 16　(2015. 理工) $f(x)=\ln(x-1)$ 在区间 $(1,+\infty)$ 内是 ________.

A. 单调减少函数　　B. 单调增加函数　　C. 非单调函数　　D. 有界函数

解　因为函数 $y=\ln(x-1)$ 是函数 $y=\ln x$ 向右平移一个单位长度得到的，由对数函数的图像可得该函数在 $(1,+\infty)$ 上是单调增加函数且是无界的.

故应选 B.

【名师点评】 给出的函数如果图像能直接画出来，可以根据函数图像来判断函数的性质. 对于不容易画出图像的函数，从选项中找最易判断的性质入手研究.

真题 17　(2014. 工商) $f(x)=\lg(1+x)$ 在 ________ 内有界.

A. $(1,+\infty)$　　B. $(2,+\infty)$

C. $(1,2)$　　D. $(-1,1)$

解　如图 1.10 所示，$f(x)=\lg(1+x)$ 是由 $f(x)=\lg x$ 的图像向左平移了一个单位长度得到的，该函数有渐近线 $x=-1$. 通过图像可直观地看出，上述选项中该函数只在 $(1,2)$ 上是有界的.

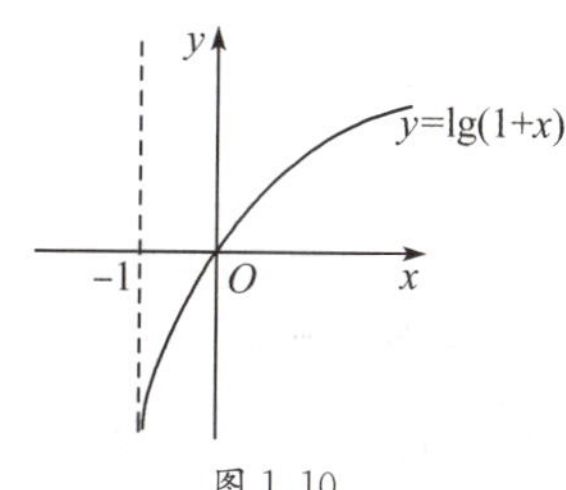

图 1.10

故应选 C.

【名师点评】 由于对数函数有一条垂直渐近线，由图像可以看出，在垂直渐近线附近的区间内，函数是无界的.

考点方法综述

在专升本考试中,函数部分的考查比较多,主要有以下内容:

1. 函数概念的考查,主要考查两个函数是否为同一个函数. 函数相同需要遵循定义域相同和对应法则相同两个原则.

2. 求函数的定义域和值域,特别是求函数的定义域是考试的重点,要熟练掌握基本初等函数的定义域,清楚地知道分式的分母不能为零,偶次根号下的须大于等于零,对数函数的真数要大于零,$\arcsin\varphi(x)$ 和 $\arccos\varphi(x)$ 中 $|\varphi(x)|\leqslant 1$ 等,并且要熟练求解不等式. 对于复合函数的情形要学会分解后再分别使用基本初等函数的定义域;难点在于抽象形式函数的定义域的求解.

3. 求函数的表达式需要充分理解函数的概念,"复合"运算是函数的一种基本运算. 此类问题中要特别注意分段函数的复合,采取的方法一般是按照由自变量开始,先内层后外层的顺序逐次复合.

4. 函数的几种特性中需要掌握单调性、奇偶性、周期性和有界性,需要对特性的概念熟练掌握并会应用. 一般可以通过函数图像或者函数性质的定义来判断相关的性质.

第二单元　极　限

考纲内容解读

一、新大纲基本要求

1. 理解数列极限和函数极限(包括左极限与右极限)的概念.

2. 了解极限的性质与极限存在的两个准则(夹逼准则与单调有界准则),掌握极限的四则运算法则,掌握利用两个重要极限求极限的方法.

3. 理解无穷小量的概念和基本性质,掌握无穷小量的比较方法,了解无穷大量的概念及其与无穷小量的关系.

二、新大纲名师解读

本单元中既要了解数列极限和函数极限的概念和极限的性质,又要掌握求解各类极限的方法. 从考纲和历年考试的真题中可以看出,极限的计算是重点. 求极限的方法很多,要能够对不同类型的题目选择相应的方法,并达到灵活应用.

考点知识梳理

一、数列极限

1. 数列极限的概念

对于数列 $\{x_n\}$,若当项数 n 无限增大时,数列中的项 x_n 无限趋近于一个确定的常数 A,则称 A 为数列 $\{x_n\}$ 的极限. 记作 $\lim\limits_{n\to\infty}x_n=A$.

上述是数列极限的描述性定义,下面给出其纯数学定义,大家了解即可.

纯数学定义:$\lim\limits_{n\to\infty}x_n=A\Leftrightarrow \forall\varepsilon>0,\ \exists\ N>0$,当 $n>N$ 时,$|x_n-A|<\varepsilon$ 恒成立.

2. 数列的收敛与发散

若数列$\{x_n\}$有极限，则称数列$\{x_n\}$是收敛的；若数列$\{x_n\}$没有极限，则称数列$\{x_n\}$是发散的.

二、函数极限的概念

1. $x\to\infty$ 时 $f(x)$ 的极限

(1) $\lim\limits_{x\to\infty}f(x)$

描述性定义：设有常数$M>0$，当$|x|>M$时，函数$f(x)$有定义，当$|x|$无限增大时，相应的函数值$f(x)$无限趋近于一个确定的常数A，则称A为当$x\to\infty$时$f(x)$的极限，记作$\lim\limits_{x\to\infty}f(x)=A$.

纯数学定义：$\lim\limits_{x\to\infty}f(x)=A\Leftrightarrow\forall\varepsilon>0$，$\exists M>0$，当$|x|>M$时，$|f(x)-A|<\varepsilon$恒成立.

(2) $\lim\limits_{x\to+\infty}f(x)$

描述性定义：设有常数$M>0$，当$x>M$时，函数$f(x)$有定义，当x无限增大时，相应的函数值$f(x)$无限趋近于一个确定的常数A，则称A为当$x\to+\infty$时$f(x)$的极限，记作$\lim\limits_{x\to+\infty}f(x)=A$.

纯数学定义：$\lim\limits_{x\to+\infty}f(x)=A\Leftrightarrow\forall\varepsilon>0$，$\exists M>0$，当$x>M$时，$|f(x)-A|<\varepsilon$恒成立.

(3) $\lim\limits_{x\to-\infty}f(x)$

描述性定义：设有常数$M>0$，当$-x>M$(即$x<-M$)时，函数$f(x)$有定义，当$-x$无限增大时，相应的函数值$f(x)$无限趋近于一个确定的常数A，则称A为当$x\to-\infty$时$f(x)$的极限，记作$\lim\limits_{x\to-\infty}f(x)=A$.

纯数学定义：$\lim\limits_{x\to-\infty}f(x)=A\Leftrightarrow\forall\varepsilon>0$，$\exists M>0$，当$-x>M$时，$|f(x)-A|<\varepsilon$恒成立.

由上述三个定义可得$\lim\limits_{x\to\infty}f(x)=A\Leftrightarrow\lim\limits_{x\to+\infty}f(x)=\lim\limits_{x\to-\infty}f(x)=A$.

2. $x\to x_0$ 时 $f(x)$ 的极限

(1) $\lim\limits_{x\to x_0}f(x)$

描述性定义：如图1.11所示，设函数$f(x)$在x_0的某一去心邻域$\mathring{U}(x_0,\delta)$内有定义，当自变量x在$\mathring{U}(x_0,\delta)$内与x_0无限接近时，相应的函数的值$f(x)$无限趋近于某个常数A，则称A为$x\to x_0$时函数$f(x)$的极限，记作$\lim\limits_{x\to x_0}f(x)=A$.

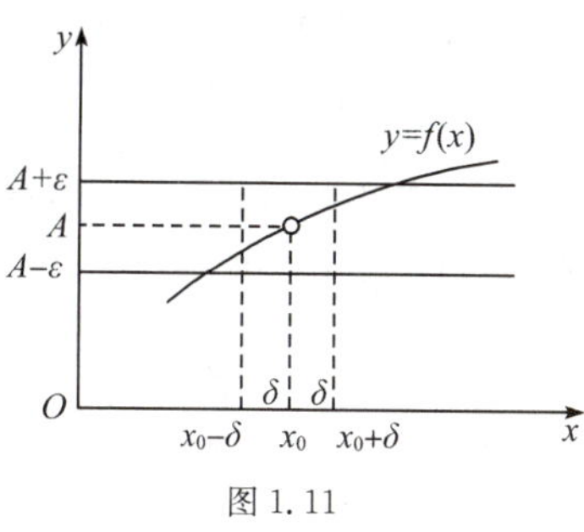

图 1.11

纯数学定义：$\lim\limits_{x\to x_0}f(x)=A\Leftrightarrow\forall\varepsilon>0$，$\exists\delta>0$，当$0<|x-x_0|<\delta$时，$|f(x)-A|<\varepsilon$恒成立.

(2) 左极限$\lim\limits_{x\to x_0^-}f(x)$

描述性定义：设函数$f(x)$在x_0的某个左半邻域$(x_0-\delta,x_0)$内有定义，当自变量x在此半邻域内与x_0无限接近时，相应的函数值$f(x)$无限趋近于一个确定的常数A，则称A为函数$f(x)$在x_0处的左极限，记作$\lim\limits_{x\to x_0^-}f(x)=A$.

纯数学定义：$\lim\limits_{x\to x_0^-}f(x)=A\Leftrightarrow\forall\varepsilon>0$，$\exists\delta>0$，当$x_0-\delta<x<x_0$时，$|f(x)-A|<\varepsilon$恒成立.

(3) 右极限$\lim\limits_{x\to x_0^+}f(x)$

描述性定义：设函数$f(x)$在x_0的某个右半邻域$(x_0,x_0+\delta)$内有定义，当自变量x在此半邻域内与x_0无限接近时，相应的函数值$f(x)$无限趋近于一个确定的常数A，则称A为函数$f(x)$在x_0处的右极限，记作$\lim\limits_{x\to x_0^+}f(x)=A$.

纯数学定义：$\lim\limits_{x\to x_0^+}f(x)=A\Leftrightarrow\forall\varepsilon>0$，$\exists\delta>0$，当$x_0<x<x_0+\delta$时，$|f(x)-A|<\varepsilon$恒成立.

由上述三个定义可得$\lim\limits_{x\to x_0}f(x)=A\Leftrightarrow\lim\limits_{x\to x_0^+}f(x)=\lim\limits_{x\to x_0^-}f(x)=A$.

【名师解析】

(1) 对于数列而言,我们只研究 $n \to \infty$ 时数列 $\{x_n\}$ 的变化趋势,即 $\lim\limits_{n\to\infty} x_n$ 是否存在;而对于函数而言,自变量的变化过程比较多样化,可分为 $x \to \infty$ 和 $x \to x_0$ 两种情形,并且要进一步理清 $\lim\limits_{x\to\infty} f(x)$,$\lim\limits_{x\to+\infty} f(x)$,$\lim\limits_{x\to-\infty} f(x)$ 三者的关系,以及 $\lim\limits_{x\to x_0} f(x)$,$\lim\limits_{x\to x_0^+} f(x)$,$\lim\limits_{x\to x_0^-} f(x)$ 三者的关系.

(2) 理解各极限的描述性定义,对于各极限的纯数学定义,了解即可.

(3) $\lim\limits_{x\to x_0} f(x)$ 是否存在,与函数 $f(x)$ 在点 x_0 有没有定义及有定义时其值是什么都毫无关系. 如图 1.12 所示,在图 a 中,$y = f(x)$ 在 $x = c$ 点没有定义;在图 b 中,$y = f(x)$ 在 $x = c$ 点虽然有定义,值不为 A. 但在这两个图中,当 $x \to c$ 时,函数 $f(x)$ 的极限都为 A. 在图 c 中,在 $x = c$ 点左右两侧函数 $f(x)$ 的变化趋势不一致,因此当 $x \to c$ 时,函数 $f(x)$ 的极限不存在.

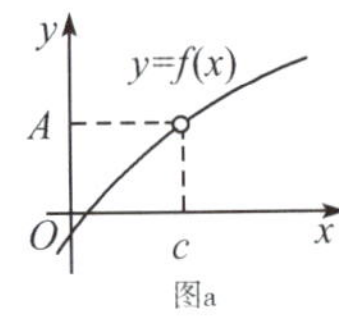

图a

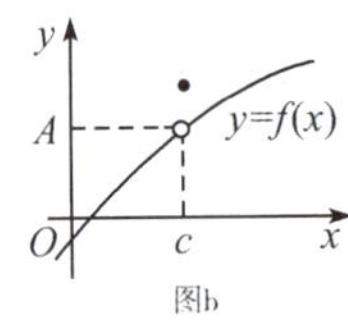

图b

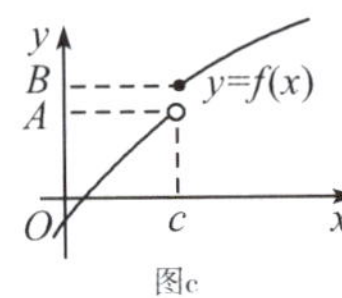

图c

图 1.12

三、极限的性质

因为函数的极限按自变量的变化过程不同有各种形式,下面仅以" $\lim\limits_{x\to x_0} f(x)$ "这种形式为代表给出极限的相关性质.

(1) **极限的唯一性:** 如果函数存在极限,则其极限是唯一的.

(2) **极限的有界性:** 若极限 $\lim\limits_{x\to x_0} f(x)$ 存在,则函数 $f(x)$ 在 x_0 的某个空心邻域内有界.

【名师解析】 这个定理的条件是充分的,但不是必要的,即若函数 $f(x)$ 在 x_0 的某一空心邻域内有界,但是 $\lim\limits_{x\to x_0} f(x)$ 未必存在.

以上函数极限的三个性质,对于自变量的其他变化过程的函数极限均有类似结论成立. 对于数列的极限,也有唯一性和有界性的性质.

四、极限的四则运算法则

以" $\lim\limits_{x\to x_0} f(x)$ "这类形式为代表给出极限的四则运算法则.

设 $\lim\limits_{x\to x_0} f(x) = A$,$\lim\limits_{x\to x_0} g(x) = B$,则有:

(1) $\lim\limits_{x\to x_0}[f(x) \pm g(x)] = \lim\limits_{x\to x_0} f(x) \pm \lim\limits_{x\to x_0} g(x) = A \pm B$.

(2) $\lim\limits_{x\to x_0}[f(x) \cdot g(x)] = \lim\limits_{x\to x_0} f(x) \cdot \lim\limits_{x\to x_0} g(x) = A \cdot B$;

特别地,$\lim\limits_{x\to x_0} C f(x) = C \lim\limits_{x\to x_0} f(x)$.

(3) $\lim\limits_{x\to x_0} \dfrac{f(x)}{g(x)} = \dfrac{\lim\limits_{x\to x_0} f(x)}{\lim\limits_{x\to x_0} g(x)} = \dfrac{A}{B}$ (其中 $B \neq 0$).

【名师解析】

(1) 四则运算法则的应用前提是在自变量的同一变化过程中每个函数的极限都存在.

(2) 四则运算法则对自变量的任何一种变化过程均成立.

(3) 极限的加、减、乘法的法则可以推广到有限个函数.

五、无穷小与无穷大

1. 无穷小

极限为零的变量为无穷小.

若 $\lim\limits_{x \to x_0} f(x) = 0$,则称 $f(x)$ 为 $x \to x_0$ 时的无穷小.

2. 无穷大

绝对值无限增大的变量为无穷大.

若 $\lim\limits_{x \to x_0} f(x) = \infty$,则称 $f(x)$ 为 $x \to x_0$ 时的无穷大.

【名师解析】(1) 称一个变量是无穷小还是无穷大时,一定要说明自变量的变化过程. 例如,x^2 在 $x \to 0$ 时是无穷小,在 $x \to 1$ 时就不是无穷小,而在 $x \to \infty$ 时是无穷大.

(2) 若函数为无穷大,则它必无界,但无界函数不一定是无穷大.

例如函数 $f(x) = x\sin x, x \in (-\infty, +\infty)$,$\lim\limits_{x \to \infty} x\sin x$ 不存在,且 $\lim\limits_{x \to \infty} x\sin x \neq \infty$,不满足无穷大的定义,所以该函数无界,但不是无穷大. 无穷大应该是在自变量的某个变化过程中,相应函数的绝对值一直在增大.

3. 无穷小的性质

(1) 有限个无穷小的和、差、积仍是无穷小.

(2) 有界函数与无穷小的积是无穷小.

4. 无穷小与无穷大的关系

如果函数 $f(x)$ 在自变量 x 的某一变化过程中是无穷大量,则在同一变化过程中,$\dfrac{1}{f(x)}$ 为无穷小量;反之,在自变量 x 的某一变化过程中,如果 $f(x)$ $(f(x) \neq 0)$ 为无穷小量,则在同一变化过程中,$\dfrac{1}{f(x)}$ 为无穷大量.

5. 无穷小的比较(阶)

设 α, β 是同一极限过程中的无穷小,则有

$$\lim \frac{\beta}{\alpha} = \begin{cases} 0, & \beta \text{ 是比 } \alpha \text{ 高阶的无穷小,记作 } \beta = o(\alpha), \\ \infty, & \beta \text{ 是比 } \alpha \text{ 低阶的无穷小}, \\ C(\neq 0), & \begin{cases} \beta \text{ 与 } \alpha \text{ 是同阶的无穷小}, \\ C = 1, \beta \text{ 与 } \alpha \text{ 是等价无穷小,记作 } \alpha \sim \beta. \end{cases} \end{cases}$$

其中,如果 $\lim \dfrac{\beta}{\alpha^k} = C\ (\neq 0)$,则 β 是关于 α 的 k 阶无穷小.

【名师解析】两个无穷小进行比较,实际上是比较二者趋于零的速度的快慢. 习惯上直接应用上面给出的公式,让二者做比求极限,通过极限结果说明二者阶的关系.

六、极限存在准则

准则 1(夹逼准则)　设数列 $\{x_n\}, \{y_n\}, \{z_n\}$ 满足:(1) 从某项起,对于任意的 N,当 $n > N$ 时有 $y_n \leqslant x_n \leqslant z_n (n \in \mathbf{N})$;(2) $\lim\limits_{x \to \infty} y_n = \lim\limits_{x \to \infty} z_n = A$,则数列 $\{x_n\}$ 的极限存在,且 $\lim\limits_{x \to \infty} x_n = A$.

上述关于数列极限的夹逼准则可推广到函数的极限,从而得到准则 1′.

准则 1′(夹逼准则)　设函数 $f(x), g(x), h(x)$ 在 x_0 的某个邻域 $U(x_0)$ 内满足:(1) $g(x) \leqslant f(x) \leqslant h(x)$;(2) $\lim\limits_{x \to x_0} g(x) = \lim\limits_{x \to x_0} h(x) = A$,则有 $\lim\limits_{x \to x_0} f(x) = A$.

【名师解析】准则 1 和准则 1′ 分别研究了数列极限和函数极限的情况. 从直观上看,该准则是明显的. 对于三个大小关系已知的数列而言,当 $n \to \infty$ 时,若 y_n, z_n 的值无限趋近于常数 A,则夹在 y_n, z_n 之间的 x_n 的值也被“逼迫”无限趋近于常数 A,即得到 $\lim\limits_{x \to \infty} x_n = A$. 对于函数而言,同理可得.

准则 2(单调有界准则) 单调有界数列必有极限.

【名师解析】有界数列不一定有极限,例如数列 $x_n=(-1)^{n-1}$,虽有界但却是发散的,没有极限.但准则 2 指出,单调且有界的数列必有极限.

七、求极限的常用方法

1. 利用极限的四则运算法则(最基本运算方法)

若 $\lim f(x)=A, \lim g(x)=B$,则

$$\left.\begin{aligned}&\lim[f(x)\pm g(x)]=A\pm B\\&\lim[f(x)g(x)]=A\cdot B\end{aligned}\right\}\text{可以推广到有限项 } \lim\frac{f(x)}{g(x)}=\frac{A}{B}(B\neq 0).$$

以上法则对自变量的几种变化过程均成立.

2. 利用复合函数连续性求极限

$\lim\limits_{x\to x_0} f[g(x)]=f[\lim\limits_{x\to x_0} g(x)]$.

【名师解析】求复合函数 $f[g(x)]$ 的极限时,外层函数符号 f 与极限符号 $\lim\limits_{x\to x_0}$ 可以交换次序,即先求内层函数的极限,再将极限值代入外层函数中去求函数值.

3. 利用两个重要极限(掌握类型特点和推广形式)

(1) 第一个重要极限:$\lim\limits_{x\to 0}\frac{\sin x}{x}=1$.

特点:① 极限是 $\frac{0}{0}$ 型. ② 含三角函数.

推广:$\lim\limits_{\varphi(x)\to 0}\frac{\sin\varphi(x)}{\varphi(x)}=1$ 或 $\lim\limits_{\varphi(x)\to 0}\frac{\varphi(x)}{\sin\varphi(x)}=1$.

(2) 第二个重要极限:$\lim\limits_{x\to\infty}\left(1+\frac{1}{x}\right)^x=\mathrm{e}$ 或 $\lim\limits_{x\to 0}(1+x)^{\frac{1}{x}}=\mathrm{e}$.

特点:① 1^∞ 型的幂指函数. ② 底数是(1+无穷小). ③ 指数是无穷大,且与底数中的无穷小互为倒数.

推广:$\lim\limits_{\varphi(x)\to\infty}\left[1+\frac{1}{\varphi(x)}\right]^{\varphi(x)}=\mathrm{e}$ 或 $\lim\limits_{\varphi(x)\to 0}[1+\varphi(x)]^{\frac{1}{\varphi(x)}}=\mathrm{e}$.

当 $\lim\limits_{\varphi(x)\to 0}u(x)=a$ 时,$\lim\limits_{\varphi(x)\to 0}\{[1+\varphi(x)]^{\frac{1}{\varphi(x)}}\}^{u(x)}=\{\lim\limits_{\varphi(x)\to 0}[1+\varphi(x)]^{\frac{1}{\varphi(x)}}\}^{\lim\limits_{\varphi(x)\to 0}u(x)}=\mathrm{e}^a$.

4. 利用无穷小性质

无穷小的性质:有界函数与无穷小的乘积仍是无穷小,例如

$\lim\limits_{x\to 0}x\sin\frac{1}{x}=0, \lim\limits_{x\to\infty}\frac{1}{x}\sin x=0$.

5. 利用等价无穷小代换定理

定理:设 $\alpha\sim\alpha', \beta\sim\beta'$,若 $\lim\frac{\beta'}{\alpha'}$ 存在,则 $\lim\frac{\beta}{\alpha}=\lim\frac{\beta'}{\alpha'}$;若 $\lim\alpha'\cdot\beta'$ 存在,则 $\lim\alpha\cdot\beta=\lim\alpha'\cdot\beta'$.

【名师解析】在求两个无穷小之比的极限时,分子、分母中的无穷小都可用其等价无穷小来代换;在求两个无穷小的乘积的极限时,各乘积因式中的无穷小也可以用其等价无穷小代换.在计算过程中,只能对整个分子、分母或者乘积因子进行等价无穷小代换,不能对加减因子进行等价代换.

常用的等价关系有:当 $x\to 0$ 时,$\sin x\sim x$, $\arcsin x\sim x$, $\tan x\sim x$, $\arctan x\sim x$, $\mathrm{e}^x-1\sim x$, $\ln(1+x)\sim x$, $1-\cos x\sim\frac{1}{2}x^2$, $\sqrt{1+x}-1\sim\frac{1}{2}x$, $(1+x)^\alpha-1\sim\alpha x$

推广:若 $\varphi(x)\to 0$,等价符号左右两端都可以用 $\varphi(x)$ 代换 x.例如,若 $x\to -1$,此时 $(1+x)\to 0$,则 $\sin(1+x)\sim(1+x)$;若 $x\to\infty$,此时 $\frac{1}{x}\to 0$,则 $\ln\left(1+\frac{1}{x}\right)\sim\frac{1}{x}$.

6. **利用已知结论求$\frac{\infty}{\infty}$型有理分式的极限**

$$\lim_{x\to\infty}\frac{a_0x^n+a_1x^{n-1}+\cdots+a_n}{b_0x^m+b_1x^{m-1}+\cdots+b_m}=\begin{cases}\frac{a_0}{b_0}, & m=n,\\ 0, & m>n,\\ \infty, & m<n.\end{cases}$$

【名师解析】求$\frac{\infty}{\infty}$型有理分式的极限时,一般让分子、分母同除以x的最高次幂,恒等变形后再求极限值,由此可推导出上述结论.此方法和结论对数列极限也成立.对于填空题或者选择题,可以利用结论直接观察后写出极限值.

7. **利用数列求和、求极限**

对于无穷多项数列和的极限,不能用极限的四则运算法则,如果给出的是等比数列或者等差数列的和,一般先通过数列的求和公式把和求出来,合并成一个整体再求极限;而对于通项能够进行裂项的数列,常用裂项相消求和法.通过裂项变形,把无穷多项之和转化成有限项的代数和后,再求极限.对于有限项的数列和,可以分别求每一项的极限,然后再相加.

考点例题分析

考点一　极限的概念与性质

【考点分析】就极限的概念而言,数列极限的概念考查不多.函数极限的概念比较复杂,虽然直接考查定义并不常见,但可以通过具体研究极限的题目来考查对函数极限的理解.对于极限的唯一性、有界性和保号性这三个性质,也要了解.

例 16　函数$f(x)$在点x_0处有定义是$f(x)$在点x_0处有极限的________条件.

A. 充分　　B. 必要　　C. 充分必要　　D. 无关

解　$f(x)$在点x_0处是否有极限,主要是考查$f(x)$在点x_0左右邻近的变化趋势,与$f(x)$在点x_0处是否有定义无关.故应选D.

【名师点评】此题主要考查对"点x_0处函数极限"定义的理解,单纯研究点x_0处的函数极限,与函数在此点的定义无关;只有在研究函数在点x_0处的连续性时,才需要考查点x_0处的极限值和函数值是否相等.

例 17　考查极限$\lim\limits_{x\to0}e^{\frac{1}{x}}$.

解　当$x\to0^-$时,$\frac{1}{x}\to-\infty$,则$e^{\frac{1}{x}}\to0$;当$x\to0^+$时,$\frac{1}{x}\to+\infty$,则$e^{\frac{1}{x}}\to+\infty$.所以由极限的概念可得$\lim\limits_{x\to0}e^{\frac{1}{x}}$不存在.

【名师点评】函数$y=e^{\frac{1}{x}}$是复合函数,此题研究极限时可以分别画出内层函数$u=\frac{1}{x}$和外层函数$y=e^u$的函数图像,借助两个函数的图像,由内函数向外函数层层研究函数的变化.由于在$x=0$点左右两侧的函数变化趋势不一致,所以该点处极限不存在.此题也可以理解为分别考查左、右极限,左极限$\lim\limits_{x\to0^-}e^{\frac{1}{x}}=0$,右极限$\lim\limits_{x\to0^+}e^{\frac{1}{x}}=+\infty$,右极限不存在,所以$\lim\limits_{x\to0}e^{\frac{1}{x}}$不存在.

例 18　若$\lim\limits_{x\to1}f(x)$存在,且$f(x)=x^3+\frac{2x^2+1}{x+1}+2\lim\limits_{x\to1}f(x)$,则$f(x)=$________.

解　由极限的概念可知,若极限存在,则极限值一定为常数.

不妨设$\lim\limits_{x\to1}f(x)=I$，则对等式 $f(x)=x^3+\dfrac{2x^2+1}{x+1}+2I$ 两边同取 $x\to1$ 时的极限，可得 $\lim\limits_{x\to1}f(x)=\lim\limits_{x\to1}\left(x^3+\dfrac{2x^2+1}{x+1}+2I\right)$，即 $I=1+\dfrac{3}{2}+2I$，所以 $I=-\dfrac{5}{2}$. 所以 $f(x)=x^3+\dfrac{2x^2+1}{x+1}-5$.

故应填 $x^3+\dfrac{2x^2+1}{x+1}-5$.

【名师点评】此题的关键是要明确当极限存在时，其值是一个确定的常数. 此题的解法比较灵活，大家要学会这种方法. 方程两边同取极限时，一定要保持自变量的变化过程与原来的极限一致. 而且常数的极限等于其本身，即对 $\lim\limits_{x\to1}f(x)$ 再取极限仍是其本身. 这种解法同样也适用于等式中将极限形式换成定积分或二重积分的形式，因为定积分或二重积分如果存在，也是一个常数.

考点二　求初等函数的极限

【考点分析】在专升本考试中，求初等函数的极限是历年考试的重点，尤其是求$\dfrac{0}{0}$、$\dfrac{\infty}{\infty}$、$0\cdot\infty$、$\infty-\infty$、1^∞、0^0、∞^0这几类未定式的极限. 求函数极限的方法较多，大家要学会准确判断极限类型，选择适合的方法求解，灵活应用各类方法，争取做到举一反三.

1. 利用分解因式或分子(分母)有理化求极限

例 19　求下列极限：

(1) $\lim\limits_{x\to1}\dfrac{x^2+2x-3}{x^2-3x+2}$；　(2) $\lim\limits_{x\to3}\dfrac{\sqrt{1+x}-2}{x-3}$；　(3) $\lim\limits_{x\to4}\dfrac{x^2-16}{\sqrt{x}-2}$.

解　(1) $\lim\limits_{x\to1}\dfrac{x^2+2x-3}{x^2-3x+2}=\lim\limits_{x\to1}\dfrac{(x-1)(x+3)}{(x-1)(x-2)}=\lim\limits_{x\to1}\dfrac{x+3}{x-2}=\dfrac{4}{-1}=-4$；

(2) $\lim\limits_{x\to3}\dfrac{\sqrt{1+x}-2}{x-3}=\lim\limits_{x\to3}\dfrac{(\sqrt{1+x}-2)(\sqrt{1+x}+2)}{(x-3)(\sqrt{1+x}+2)}=\lim\limits_{x\to3}\dfrac{1}{\sqrt{1+x}+2}=\dfrac{1}{4}$；

(3) $\lim\limits_{x\to4}\dfrac{x^2-16}{\sqrt{x}-2}=\lim\limits_{x\to4}\dfrac{(\sqrt{x}-2)(\sqrt{x}+2)(x+4)}{\sqrt{x}-2}=\lim\limits_{x\to4}(\sqrt{x}+2)(x+4)=32$.

【名师点评】第(3)题也可以先进行分母有理化，然后约去零因子计算. 此例主要应用分解因式或有理化的方法对$\dfrac{0}{0}$型极限进行恒等变形，约去零因子后再进行计算.

2. 利用$\dfrac{\infty}{\infty}$型有理分式的结论求极限

例 20　求下列极限：

(1) $\lim\limits_{x\to\infty}\dfrac{x^3-4x^2+2}{2x^4+6x^2+1}$；　(2) $\lim\limits_{x\to\infty}\dfrac{x^4+3x+2}{3x^2+6x+1}$；

(3) $\lim\limits_{x\to\infty}\dfrac{2x^5-5x^3+2}{x^5+6x+1}$；　(4) $\lim\limits_{x\to\infty}\dfrac{(x+1)(x-2)(x+3)}{(1-3x)^3}$.

【名师分析】此类$\dfrac{\infty}{\infty}$型的有理分式求极限，可以让分子、分母同时除以 x 的最高次幂，变形以后再求极限，也可以直接应用下面给出的结论在观察后写出极限结果.

结论：$$\lim_{x\to\infty}\frac{a_0x^n+a_1x^{n-1}+\cdots+a_n}{b_0x^m+b_1x^{m-1}+\cdots+b_m}=\begin{cases}\dfrac{a_0}{b_0}, & m=n,\\ 0, & m>n,\\ \infty, & m<n.\end{cases}$$

解　(1) $\lim\limits_{x\to\infty}\dfrac{x^3-4x^2+2}{2x^4+6x^2+1}=\lim\limits_{x\to\infty}\dfrac{\dfrac{1}{x}-\dfrac{4}{x^2}+\dfrac{2}{x^4}}{2+\dfrac{6}{x^2}+\dfrac{1}{x^4}}=0$(分子的最高次幂低于分母时,极限为 0);

(2) $\lim\limits_{x\to\infty}\dfrac{x^4+3x+2}{3x^2+6x+1}=\lim\limits_{x\to\infty}\dfrac{1+\dfrac{3}{x^3}+\dfrac{2}{x^4}}{\dfrac{3}{x^2}+\dfrac{6}{x^3}+\dfrac{1}{x^4}}=\infty$(分子的最高次幂高于分母,极限为 ∞,即极限不存在);

(3) $\lim\limits_{x\to\infty}\dfrac{2x^5-5x^3+2}{x^5+6x+1}=2$(分子、分母的最高次幂相同,极限值等于最高次幂的系数比);

(4) $\lim\limits_{x\to\infty}\dfrac{(x+1)(x-2)(x+3)}{(1-3x)^3}=-\dfrac{1}{27}$(分子、分母展开后最高次幂相同,极限值仍然等于展开后最高次幂的系数比).

【名师点评】遇到 $\dfrac{\infty}{\infty}$ 型的有理分式求极限,对于选择题或者填空题可以直接利用结论写出结果,计算题最好写出分子、分母同除以最高次幂的变形过程.

3. 利用两个重要极限求极限(重点)

例 21　(1) $\lim\limits_{x\to 0}\dfrac{\tan x}{x}$;　(2) $\lim\limits_{x\to 0}\dfrac{\sin 3x}{x}$.

解　(1) $\lim\limits_{x\to 0}\dfrac{\tan x}{x}=\lim\limits_{x\to 0}\left(\dfrac{\sin x}{x}\cdot\dfrac{1}{\cos x}\right)=\lim\limits_{x\to 0}\dfrac{\sin x}{x}\cdot\lim\limits_{x\to 0}\dfrac{1}{\cos x}=1\times 1=1$;

(2) $\lim\limits_{x\to 0}\dfrac{\sin 3x}{x}=\lim\limits_{x\to 0}\left(3\cdot\dfrac{\sin 3x}{3x}\right)=3\lim\limits_{x\to 0}\dfrac{\sin 3x}{3x}=3$.

【名师点评】该例中的两题都是 $\dfrac{0}{0}$ 型未定式,且出现了三角函数,可以考虑利用第一个重要极限求解.需要将函数恒等变形为第一个重要极限的形式,变形中注意系数的配平过程.

例 22　求极限 $\lim\limits_{x\to 0}\dfrac{5x-\sin x}{x+\sin x}$.

解　$\lim\limits_{x\to 0}\dfrac{5x-\sin x}{x+\sin x}=\lim\limits_{x\to 0}\dfrac{5-\dfrac{\sin x}{x}}{1+\dfrac{\sin x}{x}}=\dfrac{5-\lim\limits_{x\to 0}\dfrac{\sin x}{x}}{1+\lim\limits_{x\to 0}\dfrac{\sin x}{x}}=2$.

【名师点评】此题仍是 $\dfrac{0}{0}$ 型未定式,且也出现了三角函数,可以考虑借助第一个重要极限求解.但该函数与第一个重要极限在形式上有一定差别,所以此题的关键是第一步恒等变形的过程,通过分子、分母同除以 x,凑出第一个重要极限的形式,从而才能进一步求解.另外,该题也可以利用洛必达法则求解:

$$\lim_{x\to 0}\frac{5x-\sin x}{x+\sin x}=\lim_{x\to 0}\frac{5-\cos x}{1+\cos x}=\frac{5-\lim\limits_{x\to 0}\cos x}{1+\lim\limits_{x\to 0}\cos x}=2.$$

例 23　求下列极限:

(1) $\lim\limits_{x\to 0}(1+5x)^{\frac{1}{x}}$;　　(2) $\lim\limits_{x\to\infty}\left(1-\dfrac{3}{x}\right)^x$;　　(3) $\lim\limits_{x\to 0}(1+3x)^{\frac{2}{\sin x}}$.

解　(1) $\lim\limits_{x\to 0}(1+5x)^{\frac{1}{x}}=\lim\limits_{x\to 0}(1+5x)^{\frac{1}{5x}\cdot 5}=\lim\limits_{x\to 0}[(1+5x)^{\frac{1}{5x}}]^5=[\lim\limits_{x\to 0}(1+5x)^{\frac{1}{5x}}]^5=e^5$;

(2) $\lim\limits_{x\to\infty}\left(1-\dfrac{3}{x}\right)^x=\lim\limits_{x\to\infty}\left(1+\dfrac{-3}{x}\right)^{\frac{x}{-3}\cdot(-3)}=\lim\limits_{x\to\infty}\left[\left(1+\dfrac{-3}{x}\right)^{\frac{x}{-3}}\right]^{-3}=e^{-3}$;

(3) $\lim\limits_{x\to 0}(1+3x)^{\frac{2}{\sin x}}=\lim\limits_{x\to 0}(1+3x)^{\frac{1}{3x}\cdot\frac{6x}{\sin x}}=\lim\limits_{x\to 0}[(1+3x)^{\frac{1}{3x}}]^{\frac{6x}{\sin x}}=[\lim\limits_{x\to 0}(1+3x)^{\frac{1}{3x}}]^{\lim\limits_{x\to 0}\frac{6x}{\sin x}}=e^6$.

【名师点评】此例中的都属于 1^{∞} 型幂指函数的未定式，要利用第二个重要极限求解，需经过恒等变形为第二个重要极限的推广形式. 注意指数函数的运算公式：

$$x^{a\cdot b}=(x^a)^b;x^{a+b}=x^a\cdot x^b;x^{a-b}=\frac{x^a}{x^b}.$$

例 24 求下列极限：(1) $\lim\limits_{x\to\infty}\left(\frac{x-1}{x}\right)^{2x}$； (2) $\lim\limits_{x\to\infty}\left(\frac{x}{x-1}\right)^{2x}$.

解 (1) $\lim\limits_{x\to\infty}\left(\frac{x-1}{x}\right)^{2x}=\lim\limits_{x\to\infty}\left(1+\frac{1}{-x}\right)^{(-x)\cdot(-2)}=\lim\limits_{x\to\infty}\left[\left(1+\frac{1}{-x}\right)^{(-x)}\right]^{-2}=\frac{1}{e^2}$；

(2) $\lim\limits_{x\to\infty}\left(\frac{x}{x-1}\right)^{2x}=\frac{1}{\lim\limits_{x\to\infty}\left(\frac{x-1}{x}\right)^{2x}}=\frac{1}{\lim\limits_{x\to\infty}\left(1+\frac{1}{-x}\right)^{(-x)\cdot(-2)}}=\frac{1}{e^{-2}}=e^2$.

例 25 求下列极限：(1) $\lim\limits_{x\to\infty}\left(\frac{2x+3}{2x+1}\right)^{x+1}$； (2) $\lim\limits_{x\to\infty}\left(\frac{x+c}{x-c}\right)^{x}$.

解 (1) $\lim\limits_{x\to\infty}\left(\frac{2x+3}{2x+1}\right)^{x+1}=\lim\limits_{x\to\infty}\left(1+\frac{2}{2x+1}\right)^{\frac{2x+1}{2}+\frac{1}{2}}=\lim\limits_{x\to\infty}\left(1+\frac{2}{2x+1}\right)^{\frac{2x+1}{2}}\cdot\left(1+\frac{2}{2x+1}\right)^{\frac{1}{2}}$

$=\lim\limits_{x\to\infty}\left(1+\frac{2}{2x+1}\right)^{\frac{2x+1}{2}}\cdot\lim\limits_{x\to\infty}\left(1+\frac{2}{2x+1}\right)^{\frac{1}{2}}=e\times1=e$；

(2) $\lim\limits_{x\to\infty}\left(\frac{x+c}{x-c}\right)^{x}=\lim\limits_{x\to\infty}\left(1+\frac{2c}{x-c}\right)^{\frac{x-c}{2c}\cdot2c+c}=\lim\limits_{x\to\infty}\left[\left(1+\frac{2c}{x-c}\right)^{\frac{x-c}{2c}}\right]^{2c}\cdot\lim\limits_{x\to\infty}\left(1+\frac{2c}{x-c}\right)^{c}=e^{2c}$.

【名师点评】第(2)题还可以让分式的分子、分母同除以 x，变形后再利用第二个重要极限求解，例如

$$\lim_{x\to\infty}\left(\frac{x+c}{x-c}\right)^{x}=\lim_{x\to\infty}\left(\frac{1+\frac{c}{x}}{1-\frac{c}{x}}\right)^{x}=\frac{\lim\limits_{x\to\infty}(1+\frac{c}{x})^{\frac{x}{c}\cdot c}}{\lim\limits_{x\to\infty}(1-\frac{c}{x})^{\frac{-x}{c}\cdot(-c)}}=\frac{e^c}{e^{-c}}=e^{2c}.$$

例 26 已知曲线 $y=f_n(x)=x^n$ 在点(1,1)处的切线交 x 轴于点 $(\xi_n,0)$，求 $\lim\limits_{n\to\infty}f(\xi_n)$.

解 $y'=nx^{n-1}$，$y'(1)=n$，所以切线方程为 $y-1=n(x-1)$，即 $y-nx+n-1=0$. 令 $y=0$，则切线与 x 轴的交点横坐标为 $x=\frac{n-1}{n}$，即 $\xi_n=\frac{n-1}{n}$.

$$\lim_{n\to\infty}f(\xi_n)=\lim_{n\to\infty}\left(\frac{n-1}{n}\right)^n=\lim_{n\to\infty}\left(1-\frac{1}{n}\right)^{-n\cdot(-1)}=e^{-1}.$$

【名师点评】此题综合性较强，需先利用导数的几何意义求出切线方程，然后找出切线与 x 轴交点的横坐标，再确定函数，最后才利用第二个重要极限求得极限.

4. **利用等价无穷小代换求极限(重点)**

例 27 求下列极限：

(1) $\lim\limits_{x\to0}\frac{x(e^x-1)}{\cos x-1}$； (2) $\lim\limits_{x\to0}\frac{\sqrt{1+\sin x}-1}{x}$；

(3) $\lim\limits_{x\to0}\frac{\tan x-\sin x}{x\sin^2x}$； (4) $\lim\limits_{x\to0}\frac{\sin(4x)}{\sqrt{x+2}-\sqrt{2}}$.

解 (1) 当 $x\to0$ 时，$e^x-1\sim x$，$\cos x-1\sim-\frac{x^2}{2}$，利用等价无穷小代换法可得 $\lim\limits_{x\to0}\frac{x(e^x-1)}{\cos x-1}=\lim\limits_{x\to0}\frac{x\cdot x}{-\frac{x^2}{2}}=-2$；

(2) 当 $x\to0$ 时，$\sqrt{1+x}-1\sim\frac{1}{2}x$，因此当 $x\to0$ 时，$\sin x\to0$，$\sqrt{1+\sin x}-1\sim\frac{1}{2}\sin x$，利用等价无穷小代换法

可得$\lim\limits_{x\to 0}\dfrac{\sqrt{1+\sin x}-1}{x}=\lim\limits_{x\to 0}\dfrac{\frac{\sin x}{2}}{x}=\lim\limits_{x\to 0}\dfrac{\sin x}{2x}=\dfrac{1}{2}$；

(3) $\lim\limits_{x\to 0}\dfrac{\tan x-\sin x}{x\sin^2 x}=\lim\limits_{x\to 0}\dfrac{\tan x(1-\cos x)}{x^3}=\lim\limits_{x\to 0}\dfrac{x\cdot\frac{x^2}{2}}{x^3}=\dfrac{1}{2}$；

(4) $\lim\limits_{x\to 0}\dfrac{\sin(4x)}{\sqrt{x+2}-\sqrt{2}}=\lim\limits_{x\to 0}\dfrac{4x(\sqrt{x+2}+\sqrt{2})}{(\sqrt{x+2})^2-(\sqrt{2})^2}=\lim\limits_{x\to 0}\dfrac{4x}{x}(\sqrt{x+2}+\sqrt{2})=8\sqrt{2}$.

【名师点评】此例中的四个题目主要利用了等价无穷小代换的方法求极限，但第(3)题分子部分的两个相减因子不能直接用无穷小的等价代换方法，可以通过提取公因式将分子变形成乘积形式后，再对乘积因子中的无穷小进行代换.

5. 利用无穷小的性质(无穷小与有界量的乘积仍是无穷小)求极限

例 28　求下列各组函数的极限：

(1) $\lim\limits_{x\to 0}x\sin\dfrac{2}{x}$ 和 $\lim\limits_{x\to\infty}x\sin\dfrac{2}{x}$；　(2) $\lim\limits_{x\to\infty}\dfrac{\sin 2x}{x}$ 和 $\lim\limits_{x\to 0}\dfrac{\sin 2x}{x}$；　(3) $\lim\limits_{x\to\infty}\dfrac{\arctan x}{x}$ 和$\lim\limits_{x\to 0}\dfrac{\arctan x}{x}$.

【名师分析】此例中，虽然每小题中两个求极限的函数相同，但是自变量的变化趋势却不同. 因此，极限的类型不同，所选用的求解方法也不同.

解　(1) 当 $x\to 0$ 时，x 是无穷小；$\left|\sin\dfrac{2}{x}\right|\leqslant 1$，$\sin\dfrac{2}{x}$ 是有界量，利用有界函数与无穷小之积是无穷小，可得$\lim\limits_{x\to 0}x\sin\dfrac{2}{x}=0$；

$\lim\limits_{x\to\infty}x\sin\dfrac{2}{x}=2\lim\limits_{x\to\infty}\dfrac{\sin\frac{2}{x}}{\frac{2}{x}}=2$；　　(利用第一个重要极限)

或　$\lim\limits_{x\to\infty}x\sin\dfrac{2}{x}=\lim\limits_{x\to\infty}x\cdot\dfrac{2}{x}=2$；　　(利用等价无穷小代换法)

(2) $\lim\limits_{x\to\infty}\dfrac{\sin 2x}{x}=\lim\limits_{x\to\infty}\dfrac{1}{x}\cdot\sin 2x=0$　　(利用有界函数与无穷小之积仍是无穷小)

$\lim\limits_{x\to 0}\dfrac{\sin 2x}{x}=\lim\limits_{x\to 0}\dfrac{\sin 2x}{2x}\cdot 2=2$；　　(利用第一个重要极限)

或 $\lim\limits_{x\to 0}\dfrac{\sin 2x}{x}=\lim\limits_{x\to 0}\dfrac{2x}{x}=2$；　　(利用等价无穷小代换法)

(3) $\lim\limits_{x\to\infty}\dfrac{\arctan x}{x}=\lim\limits_{x\to\infty}\dfrac{1}{x}\cdot\arctan x=0$；　　(利用有界函数与无穷小之积仍是无穷小)

$\lim\limits_{x\to 0}\dfrac{\arctan x}{x}=\lim\limits_{x\to 0}\dfrac{x}{x}=1$.　　(利用等价无穷小代换法)

【名师点评】遇到类似以上含正弦、正切、反正弦、反正切类型的乘积式子或分式时，一定要看清自变量 x 的变化过程，从而确定类型、选择相应解题方法，不要盲目采用等价无穷小代换或第一个重要极限的方法.

例 29　求极限$\lim\limits_{x\to\infty}\dfrac{5x-\sin x}{x+\sin x}$.

解　$\lim\limits_{x\to\infty}\dfrac{5x-\sin x}{x+\sin x}=\lim\limits_{x\to\infty}\dfrac{5-\frac{1}{x}\sin x}{1+\frac{1}{x}\sin x}=\dfrac{5-\lim\limits_{x\to\infty}\frac{1}{x}\sin x}{1+\lim\limits_{x\to\infty}\frac{1}{x}\sin x}=5$.

【名师点评】此题与前面出现的例题$\lim\limits_{x\to 0}\dfrac{5x-\sin x}{x+\sin x}$形式十分类似，但前例是$\dfrac{0}{0}$型，而此例是$\dfrac{\infty}{\infty}$型. 虽然函数一样，但自变量的变化过程不同，完全不是一种类型，所以所用方法也不同.

6. 其他未定式转化成 $\frac{0}{0}$ 型或 $\frac{\infty}{\infty}$ 型再求极限

例 30 求下列极限：

(1) $\lim\limits_{x \to +\infty} x(\sqrt{x^2+1}-x)$；　　(2) $\lim\limits_{x \to 0} x\cot 2x$.

解 (1) $\lim\limits_{x \to +\infty} x(\sqrt{x^2+1}-x) = \lim\limits_{x \to +\infty} \frac{x(\sqrt{x^2+1}-x)(\sqrt{x^2+1}+x)}{\sqrt{x^2+1}+x}$

$= \lim\limits_{x \to +\infty} \frac{x \cdot 1}{\sqrt{x^2+1}+x} = \lim\limits_{x \to +\infty} \frac{1}{\sqrt{1+\frac{1}{x^2}}+1} = \frac{1}{2}$；（$\infty \cdot 0$ 型）

(2) $\lim\limits_{x \to 0} x\cot 2x = \lim\limits_{x \to 0} \frac{x}{\tan 2x} = \lim\limits_{x \to 0} \frac{x}{2x} = \frac{1}{2}$. （$0 \cdot \infty$ 型）

【名师点评】此例中的 $0 \cdot \infty$ 型也是专升本考试中一种常考的未定式，可通过恒等变形变成 $\frac{0}{0}$ 型或 $\frac{\infty}{\infty}$ 型，再用洛必达法则或其他方法求解.

例 31 求下列极限：

(1) $\lim\limits_{x \to 1}\left(\frac{x}{x-1}-\frac{2}{x^2-1}\right)$；　　(2) $\lim\limits_{x \to +\infty}(\sqrt{x+1}-\sqrt{x})$.

解 (1) $\lim\limits_{x \to 1}\left(\frac{x}{x-1}-\frac{2}{x^2-1}\right) = \lim\limits_{x \to 1} \frac{x(x+1)-2}{x^2-1} = \lim\limits_{x \to 1} \frac{(x-1)(x+2)}{(x-1)(x+1)} = \frac{3}{2}$；

(2) $\lim\limits_{x \to +\infty}(\sqrt{x+1}-\sqrt{x}) = \lim\limits_{x \to +\infty} \frac{\sqrt{x+1}-\sqrt{x}}{1} = \lim\limits_{x \to +\infty} \frac{1}{\sqrt{x+1}+\sqrt{x}} = 0$.

【名师点评】像此例这类 $\infty-\infty$ 型的未定式求极限，如果是两个分式之差，一般都是先进行通分，变形成 $\frac{0}{0}$ 型或者 $\frac{\infty}{\infty}$ 型未定式以后，再求极限；如果是两个根式之差，一般可以看成分母为 1 的分式，然后通过分子有理化变形为分式后再求极限.

考点三 求数列或数列和的极限

【考点分析】数列及数列和的极限也是经常在考试中出现的，其中数列极限和函数极限的思路基本一致. 对于数列和的极限，要特别注意观察数列求和的项数是有限项还是无穷多项. 如果是有限项，可以用极限的四则运算法则求解；如果是无穷多项，可以利用数列求和公式，求出和后再求极限，对于不好用公式直接求和的无穷多项数列之和，可以考虑利用夹逼准则求极限.

1. 利用极限的四则运算法则求极限

例 32 求极限 $\lim\limits_{n \to \infty}(\sqrt[n]{1}+\sqrt[n]{2}+1+\cdots+\sqrt[n]{2012})$.

解 $\lim\limits_{n \to \infty}(\sqrt[n]{1}+\sqrt[n]{2}+\cdots+\sqrt[n]{2012}) = \lim\limits_{n \to \infty} 1^{\frac{1}{n}} + \lim\limits_{n \to \infty} 2^{\frac{1}{n}} + \cdots + \lim\limits_{n \to \infty} 2012^{\frac{1}{n}} = 1+1+\cdots+1 = 2012$.

【名师点评】此题为数列有限项和的极限(2012 项)，可以用极限的四则运算法则来求. 但如果是无穷多项数列之和的极限，则不能运用极限的四则运算法则来求.

例 33 求极限 $\lim\limits_{n \to \infty}[\sqrt{1+2+\cdots+n}-\sqrt{1+2+\cdots+(n-2)}]$.

解 $\lim\limits_{n \to \infty}[\sqrt{1+2+\cdots+n}-\sqrt{1+2+\cdots+(n-2)}] = \lim\limits_{n \to \infty} \frac{n-1+n}{\sqrt{1+2+\cdots+n}+\sqrt{1+2+\cdots+(n-2)}}$

$= \lim\limits_{n \to \infty} \frac{2n-1}{\sqrt{\frac{(1+n)n}{2}}+\sqrt{\frac{(n-1)(n-2)}{2}}} = \frac{2}{\sqrt{\frac{1}{2}}+\sqrt{\frac{1}{2}}} = \sqrt{2}$.

【名师点评】此题属于$\infty-\infty$型未定式的极限，虽是数列极限，但与求函数极限的思路一致. 对于求$\infty-\infty$型根式之差的极限，先将其看作分母为1的分式，进行分子有理化，转换成$\frac{\infty}{\infty}$型的分式后，再分子、分母同除以n的最高次幂来求极限.

2. 利用数列求和求极限

例 34　求下列极限：

(1) $\lim\limits_{n\to\infty}\left(\frac{1}{n^2}+\frac{3}{n^2}+\frac{5}{n^2}+\cdots+\frac{2n-1}{n^2}\right)$；　　(2) $\lim\limits_{n\to\infty}\left(1+\frac{1}{3}+\frac{1}{3^2}+\cdots+\frac{1}{3^n}\right)$；

(3) $\lim\limits_{n\to\infty}\left[\frac{1}{1\times2}+\frac{1}{2\times3}+\frac{1}{3\times4}+\cdots+\frac{1}{n\cdot(n+1)}\right]$.

解　(1) $\lim\limits_{n\to\infty}\left(\frac{1}{n^2}+\frac{3}{n^2}+\frac{5}{n^2}+\cdots+\frac{2n-1}{n^2}\right)$　（等差数列求和）

$$=\lim_{n\to\infty}\frac{1+3+5+\cdots+(2n-1)}{n^2}=\lim_{n\to\infty}\frac{\frac{n[1+(2n-1)]}{2}}{n^2}=\lim_{n\to\infty}\frac{n\cdot2n}{2n^2}=1;$$

(2) $\lim\limits_{n\to\infty}\left(1+\frac{1}{3}+\frac{1}{3^2}+\cdots+\frac{1}{3^n}\right)=\lim\limits_{n\to\infty}\frac{1-\left(\frac{1}{3}\right)^{n+1}}{1-\frac{1}{3}}=\frac{3}{2}$；（等比数列求和）

(3) $\lim\limits_{n\to\infty}\left[\frac{1}{1\times2}+\frac{1}{2\times3}+\frac{1}{3\times4}+\cdots+\frac{1}{n\cdot(n+1)}\right]$　（裂项相消求和）

$$=\lim_{n\to\infty}\left(1-\frac{1}{2}+\frac{1}{2}-\frac{1}{3}+\cdots+\frac{1}{n}-\frac{1}{n+1}\right)=\lim_{n\to\infty}\left(1-\frac{1}{n+1}\right)=1.$$

【名师点评】此例题中都是求数列的无穷多项和的极限，不能用极限的四则运算法则，一般是先通过等差或等比数列求和公式或者裂项求和的方法把数列的和求出来，然后再求极限.

3. 利用夹逼准则求极限

例 35　求极限$\lim\limits_{n\to\infty}\left(\frac{1}{n^2+1}+\frac{1}{n^2+2}+\cdots+\frac{1}{n^2+n}\right)$.

解　由于$\frac{n}{n^2+n}\leqslant\frac{1}{n^2+1}+\frac{1}{n^2+2}+\cdots+\frac{1}{n^2+n}\leqslant\frac{n}{n^2+1}$，

而$\lim\limits_{n\to\infty}\frac{n}{n^2+n}=0$，$\lim\limits_{n\to\infty}\frac{n}{n^2+1}=0$，由夹逼准则得$\lim\limits_{n\to\infty}\left(\frac{1}{n^2+1}+\frac{1}{n^2+2}+\cdots+\frac{1}{n^2+n}\right)=0$.

【名师点评】该数列不是等差数列，不是等比数列，同样也不能通过裂项相消求和，因此该数列的和不易利用公式求出，这种情形可以考虑利用夹逼准则求极限. 对数列之和进行合理的放缩是解决本题的关键. 只有放缩后不等式两端的数列极限相等，才能求得所求数列和的极限. 一般对此类数列的和进行放缩时，多是根据各项分母的特点来进行变形. 新分母都取原分母中最小的，和变大；新分母都取原分母中最大的，和变小.

考点四　求分段函数的极限

【考点分析】求分段函数在分段点处的极限时要特别注意函数分段的方式，有时可以直接求分段点处的极限，有时需要分别求分段点的左、右极限，再进一步判断分段点处的极限是否存在.

例 36　设函数 $f(x)=\begin{cases}2x+1, & x\neq0,\\ 0, & x=0,\end{cases}$ 求$\lim\limits_{x\to0}f(x)$.

解　$\lim\limits_{x\to0}f(x)=\lim\limits_{x\to0}(2x+1)=1$.

【名师点评】$x\to 0$ 表示 x 和零无限趋近，但是始终不相等，因此求 $x\to 0$ 时的函数极限只需代入 $x\neq 0$ 时的函数表达式即可. 点 $x=0$ 两侧的函数表达式相同，所以没有必要分别求 $x=0$ 处的左、右极限.

例 37 若 $f(x)=\begin{cases} e^{\frac{1}{x}}, & x<0, \\ 0, & x=0, \\ \dfrac{\ln(1+x)}{x}, & x>0, \end{cases}$ 讨论 $\lim\limits_{x\to 0}f(x)$.

解 $\lim\limits_{x\to 0^-}f(x)=\lim\limits_{x\to 0^-}e^{\frac{1}{x}}=0$, $\lim\limits_{x\to 0^+}f(x)=\lim\limits_{x\to 0^+}\dfrac{\ln(1+x)}{x}=\lim\limits_{x\to 0^+}\dfrac{x}{x}=1$, 左、右极限不相等，所以 $\lim\limits_{x\to 0}f(x)$ 不存在.

【名师点评】由以上两例题可以看出，求分段函数的极限要注意分段方式. 若在分段点 $x=x_0$ 左右两侧函数表达式相同，则一般不需要求左、右极限，可以直接求分段点处的极限；若在分段点 $x=x_0$ 左右两侧函数表达式不同，则需要分别求左、右极限.

考点五 求极限中的参数

【考点分析】求极限中的参数这类问题其实是求极限的一类变形. 这类题目一般也需要带着参数求出极限值，然后再根据已知极限结果得到关于参数的等量关系，通过解方程或者解方程组来求出其中的参数值.

例 38 已知 $\lim\limits_{x\to\infty}\left(\dfrac{x^2+1}{x+1}-x+b\right)=1$, 则 $b=$______.

解 $\lim\limits_{x\to\infty}\left(\dfrac{x^2+1}{x+1}-x+b\right)=\lim\limits_{x\to\infty}\dfrac{x^2+1-x(x+1)+b(x+1)}{x+1}=\lim\limits_{x\to\infty}\dfrac{x(b-1)+b+1}{x+1}=b-1=1$, 解得 $b=2$.

故应填 2.

【名师点评】此例题属于 $\infty-\infty$ 型未定式，虽然已知极限值，但要想解参数的值，也需要先求极限. 在 $\infty-\infty$ 型未定式中，如有分式一般是先通分，通分成一个整体分式后，再判断分式类型求极限，进一步得到含参数 b 的方程，解出 b 的值.

例 39 已知 $\lim\limits_{x\to 1}\dfrac{x^2+ax+b}{\sin(1-x)}=5$, 求 a 和 b 的值.

【名师分析】此分式极限存在，分母又趋于 0，所以只能是 $\dfrac{0}{0}$ 型未定式才满足条件. 可用等价无穷小代换先将分母简化，再用因式分解法或洛必达法则求解.

解 $\lim\limits_{x\to 1}\dfrac{x^2+ax+b}{\sin(1-x)}=\lim\limits_{x\to 1}\dfrac{x^2+ax+b}{1-x}=\lim\limits_{x\to 1}\dfrac{(1-x)(k-x)}{1-x}=\lim\limits_{x\to 1}(k-x)=k-1=5$,

所以 $k=6$, 即 $x^2+ax+b=(1-x)(6-x)=x^2-7x+6$, 所以 $a=-7, b=6$.

【名师点评】求解这类题目，常用到这个重要结论：若 $\lim\limits_{x\to x_0}\dfrac{f(x)}{g(x)}=A$, 且 $\lim\limits_{x\to x_0}g(x)=0$, 则 $\lim\limits_{x\to x_0}f(x)=0$. 一般来说，求极限中的参数都需要先判断极限类型，选择合适的方法去求极限，从而解出含参数的极限值，利用它和已知极限值相等的等量关系，解出参数. 如果像本题一样有两个参数需要求出，则需要找到两个等量关系，从而求出两个参数值.

考点六 比较无穷小的阶

【考点分析】在专升本考试中，比较无穷小的阶这类题目一般以选择题的形式进行考查，主要是利用两个无穷小比值的极限来进行判断，方法固定，难度不大.

例 40　当 $x \to 0$ 时，$x\sin x$ 与 x^3 比较是________.

A. 同阶非等价无穷小　　B. 等价无穷小　　C. 较高阶的无穷小　　D. 较低阶的无穷小

解　$\lim\limits_{x\to 0}\dfrac{x\sin x}{x^3}=\lim\limits_{x\to 0}\dfrac{1}{x}=\infty$.

故应选 D.

【名师点评】对两个无穷小进行比较，习惯上一般将二者作比求极限，把前面的函数放到分子上，后面的函数放到分母上，根据极限结果来判断二者阶的关系.

结论：$\lim\dfrac{\beta}{\alpha}=\begin{cases}0, & \beta\text{ 是比 }\alpha\text{ 高阶的无穷小，记作 }\beta=o(\alpha),\\ \infty, & \beta\text{ 是比 }\alpha\text{ 低阶的无穷小，}\\ C(\neq 0), & \begin{cases}\beta\text{ 与 }\alpha\text{ 是同阶的无穷小，}\\ C=1,\beta\text{ 与 }\alpha\text{ 是等价无穷小，记作 }\alpha\sim\beta.\end{cases}\end{cases}$

例 41　试确定当 $x\to 0$ 时，下列________是关于 x 的三阶无穷小.

A. $\sqrt[3]{x^2}-\sqrt{x}$　　B. $\sqrt{1+x^3}-1$　　C. $x^3+0.0001x^2$　　D. $\sqrt[3]{\tan x^3}$

解　因为$\lim\limits_{x\to 0}\dfrac{\sqrt{1+x^3}-1}{x^3}=\lim\limits_{x\to 0}\dfrac{x^3}{x^3(\sqrt{1+x^3}+1)}=\lim\limits_{x\to 0}\dfrac{1}{\sqrt{1+x^3}+1}=\dfrac{1}{2}$，根据无穷小比较的定义，可知 $\sqrt{1+x^3}-1$ 是关于 x 的三阶无穷小.

故应选 B.

【名师点评】一个无穷小，如果它与 x^k 是同阶无穷小，则它就是关于 x 的 k 阶无穷小. 例如，如果$\lim\limits_{x\to 0}\dfrac{f(x)}{x^k}=C(\neq 0)$，则 $f(x)$ 是关于 x 的 k 阶无穷小.

例 42　当 $x\to 0$ 时，$\arctan 3x$ 与 $\dfrac{ax}{\cos x}$ 是等价无穷小，则 $a=$________.

解　$\lim\limits_{x\to 0}\dfrac{\arctan 3x}{\dfrac{ax}{\cos x}}=\lim\limits_{x\to 0}\left(\dfrac{\arctan 3x}{ax}\cdot\cos x\right)=\lim\limits_{x\to 0}\dfrac{\arctan 3x}{ax}\cdot\lim\limits_{x\to 0}\cos x=\lim\limits_{x\to 0}\dfrac{3x}{ax}=\dfrac{3}{a}=1$.

故应填 3.

【名师点评】在求极限过程中，若函数中存在极限为非零常数的因子，则可以利用极限的乘法运算法则把它分离出去，然后再对未定式求极限，这样可使计算变得简单.

考点真题解析

考点一　极限的概念与性质

真题 18　(2019.公共) 函数 $f(x)=x\sin x$________.

A. 当 $x\to\infty$ 时为无穷大　　B. 在 $(-\infty,+\infty)$ 内为周期函数

C. 在 $(-\infty,+\infty)$ 内无界　　D. 当 $x\to\infty$ 时有有限极限

解　当 $x\to\infty$ 时，$f(x)=x\sin x$ 在 $(-\infty,+\infty)$ 内是无界量，但不是无穷大. $x\to\infty$ 时函数的绝对值一直在增大才是无穷大，而该函数图像是振荡的，因此 $\lim\limits_{x\to\infty}x\sin x$ 也不存在，所以当 $x\to\infty$ 时没有有限极限(其中，所谓“有限极限”指极限为常数). 在 $(-\infty,+\infty)$ 内，$y=\sin x$ 是周期为 2π 的周期函数，但 $f(x)=x\sin x$ 不是周期函数.

故应选 C.

【名师点评】此题考查比较全面，既有函数极限的概念和性质，又有无穷大的概念. 对于函数，一定要区分开无界和无穷大两个概念，无界量不一定是无穷大.“有限极限”指极限为常数；“无限极限”指极限为无穷，是极限不存在的一种形式.

真题 19 (2015.经管)若$\lim\limits_{x\to x_0}f(x)$存在,则$f(x)$在点$x_0$处________.

A.一定有定义

B.一定没有定义

C.可以有定义,也可以没有定义

D.以上都不对

解 $\lim\limits_{x\to x_0}f(x)$是研究自变量从点$x_0$左右两侧无限趋近于点$x_0$时,函数的变化趋势.$\lim\limits_{x\to x_0}f(x)$存在与否与点$x_0$处的函数值$f(x_0)$无关.

故应选C.

【名师点评】单纯研究函数在一点的极限值时,与该点处的函数值无关.只有在研究函数在一点处的连续性时,极限值才和这一点的函数值有关.只有二者相等时,函数在该点处才连续.

真题 20 (2014.交通)当$x\to 0$时,极限存在的函数为$f(x)=$________.

A.$\begin{cases}\dfrac{|x|}{x}, & x\neq 0,\\ 0, & x=0\end{cases}$

B.$\begin{cases}\dfrac{\sin x}{|x|}, & x\neq 0,\\ 0, & x=0\end{cases}$

C.$\begin{cases}x^2+2, & x<0,\\ 2^x, & x>0\end{cases}$

D.$\begin{cases}\dfrac{1}{2+x}, & x<0,\\ x+\dfrac{1}{2}, & x>0\end{cases}$

解 选项A、B的分段函数要去掉绝对值后再对函数分别求左、右极限,很显然它们在点$x=0$处的左、右极限值符号不同,都不相等.选项C,函数在点$x=0$处的左、右极限也不相等.因此选项A、B、C中的函数在$x\to 0$时函数的极限都不存在.选项D,$\lim\limits_{x\to 0^-}f(x)=\lim\limits_{x\to 0^-}\dfrac{1}{2+x}=\dfrac{1}{2}$,$\lim\limits_{x\to 0^+}f(x)=\lim\limits_{x\to 0^+}\left(x+\dfrac{1}{2}\right)=\dfrac{1}{2}$,所以$\lim\limits_{x\to 0}f(x)=\dfrac{1}{2}$.

故应选D.

【名师点评】对于分段函数,研究分段点处的极限是否存在,需要求分段点处的极限值或者分别求分段点处的左、右极限,看二者是否相等.是否需要分别求左、右极限,不仅仅要根据函数的分段方式来判断来判断.还要结合函数表达式来判断,一般表达式中含绝对值的,要先去掉绝对值再求极限.

考点二 求初等函数的极限

1.利用无穷小与有界量的乘积仍为无穷小求极限

真题 21 (2018.理工)$\lim\limits_{x\to\infty}\dfrac{\sin x}{x}$.

解 $\lim\limits_{x\to\infty}\dfrac{\sin x}{x}=\lim\limits_{x\to\infty}\dfrac{1}{x}\sin x$,由于$\sin x$有界,而$\lim\limits_{x\to\infty}\dfrac{1}{x}=0$,根据有界量与无穷小的乘积仍为无穷小,所以$\lim\limits_{x\to\infty}\dfrac{\sin x}{x}=0$.

【名师点评】特别注意,本题不能用第一个重要极限来求解.当$x\to\infty$时,该极限不是$\dfrac{0}{0}$型,不符合第一个重要极限的形式.对于函数,分式形式和乘积形式是可以根据需要互相转换的.该分式函数转换成乘积后,就可以利用无穷小与有界量的乘积为无穷小直接求极限.

真题 22 (2018.财经)$\lim\limits_{x\to 0}\dfrac{x^2\sin\dfrac{1}{x}}{\tan x}=$________.

解 $\lim\limits_{x\to 0}\dfrac{x^2\sin\dfrac{1}{x}}{\tan x}=\lim\limits_{x\to 0}\dfrac{x}{\tan x}\cdot\lim\limits_{x\to 0}x\sin\dfrac{1}{x}=1\cdot 0=0$.

故应填0.

【名师点评】此题也可以先将分母等价代换成x,然后约分,再求极限,两种方法最终都要求$\lim\limits_{x\to 0}x\sin\dfrac{1}{x}$,利用无穷小与有界量的乘积仍然是无穷小来得出极限为零.

真题 23　(2017. 工商) 求极限$\lim\limits_{x\to\infty}\dfrac{2x-\sin x}{x+\sin x}$.

解　$\lim\limits_{x\to\infty}\dfrac{2x-\sin x}{x+\sin x}=\lim\limits_{x\to\infty}\dfrac{2-\dfrac{1}{x}\sin x}{1+\dfrac{1}{x}\sin x}=\dfrac{2-0}{1+0}=2.$

【名师点评】此题是求$\dfrac{\infty}{\infty}$型未定式的极限，但不能用洛必达法则求解，因为求导之后$\lim\limits_{x\to\infty}\cos x$的极限不存在，所以只能通过分子、分母同除以$x$后，利用无穷小与有界量的乘积仍是无穷小来求解. 特别注意，变形后得到的$\lim\limits_{x\to\infty}\dfrac{\sin x}{x}$不能用第一个重要极限求解.

2. 利用等价无穷小代换求极限

真题 24　(2019. 理工) $\lim\limits_{x\to 0}\dfrac{\arcsin x}{x}=$________.

解　利用等价无穷小代换得$\lim\limits_{x\to 0}\dfrac{\arcsin x}{x}=\lim\limits_{x\to 0}\dfrac{x}{x}=1.$

【名师点评】本题利用了等价无穷小代换中，当$x\to 0$时，$\arcsin x\sim x$.

真题 25　(2019. 财经) $\lim\limits_{x\to 0}\dfrac{\ln(1-2x)}{\sin 3x}=$________.

解　应用等价无穷小代换，当$x\to 0$时，$\ln(1-2x)\sim -2x$，$\sin 3x\sim 3x$，所以$\lim\limits_{x\to 0}\dfrac{\ln(1-2x)}{\sin 3x}=\lim\limits_{x\to 0}\dfrac{-2x}{3x}=-\dfrac{2}{3}$.

【名师点评】本题利用了等价无穷小代换求极限，所以大家要牢记我们前面给出的八组常用的等价无穷小及它们的变形形式. 本题就是利用了当$x\to 0$时，$\ln(1+x)\sim x$，$\sin x\sim x$的变形形式当$\varphi(x)\to 0$时，$\ln[1+\varphi(x)]\sim\varphi(x)$，$\sin\varphi(x)\sim\varphi(x)$，注意分子部分真数中的负号可以归到$\varphi(x)$中，即$\ln[1+(-2x)]\sim -2x$.

真题 26　(2018. 电子) 求极限$\lim\limits_{x\to 0}\dfrac{1-\cos 2x}{x\sin x}$.

解　$\lim\limits_{x\to 0}\dfrac{1-\cos 2x}{x\sin x}=\lim\limits_{x\to 0}\dfrac{\dfrac{1}{2}(2x)^2}{x^2}=\lim\limits_{x\to 0}\dfrac{2x^2}{x^2}=2.$

【名师点评】本题使用的是等价无穷小代换中当$\varphi(x)\to 0$时，$1-\cos\varphi(x)\sim\dfrac{1}{2}\varphi^2(x)$和当$x\to 0$时，$\sin x\sim x$，将分子、分母中的乘积因子分别进行等价无穷小代换后，可以直接求解极限值.

真题 27　(2017. 机械) $\lim\limits_{n\to\infty}3^n\ln\left(1+\dfrac{x}{3^n}\right)=$________.

解　因为当$n\to\infty$时，$\dfrac{x}{3^n}\to 0$，$\ln\left(1+\dfrac{x}{3^n}\right)\sim\dfrac{x}{3^n}$，所以$\lim\limits_{n\to\infty}3^n\ln\left(1+\dfrac{x}{3^n}\right)=\lim\limits_{n\to\infty}3^n\cdot\dfrac{x}{3^n}=x$.

故应填x.

【名师点评】此题含两个字母x和n，但从极限符号中发现，只有字母n是变量，字母x应视为常数，即该极限为项数$n\to\infty$时数列的极限.

真题 28　(2016. 电子) 求极限$\lim\limits_{x\to 1}\dfrac{\sin(x^3-1)}{x-1}$.

解　$\lim\limits_{x\to 1}\dfrac{\sin(x^3-1)}{x-1}=\lim\limits_{x\to 1}\dfrac{x^3-1}{x-1}=\lim\limits_{x\to 1}\dfrac{(x-1)(x^2+x+1)}{x-1}=3.$

真题 29 (2014.公共)求极限$\lim\limits_{x\to\infty}\frac{5x^2-3}{2x+1}\sin\frac{2}{x}$.

解 因为当$x\to\infty$时,$\sin\frac{2}{x}$是无穷小,且$\sin\frac{2}{x}\sim\frac{2}{x}$,利用等价无穷小代换的方法可得

$$\lim_{x\to\infty}\frac{5x^2-3}{2x+1}\sin\frac{2}{x}=\lim_{x\to\infty}\frac{5x^2-3}{2x+1}\cdot\frac{2}{x}=2\lim_{x\to\infty}\frac{5x^2-3}{2x^2+x}=5.$$

【名师点评】此题属于$\infty\cdot 0$型的未定式,恒等变形的方法是对乘积因子中的无穷小进行等价代换,代换后把分式的乘积合并成一个分式,转变成$\frac{\infty}{\infty}$型的未定式,再求极限就比较简单了.

3. 利用$\frac{\infty}{\infty}$型有理分式的结论或四则运算法则求极限

真题 30 (2015.经管)$\lim\limits_{x\to\infty}\frac{(2x-1)^2}{(3x+2)^2}=$________.

A. $\frac{2}{3}$　　B. 0　　C. $\frac{4}{9}$　　D. ∞

解 对于$\frac{\infty}{\infty}$型有理分式求极限,分子、分母最高次幂相同的,极限值等于最高次幂的系数比.

故应选C.

【名师点评】对于$\frac{\infty}{\infty}$型有理分式求极限,可以直接利用结论写出结果.

真题 31 (2014.土木)$\lim\limits_{n\to\infty}\frac{3^n}{5^n}=$________.

A. $\frac{3}{5}$　　B. $\frac{5}{3}$　　C. 1　　D. 0

解 该数列极限为“$\frac{\infty}{\infty}$”型的未定式,$\lim\limits_{n\to\infty}\frac{3^n}{5^n}=\lim\limits_{n\to\infty}\left(\frac{3}{5}\right)^n=0$.

故应选D.

4. 利用两个重要极限求极限

真题 32 (2017.会计)极限$\lim\limits_{x\to 0}\frac{\sin(\pi+x)-\sin(\pi-x)}{x}=$________.

解 $\lim\limits_{x\to 0}\frac{\sin(\pi+x)-\sin(\pi-x)}{x}=\lim\limits_{x\to 0}\frac{-\sin x-\sin x}{x}=-2\lim\limits_{x\to 0}\frac{\sin x}{x}=-2.$

故应填-2.

【名师点评】此题利用三角函数的诱导公式变形后,再应用第一个重要极限求解,比对分子的三角函数进行和差化积的变形后再求极限要简单.

真题 33 (2019.财经)极限$\lim\limits_{x\to\infty}\left(\frac{x-1}{x}\right)^{3x}=$________.

解 $\lim\limits_{x\to\infty}\left(\frac{x-1}{x}\right)^{3x}=\lim\limits_{x\to\infty}\left(1+\frac{1}{-x}\right)^{(-x)(-3)}=\left[\lim\limits_{x\to\infty}\left(1+\frac{1}{-x}\right)^{(-x)}\right]^{(-3)}=e^{-3}.$

真题 34 (2017.公共;2018.财经)求极限$\lim\limits_{x\to\infty}\left(\frac{x-2}{x+2}\right)^x$.

解 $$\lim_{x\to\infty}\left(\frac{x-2}{x+2}\right)^x=\lim_{x\to\infty}\left(\frac{1-\frac{2}{x}}{1+\frac{2}{x}}\right)^x=\frac{\lim\limits_{x\to\infty}\left(1+\frac{-2}{x}\right)^{\frac{x}{-2}\cdot(-2)}}{\lim\limits_{x\to\infty}\left(1+\frac{2}{x}\right)^{\frac{x}{2}\cdot 2}}=\frac{e^{-2}}{e^2}=e^{-4}.$$

【名师点评】此类底数是有理分式的幂指函数是专升本考试考查的重点，由于是 1^{∞} 型的未定式，需要通过恒等变形后用第二个重要极限求解. 恒等变形的方法不是唯一的，但此题的变形方法是相对比较简单的一种.

真题 35 (2017. 交通) 求极限 $\lim\limits_{x\to 0}(1+\sin x)^{\frac{2}{x}}$.

解 $\lim\limits_{x\to 0}(1+\sin x)^{\frac{2}{x}}=\lim\limits_{x\to 0}[(1+\sin x)^{\frac{1}{\sin x}}]^{\frac{2\sin x}{x}}=\lim\limits_{x\to 0}[(1+\sin x)^{\frac{1}{\sin x}}]^{\lim\limits_{x\to 0}\frac{2\sin x}{x}}=e^{2}$.

【名师点评】此题属于求 1^{∞} 型未定式的极限，先根据第二个重要极限进行恒等变形，而变形后的幂指函数不再属于 1^{∞} 型未定式，且底数和指数的极限都为常数，此时可以对底数部分和指数部分分别求极限. 即：若 $\lim\limits_{x\to x_0}f(x)=A$，$\lim\limits_{x\to x_0}g(x)=B$，则 $\lim\limits_{x\to x_0}f(x)^{g(x)}=\lim\limits_{x\to x_0}f(x)^{\lim\limits_{x\to x_0}g(x)}=A^{B}$.

真题 36 (2016. 理工、经管) 若 $\lim\limits_{x\to\infty}\left(1+\dfrac{k}{x}\right)^{-3x}=e^{-1}$，则 $k=$ ________.

解 $\lim\limits_{x\to\infty}\left(1+\dfrac{k}{x}\right)^{-3x}=\lim\limits_{x\to\infty}\left(1+\dfrac{k}{x}\right)^{\frac{x}{k}\cdot(-3k)}=e^{-3k}=e^{-1}$，因此 $k=\dfrac{1}{3}$.

故应填 $\dfrac{1}{3}$.

真题 37 (2014. 工商) 求极限 $\lim\limits_{x\to 0}(1-2x)^{\frac{1}{x}}$.

解 $\lim\limits_{x\to 0}(1-2x)^{\frac{1}{x}}=\lim\limits_{x\to 0}[1+(-2x)]^{\frac{1}{-2x}\cdot(-2)}=\lim\limits_{x\to 0}\{[1+(-2x)]^{\frac{1}{-2x}}\}^{-2}=e^{-2}$.

【名师点评】上述两题都是第二个重要极限最基本的应用. 在专升本考试中，第二个重要极限也是常考的考点，求解过程主要是对函数进行恒等变形凑出第二个重要极限需要的形式. 此类题目难度都不大.

5. 其他未定式转换成 $\dfrac{0}{0}$ 型或 $\dfrac{\infty}{\infty}$ 型再求极限

真题 38 (2016. 公共；2014. 机械) $\lim\limits_{x\to\infty}x[\ln(x-2)-\ln(x+1)]$.

解 $$\lim\limits_{x\to+\infty}x[\ln(x-2)-\ln(x+1)]=\lim\limits_{x\to+\infty}\ln\left(\frac{x-2}{x+1}\right)^{x}=\ln\lim\limits_{x\to+\infty}\left(\frac{x-2}{x+1}\right)^{x}=\ln\frac{\lim\limits_{x\to+\infty}\left(1-\frac{2}{x}\right)^{\frac{-x}{2}\cdot(-2)}}{\lim\limits_{x\to+\infty}\left(1+\frac{1}{x}\right)^{x}}=\ln\frac{e^{-2}}{e}=-3.$$

【名师点评】此题属于求 $\infty\cdot 0$ 型未定式的极限，主要利用了对数的运算特点进行变形，后面的求解用到了第二个重要极限.

真题 39 (2015. 公共) 求 $\lim\limits_{x\to\infty}x^{2}(e^{\frac{1}{x^{2}}}-1)$.

解法一 $$\lim\limits_{x\to\infty}x^{2}(e^{\frac{1}{x^{2}}}-1)=\lim\limits_{x\to\infty}\frac{e^{\frac{1}{x^{2}}}-1}{\frac{1}{x^{2}}}=\lim\limits_{x\to\infty}\frac{\frac{1}{x^{2}}}{\frac{1}{x^{2}}}=1.$$

解法二 $$\lim\limits_{x\to\infty}x^{2}(e^{\frac{1}{x^{2}}}-1)=\lim\limits_{x\to\infty}x^{2}\cdot\frac{1}{x^{2}}=1.$$

【名师点评】此题仍是 $\infty\cdot 0$ 型的未定式. 解法一先将乘积转化成 $\dfrac{0}{0}$ 型分式，再选择合适的方法求解，具体用到了洛必达法则和等价代换的方法. 解法二更为简单，直接对乘积中的第二个无穷小因子进行等价无穷小代换，这种方法同样适用于此类未定式.

6. 其他方法求极限

真题 40 (2014. 经管) 已知$\lim\limits_{x\to 0}\dfrac{x}{f(3x)}=2$，则$\lim\limits_{x\to 0}\dfrac{f(2x)}{x}=$ ________.

A. 2　　B. $\dfrac{3}{2}$　　C. $\dfrac{2}{3}$　　D. $\dfrac{1}{3}$

解 由$\lim\limits_{x\to 0}\dfrac{x}{f(3x)}=2$得$\lim\limits_{x\to 0}\dfrac{3x}{f(3x)}=6$，令$u=3x$，则$\lim\limits_{u\to 0}\dfrac{u}{f(u)}=6$，$\lim\limits_{u\to 0}\dfrac{f(u)}{u}=\dfrac{1}{6}$，

所以 $\lim\limits_{x\to 0}\dfrac{f(2x)}{x}=2\lim\limits_{x\to 0}\dfrac{f(2x)}{2x}=2\lim\limits_{u\to 0}\dfrac{f(u)}{u}=\dfrac{1}{3}$.

故应选 D.

【名师点评】此极限的求解主要用到了换元的思想方法. 通过观察已知极限和所求极限的联系进行变形，换元后简化极限形式再求极限.

考点三 求数列或数列和的极限

真题 41 (2019. 财经) 下列数列中，当$n\to\infty$时，有极限的是 ________.

A. $x_n=-2n$　　B. $x_n=\sqrt{n}$　　C. $x_n=(-1)^n$　　D. $x_n=\dfrac{2}{n^2}$

解 选项 A，$\lim\limits_{n\to\infty}x_n=\lim\limits_{n\to\infty}(-2n)=\infty$. 选项 B，$\lim\limits_{n\to\infty}x_n=\lim\limits_{n\to\infty}\sqrt{n}=\infty$. 选项 C，该数列始终在$-1$和1之间来回振荡，不能趋近于任何常数，所以没有极限. 选项 D，$\lim\limits_{n\to\infty}x_n=\lim\limits_{n\to\infty}\dfrac{2}{n^2}=0$. 因此只有选项 D 中的数列有极限.

故应选 D.

【名师点评】极限为无穷大，只是借用了极限符号来表示数列或者函数的绝对值无限增大的变化趋势，实际上是极限不存在的一种形式，但注意并不是所有极限不存在的，都能写成其极限为无穷大，像选项 C 中的数列极限也是不存在的，但其极限不能写成无穷大.

真题 42 (2018. 财经) 求极限$\lim\limits_{n\to\infty}\dfrac{n+(-1)^n}{2n}$.

解 $\lim\limits_{n\to\infty}\dfrac{n+(-1)^n}{2n}=\lim\limits_{n\to\infty}\dfrac{1+(-1)^n\dfrac{1}{n}}{2}=\dfrac{1}{2}$.

【名师点评】这是一个$\dfrac{\infty}{\infty}$型的未定式极限，可以直接用分子、分母同除以n的最高次幂来求解. 当$n\to\infty$时，$\dfrac{1}{n}\to 0$为无穷小量，$|(-1)^n|=1$是有界量，因此当$n\to\infty$时，$(-1)^n\dfrac{1}{n}$是无穷小，所以变形后可以直接求极限.

真题 43 (2017. 会计) 求极限$\lim\limits_{n\to\infty}(\sqrt{n^2+n}-n)$.

解 $\lim\limits_{n\to\infty}(\sqrt{n^2+n}-n)=\lim\limits_{n\to\infty}\dfrac{\sqrt{n^2+n}-n}{1}=\lim\limits_{n\to\infty}\dfrac{n}{\sqrt{n^2+n}+n}=\lim\limits_{n\to\infty}\dfrac{1}{\sqrt{1+\dfrac{1}{n}}+1}=\dfrac{1}{2}$.

【名师点评】对这类根式之差的$\infty-\infty$型未定式的极限，主要是利用分子有理化的方法，将原式看成分母为1的分式，通过分子有理化，转换成$\dfrac{\infty}{\infty}$型的分式形式，再求极限.

真题 44 (2016. 经管) $\lim\limits_{n\to\infty}\left(\dfrac{1+2+3+\cdots+n}{n}-\dfrac{n}{2}\right)=$ ________.

A. 1　　B. $\frac{1}{2}$　　C. $\frac{1}{3}$　　D. ∞

解　$\lim\limits_{n\to\infty}\left(\frac{1+2+3+\cdots+n}{n}-\frac{n}{2}\right)=\lim\limits_{n\to\infty}\frac{2(1+2+3+\cdots+n)-n^2}{2n}=\lim\limits_{n\to\infty}\frac{(1+n)n-n^2}{2n}=\frac{1}{2}$.

故应选 B.

【名师点评】对此类分式之差的 $\infty-\infty$ 型未定式的极限，一般先通分，转换成一个分式后再求极限. 一般地，数列求极限的方法和函数求极限的方法是一致的.

考点四　无穷小的比较

真题 45　(2019. 财经) 已知当 $x\to 0$ 时，$(1+ax^2)^{\frac{1}{3}}-1$ 与 $1-\cos x$ 是等价无穷小，则常数 $a=$ ________.

解　当 $x\to 0$ 时，$(1+ax^2)^{\frac{1}{3}}-1\sim\frac{1}{3}ax^2$，$1-\cos x\sim\frac{1}{2}x^2$，于是由已知得 $\lim\limits_{x\to 0}\frac{(1+ax^2)^{\frac{1}{3}}-1}{1-\cos x}=\lim\limits_{x\to 0}\frac{\frac{1}{3}ax^2}{\frac{1}{2}x^2}=\frac{2}{3}=1$，

即 $a=\frac{3}{2}$.

故应填 $\frac{3}{2}$.

【名师点评】此题求极限主要用到了等价无穷小代换的方法，分子部分的等价代换是利用了 $\sqrt[n]{1+x}-1\sim\frac{1}{n}x$ 的变形公式 $\sqrt[n]{1+\varphi(x)}-1\sim\frac{1}{n}\varphi(x)$，分母部分的代换是常用形式. 由于两已知变量是等价无穷小，所以极限为 1，即可求出参数 a.

真题 46　(2016. 理工) 下列函数在 $x\to 0$ 时与 x^2 为同阶无穷小的是 ________.

A. 2^x　　B. 2^x-1　　C. $1-\cos x$　　D. $x-\sin x$

解　A 选项，$\lim\limits_{x\to 0}2^x=1\neq 0$，所以当 $x\to 0$ 时，2^x 根本不是一个无穷小.

B 选项，$\lim\limits_{x\to 0}(2^x-1)=0$，$\lim\limits_{x\to 0}\frac{2^x-1}{x^2}=\lim\limits_{x\to 0}\frac{2^x\ln 2}{2x}=\infty$，所以二者不是同阶无穷小.

C 选项，$\lim\limits_{x\to 0}(1-\cos x)=0$，$\lim\limits_{x\to 0}\frac{1-\cos x}{x^2}=\lim\limits_{x\to 0}\frac{\frac{1}{2}x^2}{x^2}=\frac{1}{2}$，所以二者是同阶无穷小.

D 选项，$\lim\limits_{x\to 0}(x-\sin x)=0$，$\lim\limits_{x\to 0}\frac{x-\sin x}{x^2}=\lim\limits_{x\to 0}\frac{1-\cos x}{2x}=0$，所以二者不是同阶无穷小.

故应选 C.

真题 47　(2018. 公共) 当 $x\to 1$ 时，$f(x)=\frac{1-x}{1+x}$ 与 $g(x)=1-\sqrt[3]{x}$ 比较，会得出什么结论？

解　因为 $\lim\limits_{x\to 1}\frac{f(x)}{g(x)}=\lim\limits_{x\to 1}\frac{\frac{1-x}{1+x}}{1-\sqrt[3]{x}}=\lim\limits_{x\to 1}\frac{(1-\sqrt[3]{x})(1+\sqrt[3]{x}+\sqrt[3]{x^2})}{(1-\sqrt[3]{x})(1+x)}=\frac{3}{2}$，

所以 $f(x)=\frac{1-x}{1+x}$ 与 $g(x)=1-\sqrt[3]{x}$ 是同阶但非等价无穷小.

【名师点评】因为当 $x\to 1$ 时，$f(x)$ 和 $g(x)$ 都是无穷小，所以对两个无穷小进行比较，就是让二者作比求极限，根据极限结果得出相应的结论.

考点五 求极限中的参数

真题48 (2017.公共)设 $f(x)=\begin{cases}\dfrac{\tan ax}{x}, & x<0,\\ x+2, & x\geqslant 0,\end{cases}$ $\lim\limits_{x\to 0}f(x)$ 存在,求 a 的值.

解 $\lim\limits_{x\to 0^+}f(x)=\lim\limits_{x\to 0^+}(x+2)=2$, $\lim\limits_{x\to 0^-}f(x)=\lim\limits_{x\to 0^-}\dfrac{\tan ax}{x}=a$,因为 $\lim\limits_{x\to 0}f(x)$ 存在,所以 $\lim\limits_{x\to 0^+}f(x)=\lim\limits_{x\to 0^-}f(x)$,解得 $a=2$.

【名师点评】对于已知分段函数在分段点处的极限存在求函数中参数的题目,可以利用函数在分段点处的左、右极限相等,找到等量关系,解方程求得参数值.

真题49 (2017.会计)已知 $\lim\limits_{x\to+\infty}\left(\dfrac{x^2}{x+1}-x-a\right)=2$,则常数 $a=$ ________.

解 由已知 $\lim\limits_{x\to+\infty}\left(\dfrac{x^2}{x+1}-x-a\right)=\lim\limits_{x\to+\infty}\dfrac{(-1-a)x-a}{x+1}=2$,所以 $-1-a=2$,解得 $a=-3$.

【名师点评】解极限中的参数,一般需要先判断极限类型,选择适合的方法求出极限,再从等量关系中解出参数值.

考点方法综述

在专升本考试中,用到的求极限的方法主要有:

1. 利用极限的四则运算法则求极限.
2. 利用分解因式或分子(分母)有理化后消去零因子求极限.
3. 利用 $\dfrac{\infty}{\infty}$ 型有理分式的结论求极限.
4. 利用无穷小的性质"无穷小与有界量的乘积仍然为无穷小"求极限.
5. 利用等价无穷小代换求极限.(重点)
6. 利用两个重要极限求极限.(重点)
7. 将其他未定式转换成 $\dfrac{0}{0}$ 型或 $\dfrac{\infty}{\infty}$ 型求极限.
8. 利用数列求和求极限.
9. 利用夹逼准则求极限.

第三单元 连 续

考纲内容解读

一、考纲要求

1. 理解函数连续性的概念(含左连续和右连续),会判别函数间断点的类型.
2. 掌握连续函数的性质.
3. 掌握闭区间上连续函数的性质(有界性定理,最大值、最小值定理,介值定理).
4. 理解初等函数在其定义区间内连续,并会用连续性求极限.

二、名师解读

连续的概念在专升本考试中经常出现,虽然不如极限考查得那么频繁,但也是常考内容,特别要掌握分段函数在分段点处连续性的判断.关于连续性的题目即使在考题中没有直接出现,有时也会在讨论函数可导性时用到它的定义.

考点知识梳理

一、函数在一点连续

描述性定义：设函数 $y=f(x)$ 在 x_0 的某一邻域内有定义，如果 $\lim\limits_{x\to x_0}f(x)=f(x_0)$，则称函数 $f(x)$ 在点 x_0 连续.

纯数学定义：$f(x)$ 在点 x_0 连续 $\Leftrightarrow \forall\varepsilon>0$，$\exists\delta>0$，当 $|x-x_0|<\delta$ 时，有 $|f(x)-f(x_0)|<\varepsilon$.

【名师解析】函数 $y=f(x)$ 在点 x_0 连续需同时满足三个条件：(1)$f(x_0)$ 存在；(2) $\lim\limits_{x\to x_0}f(x)$ 存在；(3) $\lim\limits_{x\to x_0}f(x)=f(x_0)$.

只要其中一个条件不成立，则函数在该点不连续.

左连续：如果 $\lim\limits_{x\to x_0^-}f(x)=f(x_0)$，则称函数 $f(x)$ 在点 x_0 左连续.

右连续，如果 $\lim\limits_{x\to x_0^+}f(x)=f(x_0)$，则称函数 $f(x)$ 在点 x_0 右连续.

函数 $f(x)$ 在点 x_0 连续 $\Leftrightarrow$ 函数 $f(x)$ 在点 x_0 既左连续又右连续.

对于分段函数，常通过判断分段点的左右连续性来判断该点的连续性.

二、间断点及其分类

1. 间断点的定义

若函数 $y=f(x)$ 在点 x_0 处不连续，则称 x_0 为间断点.

2. 间断点的分类

- 第一类间断点（左、右极限都存在）
  - 可去间断点（$\lim\limits_{x\to x_0^-}f(x)=\lim\limits_{x\to x_0^+}f(x)$，即 $\lim\limits_{x\to x_0}f(x)$ 存在）
  - 跳跃间断点（$\lim\limits_{x\to x_0^-}f(x)\neq\lim\limits_{x\to x_0^+}f(x)$）
- 第二类间断点（左、右极限至少有一个不存在）

【名师解析】初等函数找间断点，一般是找出使函数没有定义的点. 进一步判断间断点的类型时，需要求函数在间断点的极限，看左、右极限是否存在. 初等函数一般不需要分别求间断点的左、右极限.

分段函数找间断点，一般只需要验证分段点，如果分段点左右两侧的函数表达式不同，则需要分别求分段点的左、右极限，根据左、右极限是否存在来判断分段点是否为间断点，同时可以说明间断点的类型.

三、初等函数的连续性

一切初等函数在其定义区间内都是连续的，其定义区间即为它的连续区间.

【名师解析】所谓定义区间，就是指包含在定义域内的区间.

四、闭区间上连续函数的性质

1. 最值定理

若函数 $f(x)$ 在闭区间 $[a,b]$ 上连续，则 $f(x)$ 在 $[a,b]$ 上一定取得最大值 M 和最小值 m.

2. 有界定理

若函数 $f(x)$ 在闭区间 $[a,b]$ 上连续，则 $f(x)$ 在 $[a,b]$ 上一定有界.

3. 介值定理

若函数 $f(x)$ 在闭区间 $[a,b]$ 上连续，则 $f(x)$ 在 $[a,b]$ 上一定取得介于最大值 M 和最小值 m 之间的所有值.

4. 零点定理

若函数 $f(x)$ 在闭区间 $[a,b]$ 上连续，且 $f(a)f(b)<0$，则在 (a,b) 内至少存在一点 ξ，使得 $f(\xi)=0$.

【名师解析】零点定理又叫根的存在性定理，经常用来证明方程根的存在性. 即若函数 $f(x)$ 在闭区间 $[a,b]$ 上连续，且 $f(a)f(b)<0$，则方程 $f(x)=0$ 在 (a,b) 内至少存在一个根.

考点一 讨论函数的连续性

【考点分析】在函数连续性的考查中，分段函数在分段点的连续性是考试中出现频率最高的考点. 要注意函数在一点连续的定义需满足该点处的极限值和函数值相等，所以在验证过程中，既要求分段点的极限，同时又要求分段点处的函数值.

求极限时还要注意分段函数的分段方式：分段点两侧表达式不同的，需要分别求左、右极限，验证左、右连续性，从而确定该点的连续性；分段点两侧表达式相同的，可以直接求分段点的极限.

分段函数各段上的初等函数在定义区间上都是连续的，所以分段函数只要在分段点处连续，在整个定义域上就一定是连续的. 因此，研究分段函数的连续性只需要讨论分段点的情况.

例 43 若 $f(x)=\begin{cases}-2x+1, & x\leqslant 1,\\ x-2, & x>1,\end{cases}$ 讨论 $f(x)$ 在 $x=1$ 处的连续性.

解 因为 $f(1)=-1$，$\lim\limits_{x\to 1^-}f(x)=\lim\limits_{x\to 1^-}(-2x+1)=-1$，$\lim\limits_{x\to 1^+}f(x)=\lim\limits_{x\to 1^+}(x-2)=-1$.

即 $\lim\limits_{x\to 1^-}f(x)=\lim\limits_{x\to 1^+}f(x)=f(1)$，所以 $f(x)$ 在 $x=1$ 处连续.

【名师点评】此函数在分段点两侧的表达式不同，需分别求函数在该点的左、右极限及函数值，三者均相等，才能说明函数在分段点处是连续的.

例 44 讨论 $f(x)=\begin{cases}\dfrac{x}{1+e^{\frac{1}{x}}}, & x\neq 0,\\ 0, & x=0\end{cases}$ 的连续性.

解 当 $x\neq 0$ 时，$f(x)=\dfrac{x}{1+e^{\frac{1}{x}}}$ 是初等函数，显然连续. 只需考查在 $x=0$ 处的连续性，因为 $\lim\limits_{x\to 0}f(x)=\lim\limits_{x\to 0}\dfrac{x}{1+e^{\frac{1}{x}}}=0$，而 $f(0)=0$，所以 $\lim\limits_{x\to 0}f(x)=f(0)$，即 $f(x)$ 在 $x=0$ 处连续. 因此，$f(x)$ 在 $(-\infty,+\infty)$ 内连续.

【名师点评】研究分段函数在整个定义域上的连续性，只需要验证其在分段点的连续性. 此函数在分段点左右两侧的表达式相同，一般可以直接求极限.

例 45 设 $f(x)=\begin{cases}x\sin^2\dfrac{1}{x}, & x>0,\\ a+x^2, & x\leqslant 0,\end{cases}$ 那么 a 取多少时，才能使函数 $f(x)$ 在 $(-\infty,+\infty)$ 内连续?

解 要使 $f(x)$ 在 $(-\infty,+\infty)$ 内连续，只需保证 $f(x)$ 在 $x=0$ 处连续即可.

因为 $\lim\limits_{x\to 0^-}f(x)=\lim\limits_{x\to 0^-}(a+x^2)=a=f(0)$，$\lim\limits_{x\to 0^+}f(x)=\lim\limits_{x\to 0^+}x\sin^2\dfrac{1}{x}=0$，若 $f(x)$ 在 $x=0$ 处连续，则 $a=0$. 所以当 $a=0$ 时 $f(x)$ 在 $(-\infty,+\infty)$ 内连续.

例 46 设函数 $f(x)=\begin{cases}\dfrac{x^2\sin\frac{1}{x}}{e^x-1}, & x<0,\\ b, & x=0,\\ \dfrac{\ln(1+2x)}{x}+a, & x>0,\end{cases}$ 当 $a=$ ________，$b=$ ________ 时，$f(x)$ 在 $(-\infty,+\infty)$ 内连续.

解 $f(x)$ 在 $(-\infty,+\infty)$ 内连续，则 $f(x)$ 在 $x=0$ 处连续.

$$\lim_{x\to 0^-}f(x)=\lim_{x\to 0^-}\frac{x^2\sin\frac{1}{x}}{e^x-1}=\lim_{x\to 0^-}\frac{x^2\sin\frac{1}{x}}{x}=\lim_{x\to 0^-}x\sin\frac{1}{x}=0,$$

$$\lim_{x\to 0^+} f(x)=\lim_{x\to 0^+}\left[\frac{\ln(1+2x)}{x}+a\right]=\lim_{x\to 0^-}\left(\frac{2x}{x}+a\right)=2+a,$$

又因为 $f(0)=b$，因此 $2+a=0=b$，所以 $a=-2$，$b=0$ 时，$f(x)$ 在 $(-\infty,+\infty)$ 内连续.

故应填 -2，0.

【名师点评】已知分段函数在分段点的连续性求参数，这是专升本考试中一类出现频率很高的题目. 只要利用左、右极限相等，或者利用极限值和函数值相等，建立含参数的等量关系，就可以求出参数值.

考点二　求函数间断点，判断间断点类型

【考点分析】新大纲要求能找出函数的间断点并会判别间断点的类型. 初等函数找间断点一般就是找函数没有定义的点，而分段函数则主要验证分段点是否是间断点.

间断点类型的判断都需要求间断点处的函数极限. 对于初等函数，一般可以直接求极限，其中极限存在是第一类间断点，极限不存在是第二类间断点. 对于有些分段函数和个别初等函数，则需要求左、右极限. 左、右极限都存在的是第一类间断点，其中左、右极限相等的，是可去间断点，不相等的是跳跃间断点；而左、右极限中至少有一个不存在的，则是第二类间断点.

在专升本考试中，间断点这个考点以填空题的形式考查.

例 47　函数 $y=x\cos\frac{1}{x}$ 的间断点是 ________，是第 ________ 类间断点.

解　$x=0$ 为 $y=x\cos\frac{1}{x}$ 的间断点，因为 $\lim\limits_{x\to 0}x\cos\frac{1}{x}=0$（有界函数与无穷小的乘积是无穷小），所以 $x=0$ 为第一类可去间断点.

故应填 $x=0$，一.

【名师点评】函数在使分式的分母为 0 的点处没有意义，因此 $x=0$ 是函数的间断点. 具体判断间断点类型时，必须通过求极限，看左、右极限是否存在. 如果是初等函数，一般可以直接求极限.

例 48　求函数 $y=\sin\frac{1}{x}$ 的间断点，并判断类型.

解　初等函数的间断点就是函数没有定义的点，因此 $x=0$ 为 $y=\sin\frac{1}{x}$ 的间断点.

因为 $\lim\limits_{x\to 0}\sin\frac{1}{x}$ 不存在，所以 $x=0$ 是函数的第二类间断点.

例 49　$x=\frac{\pi}{2}$ 是函数 $y=\frac{x}{\tan x}$ 的 ________.

A. 连续点　　B. 可去间断点　　C. 跳跃间断点　　D. 第二类间断点

解　因为 $\lim\limits_{x\to\frac{\pi}{2}}\frac{x}{\tan x}=0$，则函数在 $x=\frac{\pi}{2}$ 处的极限存在，且左、右极限相等，所以 $x=\frac{\pi}{2}$ 是函数的第一类可去间断点.

故应选 B.

【名师点评】如果初等函数在间断点处的极限存在，则左、右极限一定存在且相等，此间断点为第一类可去间断点. 如果初等函数在间断点处的极限不存在，则该点为第二类间断点.

例 50　函数 $y-\frac{1}{e^{\frac{x}{x-2}}-1}$ 的间断点为 ________.

解　函数中使分母为 0 的点均为间断点，即 $x=0$ 和 $x=2$ 为间断点.

故应填 $x=0$ 和 $x=2$.

【名师点评】此函数包含两个分式,因此有两个分母,所以应找到两个间断点,不要漏点.

例 51 求函数 $f(x)=\dfrac{x^2+2x-3}{x^2+x-6}$ 的连续区间,并指出间断点的类型.

解 由 $x^2+x-6=(x+3)(x-2)=0$ 可知 $x_1=-3$, $x_2=2$ 为间断点,因此函数的连续区间为 $(-\infty,-3)\cup(-3,2)\cup(2,+\infty)$.

$\lim\limits_{x\to-3}f(x)=\lim\limits_{x\to-3}\dfrac{x^2+2x-3}{x^2+x-6}=\lim\limits_{x\to-3}\dfrac{2x+2}{2x+1}=\dfrac{4}{5}$; $\lim\limits_{x\to2}f(x)=\lim\limits_{x\to2}\dfrac{(x+3)(x-1)}{(x+3)(x-2)}=\infty$.

所以 $x_1=-3$ 为可去间断点,$x_2=2$ 为无穷间断点.

【名师点评】一般地,初等函数的连续区间即为函数的定义域.

考点三 闭区间上连续函数性质的应用

【考点分析】闭区间上连续函数的性质中最常考的是零点定理,往往用来证明方程根的存在性.解这类题目时,通过给出的方程构造函数是至关重要的一步.函数确定后,才能验证它是否满足零点定理的两个条件,从而得出方程在给定区间内至少有一个根.

另外,零点定理只能证明在给定区间内方程至少有一个根,并不能确定根的个数,所以有时候需要结合函数的单调性或者根据方程的最高次数来说明方程最多有几个根.至少和至多相结合,才能最终确定根的个数.

例 52 证明方程 $x^3=3x^2-1$ 在 $(0,1)$ 内至少有一个根.

证明 设 $f(x)=x^3-3x^2+1$,则 $f(x)$ 在 $[0,1]$ 上连续.

$f(0)=1$, $f(1)=-1$, $f(0)\cdot f(1)<0$. 由零点定理知,在 $(0,1)$ 内至少有一点 ξ,使得 $f(\xi)=0$,即 $\xi^3=3\xi^2-1$. 即方程 $x^3=3x^2-1$ 在 $(0,1)$ 内至少有一个根.

【名师点评】应用零点定理证明时,首先要构造辅助函数,一般将已知方程进行恒等变形,将方程右端的表达式移到左端,化成 $f(x)=0$ 的形式,此时方程左边的函数就是要构造的函数.函数确定下来以后,再逐一验证零点定理的两个条件.

例 53 设 $f(x)$ 在 $[0,1]$ 上连续,且 $0\leqslant f(x)\leqslant1$,证明在 $[0,1]$ 上至少存在一点 ξ,使 $f(\xi)=\xi$.

证明 令 $g(x)=f(x)-x$,则 $g(x)$ 在 $[0,1]$ 上连续,且 $g(0)=f(0)\geqslant0$, $g(1)=f(1)-1\leqslant0$. 若等号成立,即 $f(0)=0$ 或 $f(1)=1$,则端点 0 或 1 即可作为 ξ;若等号不成立,即 $g(0)\cdot g(1)<0$,由零点定理知,$\exists\xi\in(0,1)$,使 $g(\xi)=0$,即 $f(\xi)-\xi=0$.

综上所述,至少存在一点 $\xi\in[0,1]$,使 $f(\xi)=\xi$.

【名师点评】此类证明题一般从结论入手,证明在给定区间上存在 ξ 满足方程,即证方程存在根,所以考虑零点定理.习惯上先将方程还原成以 x 为变量的初始形式 $f(x)=x$,再通过移项构造辅助函数 $g(x)=f(x)-x$. 另外,零点定理的结论是方程在开区间内存在根,而此题证明的是闭区间内根的存在性,这就需要对区间端点进行讨论,千万不要忽视.

例 54 设 $f(x)$ 在 $[0,2a]$ 上连续,且 $f(0)=f(2a)$,证明在 $[0,a]$ 上至少存在一点 ξ,使 $f(\xi)=f(\xi+a)$.

证明 令 $F(x)=f(x)-f(x+a)$,则 $F(x)$ 在 $[0,a]$ 上连续.

$F(0)=f(0)-f(a)$, $F(a)=f(a)-f(2a)=f(a)-f(0)=-F(0)$,

若 $F(0)=F(a)=0$,则端点 0 和 a 均可作为 ξ;若 $F(0)\neq0$,则 $F(0)\cdot F(a)<0$,由零点定理知,$\exists\xi\in(0,a)$ 使得 $F(\xi)=0$,即 $f(\xi)-f(\xi+a)=0$.

综上所述,至少存在一点 $\xi\in[0,a]$,使 $f(\xi)=f(\xi+a)$.

【名师点评】此题的证明思路与上题相同,从结论入手,构造辅助函数.另外,证明中同样需要对区间端点进行讨论.

例 55 利用零点定理证明方程 $x^3-3x^2-x+3=0$ 在区间 $(-2,0)$，$(0,2)$，$(2,4)$ 内各有一个实根.

证明 设 $f(x)=x^3-3x^2-x+3$，则 $f(x)$ 在 $[-2,0]$，$[0,2]$，$[2,4]$ 上均连续，且 $f(-2)<0$，$f(0)>0$，$f(2)<0$，$f(4)>0$.

于是根据零点定理可知，至少存在 $\xi_1\in(-2,0)$，$\xi_2\in(0,2)$，$\xi_3\in(2,4)$，使 $f(\xi_1)=0$，$f(\xi_2)=0$，$f(\xi_3)=0$.

因此方程 $x^3-3x^2-x+3=0$ 在区间 $(-2,0)$，$(0,2)$，$(2,4)$ 内各至少有一个实根.

又因为三次方程最多有三个实根，所以方程 $x^3-3x^2-x+3=0$ 在区间 $(-2,0)$，$(0,2)$，$(2,4)$ 内各只有一个实根.

【名师点评】此题需要分别在三个区间上应用零点定理，说明每个区间上至少有一个实根，一共至少有三个实根；再根据方程的次数说明方程最多有三个实根，而两者结合才能确定方程在每个区间内就只有一个实根.

零点定理解决了根的存在性问题，而要说明根的唯一性一般可以结合方程的次数，也可以结合函数的单调性.

考点真题解析

考点一 讨论函数的连续性

真题 50 (2018. 理工) 设函数 $f(x)=\begin{cases}(1-x)^{\frac{1}{x}}, & x<0,\\ 2^x+k, & x\geqslant 0\end{cases}$ 在 $x=0$ 处连续，则 $k=$ ________.

解 因为函数 $f(x)$ 在 $x=0$ 处连续，所以 $f(x)$ 在 $x=0$ 处的左、右极限存在且相等.

$\lim\limits_{x\to0^-}f(x)=\lim\limits_{x\to0^-}(1-x)^{\frac{1}{x}}=\lim\limits_{x\to0^-}[1+(-x)]^{\frac{1}{-x}\cdot(-1)}=\dfrac{1}{\mathrm{e}}$，

$\lim\limits_{x\to0^+}f(x)=\lim\limits_{x\to0^+}(2^x+k)=1+k$，因此 $\dfrac{1}{\mathrm{e}}=1+k$，即 $k=\dfrac{1}{\mathrm{e}}-1$.

故应填 $\dfrac{1}{\mathrm{e}}-1$.

真题 51 (2016. 公共) 设函数 $f(x)=\begin{cases}\mathrm{e}^{ax}-a, & x\leqslant 0,\\ x+a\cos 2x, & x>0\end{cases}$ 为 $(-\infty,+\infty)$ 上的连续函数，则 $a=$ ________.

解 $f(0)=1-a$，$\lim\limits_{x\to0^-}f(x)=\lim\limits_{x\to0^-}(\mathrm{e}^{ax}-a)=1-a$，

$\lim\limits_{x\to0^+}f(x)=\lim\limits_{x\to0^+}(x+a\cos 2x)=a$，由于 $f(x)$ 为 $(-\infty,+\infty)$ 上的连续函数，所以 $f(x)$ 在 $x=0$ 处连续，

所以 $\lim\limits_{x\to0^-}f(x)=\lim\limits_{x\to0^+}f(x)=f(0)$，所以 $1-a=a$，即 $a=\dfrac{1}{2}$.

故应填 $\dfrac{1}{2}$.

【名师点评】此类已知分段函数在 $(-\infty,+\infty)$ 上连续或者在分段点上连续的求参数的题目几乎在每年的考试中都会出现，多以填空题或者选择题的形式给出，题目相对比较简单，只要利用函数在间断点处的左、右极限相等，或者利用极限值和函数值相等，建立等量关系解参数即可.

考点二 求函数的间断点，判断间断点类型

真题 52 (2019. 公共) $x=0$ 是函数 $f(x)=\dfrac{\tan x}{x}$ 的第 ________ 类间断点.

解 因为 $\lim\limits_{x\to0}\dfrac{\tan x}{x}=1$，所以 $x=0$ 是函数 $f(x)=\dfrac{\tan x}{x}$ 的第一类间断点.

故应填一.

【名师点评】一般来说，初等函数判断间断点的类型，可以直接求该点处的函数极限. 极限存在的是第一类(可去) 间断点，极限不存在的是第二类间断点.

真题 53 (2018、2017.公共) $f(x)=\dfrac{\frac{1}{x}-\frac{1}{x+1}}{\frac{1}{x-1}-\frac{1}{x}}$ 的第一类间断点为________,第二类间断点为________.

解 $f(x)=\dfrac{\frac{1}{x}-\frac{1}{x+1}}{\frac{1}{x-1}-\frac{1}{x}}$ 的间断点为 $x=0$, $x=1$, $x=-1$,分别求这三个点处的函数极限,

$$\lim_{x\to 0}f(x)=\lim_{x\to 0}\frac{\frac{1}{x}-\frac{1}{x+1}}{\frac{1}{x-1}-\frac{1}{x}}=\lim_{x\to 0}\frac{x-1}{x+1}=-1;$$

$$\lim_{x\to 1}f(x)=\lim_{x\to 1}\frac{\frac{1}{x}-\frac{1}{x+1}}{\frac{1}{x-1}-\frac{1}{x}}=\lim_{x\to 1}\frac{x-1}{x+1}=0;$$

$$\lim_{x\to -1}f(x)=\lim_{x\to -1}\frac{\frac{1}{x}-\frac{1}{x+1}}{\frac{1}{x-1}-\frac{1}{x}}=\lim_{x\to -1}\frac{x-1}{x+1}=\infty.$$

因此,$x=0$ 和 $x=1$ 为第一类间断点,$x=-1$ 为第二类间断点.

故应填 $x=0$ 和 $x=1$;$x=-1$.

【名师点评】此类比较复杂的函数,一般先按函数的原始形式找出所有间断点,然后将函数化简以后再求各间断点的极限,从而判断间断点的类型.注意千万不要先化简再找间断点,容易漏点.

真题 54 (2018.财经) $x=-1$ 是函数 $f(x)=e^{\frac{1}{x+1}}$ 的第________类间断点.

解 因为 $\lim\limits_{x\to -1^+}e^{\frac{1}{x+1}}=\infty$,所以 $x=-1$ 是函数 $f(x)=e^{\frac{1}{x+1}}$ 的第二类间断点.

故应填二.

【名师点评】 $\lim\limits_{x\to -1^+}e^{\frac{1}{x+1}}$ 的求解,可以借助复合函数的内层函数 $u=\dfrac{1}{x+1}$ 和外层函数 $y=e^u$ 的两个图像,由内向外一层层地研究函数的变化趋势.

真题 55 (2015.公共) 设函数 $f(x)=\begin{cases}\sin\dfrac{1}{x}, & x>0,\\ x-1, & x\leqslant 0,\end{cases}$ 函数 $f(x)$ 的间断点是________,间断点的类型是________.

解 因为 $\lim\limits_{x\to 0^+}f(x)=\lim\limits_{x\to 0^+}\sin\dfrac{1}{x}$ 不存在,所以 $x=0$ 为函数 $f(x)$ 的间断点,类型是第二类间断点.

故应填 $x=0$,第二类间断点.

【名师点评】分段函数的间断点只需要验证分段点,类型需根据间断点的左、右极限情况判断.

真题 56 (2014.公共) 函数 $y=\dfrac{x}{\tan x}$ 的间断点为________.

解 使 $y=\dfrac{x}{\tan x}$ 没有定义的点即为其间断点,$x=0$ 和 $x=\dfrac{k\pi}{2}(k\in\mathbf{Z})$,因为 k 可以取零,所以间断点可以统一表示为 $x=\dfrac{k\pi}{2}(k\in\mathbf{Z})$.

故应填 $x=\dfrac{k\pi}{2}(k\in\mathbf{Z})$.

考点三　闭区间上连续函数的性质的应用

真题 57 （2018.财经）方程 $x^3+2x-5=0$ 在下列哪个区间上至少有一个实根________.

A. $\left(0,\frac{1}{2}\right)$　　B. $\left(\frac{1}{2},1\right)$　　C. $(1,2)$　　D. $(1,0)$

解　此题研究方程根的存在性，可以利用零点定理的条件去筛选. 设 $f(x)=x^3+2x-5$，则 $f(x)$ 在 $(-\infty,+\infty)$ 上连续，只需要验证 $f(x)$ 在哪个区间上端点的函数值异号即可. $f(0)<0$，$f\left(\frac{1}{2}\right)<0$，$f(1)<0$，$f(2)>0$，由此可见 $f(x)$ 只有在 $(1,2)$ 上满足零点定理的条件.

故应选 C.

【名师点评】此题最快捷有效的方法就是验证函数在各区间端点的函数值是否异号.

真题 58 （2018.公共）证明方程 $x^5-2x^2+x+1=0$ 在区间 $(-1,1)$ 内至少有一个实根.

证明　设 $f(x)=x^5-2x^2+x+1$，则 $f(x)$ 在区间 $[-1,1]$ 上连续，又因为 $f(-1)=-3<0$，$f(1)=1>0$，由零点定理知，至少存在一点 $\xi\in(-1,1)$，使 $f(\xi)=0$，即 $\xi^5-2\xi^2+\xi+1=0(-1<\xi<1)$.

因此，方程 $x^5-2x^2+x+1=0$ 在区间 $(-1,1)$ 内至少有一个实根.

【名师点评】该题是典型的零点定理应用题，直接构造辅助函数，验证零点定理的两个条件，即可得出结论.

真题 59 （2017.公共）证明方程 $x=a\sin x+b(a>0,b>0)$ 至少有一个不超过 $a+b$ 的正根.

证明　设 $f(x)=x-a\sin x-b$，则 $f(x)$ 在 $[0,a+b]$ 上连续，且 $f(0)<0$，$f(a+b)=a-a\sin(a+b)\geqslant 0$. 若 $f(a+b)=0$，则 $x=a+b$ 即为一个正根；若 $f(a+b)>0$，则由零点定理知，$f(x)=0$ 在 $(0,a+b)$ 内至少有一个正根.

综上所述，方程 $x=a\sin x+b(a>0,b>0)$ 至少有一个不超过 $a+b$ 的正根.

【名师点评】此题叙述中"不超过"的含义即是"$\leqslant$"，所以我们要证明在 $(0,a+b]$ 上至少有一个根，证明中要注意对右端点的讨论.

真题 60 （2015.公共）证明方程 $x^5+x-1=0$ 只有一个正根.

证明　令 $f(x)=x^5+x-1$，则 $f(x)$ 为连续函数. 又因为 $f(0)=-1<0$，$f(1)=1>0$，故 $f(x)=0$ 在 $(0,1)$ 上至少有一个正根. 又因为 $f'(x)=5x^4+1>0$，所以 $f(x)$ 在 $(0,+\infty)$ 内单调增加，因此 $f(x)=0$ 至多有一个正根.

综上所述，$x^5+x-1=0$ 只有唯一的正根.

【名师点评】此题是根的存在性问题，但是没有明确给出研究区间. "正根"说明根大于零，区间左端点可以取 0，右端点可以在右侧取值试求，从而找到能使函数端点值异号的区间，这样才方便在该区间内应用零点定理证明至少有一个正根，再结合单调性最终确定根的个数.

考点方法综述

1. 一切初等函数在定义区间上都是连续的，分段函数只有可能在分段点处是不连续的，这需要具体考查函数在分段点处的极限值和函数值是否相等.

2. 求函数间断点并判断其类型的基本步骤

(1) 找点：找出函数的所有间断点. 初等函数的间断点就是使函数没有定义的点，分段函数需验证分段点是否是间断点.

(2) 求极限：对初等函数的间断点直接求该点的极限，对两侧表达式不同的分段函数的分段点求该点的左、右极限.

(3) 根据极限判断间断点类型：

对于初等函数的间断点，一般来说，若该点处的极限存在，则是第一类可去间断点；若极限不存在，则是第二类间断点. 对于含指数函数或者是反正切函数的初等函数，判断间断点类型时需要分别求左、右极限，再根据左、右极限的情况来说明.

对于分段函数的间断点,若该点处的左、右极限都存在且相等,则是第一类可去间断点;若该点处的左、右极限都存在但不相等,则是第一类跳跃间断点;若该点处的左、右极限中至少有一个不存在时,则是第二类间断点.

3. 闭区间上连续函数的性质中零点定理是重点. 闭区间的前提不能忽略,零点定理的结论虽是开区间上根的存在性,但验证连续性条件时,一定要考查函数在相应闭区间上是否连续.

本章检测训练

第一章检测训练 A

一、单选题

1. 函数 $f(x)=\dfrac{1-x^2}{\sqrt{|x|-1}}+\arccos(x-1)$ 的定义域为________.

A. $(0,2]$　　B. $[0,2]$　　C. $(1,2]$　　D. $[1,2]$

2. 函数 $y=|x\cos x|$ 是________.

A. 有界函数　　B. 偶函数　　C. 单调函数　　D. 周期函数

3. 已知 $f\left(x+\dfrac{1}{x}\right)=x^2+\dfrac{1}{x^2}$,则 $f(x)=$________.

A. x^2　　B. x^2+2　　C. x^2-1　　D. x^2-2

4. 若 $\lim\limits_{x\to x_0}f(x)$ 存在,则________.

A. $f(x)$ 有界　　B. $f(x)$ 无界

C. $f(x)$ 在 x_0 点有定义　　D. $f(x)$ 在 x_0 的某空心邻域内有界

5. 当 $x\to 0$ 时,$x\sin x$ 是比 x^2________.

A. 较低阶的无穷小　　B. 较高阶的无穷小　　C. 等价无穷小　　D. 同阶但非等价无穷小

6. 设 $y=\dfrac{\sqrt[3]{x}-1}{x-1}$,则 $x=1$ 是函数 y 的________.

A. 连续点　　B. 可去间断点　　C. 跳跃间断点　　D. 无穷间断点

7. $\lim\limits_{x\to 0}\left(x\sin\dfrac{1}{x}-\dfrac{1}{x}\sin x\right)=$________.

A. 1　　B. 0　　C. -1　　D. 不存在

8. $\lim\limits_{x\to 1}e^{\frac{1}{x-1}}$ 的极限为________.

A. 1　　B. e　　C. 0　　D. 不存在

9. 若 $\lim\limits_{x\to 2}\dfrac{x^2-ax+b}{x^2-x-2}=2$,则________.

A. $a=2,b=-8$　　B. $a=-2,b=-8$　　C. $a=2,b=8$　　D. $a=-2,b=8$

10. 极限 $\lim\limits_{n\to\infty}\dfrac{3^{n+1}+(-2)^{n+1}}{2^n+3^n}=$________.

A. 3　　B. 2　　C. $\dfrac{3}{2}$　　D. ∞

二、填空题

1. 函数 $y=\arcsin(1-x)+\dfrac{1}{2}\lg\dfrac{1+x}{1-x}$ 的定义域为____________.

2. 设 $f(e^x)=x(x>0)$,则 $f(x)=$____________.

3. 设函数 $f(x)=\begin{cases}1, & |x|\leqslant 1,\\ 0, & |x|>1,\end{cases}$ 则 $f(\sin x)=$____________.

4. 极限 $\lim\limits_{x\to\infty}\left(\dfrac{x+1}{x}\right)^{-x}=$____________.

5. 极限$\lim\limits_{x\to 2}\dfrac{\sin(x-2)}{x^2-4}=$______.

6. 极限$\lim\limits_{x\to 0}(1+3x)^{\frac{2}{\sin x}}=$______.

7. 极限$\lim\limits_{x\to 1}\left(\dfrac{x}{x-1}-\dfrac{2}{x^2-1}\right)=$______.

8. 设函数$f(x)=\begin{cases}e^x, & x\leqslant 0,\\ ax^2+b, & x>0\end{cases}$在$x=0$处连续,则$b=$______.

9. 函数$f(x)=\dfrac{1}{\ln x^2}$的第一类间断点为______.

10. 设$f(x)=\begin{cases}2+(x-1)\cos\dfrac{1}{x}, & x<1,\\ 3x^2+\ln x, & x\geqslant 1,\end{cases}$则$x=1$是$f(x)$的______间断点.

三、计算题

1. 求极限$\lim\limits_{x\to 2}\dfrac{x^2-3x+2}{x^2-5x-6}$.

2. 求极限$\lim\limits_{x\to 0}\dfrac{x}{\sqrt{x+4}-2}$.

3. 求极限$\lim\limits_{x\to +\infty}\dfrac{3x^3-2x^2+5}{2x^3+3x}$.

4. 求极限$\lim\limits_{x\to 0}\dfrac{\ln(1+2x)}{\sqrt{1-3x}-1}$.

5. 求极限$\lim\limits_{x\to 0}(1-\sin x)^{2\csc x}$.

6. 求极限$\lim\limits_{x\to 2}\left(\dfrac{1}{x-2}-\dfrac{4}{x^2-4}\right)$.

7. 求极限$\lim\limits_{x\to -1}\left(\dfrac{3}{x^3+1}-\dfrac{1}{x+1}\right)$.

8. 求极限$\lim\limits_{x\to\infty}\dfrac{x+\sin x}{1+x}$.

9. 求极限$\lim\limits_{n\to\infty}\left(\dfrac{1}{n^2+1}+\dfrac{2}{n^2+1}+\cdots+\dfrac{n}{n^2+1}\right)$.

10. 设$f(x)=e^x$,求极限$\lim\limits_{n\to\infty}\dfrac{1}{n^2}\ln[f(1)f(2)\cdots f(n)]$.

第一章检测训练 B

一、选择题

1. 函数$y=\dfrac{\sqrt{x+1}+1}{|x|+x-1}$的定义域为______.

A. $[-1,+\infty)$　　B. $\left[-1,\dfrac{1}{2}\right)$　　C. $\left(\dfrac{1}{2},+\infty\right)$　　D. $\left[-1,\dfrac{1}{2}\right)\cup\left(\dfrac{1}{2},+\infty\right)$

2. $y=x^2+\ln\dfrac{1-x}{1+x}$是(　　).

A. 偶函数　　B. 奇函数

C. 在$-1<x<0$是奇函数,在$0<x<1$是偶函数　　D. 非奇非偶函数

3. 函数$y=1-\arctan x$是______.

A. 单调增加且有界函数　　B. 单调减少且有界函数

C. 奇函数　　D. 偶函数

4. 若函数$f(x)$在某点x_0的极限存在,则(　　)

A. $f(x)$在x_0的函数值必存在且等于极限值　　B. $f(x)$在x_0的函数值必存在,但不一定等于极限值

C. $f(x)$在x_0的函数值可以不存在　　D. 如果$f(x_0)$存在的话,必等于极限值

5. 数列有界是数列具有极限的(　　).

A. 必要条件　　B. 充分条件　　C. 充分必要条件　　D. 既非充分也非必要条件

6. 下列等式成立的是______.

A. $\lim\limits_{x\to 0}\dfrac{\sin x^2}{x}=1$　　B. $\lim\limits_{x\to 0}\dfrac{\sin x}{x^2}=1$　　C. $\lim\limits_{x\to 0}\dfrac{\sin x}{x}=1$　　D. $\lim\limits_{x\to\infty}\dfrac{\sin x}{x}=1$

7. 当$x\to 0$时,$a=\sqrt{1+x}-\sqrt{1-x}$是无穷小量,则______.

A. a是比$2x$高阶的无穷小　　B. a是比$2x$低阶的无穷小

C. a与$2x$是同阶但不等价的无穷小　　D. a与$2x$是等价的无穷小

8. 已知当 $x \to 0$ 时，$(1+ax^2)^{\frac{1}{3}}-1$ 与 $\cos x-1$ 是等价无穷小，则 a 的值为 ________.

A. $-\dfrac{3}{2}$　　B. $\dfrac{3}{2}$　　C. 1　　D. $\dfrac{1}{4}$

9. 点 $x=0$ 是函数 $y=e^{\frac{1}{x}}$ 的 ________.

A. 连续点　　B. 可去间断点　　C. 跳跃间断点　　D. 第二类间断点

10. 设 $f(x)=\begin{cases}\dfrac{x}{|x|}, & x\neq 0,\\ 0, & x\neq 0,\end{cases}$ 则(　　).

A. $f(x)$ 在 $x=0$ 处的极限存在且连续　　B. $f(x)$ 在 $x=0$ 处的极限存在但不连续

C. $f(x)$ 在 $x=0$ 处的左、右极限存在但不相等　　D. $f(x)$ 在 $x=0$ 处的左、右极限不存在

二、填空题

1. 设 $f(x)$ 的定义域是 $[0,1]$，则 $f(x^2+1)$ 的定义域是 ________.

2. 已知 $f(x)=\begin{cases}x, & -4\leqslant x\leqslant 0,\\ 2+x, & 0<x\leqslant 2,\\ 4-x, & 2<x\leqslant 4,\end{cases}$ 则 $f[f(3.5)]=$ ________.

3. 已知 $f(x+1)=x^2+3x+5$，则 $f(x-1)=$ ________.

4. 极限 $\lim\limits_{x\to 0}(1+\sin x)^{\frac{2}{x}}=$ ________.

5. 极限 $\lim\limits_{x\to 1}\dfrac{x-1}{\sqrt{x}-1}=$ ________.

6. 极限 $\lim\limits_{x\to 0}\dfrac{2x\cos x}{\tan 3x}=$ ________.

7. 极限 $\lim\limits_{x\to 0}\dfrac{3x^2+5}{5x+6}\sin\dfrac{2}{x}=$ ________.

8. 已知 $\lim\limits_{x\to\infty}\dfrac{(1+a)x^4+bx^3+2}{x^3+x+1}=-2$，则 $a=$ ________，$b=$ ________.

9. 设 $f(x)=\begin{cases}\dfrac{1}{x}\sin\dfrac{x}{3}, & x\neq 0,\\ a, & x=0,\end{cases}$ 若 $f(x)$ 在 $(-\infty,+\infty)$ 上是连续函数，则 $a=$ ________.

10. 函数 $f(x)=\dfrac{1}{1-\ln x^2}$ 的第二类间断点为 ________.

三、计算题

1. 求极限 $\lim\limits_{x\to -3}\dfrac{x^2+x-6}{x^2-9}$.

2. 求极限 $\lim\limits_{x\to\infty}\dfrac{2x^2-x+1}{4x^2-2}$.

3. 求极限 $\lim\limits_{x\to 0}\dfrac{\tan 3x}{\sin 2x}$.

4. 求极限 $\lim\limits_{x\to 4}\dfrac{\sqrt{1+2x}-3}{\sqrt{x}-2}$.

5. 求极限 $\lim\limits_{x\to\infty}\dfrac{\sin x}{x}+x\sin\dfrac{1}{x}$.

6. 求极限 $\lim\limits_{x\to\infty}\left(\dfrac{x-1}{x+1}\right)^{x+1}$.

7. 求极限 $\lim\limits_{x\to 0}\dfrac{(e^{3x}-1)\sin 2x}{\ln(1+x^2)}$.

8. 求极限 $\lim\limits_{x\to 0}\left[\dfrac{e^{7x}-e^{-x}}{3\sin 3x}-(e^x-1)\cos\dfrac{1}{x}\right]$.

9. 求极限 $\lim\limits_{n\to -\infty}x\cdot(\sqrt{x^2+100}+x)$.

10. 求极限 $\lim\limits_{n\to\infty}(\sqrt{n+\sqrt{n}}-\sqrt{n-\sqrt{n}})$.

四、证明题

1. 证明方程 $x^3-2x=1$ 至少有一个根介于 1 和 2 之间.

2. 证明方程 $x\cdot 2^x=1$ 至少有一个小于 1 的正根.

第二章　导数与微分

知识结构导图

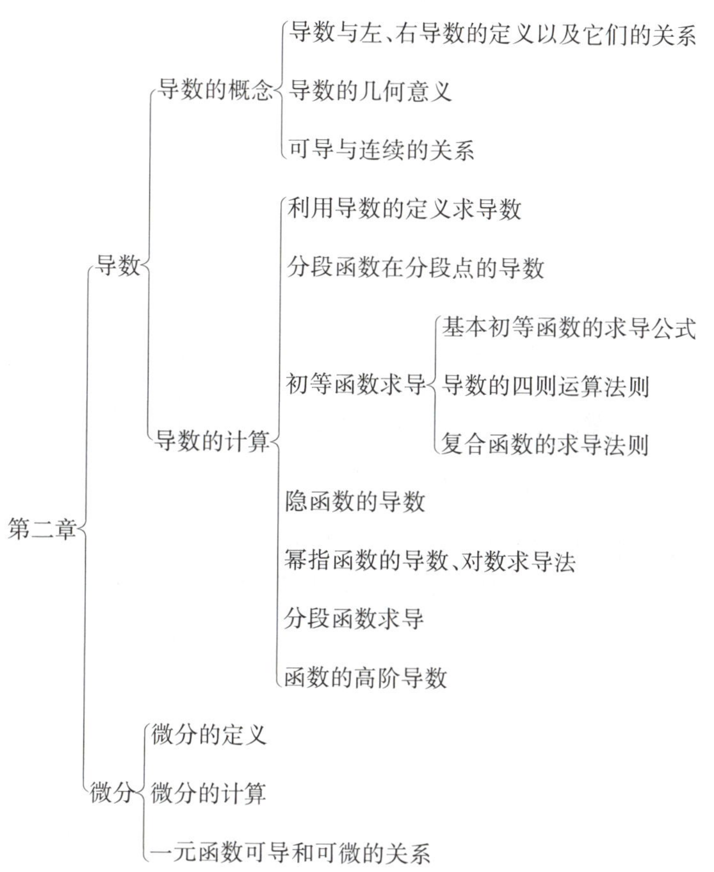

第一单元　导数的概念

考纲内容解读

一、新大纲基本要求

1. 理解导数的概念.
2. 理解函数的可导性与连续性之间的关系.

二、新大纲名师解读

关于导数的概念，要理解其本质，掌握导数定义式的两种表达形式. 定义式中自变量的增量 Δx 用其他字符表达时，要能准确识别，并学会用换元的思想变形导数的定义式.

关于可导性和连续性关系的考查，分段函数是重点. 特别要注意判断分段点的可导性时要用导数的定义式，不要用导数公式求导后再代入分段点. 另外，要看清函数的分段方式，分清是否需要分别求左、右极限和左、右导数.

考点知识梳理

一、导数的概念

1. 函数在一点的导数

设函数 $y=f(x)$ 在点 x_0 的某个邻域内有定义，当自变量 x 在点 x_0 处有增量 Δx 时，相应的函数增量为 $\Delta y=f(x_0+\Delta x)-f(x_0)$. 如果当 $\Delta x\to 0$ 时，极限 $\lim\limits_{\Delta x\to 0}\dfrac{\Delta y}{\Delta x}$ 存在，则称函数 $y=f(x)$ 在点 x_0 处可导，并称此极限值为函数 $y=f(x)$ 在点 x_0 处的导数，记作 $f'(x_0)$，$y'|_{x=x_0}$，$\left.\dfrac{\mathrm{d}f}{\mathrm{d}x}\right|_{x=x_0}$，$\left.\dfrac{\mathrm{d}y}{\mathrm{d}x}\right|_{x=x_0}$.

即 $f'(x_0)=\lim\limits_{\Delta x\to 0}\dfrac{\Delta y}{\Delta x}=\lim\limits_{\Delta x\to 0}\dfrac{f(x_0+\Delta x)-f(x_0)}{\Delta x}$(形式 1)；

若 $x=x_0+\Delta x$，则 $f'(x_0)=\lim\limits_{x\to x_0}\dfrac{f(x)-f(x_0)}{x-x_0}$(形式 2).

【名师解析】

(1) 自变量的增量 Δx 也可以换用其他字符表示，如 $h,-h,-\Delta x$ 等. 例如，$f'(x_0)=\lim\limits_{h\to 0}\dfrac{f(x_0+h)-f(x_0)}{h}$.

(2) 要特别注意 $x=0$ 处导数的特殊形式：$f'(0)=\lim\limits_{x\to 0}\dfrac{f(x)-f(0)}{x}$.

更特别地，若 $f(0)=0$，则 $f'(0)=\lim\limits_{x\to 0}\dfrac{f(x)-f(0)}{x}=\lim\limits_{x\to 0}\dfrac{f(x)}{x}$.

(3) 若导数定义式的极限不存在，就称函数 $y=f(x)$ 在点 x_0 处不可导.

(4) 函数 $y=f(x)$ 在点 x_0 处的导数是函数在点 x_0 处的瞬时变化率，它描述了在点 x_0 处因变量相对于自标量变化的快慢程度.

2. 函数在一点的左、右导数

左导数 $f'_-(x_0)=\lim\limits_{\Delta x\to 0^-}\dfrac{f(x_0+\Delta x)-f(x_0)}{\Delta x}=\lim\limits_{x\to x_0^-}\dfrac{f(x)-f(x_0)}{x-x_0}$；

右导数 $f'_+(x_0)=\lim\limits_{\Delta x\to 0^+}\dfrac{f(x_0+\Delta x)-f(x_0)}{\Delta x}=\lim\limits_{x\to x_0^+}\dfrac{f(x)-f(x_0)}{x-x_0}$.

$f'(x_0)$ 存在的充分必要条件是 $f'_-(x_0)=f'_+(x_0)$.

【名师解析】分段函数在分段点处的导数必须用导数的定义式来求. 如果在分段点左右两侧的表达式不同，则要分别用定义式求该点的左、右导数，根据左、右导数的情况再判断分段点处是否可导.

3. 导函数

若函数 $y=f(x)$ 在 (a,b) 内的每一点都可导，即在 (a,b) 内每一点的导数都存在，则称 $y=f(x)$ 在 (a,b) 内可导. 此时区间内的任一点 x，都对应着 $f(x)$ 的一个确定的导数值，于是就构成了一个新的函数，这个函数称为函数 $f(x)$ 的导函数(简称为导数)，记为 $f'(x)$，$y'(x)$，$\dfrac{\mathrm{d}f}{\mathrm{d}x}$ 或 $\dfrac{\mathrm{d}y}{\mathrm{d}x}$，即 $f'(x)=\lim\limits_{\Delta x\to 0}\dfrac{f(x+\Delta x)-f(x)}{\Delta x}$.

【名师解析】$f'(x_0)$ 是导函数 $f'(x)$ 在点 x_0 的函数值，即 $f'(x_0)=f'(x)\Big|_{x=x_0}$.

二、可导与连续的关系

一元函数在一点处可导一定在该点连续，但函数在一点连续未必在该点可导. 如果函数在一点处不连续，则一定在该点不可导.

【名师解析】在判断函数的可导性和连续性时，一般先从较为简单的连续性入手. 如果函数在一点处连续，需要继续判断可导性；如果函数在一点处不连续，可以直接说明在该点处也不可导. 当然，先判断可导性也可以. 如果函数在一点可导，可直接说明在该点也连续；如果函数在一点不可导，则需要继续判断函数在该点的连续性.

此类题目大多是研究分段函数在分段点的连续性和可导性，有的题目是根据可导性来求参数.

考点例题分析

考点一　导数定义式的应用

【考点分析】在近几年的专升本考试中，考查导数定义时，经常出现如下两种题型：

题型一　已知函数 $f(x)$ 在 $x=x_0$ 处可导，并且 $f'(x_0)=A$，求 $\lim\limits_{h\to0}\dfrac{f(x_0+ah)-f(x_0+bh)}{h}$（其中 a,b,A 为常数）.

题型二　已知函数 $f(x)$ 在 $x=x_0$ 处可导，且 $\lim\limits_{h\to0}\dfrac{f(x_0+ah)-f(x_0+bh)}{h}=A$（其中 a,b,A 为常数），求 $f'(x_0)$.

这两种题型，归根结底都是对导数定义式的变形应用.

例 1　设函数 $f(x)$ 在点 x_0 处可导，且 $f'(x_0)=2$，则 $\lim\limits_{h\to0}\dfrac{f(x_0-3h)-f(x_0)}{h}=$ ________.

解　根据导数定义

$$\lim_{h\to0}\frac{f(x_0-3h)-f(x_0)}{h}=\lim_{h\to0}\frac{f(x_0-3h)-f(x_0)}{-3h}(-3)=-3f'(x_0)=-6.$$

故应填 -6.

【名师点评】对给出的极限恒等变形以后的 $-3h$ 相当于导数定义式中的 Δx，因此分母中也应凑出 $-3h$，这样变形后的极限就符合了导数的定义形式，注意不要忽略恒等变形过程中系数的配平.

例 2　设函数 $f(x)$ 在点 x_0 处可导，则 $\lim\limits_{h\to0}\dfrac{f(x_0+3h)-f(x_0-h)}{h}=$ ________.

A. $4f'(x_0)$　　B. $3f'(x_0)$　　C. $2f'(x_0)$　　D. $f'(x_0)$

解　根据导数定义

$$\lim_{h\to0}\frac{f(x_0+3h)-f(x_0-h)}{h}=\lim_{h\to0}\frac{f(x_0+3h)-f(x_0)-[f(x_0-h)-f(x_0)]}{h}$$

$$=\lim_{h\to0}\left[3\cdot\frac{f(x_0+3h)-f(x_0)}{3h}+\frac{f(x_0-h)-f(x_0)}{-h}\right]=4f'(x_0).$$

故应选 A.

【名师点评】对于题型一，一般地，若 $f'(x_0)$ 存在，则 $\lim\limits_{\Delta x\to0}\dfrac{f(x_0+a\Delta x)-f(x_0+b\Delta x)}{\Delta x}=(a-b)f'(x_0)$.

以后做类似的选择题和填空题时，可以直接利用这个结论写出极限结果. 其中，参数 a,b 可以为正数，也可以为负数.

例 3　设 $f(0)=0$，$f'(0)$ 存在，则 $\lim\limits_{x\to0}\dfrac{f(2x)}{x}=$ ________.

A. 0　　B. 1　　C. $2f'(0)$　　D. $f(0)$

解　因为 $f(0)=0$，所以 $\lim\limits_{x\to0}\dfrac{f(2x)}{x}=2\lim\limits_{x\to0}\dfrac{f(0+2x)-f(0)}{2x}=2f'(0)$.

故应选 C.

【名师点评】在极限变形以后的形式中，$2x$ 相当于导数定义式中的自变量增量 Δx，将给出的极限与导数定义式建立联系后，就可以借助导数 $f'(0)$ 来表示极限了.

例 4 已知 $f(x)$ 可导，且 $\lim\limits_{x\to 0}\dfrac{f(1+2x)-f(1-x)}{x}=1$，则 $f'(1)=$ ________.

A. 3　　B. 1　　C. $\dfrac{1}{3}$　　D. $\dfrac{1}{2}$

解 根据导数定义 $f'(1)=\lim\limits_{x\to 0}\dfrac{f(1+2x)-f(1-x)}{3x}=\dfrac{1}{3}\lim\limits_{x\to 0}\dfrac{f(1+2x)-f(1-x)}{x}=\dfrac{1}{3}$.

故应选 C.

【名师点评】此题属于常考的题型二，仍然要对给出的极限进行恒等变形，和导数定义式建立联系，这样才方便根据极限值求导数值. 题型二和题型一实质上是一样的.

考点二　讨论分段函数在分段点处的导数

【考点分析】求分段函数在分段点处的导数经常以填空题或者选择题的形式考查. 注意分段点处的导数必须用导数的定义式求解，不能利用求导公式分别对各段函数求导后再代入分段点.

例 5 设 $f(x)=\begin{cases}\dfrac{2}{3}x^3, & x\leqslant 1,\\ x^2, & x>1,\end{cases}$ 则 $f(x)$ 在点 $x=1$ 处的 ________.

A. 左、右导数都存在　　B. 左导数存在，但右导数不存在

C. 左导数不存在，但右导数存在　　D. 左、右导数都不存在

解 因为 $f'_-(1)=\lim\limits_{x\to 1^-}\dfrac{f(x)-f(1)}{x-1}=\lim\limits_{x\to 1^-}\dfrac{\frac{2}{3}x^3-\frac{2}{3}}{x-1}=2$，

$f'_+(1)=\lim\limits_{x\to 1^+}\dfrac{f(x)-f(1)}{x-1}=\lim\limits_{x\to 1^+}\dfrac{x^2-\frac{2}{3}}{x-1}=\infty$，

所以 $f(x)$ 在点 $x=1$ 处的左导数存在，但右导数不存在.

故应选 B.

【名师点评】此题最容易犯的错误是很多同学在求右导数时，错把 $f(1)$ 的值当成了 1 来求极限. 此题中 $f(1)$ 的值恒为 $\dfrac{2}{3}$，所以右极限为 ∞，即极限不存在.

例 6 讨论 $f(x)=\begin{cases}x\arctan\dfrac{1}{x}, & x\neq 0,\\ 0, & x=0\end{cases}$ 在点 $x=0$ 处的可导性.

解 因为 $f'_-(0)=\lim\limits_{x\to 0^-}\dfrac{f(x)-f(0)}{x-0}=\lim\limits_{x\to 0^-}\dfrac{x\arctan\frac{1}{x}-0}{x-0}=\lim\limits_{x\to 0^-}\arctan\dfrac{1}{x}=-\dfrac{\pi}{2}$，

$f'_+(0)=\lim\limits_{x\to 0^+}\dfrac{f(x)-f(0)}{x-0}=\lim\limits_{x\to 0^+}\dfrac{x\arctan\frac{1}{x}-0}{x-0}=\lim\limits_{x\to 0^+}\arctan\dfrac{1}{x}=\dfrac{\pi}{2}$，

由 $f'_-(0)\neq f'_+(0)$ 可得，$f(x)$ 在点 $x=0$ 处不可导.

【名师点评】由于在 $x\to 0^+$ 和 $x\to 0^-$ 时，$\arctan\dfrac{1}{x}$ 的变化不一致，所以可以利用导数定义式分别求左、右导数来说明在该点处不可导. 也可以直接用导数定义式求在 $x=0$ 处的导数，根据 $\lim\limits_{x\to 0}\arctan\dfrac{1}{x}$ 不存在，说明函数在点 $x=0$ 处不可导.

考点三 函数连续性与可导性的关系

【考点分析】这个考点有时通过选择题或者填空题的形式直接考查可导与连续的关系，有时在解答题里会给出一个分段函数，让判断分段函数在分段点处的连续性和可导性.

例 7 设函数 $f(x)$ 在点 x_0 处不连续，则________.

A. $f'(x_0)$ 存在　　B. $f'(x_0)$ 不存在　　C. $\lim\limits_{x\to x_0} f(x)$ 存在　　D. $f(x)$ 在 x_0 处可微

解 由连续定义知，函数 $f(x)$ 在点 x_0 处不连续时，$\lim\limits_{x\to x_0} f(x)$ 可能存在，也可能不存在，所以选项C错误；由可导与连续的关系可知，不连续一定不可导，而一元函数可导与可微是等价的，所以不连续一定不可微，选项 B 正确，选项 A、D 错误.

故应选 B.

例 8 函数 $f(x)$ 在点 x_0 处可导是函数 $f(x)$ 在点 x_0 处连续的________.

A. 充分不必要条件　　B. 必要不充分条件　　C. 充要条件　　D. 无关条件

解 由可导与连续的关系知，可导是连续的充分条件，连续是可导的必要条件.

故应选 A.

【名师点评】上述两题考查的都是一元函数在一点处可导与连续的关系. 大家牢记三句话："可导一定连续，连续未必可导，不连续一定不可导."

例 9 函数 $f(x)=\begin{cases} x^2\sin\dfrac{1}{x}, & x\neq 0, \\ 0, & x=0 \end{cases}$ 在点 $x=0$ 处________.

A. 可导但不连续　　B. 连续不可导　　C. 连续可导　　D. 间断

解 因为 $\lim\limits_{x\to 0}\dfrac{f(x)-f(0)}{x-0}=\lim\limits_{x\to 0}\dfrac{x^2\sin\dfrac{1}{x}-0}{x-0}=\lim\limits_{x\to 0}x\sin\dfrac{1}{x}=0$ 存在，所以函数 $f(x)$ 在点 $x=0$ 处可导，从而 $f(x)$ 在点 $x=0$ 处也连续.

故应选 C.

变形 若函数 $f(x)=\begin{cases} x\sin\dfrac{1}{x}, & x\neq 0, \\ 0, & x=0, \end{cases}$ 则 $f(x)$ 在点 $x=0$ 处连续但不可导.

【名师点评】此例题的分段方式无须分别求左、右导数，可以直接用定义求 $x=0$ 处的导数. 变形的函数利用导数定义式求导后，得到极限 $\lim\limits_{x\to 0}\sin\dfrac{1}{x}$，该极限不存在，所以变形后的函数在点 $x=0$ 处不可导.

例 10 设 $f(x)=\begin{cases} 2e^x+a, & x<0, \\ x^2+bx+1, & x\geqslant 0, \end{cases}$ 问 a,b 为何值时，$f(x)$ 在点 $x=0$ 处连续且可导？

解 由 $f(x)$ 在点 $x=0$ 处连续，得 $\lim\limits_{x\to 0^-} f(x)=\lim\limits_{x\to 0^-}(2e^x+a)=2+a=f(0)=1$，解得 $a=-1$.

$$f'_-(0)=\lim_{x\to 0^-}\frac{f(x)-f(0)}{x-0}=\lim_{x\to 0^-}\frac{2e^x+a-1}{x}=\lim_{x\to 0^-}\frac{2e^x-1-1}{x}=2,$$

$$f'_+(0)=\lim_{x\to 0^+}\frac{f(x)-f(0)}{x-0}=\lim_{x\to 0^+}\frac{x^2+bx+1-1}{x}=b,$$

由 $f(x)$ 在点 $x=0$ 处可导，得 $f'_-(0)=f'_+(0)$，所以 $b=2$.

综上，当 $a=-1,b=2$ 时，$f(x)$ 在 $x=0$ 处连续且可导.

【名师点评】根据函数在分段点处连续和可导这两个已知条件，可以建立两个方程，解出未知参数 a,b. 根据此题的分段方式，求解时要求单侧极限和左、右导数.

考点真题解析

考点一 导数的定义

真题 1 (2019.财经)若函数 $f(x)$ 在点 x_0 处可导,则极限 $\lim\limits_{\Delta x\to 0}\dfrac{f(x_0+3\Delta x)-f(x_0)}{\Delta x}$ 可表示为________.

A. $-f'(x_0)$　　B. $3f'(x_0)$　　C. $\dfrac{1}{3}f'(x_0)$　　D. $-3f'(x_0)$

解 由 $\lim\limits_{\Delta x\to 0}\dfrac{f(x_0+3\Delta x)-f(x_0)}{\Delta x}=3\lim\limits_{\Delta x\to 0}\dfrac{f(x_0+3\Delta x)-f(x_0)}{3\Delta x}=3f'(x_0)$.

故应选 B.

【名师点评】在极限式子中,分子、分母上自变量的增量表示的符号要凑成一致的,才能符合函数在一点处导数的定义式.此例题极限中自变量的增量是 $3\Delta x$.

真题 2 (2018.财经)已知函数 $f(x)$ 在点 $x=x_0$ 处可导,且 $\lim\limits_{\Delta x\to 0}\dfrac{f(x_0-2\Delta x)-f(x_0)}{\Delta x}=1$,则 $f'(x_0)=$________.

A. $-\dfrac{1}{2}$　　B. $\dfrac{1}{2}$　　C. 2　　D. -2

解 根据导数定义

$\lim\limits_{\Delta x\to 0}\dfrac{f(x_0-2\Delta x)-f(x_0)}{\Delta x}=-2\lim\limits_{\Delta x\to 0}\dfrac{f[x_0+(-2\Delta x)]-f(x_0)}{-2\Delta x}=-2f'(x_0)=1$,所以 $f'(x_0)=-\dfrac{1}{2}$.

故应选 A.

【名师点评】给出的极限中的 $-2\Delta x$ 相当于导数定义式中自变量的增量,因此分母中也应该凑出 $-2\Delta x$,进行系数配平后即可将极限转换为 $f'(x_0)$.

真题 3 (2017.国贸)设 $f(x)$ 在点 $x=x_0$ 处可导,则________ $=f'(x_0)$.

A. $\lim\limits_{h\to 0}\dfrac{f(x_0-h)-f(x_0)}{h}$　　B. $\lim\limits_{h\to 0}\dfrac{f(x_0+2h)-f(x_0-h)}{h}$

C. $\lim\limits_{h\to 0}\dfrac{f(x_0+2h)-f(x_0+h)}{h}$　　D. $\lim\limits_{h\to 0}\dfrac{f(x_0-2h)-f(x_0-h)}{h}$

解 作为选择题,此题可利用前面给出的结论直接判断.若 $f'(x_0)$ 存在,则

$\lim\limits_{\Delta x\to 0}\dfrac{f(x_0+a\Delta x)-f(x_0+b\Delta x)}{\Delta x}=(a-b)f'(x_0)$.

此题相当于 $m+n=1$,即只要极限的分子中函数自变量的改变量与分母中自变量的改变量保持一致,该极限即符合 $f'(x_0)$ 的定义式.根据对四个选项中极限分子中自变量改变量的观察,满足条件的只有选项 C.

故应选 C.

【名师点评】借助导数定义式的变形结论,此题可以直接观察出结果.此结论应熟练掌握.

真题 4 (2014.工商)设函数 $f(x)$ 在点 $x=0$ 处可导,且 $f'(0)=2$,则 $\lim\limits_{h\to 0}\dfrac{f(6h)-f(h)}{h}=$________.

解 根据导数定义

$\lim\limits_{h\to 0}\dfrac{f(6h)-f(h)}{h}=5\lim\limits_{h\to 0}\dfrac{f(0+6h)-f(0+h)}{5h}=5f'(0)=10$.

故应填 10.

【名师点评】根据对给出极限的观察,自变量的初值点为 $x_0=0$,分子部分自变量的增量为 $5h$,将极限变形成导数定义式的标准形式,再进行系数配平即可与 $f'(0)$ 建立联系.

真题5　(2015.公共)函数 $f(x)$ 在点 x_0 处的左、右导数存在且________是函数在点 x_0 处可导的________条件.

解　函数 $f(x)$ 在点 x_0 处的左、右导数存在且相等是函数在点 x_0 处可导的充分必要条件.

故应填相等、充要.

【名师点评】此题直接考查了函数在一点可导的充分必要条件，即函数在一点的左、右导数与该点的导数的关系.

真题6　(2014.公共)设 $f(x)=x(x+1)(x+2)\cdots(x+2012)$，求 $f'(0)$.

解法一　根据导数的定义可知，

$$f'(0)=\lim_{x\to 0}\frac{f(x)-f(0)}{x-0}=\lim_{x\to 0}\frac{x(x+1)(x+2)\cdots(x+2012)}{x}=\lim_{x\to 0}(x+1)(x+2)\cdots(x+2012)=2012!.$$

解法二

$$f'(x)=x'[(x+1)(x+2)\cdots(x+2012)]+x[(x+1)(x+2)\cdots(x+2012)]'$$
$$=(x+1)(x+2)\cdots(x+2012)+x[(x+1)(x+2)\cdots(x+2012)]',$$
$$f'(0)=(0+1)(0+2)\cdots(0+2012)+0[(x+1)(x+2)\cdots(x+2012)]'=2012!.$$

【名师点评】此题用导数的定义式或四则运算法则都可以求导，相比而言，用定义式求解更为简单一些.

考点二　分段函数在分段点处的可导性

真题7　(2019.财经)函数 $f(x)=|x-1|$ 在点 $x=1$ 处________.

A.不连续　　B.有水平切线　　C.连续但不可导　　D.可微

解法一　$f(x)=|x-1|$ 可以写成分段函数 $f(x)=\begin{cases}1-x, x<1,\\ x-1, x\geqslant 1\end{cases}$ 的形式，根据函数连续性的定义有 $\lim\limits_{x\to 1^+}(x-1)=\lim\limits_{x\to 1^-}(1-x)=f(1)=0$，故 $f(x)$ 在点 $x=1$ 处连续；根据导数的定义有 $f'_+(1)=\lim\limits_{x\to 1^+}\dfrac{x-1}{x-1}=1$，$f'_-(1)=\lim\limits_{x\to 1^+}\dfrac{1-x}{x-1}=-1$，由于 $f'_+(1)\neq f'_-(1)$，故 $f(x)$ 在点 $x=1$ 处不可导，没有水平切线. 函数在该点处不可导，则也一定不可微.

故应选 C.

解法二　$f(x)=|x-1|$ 的图像是由 $f(x)=|x|$ 向右平移一个单位长度得到的. 由图像可直接观察出，图像在 $x=1$ 处没有断开，但出现尖点，因此函数在该点虽然连续，但是不可导，也就不可微.

【名师点评】就此题而言，解法二比解法一更为简单. 对图像比较容易画出的函数来说，可以通过图像观察函数在一点的连续性和可导性. 就连续性而言，函数在一点连续，则图像在该点处不断开；就可导性而言，图像在一点处如果出现尖点，或者在该点处的切线垂直于 x 轴，则函数在此点处是不可导的.

真题8　(2017.电子、交通)设 $f(x)=\begin{cases}x\cos\dfrac{2}{x}, & x>0,\\ 2x^2, & x\leqslant 0,\end{cases}$ 则 $f(x)$ 在点 $x=0$ 处________.

A.极限不存在　　B.极限存在但不连续　　C.连续但不可导　　D.可导

解　因为 $\lim\limits_{x\to 0^-}2x^2=0$，$\lim\limits_{x\to 0^+}x\cos\dfrac{2}{x}=0$，且 $f(0)=0$，所以函数在点 $x=0$ 处连续. 又因为 $\lim\limits_{x\to 0^-}\dfrac{2x^2-0}{x}=\lim\limits_{x\to 0^-}2x=0$，$\lim\limits_{x\to 0^+}\dfrac{x\cos\dfrac{2}{x}-0}{x}=\lim\limits_{x\to 0^+}\cos\dfrac{2}{x}$ 不存在，所以函数在点 $x=0$ 处连续但不可导.

故应选 C.

【名师点评】考查分段函数在分段点处的连续性和可导性的题目以选择题或者解答题为主. 一般先从较为简单的连续性入手.

真题 9 (2014.工商)已知 $f(x)=\begin{cases}x\sin\dfrac{1}{x}, & 0<x<1,\\ 0, & x\leqslant 0,\end{cases}$ 判断 $f(x)$ 在点 $x=0$ 处的连续性和可导性.

解 因为 $\lim\limits_{x\to0^+}f(x)=\lim\limits_{x\to0^+}x\sin\dfrac{1}{x}=0=f(0)$, $\lim\limits_{x\to0^-}f(x)=\lim\limits_{x\to0^-}0=0=f(0)$,所以 $f(x)$ 在点 $x=0$ 处连续.

而 $f'_-(0)=\lim\limits_{x\to0^-}\dfrac{f(x)-f(0)}{x-0}=0$, $f'_+(0)=\lim\limits_{x\to0^+}\dfrac{f(x)-f(0)}{x-0}=\lim\limits_{x\to0^+}\sin\dfrac{1}{x}$,该极限不存在,

所以 $f(x)$ 在点 $x=0$ 处不可导.

【名师点评】此题先验证了函数在点 $x=0$ 处连续,但并不能说明可导性,所以需要继续用导数的定义式考查函数在点 $x=0$ 处的左、右导数,从而确定可导性.

真题 10 (2015.会计、国贸、电商)设函数 $f(x)=\begin{cases}x^2, & x\leqslant 1,\\ ax+b, & x>1\end{cases}$ 在点 $x=1$ 处可导,求 a,b 的值.

解 因为 $f(x)$ 在点 $x=1$ 处可导,所以 $f(x)$ 在点 $x=1$ 处必连续,所以 $\lim\limits_{x\to1^-}f(x)=\lim\limits_{x\to1^+}f(x)=f(1)=1$,即 $a+b=1$,

$f'_-(1)=\lim\limits_{x\to1^-}\dfrac{f(x)-f(1)}{x-1}=\lim\limits_{x\to1^-}\dfrac{x^2-1}{x-1}=\lim\limits_{x\to1^-}(x+1)=2$,

$f'_+(1)=\lim\limits_{x\to1^+}\dfrac{f(x)-f(1)}{x-1}=\lim\limits_{x\to1^+}\dfrac{ax+b-1}{x-1}=\lim\limits_{x\to1^+}\dfrac{a}{1}=a$,

由 $f(x)$ 在点 $x=1$ 处可导知 $f'_+(1)=f'_-(1)$,所以 $a=2$,从而解得 $b=-1$.

【名师点评】此题是典型的已知分段函数在分段点处的可导性求参数问题,在一点可导必定在该点也连续,利用连续和可导两个条件,建立两个等量关系求出 a,b 即可.

考点三 函数连续性与可导性的关系

真题 11 (2019.理工)函数 $f(x)$ 在点 x_0 处可导是 $f(x)$ 在点 x_0 处连续的______条件(填"充分""必要"或"充要").

解 一元函数可导与连续的关系是:可导必连续,连续不一定可导,不连续一定不可导.所以可导是连续的充分不必要条件.

故应填充分.

真题 12 (2018.理工)下列命题中正确的是______.

① 如果函数 $y=f(x)$ 在点 x 处可导,则函数在该点必连续.

② 连续函数一定有原函数.

③ 有界的数列一定收敛.

④ 如果函数 $y=f(x)$ 在点 x 处连续,则函数在该点必可导.

A. ①②④　　B. ①②　　C. ②③　　D. ①③④

解 根据函数在一点处可导与连续的关系可得:可导一定连续,连续未必可导,不连续一定不可导,所以 ① 对,④ 错;连续函数一定有原函数,② 对;有界数列不一定收敛,例如数列 $\{(-1)^n\}$ 是有界的,但是不收敛,所以 ③ 错.

故应选 B.

【名师点评】此题主要考查了连续与可导的关系、有界数列的性质,还有第四章中的原函数存在定理.

真题 13 (2014.工商)一元函数中,连续是可微的______条件.

A. 充分　　B. 必要　　C. 充要　　D. 无关

解 一元函数中,可微一定连续,但连续不一定可微.因此连续是可微的必要条件.

故应选 B.

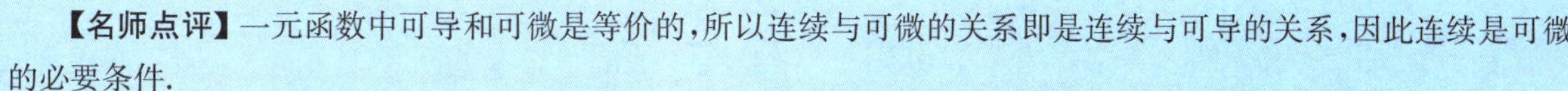
【名师点评】一元函数中可导和可微是等价的，所以连续与可微的关系即是连续与可导的关系，因此连续是可微的必要条件.

考点方法综述

1. 导数的定义式的实质形式为$\lim\limits_{\square\to 0}\dfrac{f(x_0+\square)-f(x_0)}{\square}$，但要保证□既可以取到大于0的值，又可以取到小于0的值. 在此基础上总结出以下结论：

若 $f(x)$ 在点 $x=x_0$ 处可导，则$\lim\limits_{h\to 0}\dfrac{f(x_0+ah)-f(x_0+bh)}{h}=(a-b)f'(x_0)$.

类似地，可得到 $\lim\limits_{h\to 0}\dfrac{h}{f(x_0+ah)-f(x_0+bh)}=\dfrac{1}{(a-b)f'(x_0)}$.

2. 讨论分段函数在分段点处的可导性时，必须用导数定义式.

情形一　设 $f(x)=\begin{cases}h(x), & x<x_0,\\ g(x), & x\geqslant x_0,\end{cases}$讨论 $x=x_0$ 点的可导性.

由于分段点 $x=x_0$ 处左右两侧的函数表达式不同，按导数的定义，需分别求左、右导数.

左导数：$f'_-(x_0)=\lim\limits_{x\to x_0^-}\dfrac{h(x)-f(x_0)}{x-x_0}$；右导数：$f'_+(x_0)=\lim\limits_{x\to x_0^+}\dfrac{g(x)-f(x_0)}{x-x_0}$.

当 $f'_-(x_0)$ 与 $f'_+(x_0)$ 都存在且相等时，$f(x)$ 在点 $x=x_0$ 处可导，且 $f'(x_0)=f'_-(x_0)=f'_+(x_0)$.

当 $f'_-(x_0)$ 与 $f'_+(x_0)$ 至少一个不存在或虽都存在但不相等时，$f(x)$ 在点 $x=x_0$处不可导.

情形二　设 $f(x)=\begin{cases}h(x), & x\neq x_0,\\ A, & x=x_0,\end{cases}$讨论 $x=x_0$ 点的可导性.

由于分段点 $x=x_0$ 处左右两侧的函数表达式相同，按导数定义 $f'(x_0)=\lim\limits_{\Delta x\to 0}\dfrac{h(x_0+\Delta x)-A}{\Delta x}$，一般不需分别求左、右导数.

第二单元　函数的求导法则

考纲内容解读

一、新大纲基本要求

1. 了解导数的几何意义，会求平面曲线的切线方程和法线方程.
2. 熟练掌握导数的基本公式、四则运算法则以及复合函数的求导方法.
3. 掌握隐函数的求导法、对数的求导法，会求分段函数的导数.
4. 了解高阶导数的概念，会求简单函数的二阶导数.
5. 了解函数微分的概念，了解微分与导数的关系，会求函数的一阶微分.

二、名师解读

导数的几何意义要结合图形来理解和掌握，并会利用几何意义去求曲线的切线方程和法线方程. 对于导数的几何意义，在专升本考试中经常把求切线方程与求曲线围成的平面图形的面积以及函数求最值几个考点结合在一个综合题中.

本单元导数的计算是专升本考试中的重点考点，导数的四则运算法则和各类函数求导是每年必考考点，特别是复合函数求导、隐函数求导以及对数求导是考试中的常见题型.

考点知识梳理

一、导数的几何意义

$f'(x_0)$ 在几何上表示曲线 $y=f(x)$ 在点$(x_0,f(x_0))$处的切线斜率.

曲线 $y=f(x)$ 在点$(x_0,f(x_0))$处的切线方程为 $y-y_0=f'(x_0)(x-x_0)$.

曲线 $y=f(x)$ 在点$(x_0,f(x_0))$处的法线方程为 $y-y_0=-\dfrac{1}{f'(x_0)}(x-x_0)$ $(f'(x_0)\neq 0)$.

【名师解析】通过导数求出切线斜率，再利用点斜式方程写出的切线或法线方程，一般最终都要化成 $y=kx+b$ 或者 $ax+by+c=0$ 的形式.

二、基本初等函数的求导公式

常数函数的导数	1. $C'=0$	
幂函数的导数	2. $(x^{\mu})'=\mu x^{\mu-1}$ 常用的，$\left(\dfrac{1}{x}\right)'=-\dfrac{1}{x^2}$；$(\sqrt{x})'=\dfrac{1}{2\sqrt{x}}$	
指数函数的导数	3. $(a^x)'=a^x\ln a(a>0,a\neq 1)$	4. $(e^x)'=e^x$
对数函数的导数	5. $(\log_a x)'=\dfrac{1}{x\ln a}(a>0,a\neq 1)$	6. $(\ln x)'=\dfrac{1}{x}$
三角函数的导数	7. $(\sin x)'=\cos x$ 9. $(\tan x)'=\sec^2 x$ 11. $(\sec x)'=\sec x\tan x$	8. $(\cos x)'=-\sin x$ 10. $(\cot x)'=-\csc^2 x$ 12. $(\csc x)'=-\csc x\cot x$
反三角函数的导数	13. $(\arcsin x)'=\dfrac{1}{\sqrt{1-x^2}}$ 15. $(\arctan x)'=\dfrac{1}{1+x^2}$	14. $(\arccos x)'=-\dfrac{1}{\sqrt{1-x^2}}$ 16. $(\text{arccot} x)'=-\dfrac{1}{1+x^2}$

三、导数的四则运算法则

(1)$(u\pm v)'=u'\pm v'$.

推广，$[f_1(x)\pm f_2(x)\pm\cdots\pm f_n(x)]=f_1'(x)\pm f_2'(x)\pm\cdots\pm f_n'(x)$ (n 为有限数).

(2)$(u\cdot v)'=u'\cdot v+u\cdot v'$；

推广，$[f_1(x)\cdot f_2(x)\cdot\cdots\cdot f_n(x)]$

$=f_1'(x)\cdot f_2(x)\cdot\cdots\cdot f_n(x)+f_1(x)\cdot f_2'(x)\cdot\cdots\cdot f_n(x)+\cdots+f_1(x)\cdot f_2(x)\cdot\cdots\cdot f_n'(x)$($n$ 为有限数).

特例，$(Cu)'=Cu'$(C 为常数).

(3)$\left(\dfrac{u}{v}\right)'=\dfrac{u'\cdot v-u\cdot v'}{v^2}$.

特例，$\left(\dfrac{C}{v}\right)'=-\dfrac{Cv'}{v^2}$($C$ 为常数).

四、各类函数求导

1. 复合函数求导法则

由函数 $y=f(u)$ 和 $u=\varphi(x)$ 构成复合函数 $y=f[\varphi(x)]$，求导数$\dfrac{dy}{dx}$的法则为

$$\frac{dy}{dx}=\frac{dy}{du}\cdot\frac{du}{dx}=f'(u)\cdot\varphi'(x)=f'[\varphi(x)]\cdot\varphi'(x).$$

【名师解析】分清楚复合函数的层次关系是复合函数求导的关键. 求导时要做到层次先外再内、先后有序，不增不漏.

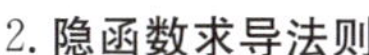

2. **隐函数求导法则**

方程 $F(x,y)=0$，确定函数 $y=y(x)$，求导数$\frac{\mathrm{d}y}{\mathrm{d}x}$的法则为方程两边同时对 x 求导，视 y 为 x 的函数，由复合函数求导法则得到关于 y' 的方程，从方程中解出 y' 的表达式即可.

【名师解析】一元隐函数求导多用上述方法，求导时一定要注意变量 y 和 x 一个是函数、一个是自变量. 所以对含 y 的表达式$\varphi(y)$求导时，一定要用复合函数求导法则，求导后得到的是 $\varphi'(y)\cdot y'$；而对含 x 的表达式$\varphi(x)$可以直接求导，得到 $\varphi'(x)$.

3. **对数求导法**

此方法常用于幂指函数或多个因子乘幂或复杂根式求导，方法是：方程两边同时取以 e 为底的对数，然后方程两边再同时按隐函数求导法则对 x 求导.

4. **分段函数求导**

上一单元我们研究了分段函数在分段点处的导数必须利用导数的定义式来求，而各段上函数的导数由于每段都是初等函数，在对应的定义区间上都可以分别直接求导. 这样综合得出整个分段函数的导数.

五、高阶导数

函数 $f(x)$ 一阶导数的导数，称为 $f(x)$ 的二阶导数；以此类推，$f(x)$ 的 $n-1$ 阶导数的导数，称为 $f(x)$ 的 n 阶导数. 二阶及以上的各阶导数统称为高阶导数.

二阶导数表示为 $y''=f''(x)=\frac{\mathrm{d}^2y}{\mathrm{d}x^2}$；三阶导数表示为 $y'''=f'''(x)=\frac{\mathrm{d}^3y}{\mathrm{d}x^3}$；

n 阶导数表示为 $y^{(n)}=f^{(n)}(x)=\frac{\mathrm{d}^ny}{\mathrm{d}x^n}(n>3)$.

【名师解析】对于高阶导数的表示符号要特别注意，高阶导数的第一种表示形式中，前三阶导数符号类似，从第四阶开始表示形式就有所不同了；第二种表示形式中，各阶导数形式始终一致.

六、微分

若函数 $f(x)$ 在点 x 处的增量 $\Delta y=f(x+\Delta x)-f(x)$，可表示为 $\Delta y=A\Delta x+o(\Delta x)$，其中 A 是与 Δx 无关的量；当 $\Delta x\to 0$ 时，$o(\Delta x)$ 是比 Δx 高阶的无穷小，则称 $y=f(x)$ 在点 x 处可微，而线性主部 $A\Delta x$ 称为 $y=f(x)$ 在点 x 处的微分，记为 $\mathrm{d}y$，即 $\mathrm{d}y=A\cdot\Delta x$.

【名师解析】(1) 当函数可微时，$A=f'(x)$，记 $\mathrm{d}x=\Delta x$，则 $\mathrm{d}y=f'(x)\mathrm{d}x$.

(2) 一元函数可微的充要条件是可导，即可导与可微是等价的.

(3) 一阶微分形式的不变性 设 $y=f(u)$，则 $\mathrm{d}y=f'(u)\mathrm{d}u$(不管 u 是自变量还是中间变量，微分形式始终不变).

考点例题分析

考点一　求各类函数的导数或微分

【考点分析】导数的计算在专升本考试的客观题和主观题中都经常出现，也是必考题型之一. 复合函数求导、隐函数求导、对数求导法是考查的重点. 这一部分难度不大，主要是对导数公式的熟练应用.

例 11　求下列函数的导数：

(1) $y=\tan 2x$；　　(2) $y=\arctan x^2$；

(3) $y=\sqrt[3]{1-2x^2}$；　　(4) $y=\sin 3x-\sin^3 x$；

(5) $y=\mathrm{e}^{2x}(\sin x+\cos x)$；　　(6) $y=\sin^2\frac{2x}{1+x^2}$.

解　(1) $y'=(\tan 2x)'=(\sec^2 2x)\cdot 2=2\sec^2 2x$；

(2)$y' = (\arctan x^2)' = \dfrac{1}{1+(x^2)^2} \cdot 2x = \dfrac{2x}{1+x^4}$;

(3)$y' = (\sqrt[3]{1-2x^2})' = \dfrac{1}{3}(1-2x)^{-\frac{2}{3}} \cdot (1-2x^2)' = \dfrac{-4x}{3\sqrt[3]{(1-2x^2)^2}}$;

(4)$y' = (\sin 3x)' - (\sin^3 x)' = 3\cos 3x - 3\sin^2 x\cos x$;

(5)$y' = (e^{2x})'(\sin x + \cos x) + e^{2x}(\sin x + \cos x)'$

$= 2e^{2x}(\sin x + \cos x) + e^{2x}(\cos x - \sin x) = e^{2x}(\sin x + 3\cos x)$;

(6)$y' = 2\sin\dfrac{2x}{1+x^2} \cdot \cos\dfrac{2x}{1+x^2} \cdot \dfrac{2(1+x^2)-(2x)^2}{(1+x^2)^2} = \dfrac{2(1-x^2)}{(1+x^2)^2}\sin\dfrac{4x}{1+x^2}$.

【名师点评】复合函数求导,首先要将复合函数分解彻底,然后层层求导再相乘.四则运算和复合结合的函数,要将求导法则结合使用,注意最终的求导结果一定要化到最简.

例 12 求下列函数的微分:

(1)$y = e^{x^3}$; (2)$y = \ln^2(2x+1)$;

(3)$y = x\arcsin\dfrac{x}{2} + \sqrt{4-x^2}$; (4)$y = \dfrac{x}{\sqrt{1-x^2}}$.

解 (1)$y' = e^{x^3} \cdot (x^3)' = 3x^2 e^{x^3}$, $dy = 3x^2 e^{x^3} dx$;

(2)$y' = 2\ln(2x+1) \cdot \dfrac{1}{2x+1} \cdot 2 = \dfrac{4\ln(2x+1)}{2x+1}$, $dy = \dfrac{4\ln(2x+1)}{2x+1}dx$;

(3)$y' = \left(x\arcsin\dfrac{x}{2}\right)' + (\sqrt{4-x^2})' = \arcsin\dfrac{x}{2} + x \cdot \dfrac{1}{\sqrt{1-\dfrac{x^2}{4}}} \cdot \dfrac{1}{2} - \dfrac{x}{\sqrt{4-x^2}} = \arcsin\dfrac{x}{2}$,

$dy = \arcsin\dfrac{x}{2}dx$;

(4)$y' = \dfrac{(x)'\sqrt{1-x^2} - x(\sqrt{1-x^2})'}{1-x^2} = \dfrac{\sqrt{1-x^2} + \dfrac{x^2}{\sqrt{1-x^2}}}{1-x^2} = (1-x^2)^{-\frac{3}{2}}$,

$dy = (1-x^2)^{-\frac{3}{2}}dx$.

【名师点评】求函数微分的题目,一般可以分为两步:第一步,先求函数的导数;第二步,利用公式 $dy = y'dx$,在导数结果上乘以 dx,写出函数的微分.注意导数和微分符号不同,是两步运算,因此不要由导数结果直接连等写微分结果.

例 13 设函数 $f(x)$ 可微,则 $y = f(1-e^{-x})$ 的微分是________.

A. $f'(1-e^{-x})dx$ B. $-e^{-x}f'(1-e^{-x})dx$ C. $e^{-x}f'(1-e^{-x})dx$ D. $e^{-x}f'(1-e^{-x})$

解 先求函数的导数,$y' = [f(1-e^{-x})]' = f'(1-e^{-x}) \cdot (1-e^{-x})' = e^{-x}f'(1-e^{-x})$,

所以 $dy = y'dx = e^{-x}f'(1-e^{-x})dx$.

故应选 C.

【名师点评】此题仍可以先求导,再将导数结果乘以 dx 得微分.该复合函数的外层函数是抽象函数,因此外层函数的导数可以表示成 $f'(1-e^{-x})$.

例 14 设函数 $f(u)$ 可导,且 $y = f(2^x)$,则 $dy =$________.

A. $f'(2^x)dx$ B. $[f(2^x)]'d2^x$ C. $f'(2^x)d2^x$ D. $f'(2^x)2^x dx$

解法一 由微分定义得 $dy = [f(2^x)]'dx = f'(2^x)(2^x)'dx = f'(2^x)d2^x$.

解法二 令 $2^x = u$,则 $dy = f'(u)du = f'(2^x)d2^x$.

故应选 C.

【名师点评】此题如果按照常规的解法去求微分，结果应该是 $dy = f'(2^x)2^x \ln 2\, dx$，而选项中没有一致的选项，排除同样含 dx 的形式相近的选项 A 和 D，观察选项 B 和 C，都是凑了微分以后的形式，所以解法一中，在求解微分时要将 $(2^x)'dx$ 凑微分成 $d2^x$，凑微分的过程其实就是求微分公式 $df(x) = f'(x)dx$ 的逆应用. 此题也可以按照解法二，利用一阶微分形式的不变形求微分.

例 15 函数 $y = (1+t^2)\arctan t$ 在 $t = 1$ 处的微分是________.

解 由微分定义得

$$dy\big|_{t=1} = [(1+t^2)\arctan t]'\big|_{t=1}dt = \left[2t\arctan t + (1+t^2)\cdot\frac{1}{1+t^2}\right]\Bigg|_{t=1}dt = \left(1+\frac{\pi}{2}\right)dt.$$

故应填 $\left(1+\frac{\pi}{2}\right)dt$.

【名师点评】求函数在某点处的微分，只需要求在该点处的导数，用此值乘以 dx 即是该点处的微分.

例 16 设 $f(-x) = -f(x)$，且 $f'(-x_0) = -k \neq 0$，则 $f'(x_0) =$ ________.

A. k B. $-k$ C. $\frac{1}{k}$ D. $-\frac{1}{k}$

解 由 $f(-x) = -f(x)$ 两边同时求导，得 $-f'(-x) = -f'(x)$，即 $f'(-x) = f'(x)$，所以 $f'(x_0) = f'(-x_0) = -k$.

故应选 B.

【名师点评】"可导的奇函数的导数是偶函数；可导的偶函数的导数是奇函数."可以当作一个重要结论应用在填空题或者选择题的求解判断中.

例 17 如果 $f(x)$ 为可导的奇函数，且 $f'(1) = 2$ 存在，则 $f'(-1) =$ ________.

解 因为"可导的奇函数的导数是偶函数"，所以 $f'(-1) = f'(1) = 2$.

故应填 2.

【名师点评】作为填空题，此题可以直接利用上题的结论求解. 可导函数求导以后奇偶性发生改变.

例 18 设方程 $e^{xy} + y^2 = x$ 确定函数 $y = y(x)$，求 $\frac{dy}{dx}$.

解 方程两边同时对 x 求导数，得 $e^{xy}(y + xy') + 2yy' = 1$，

整理，得 $(2y + xe^{xy})y' = 1 - ye^{xy}$，所以 $\frac{dy}{dx} = \frac{1-ye^{xy}}{2y+xe^{xy}}$.

【名师点评】此题属于一元隐函数求导，无须对方程作任何变形，直接在方程两边同时对自变量 x 求导，最终整理出 y' 的表达式，这是这类题最常用的解法. 因为 y 是 x 的函数，所以在求导过程中，一定要把含 y 的项看作关于 x 的复合函数求导. 例如对 y^2 求导后是 $2y\cdot y'$，而如果对 x^2 求导，则是 $2x$.

例 19 $y = y(x)$ 是由 $xy + x + y - 2 = 0$ 确定的隐函数，则 $y'(0) =$ ________.

A. $-\frac{2}{(x+1)^2}$ B. -3 C. 3 D. $-\frac{y+1}{x+1}$

解 方程两边同时对 x 求导数，得 $y + xy' + 1 + y' = 0$，所以 $y' = -\frac{y+1}{x+1}$. 由所给方程知 $y(0) = 2$，将 $x = 0, y = 2$ 代入上式，得 $y'(0) = -3$.

故应选 B.

【名师点评】此题是求一元隐函数在某一点处的导数，由于隐函数求导后的表达式里一般既含 x 又含 y，所以仅知道 $x = 0$ 是不够的. 首先要把 $x = 0$ 代入到原方程中求出对应的变量 y 的值，然后整理出导函数 y'，再代入 x，y 的值，求出该点的导数值.

例 20 求由方程 $\arctan\dfrac{y}{x}=\ln\sqrt{x^2+y^2}$ 所确定的隐函数 $y=y(x)$ 的导数.

解 原方程可变形为 $\arctan\dfrac{y}{x}=\dfrac{1}{2}\ln(x^2+y^2)$,

方程两边同时对 x 求导,得 $\dfrac{1}{1+\left(\dfrac{y}{x}\right)^2}\cdot\dfrac{y'x-y}{x^2}=\dfrac{2x+2yy'}{2(x^2+y^2)}$,解得 $y'=\dfrac{x+y}{x-y}$.

【名师点评】此题应用隐函数的求导方法之前,可以先将方程右端的形式进行简化变形,即将 $\ln\sqrt{x^2+y^2}$ 变形为 $\dfrac{1}{2}\ln(x^2+y^2)$,这样右端的三层复合的函数就变成了两层复合的复合函数,再进行求导运算就要简单得多.像此类最外层是对数函数的复合函数求导时,都可以利用对数的性质进行简化变形.

例 21 设 $y=x^{\sin x}(x>0)$,求 y'.

解法一 方程两边同时取对数,得 $\ln y=\sin x\ln x$,

方程两边同时对 x 求导数,得 $\dfrac{1}{y}y'=\cos x\ln x+\sin x\cdot\dfrac{1}{x}$,

所以 $y'=x^{\sin x}\left(\cos x\ln x+\dfrac{1}{x}\sin x\right)$.

解法二 $y'=(e^{\sin x\ln x})'=e^{\sin x\ln x}(\sin x\ln x)'=x^{\sin x}\left(\cos x\ln x+\dfrac{1}{x}\sin x\right)$.

【名师点评】对于幂指函数 $y=u(x)^{v(x)}[u(x)>0]$ 的求导,有下列两种方法:

(1) 对数求导法,两边同时取对数得 $\ln y=v(x)\ln u(x)$,再按隐函数求导法则求导;

(2) 变复合函数法,利用对数公式把函数变形为 $y=e^{v(x)\ln u(x)}$,再按复合函数求导法则求导.

例 22 设 $y=\dfrac{\sqrt{x-2}}{(x+1)^3(4-x)^2}$,求 y'.

解 函数可以变形为 $y=(x-2)^{\frac{1}{2}}(x+1)^{-3}(4-x)^{-2}$,

两边同时取对数,得 $\ln y=\dfrac{1}{2}\ln(x-2)-3\ln(x+1)-2\ln(4-x)$,

两边同时对 x 求导数,得 $\dfrac{1}{y}y'=\dfrac{1}{2(x-2)}(x-2)'-\dfrac{3}{x+1}(x+1)'-\dfrac{2}{4-x}(4-x)'$,

即 $\dfrac{1}{y}y'=\dfrac{1}{2(x-2)}-\dfrac{3}{x+1}+\dfrac{2}{4-x}$,

所以 $y'=\dfrac{\sqrt{x-2}}{(x+1)^3(4-x)^2}\left[\dfrac{1}{2(x-2)}-\dfrac{3}{x+1}+\dfrac{2}{4-x}\right]$.

【名师点评】对数求导法,不仅仅适用于幂指函数,而且适用于这类比较复杂的根式,或者是多个函数连乘的形式.通过对数求导法,可以把复杂的分式或者乘积转换成简单的和差形式,再求导就能大大简化运算.

例 23 设 $f(x)=\begin{cases}xe^{-\frac{1}{x}}, & x>0,\\ \ln(1+x), & -1\leqslant x\leqslant 0,\end{cases}$ 求 $f'(x)$.

解 当 $x>0$ 时,$f'(x)=(xe^{-\frac{1}{x}})'=\left(1+\dfrac{1}{x}\right)e^{-\frac{1}{x}}$,

当 $-1<x<0$ 时,$f'(x)=[\ln(1+x)]'=\dfrac{1}{1+x}$,

$f'_-(0)=\lim\limits_{x\to0^-}\dfrac{f(x)-f(0)}{x-0}=\lim\limits_{x\to0^-}\dfrac{\ln(1+x)-0}{x}=1$,

$f'_{+}(0)=\lim\limits_{x\to0^+}\frac{f(x)-f(0)}{x-0}=\lim\limits_{x\to0^+}\frac{x\mathrm{e}^{-\frac{1}{x}}-0}{x}=0$,

因为 $f'_{-}(0)\neq f'_{+}(0)$,所以 $f'(0)$ 不存在.

综上,$f'(x)=\begin{cases}\left(1+\frac{1}{x}\right)\mathrm{e}^{-\frac{1}{x}}, & x>0,\\ \text{不存在}, & x=0,\\ \frac{1}{1+x}, & -1<x<0.\end{cases}$

【名师点评】求分段函数在分段点处的导数必须用定义.求不含分段点的每段上的导数,可用导数公式及运算法则.

考点二　导数的几何意义

【考点分析】导数的几何意义是曲线在一点处的切线斜率,所以这个考点一般通过求切线斜率,或者求切线或法线方程来考查,以填空题、选择题为主.有时切线也会出现在综合性较强的应用题中,特别是在求平面图形的面积时,围成图形的各边中经常出现切线.

例 24　求曲线 $y=\mathrm{e}^x-3\sin x+1$ 在点$(0,2)$处的切线方程和法线方程.

解　$y'=\mathrm{e}^x-3\cos x$,则所求切线的斜率 $k=y'|_{x=0}=-2$,

点$(0,2)$处的切线方程为 $y-2=-2x$,即 $y=-2x+2$;

法线方程为 $y-2=\frac{1}{2}x$,即 $y=\frac{1}{2}x+2$.

【名师点评】切线或者法线方程一般通过点斜式来写出,知道切点,求出切点处的导数即是切线的斜率.注意法线的斜率与切线的斜率互为负倒数.

例 25　在曲线 $y=x^3+x-2$ 上求一点,使得过该点的切线与直线 $y=4x-1$ 平行.

解　设该切点为(x_0,y_0),由题意知切线的斜率为 4,

$y'=3x^2+1$,令 $y'(x_0)=3x_0^2+1=4$,得 $x_0=\pm1$,

当 $x_0=1$ 时,$y_0=0$;当 $x_0=-1$ 时,$y_0=-4$.

即所求切点为$(1,0)$和$(-1,-4)$.

【名师点评】此题与上题已知切点求斜率不同,是间接给出斜率,求切点.此类不知道切点的,一般需要先把切点设出来,然后再利用切点横坐标处的导数等于已知斜率建立方程,求出切点横、纵坐标.还需要注意,满足条件的切点不一定是唯一的,不要漏解.

例 26　若曲线 $y=x^2+ax+b$ 与 $2y=-1+xy^3$ 在点$(1,-1)$处相切,求常数 a,b.

解　先求两曲线在切点$(1,-1)$处的切线斜率.

对于函数 $y=x^2+ax+b$,$y'=2x+a$,$y'(1)=2+a$,

对于函数 $2y=-1+xy^3$,$2y'=y^3+3xy^2y'$,$y'(1)=1$.

由于两曲线在点$(1,-1)$处相切,由导数几何意义,得 $2+a=1$,解得 $a=-1$,

又因为点$(1,-1)$在曲线 $y=x^2-x+b$ 上,所以 $-1=1^2-1+b$,解得 $b=-1$,

综上,$a=-1$,$b=-1$.

【名师点评】曲线与曲线也是可以相切于一点的,此时二者有共同的切线.因此利用两个函数分别求出来的切点的导数值应该相等,从而找到一个等量关系.另外,切点坐标分别满足两条曲线的方程,这样又可以列出一个方程.通过两个方程便可以解出两个未知系数 a,b.

考点三 求高阶导数

【考点分析】高阶导数的考查以二阶为主,主要考查考生的计算能力.注意,每一阶导数化简以后再继续求导才能简化运算.

例 27 设 $y=\sin^2\frac{x}{2}$,则 $y''(0)=$ ________.

解 先求一阶导数,得 $y'=2\sin\frac{x}{2}\cdot\cos\frac{x}{2}\cdot\frac{1}{2}=\frac{1}{2}\sin x$,

再求二阶导数,得 $y''=\frac{1}{2}\cos x$,从而 $y''(0)=\frac{1}{2}$.

故应填$\frac{1}{2}$.

例 28 设 $y=e^{-x}\cos x$,则 $y''(\frac{\pi}{2})=$ ________.

解 先求一阶导数,得 $y'=-e^{-x}\cos x-e^{-x}\sin x=-e^{-x}(\sin x+\cos x)$,
再求二阶导数,得 $y''=e^{-x}(\sin x+\cos x)-e^{-x}(\cos x-\sin x)=2e^{-x}\sin x$,

从而 $y''\left(\frac{\pi}{2}\right)=2e^{-\frac{\pi}{2}}$.

故应填 $2e^{-\frac{\pi}{2}}$.

【名师点评】以上两题都是比较简单的求二阶导数在某一点的导数值.此类题需要注意,一定要把一阶导数的结果化成最简形式,再去求二阶导数.

例 29 求函数 $y=\ln(x+\sqrt{1+x^2})$ 的二阶导数.

解 $y'=\frac{1}{x+\sqrt{1+x^2}}(x+\sqrt{1+x^2})'=\frac{1}{x+\sqrt{1+x^2}}\cdot\left(1+\frac{2x}{2\sqrt{1+x^2}}\right)$

$=\frac{1}{x+\sqrt{1+x^2}}\cdot\frac{\sqrt{1+x^2}+x}{\sqrt{1+x^2}}=\frac{1}{\sqrt{1+x^2}}=(1+x^2)^{-\frac{1}{2}}$,

$y''=-\frac{1}{2}(1+x^2)^{-\frac{3}{2}}\cdot(1+x^2)'=-x(1+x^2)^{-\frac{3}{2}}$.

【名师点评】这个复合函数相对比较复杂,函数中有复合、有四则运算,所以求导的时候可以先看成两层复合,对内层函数求导时再利用四则运算法则.此题的一阶导数化简以后再求二阶导数,能大大简化运算.

例 30 设 $y=f(e^x)$ (f 为二阶可导),则 $y''=$ ________.
解 $y'=f'(e^x)e^x$, $y''=f''(e^x)(e^x)^2+f'(e^x)e^x$,
故应填 $f''(e^x)(e^x)^2+f'(e^x)e^x$.

【名师点评】此题中复合函数的外层函数是抽象函数.注意抽象函数一阶、二阶导数的表示方法.

例 31 设 $y^2-2xy+9=0$,求$\frac{d^2y}{dx^2}$.

解 方程两边同时对 x 求导,得 $2yy'-2y-2xy'=0$,所以 $y'=\frac{y}{y-x}$,

$$\frac{d^2y}{dx^2}=\frac{d}{dx}\left(\frac{dy}{dx}\right)=\left(\frac{y}{y-x}\right)'=\frac{y'(y-x)-y(y'-1)}{(y-x)^2}=\frac{y-y'x}{(y-x)^2}=\frac{y}{(y-x)^2}-\frac{xy}{(y-x)^3}.$$

【名师点评】此题是隐函数求二阶导数.求二阶时,二阶导数的表达式中出现了 y',需要把一阶导数的结果代入化简.

考点真题解析

考点一　求函数的导数或微分

真题 14　(2019. 财经)设 $y=\cos(\sin x)$,则 $\mathrm{d}y=$ ________.

解　$y'=[\cos(\sin x)]'=-\sin(\sin x)\cdot(\sin x)'=-\sin(\sin x)\cos x$,

$\mathrm{d}y=y'\mathrm{d}x=-\sin(\sin x)\cos x\,\mathrm{d}y$.

故应填 $-\sin(\sin x)\cos x\,\mathrm{d}y$.

【名师点评】求函数的微分,可以先求该函数的导数,再代入公式 $\mathrm{d}y=y'\mathrm{d}x$ 写出微分.

真题 15　(2019. 理工)求函数 $y=\mathrm{e}^{2x}\sin 3x$ 的一阶及二阶导数.

解　$\dfrac{\mathrm{d}y}{\mathrm{d}x}=(\mathrm{e}^{2x})'\sin 3x+\mathrm{e}^{2x}(\sin 3x)'=\mathrm{e}^{2x}(2\sin 3x+3\cos 3x)$,

$$\frac{\mathrm{d}^2y}{\mathrm{d}x^2}=\frac{\mathrm{d}}{\mathrm{d}x}\left(\frac{\mathrm{d}y}{\mathrm{d}x}\right)=[\mathrm{e}^{2x}(2\sin 3x+3\cos 3x)]'=\mathrm{e}^{2x}(-5\sin 3x+12\cos 3x).$$

【名师点评】此题主要考查导数的四则运算法则及复合函数求导. 注意求导以后的结果要进行化简,只有将一阶导数化到最简形式,再求二阶导数才相对比较简单.

真题 16　(2016. 经管)已知函数 $y=x^2\sin\dfrac{1}{x}+\dfrac{2x}{1-x^2}$,求 y'.

解　由导数的四则运算法则和复合函数求导法则,得

$$y'=\left(x^2\sin\frac{1}{x}\right)'+\left(\frac{2x}{1-x^2}\right)'$$

$$=2x\sin\frac{1}{x}+x^2\cos\frac{1}{x}\left(-\frac{1}{x^2}\right)+\frac{2(1-x^2)-2x(-2x)}{(1-x^2)^2}=2x\sin\frac{1}{x}-\cos\frac{1}{x}+\frac{2(1+x^2)}{(1-x^2)^2}.$$

【名师点评】此题同样考查了导数的四则运算法则和复合函数求导,熟练应用公式即可.

真题 17　(2016. 公共)若 $y=x^{x^2}+\mathrm{e}^{\sin x}+\ln(1+a^{x^2})$,求 y'.

解　$y'=(x^{x^2})'+(\mathrm{e}^{\sin x})'+[\ln(1+a^{x^2})]'=(\mathrm{e}^{x^2\ln x})'+\mathrm{e}^{\sin x}\cos x+\dfrac{1}{1+a^{x^2}}(1+a^{x^2})'$

$$=\mathrm{e}^{x^2\ln x}(2x\ln x+x)+\cos x\cdot\mathrm{e}^{\sin x}+\frac{2xa^{x^2}\ln a}{1+a^{x^2}}$$

$$=x^{x^2+1}(2\ln x+1)+\cos x\cdot\mathrm{e}^{\sin x}+\frac{2xa^{x^2}\ln a}{1+a^{x^2}}.$$

【名师点评】此题是求几个函数和的导数,其中第一个函数为幂指函数,后两个函数为复合函数. 如果用对数求导法对幂指函数求导,需要把幂指函数单独求导,不能在原函数两边直接取对数. 对数求导法只作用于幂指函数. 也可以像上述解法,利用公式变形法,将幂指函数变形成复合函数以后,三个复合函数分别求导再相加.

真题 18　(2018. 公共)求由方程 $x^2+2xy-y^2-2x=0$ 确定的隐函数 $y=y(x)$ 的导数.

解　方程两边同时对 x 求导,得 $2x+2(y+xy')-2yy'-2=0$,

所以 $(x-y)y'=1-x-y$,解得 $y'=\dfrac{1-x-y}{x-y}$.

【名师点评】此题为隐函数求导,要始终把 y 看成关于 x 的函数,求导时要特别注意 x^2 与 y^2 的差别. 另外,$2xy$ 要按照乘积的求导法则进行求导.

真题 19 (2016.经管)设函数 $y=y(x)$ 由方程 $e^{xy}=x-y$ 所确定,求 $dy|_{x=0}$.

解 方程两边同时对 x 求导,得 $e^{xy}(y+xy')=1-y'$,整理得 $y'=\dfrac{1-ye^{xy}}{1+xe^{xy}}$.

所以 $dy=\dfrac{1-ye^{xy}}{1+xe^{xy}}dx$,将 $x=0$ 代入原方程,得 $y=-1$,因此 $dy|_{x=0}=\dfrac{1+e^0}{1+0}dx=2dx$.

【名师点评】求隐函数在一点的微分,可以先求隐函数在该点的导数,然后再代入微分公式.另外,隐函数的导数结果一般既含有 x 又含有 y,所以要先将 $x=0$ 代入原方程,求出对应的 y 值,才能求出这一点的导数和微分.

考点二 导数的几何意义

真题 20 (2017.电商)曲线 $y=x\ln x$ 的平行于直线 $x-y+1=0$ 的切线方程为________.

A. $y=x-1$　　B. $y=-(x+1)$　　C. $y=(\ln x-1)(x-1)$　　D. $y=x$

解 由已知得,曲线的切线斜率等于直线 $x-y+1=0$ 的斜率,即 $k=1$.

对 $y=x\ln x$ 求导,得 $y'=(x\ln x)'=\ln x+1$.设切点为(x_0,y_0),则 $\ln x_0+1=1$,即 $x_0=1,y_0=2$,所以所求切线方程为 $y=x-1$.

故应选 A.

【名师点评】求切线方程主要有两类题目:第一类是已知切点,通过求切点处的导数确定斜率,从而求得切线方程;第二类是已知斜率,设出切点,通过切点处的导数等于已知斜率,解出切点,从而求得切线方程.该题属于第二类.

真题 21 (2016.经管)曲线 $y=\ln x^2$ 在 $x=e$ 处的切线方程为________.

解 $y'=\dfrac{2}{x}$,$y'\Big|_{x=e}=\dfrac{2}{e}$,当 $x=e$ 时,$y=2$,

所求切线方程为 $y-2=\dfrac{2}{e}(x-e)$,即 $y=\dfrac{2}{e}x$.

故应填 $y=\dfrac{2}{e}x$.

真题 22 (2014.工商)在曲线 $y=x^3-3x$ 上,切线平行于 x 轴的切点为________.

A. $(0,0)$　　B. $(1,-2)$　　C. $(-1,-2)$　　D. $(2,2)$

解 函数在某点处的导数就是函数在该点处的切线斜率.$y'=3x^2-3=0$,$x=\pm1$,切点为$(1,-2)$,$(-1,2)$.

故应选 B.

【名师点评】已知斜率求切点的问题,满足条件的切点有可能不是唯一的,注意不要漏解.

考点三 求高阶导数

真题 23 (2014.土木)$(x^3)^{(5)}=$________.

A. 3!　　B. 5!　　C. 1　　D. 0

解 $(x^3)^{(5)}$ 表示 x^3 的五阶导数,根据幂函数求导公式易得,第三阶导数为常数,因此第四阶和第五阶导数必为 0.

故应选 D.

【名师点评】(1) $f(x)=x^n$ 的 $n+1$ 阶导数为 0.

(2) $(x^m)^{(n)}=m(m-1)(m-2)\cdots(m-n+1)x^{m-n}$,$(n\leqslant m)$;

$(x^m)^{(n)}=0$,$(n>m)$.

真题 24 (2017.电子)设 $y=(x+3)^n$(n 为正整数),则 $y^{(n)}(2)=$________.

A. 5^n　　B. $n!$　　C. $5^n n$　　D. n

解 $y' = n(x+3)^{n-1}, y'' = n(n-1)(x+3)^{n-2}$,

$y'''(x) = n(n-1)(n-2)(x+3)^{n-3}\cdots$

由数学归纳法,得

$y^{(n)}(x) = n(n-1)(n-2)\cdots 1\cdot(x+3)^0 = n(n-1)(n-2)\cdots 1 = n!$.

$y^{(n)}(2) = n!$.

故应选 B.

【名师点评】对于 n 次多项式函数,求 n 阶导数后必为常数,观察归纳每次求导后系数的规律即可.

真题 25 (2016.经管)若函数 $y = \mathrm{e}^{ax}$,则 $y^{(n)}(1) =$ ________.

解 $y' = a\mathrm{e}^{ax}$, $y'' = a^2\mathrm{e}^{ax}$, $y''' = a^3\mathrm{e}^{ax}$,$\cdots$, $y^{(n)} = a^n\mathrm{e}^{ax}$,所以 $y^{(n)}(1) = a^n\mathrm{e}^a$.

故应填 $a^n\mathrm{e}^a$.

真题 26 (2015.会计)若 $f(x) = x^2\ln x$,则 $f'''(2) =$ ________.

A. ln2　　B. 4ln2　　C. 2　　D. 1

解 由题意得 $f'(x) = 2x\ln x + x$,从而有 $f''(x) = 2\ln x + 3$,进而有 $f'''(x) = \dfrac{2}{x}$,

所以 $f'''(2) = 1$.

故应选 D.

真题 27 (2014.经管)$y = x\sqrt{a^2-x^2} + a^2\arcsin\dfrac{x}{a}$,求 y''.

解 因为 $y = x\sqrt{a^2-x^2} + a^2\arcsin\dfrac{x}{a}$,

所以 $y' = \sqrt{a^2-x^2} - x\dfrac{2x}{2\sqrt{a^2-x^2}} + \dfrac{a^2}{\sqrt{1-\left(\dfrac{x}{a}\right)^2}}\cdot\dfrac{1}{a} = \sqrt{a^2-x^2} - \dfrac{x^2-a^2}{\sqrt{a^2-x^2}} = 2\sqrt{a^2-x^2}$.

因此 $y'' = \dfrac{-2x}{\sqrt{a^2-x^2}}$.

【名师点评】此函数中既包含四则运算,又包含复合函数,比较复杂.此类题目求二阶导数,一定要把一阶导数化到最简形式,再求二阶导数.

考点方法综述

1.复合函数求导:计算复合函数的导数,关键是弄清复合函数的构造,即该函数是由哪些基本初等函数或简单函数经过怎样的过程复合而成的.求导时,要按复合次序由外向内一层一层求导,直至对自变量求导数为止.

2.抽象函数求导:对于抽象函数的求导,关键是导数符号的表示和含义.如对 $y = f[\varphi(x)]$ 而言,$\{f[\varphi(x)]\}'$ 表示 y 对自变量 x 求导,$f'[\varphi(x)]$ 表示 y 对内层函数 $\varphi(x)$ 求导,故 $y' = \{f[\varphi(x)]\}' = f'[\varphi(x)]\varphi'(x)$.

3.隐函数求导:欲求由方程所确定的隐函数的导数,要把方程中的 x 看作自变量,将 y 视为 x 的函数,则方程中关于 y 的函数便是 x 的复合函数,方程两边同时对 x 求导,整理得到 y'.而求隐函数 $y = f(x)$ 在 x_0 处的导数时,通常先将 x_0 代入原方程解出相应的 y_0,然后将 (x_0, y_0) 一起代入 y' 的表达式中,便可求得 $y'|_{x=x_0}$.

4.对数求导法:常用于求以下两类函数的导数:形如 $f(x)^{g(x)}$ 的幂指函数;由乘除、乘方、开方混合运算所构成的较为复杂的函数.对数求导法的计算步骤是方程两边先同取对数,然后两边再对 x 求导.取对数的目的是把方程右端较复杂的函数变成简单的对数函数的和差形式,便于求导运算.

5.分段函数求导:分段函数在分段点处的导数必须利用导数的定义式来求,而各段上函数的导数由于每段都是初等函数,在对应的定义区间上都可以分别直接求导.这样综合得出整个分段函数的导数.

6.求 n 阶导数:一般是先求出函数的前几阶导数,从中找出规律,从而归纳出 n 阶导数的表达式.

7.求微分:求函数的微分,可以先求导数,再利用公式 $\mathrm{d}y = y'\mathrm{d}x$ 求微分.

第二章检测训练 A

一、单选题

1. 函数 $f(x)=\begin{cases}x+2, & x<1,\\ 3x-1, & x\geqslant 1\end{cases}$ 在点 $x=1$ 处________.

A. 可导　　B. 连续但不可导　　C. 不连续　　D. 无定义

2. 设曲线 $y=\dfrac{1}{1+x^2}$ 在点 M 处的切线平行于 x 轴,则点 M 的坐标为(　　).

A. $\left(-1,\dfrac{1}{2}\right)$　　B. $\left(1,\dfrac{1}{2}\right)$　　C. $(0,1)$　　D. $(0,-1)$

3. 设 $f(x)$ 在点 $x=x_0$ 处可导,且 $f'(x_0)=-1$,则 $\lim\limits_{h\to 0}\dfrac{f(x_0-h)-f(x_0+h)}{h}=$________.

A. $\dfrac{1}{2}$　　B. 2　　C. $-\dfrac{1}{2}$　　D. -2

4. 设 $y=\tan^3 2x$,则 $y'=$________.

A. $6\sec^2 2x$　　B. $6\tan^2 2x\sec^2 2x$　　C. $3\sin^2 2x\cos^4 2x$　　D. $6\tan 2x$

5. 设 $f(x)=x^3-3x^2+4$,则 $f''(1)=$________.

A. 0　　B. 1　　C. -1　　D. 2

6. 设 $f(x)=\arctan e^x$,则 $f'(x)=$________.

A. $\dfrac{e^x}{1+e^{2x}}$　　B. $\dfrac{1}{1+e^{2x}}$　　C. $\dfrac{1}{\sqrt{1+e^{2x}}}$　　D. $\dfrac{e^x}{\sqrt{1+e^{2x}}}$

7. 已知 $\begin{cases}x=\dfrac{1-t^2}{1+t^2},\\ y=\dfrac{2t}{1+t^2},\end{cases}$ 则 $\dfrac{dy}{dx}=$________.

A. $\dfrac{t^2-1}{2t}$　　B. $\dfrac{1-t^2}{2t}$　　C. $\dfrac{x^2-1}{2x}$　　D. $\dfrac{1-x^2}{2x}$

8. 过曲线 $y=x+e^x$ 上的点 $(0,1)$ 处的切线方程为________.

A. $y+1=2x$　　B. $y=2x+1$　　C. $y=2x-3$　　D. $y-1=x$

9. 函数 $y=f(x)$ 在点 x_0 处可导是其在该点处可微的________.

A. 充分条件　　B. 必要条件　　C. 充要条件　　D. 无关条件

10. 若 $\lim\limits_{x\to 0}\dfrac{f(2x)-f(0)}{x}=\dfrac{1}{2}$,则 $f'(0)=$________.

A. 4　　B. 2　　C. $\dfrac{1}{2}$　　D. $\dfrac{1}{4}$

二、填空题

1. 若函数 $f(x)$ 的一个原函数是 $e^x+\sin x$,则 $f'(x)=$________.

2. 曲线 $y=\arctan 2x$ 在点 $(0,0)$ 处的法线方程为________.

3. 设 $y=\cos^2 x$,则 $y''=$________.

4. 曲线 $y=\dfrac{1}{2}x-\dfrac{1}{x}$ 在点 $(\sqrt{2},0)$ 处的切线方程为________.

5. 设 $y=x^3\ln x\ (x>0)$,则 $y^{(4)}=$________.

6. 设 $y=\ln(\ln^2 x)$,则 $dy\big|_{x=e}=$________.

7. 已知 $f(x)=\sqrt{1+x}$,则 $f(3)+3f'(3)=$________.

8. 设 $y=\sqrt{1-9x^2}\arcsin 3x$,则 $y'=$________.

9. 设 $y=e^{-\frac{x}{2}}\cos 3x$，则 $dy=$ ________.

10. 设 $y=f(e^x)$（f 为二阶可导函数），则 $y''=$ ________.

三、计算题

1. 求 $y=x\arctan x-\ln\sqrt{1+x^2}$ 的导数 y'.

2. 求 $y=\sqrt{x}\sin x$ 的导数 y'.

3. 设 $y=\ln\cos(e^x)$，求 $\frac{dy}{dx}$.

4. 设 $y=(\cos e^x)\cdot\ln(1+x)$，求 y'.

5. 设 $y=\frac{x^2\sin x}{1-\sqrt{x}}$，求 dy.

6. 设 $f(x)=x\sqrt{x^2-16}$，求 $f''(5)$.

7. 求幂指函数 $y=x^x(x>0)$ 的微分.

8. 设方程 $y^2+\sin(2x-y)=x$ 确定隐函数 $y=y(x)$，求 $\frac{dy}{dx}$.

9. 设 $y=\arctan\frac{1-x}{1+x}$，求 y''

10. 设 $y=\sqrt{1-9x^2}\arcsin 3x$，求 dy.

第二章检测训练 B

一、单选题

1. 若两曲线 $y=\frac{1}{x}$ 与 $y=ax^2+b$ 在点 $\left(2,\frac{1}{2}\right)$ 处相切，则下列结果正确的是 ________.

A. $a=-\frac{1}{16},b=\frac{3}{4}$　　B. $a=\frac{1}{16},b=\frac{1}{4}$　　C. $a=-1,b=\frac{7}{2}$　　D. $a=1,b=\frac{7}{2}$

2. 设 $y=x\cdot f(-2x)$，则 $y'=$ ________.

A. $f(-2x)+xf'(-2x)$　　B. $f(-2x)+2xf'(-2x)$

C. $-2xf'(-2x)$　　D. $f(-2x)-2xf'(-2x)$

3. 设 $f'(x)$ 在点 x_0 的某个邻域内存在，且 $f(x_0)$ 为 $f(x)$ 的极大值，则 $\lim\limits_{h\to 0}\frac{f(x_0+2h)-f(x_0)}{h}=$ ________.

A. 0　　B. 1　　C. 2　　D. -2

4. 设函数 $f(x)=x^2$，则 $\lim\limits_{\Delta x\to 0}\frac{f(a)-f(a-\Delta x)}{\Delta x}=$ ________.

A. $2a$　　B. $-2a$　　C. a　　D. a^2

5. 设 $y=y(x)$ 由方程 $2^{xy}=x+y$ 确定，则 $dy\Big|_{x=0}=$ ________.

A. $\ln 2-dx$　　B. $(\ln 2-1)dx$　　C. dx　　D. $5dx$

6. 曲线 $f(x)=\frac{1}{3}x^3+\frac{1}{2}x^2+6x+1$ 的图像在点 $(0,1)$ 处的切线与 x 轴交点的坐标是 ________.

A. $\left(-\frac{1}{6},0\right)$　　B. $(-1,0)$　　C. $\left(\frac{1}{6},0\right)$　　D. $(1,0)$

7. 设 $f(x)$ 为可导函数且满足 $\lim\limits_{x\to 0}\frac{f(1)-f(1-x)}{2x}=-1$，则曲线 $y=f(x)$ 在点 $(1,f(1))$ 处的切线斜率为 ________.

A. 2　　B. -1　　C. $\frac{1}{2}$　　D. -2

8. 若 $f(x)$ 为 $(-l,l)$ 内的可导偶函数，则 $f'(x)$ ________.

A. 必为 $(-l,l)$ 内的奇函数　　B. 必为 $(-l,l)$ 内的偶函数

C. 必为 $(-l,l)$ 内的非奇非偶函数　　D. 可能为奇函数，也可能为偶函数

9. 设$\begin{cases} u = \ln x, \\ v = \sqrt{x}, \end{cases}$ 则$\frac{\mathrm{d}u}{\mathrm{d}v} =$ ________.

A. $\frac{2}{x}$　　B. $\frac{2}{\sqrt{x}}$　　C. $\frac{2}{x\sqrt{x}}$　　D. $\frac{1}{2x\sqrt{x}}$

10. 若 $f(x) = \begin{cases} x^2 + 3, & x < 1, \\ ax + b, & x \geqslant 1 \end{cases}$ 在点 $x = 1$ 处可导,则 ________.

A. $a = 2, b = 2$　　B. $a = -2, b = 2$　　C. $a = 2, b = -2$　　D. $a = -2, b = -2$

二、填空题

1. 设 $y = f(\ln x)e^{f(x)}$,其中 f 可微,则 $\mathrm{d}y =$ ________.

2. 曲线 $y = (x+4)\sqrt[3]{3-x}$ 在点(2,6)处的法线方程为 ________.

3. 已知函数 $f(x) = \frac{x}{x+1}$,$g(x) = f[f(x)]$,则 $g'(x) =$ ________.

4. 设函数 $f(x) = x^3 + ax$ 与 $g(x) = bx^2 + c$ 都通过点(−1,0),且在点(−1,0)处有公切线,则 $a =$ ________,$b =$ ________,$c =$ ________.

5. 设 $y = f(\sin x^2)$,f 为可导函数,则$\frac{\mathrm{d}y}{\mathrm{d}x} =$ ________.

6. 设 $y = \ln(1 + 3^{-x})$,则 $\mathrm{d}y =$ ________.

7. 设 $f(x) = x(x-1)(x-2)\cdots(x-2020)$,则 $f'(0) =$ ________.

8. 设 $y = f(\ln x)e^{f(x)}$,其中 f 可微,则 $\mathrm{d}y =$ ________.

9. 设 $f'(x_0)$ 存在,且 $f(x_0) = 0$,则$\lim\limits_{h\to\infty} hf\left(x_0 - \frac{3}{h}\right) =$ ________.

10. 曲线 $y = x^4 - 4x$ 上切线垂直于 y 轴的点是 ________.

三、解答题

1. 已知函数 $y = \frac{1}{2}\ln(1 + e^{2x}) - x + e^{-x}\arctan(e^x)$,求 y'.

2. 讨论 $f(x) = \begin{cases} x^2 \arctan \frac{1}{x}, & x \neq 0, \\ 0, & x = 0 \end{cases}$ 在点 $x = 0$ 处的连续性和可导性.

3. 求由参数方程$\begin{cases} x = a\cos^3 t, \\ y = a\sin^3 t \end{cases}$所确定的函数的一阶导数$\frac{\mathrm{d}y}{\mathrm{d}x}$和二阶导数$\frac{\mathrm{d}^2 y}{\mathrm{d}x^2}$.

4. 求与抛物线 $y = x^2 - 2x + 5$ 上连接两点 $P(1,4)$ 与 $Q(3,8)$ 的弦平行,且与抛物线相切的直线方程.

5. 设函数 $y = f(x)$ 由方程 $e^{xy} + \tan(xy) = y$ 所确定,求 y'.

6. 求函数 $y = \left(\frac{x}{1+x}\right)^x (x > 0)$ 的导数.

7. 设 $y = x\ln(x + \sqrt{x^2 + a^2}) - \sqrt{x^2 + a^2}$,求 y', y''.

8. 求函数 $y = x\sqrt{\frac{1-x}{1+x}}$ 的微分.

四、证明题

1. 设 $f(x)$ 在区间$(-l, l)$上为奇函数且可导,求证在区间$(-l, l)$上 $f'(x)$ 为偶函数.

2. 证明双曲线 $xy = 1$ 上任一点处的切线与两坐标轴所围的三角形的面积相等.

第三章　微分中值定理与导数的应用

知识结构导图

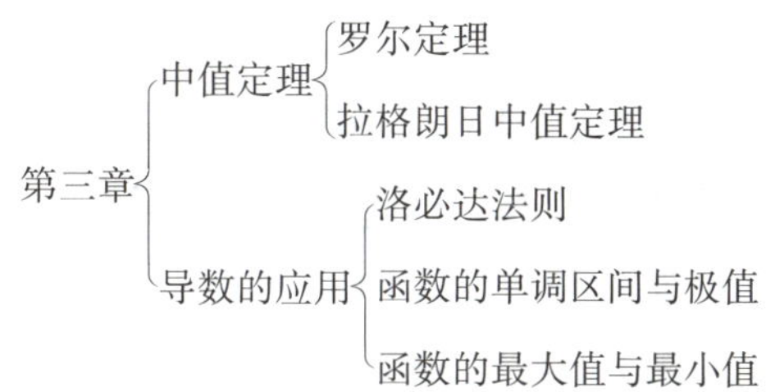

第一单元　微分中值定理

考纲内容解读

一、新大纲基本要求

1. 理解罗尔定理、拉格朗日中值定理.
2. 会用罗尔定理证明方程根的存在性,会用拉格朗日中值定理证明简单的不等式.

二、新大纲名师解读

本单元理论性较强,考题以罗尔定理和拉格朗日中值定理为主.在证明题中,有时会把罗尔定理、零点定理、定积分中值定理以及积分上限函数的导数等知识点结合起来考查.

考点知识梳理

一、罗尔定理

若函数 $f(x)$ 满足:

(1) 在闭区间 $[a,b]$ 上连续;

(2) 在开区间 (a,b) 内可导;

(3) $f(a)=f(b)$;

则至少存在一点 $\xi\in(a,b)$,使得 $f'(\xi)=0$.

几何意义　在两端高度相同的连续曲线弧上,若除端点外处处有不垂直于 x 轴的切线,则此曲线弧上至少有一点,在该点处的切线是水平的(见图 3.1).

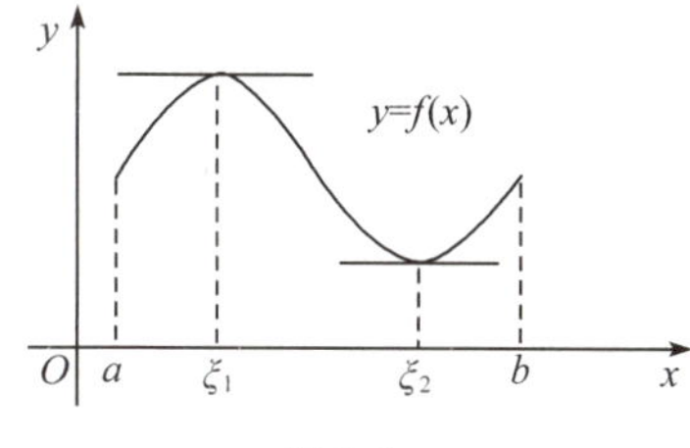

图 3.1

【名师解析】罗尔定理常用来证明含导数的方程根的存在性,定理条件(3)的满足是证明的关键.

二、拉格朗日中值定理

若函数 $f(x)$ 满足:

(1) 在闭区间 $[a,b]$ 上连续;

(2) 在开区间 (a,b) 内可导;

则至少存在一点 $\xi\in(a,b)$,使得

$$f'(\xi)=\frac{f(b)-f(a)}{b-a}.$$

几何意义　在连续且除端点外处处都有不垂直于 x 轴的切线的曲线弧上，至少存在一点 C，在该点处的切线与连接两端点的弦平行(见图 3.2).

推论 1　若在区间 I 内恒有 $f'(x)=0$，则 $f(x)=C$.

推论 2　若在区间 I 内恒有 $f'(x)=g'(x)$，则 $f(x)=g(x)+C$.

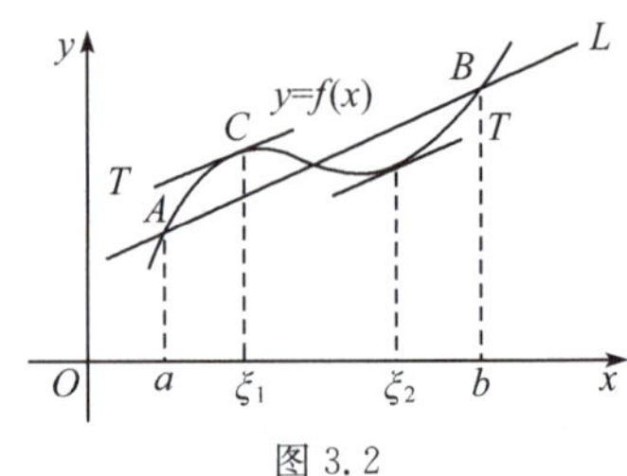

图 3.2

【名师解析】拉格朗日定理中 $f(x)$ 满足的条件和罗尔定理的前两个条件完全一样，只少了第三个条件，因此拉格朗日中值定理是罗尔定理的推广形式，罗尔定理是拉格朗日中值定理的特例. 拉格朗日中值定理常用来证明“双边不等式”，其推论 1 常用来证明“恒等式”.

考点例题分析

考点一　求中值定理中的 ξ

【考点分析】此类题型在填空题中出现得较多，以罗尔定理和拉格朗日中值定理考查为主.

例 1　函数 $f(x)=x\sqrt{1-x}$ 在$[0,1]$上满足罗尔定理的 $\xi=$ ________.

解　令 $f'(x)=\sqrt{1-x}+x\dfrac{-1}{2\sqrt{1-x}}=\dfrac{2(1-x)-x}{2\sqrt{1-x}}=\dfrac{2-3x}{2\sqrt{1-x}}=0$，得 $x=\dfrac{2}{3}$，即 $\xi=\dfrac{2}{3}$.

故应填 $\dfrac{2}{3}$.

【名师点评】此类题型解题时要先求出所给函数的导数，然后令导数等于零，求得所给区间内的根即为所求的 ξ.

例 2　函数 $f(x)=\sqrt{x-1}+x$ 在$[5,10]$上满足拉格朗日中值定理的 $\xi=$ ________.

解　由 $f'(\xi)=\dfrac{1}{2\sqrt{\xi-1}}+1=\dfrac{f(10)-f(5)}{10-5}=\dfrac{6}{5}$ 得 $\xi=\dfrac{29}{4}$.

故应填 $\dfrac{29}{4}$.

【名师点评】此类题型解题时要先求出所给函数的导数，然后令导数等于区间端点函数值的差与区间长度的比值，求得所给区间内的根即为所求的 ξ.

考点二　证明含导数的方程根的存在性

【考点分析】这是证明题的常见考点，以罗尔定理应用为主，有时需要结合介值定理、定积分中值定理等，解题的关键是辅助函数的构造和罗尔定理条件(3) 的验证.

例 3　设函数 $f(x)$ 在 $\left[0,\dfrac{\pi}{2}\right]$ 上连续，在 $\left(0,\dfrac{\pi}{2}\right)$ 内可导，且 $f(0)=0$，$f\left(\dfrac{\pi}{2}\right)=1$，

求证：$f'(x)=\cos x$ 在 $\left(0,\dfrac{\pi}{2}\right)$ 内至少有一个根.

证明　令 $g(x)=f(x)-\sin x$，则 $g(x)$ 在 $\left[0,\dfrac{\pi}{2}\right]$ 上连续，在 $\left(0,\dfrac{\pi}{2}\right)$ 内可导，

$g(0)=f(0)-\sin 0=0$，　$g\left(\dfrac{\pi}{2}\right)=f\left(\dfrac{\pi}{2}\right)-\sin\dfrac{\pi}{2}=1-1=0$，

由罗尔定理知，至少存在一点 $\xi \in \left(0,\frac{\pi}{2}\right)$，使得 $g'(\xi)=0$，即 $f'(\xi)=\cos\xi$，

所以 $f'(x)=\cos x$ 在 $\left(0,\frac{\pi}{2}\right)$ 内至少有一个根.

【名师点评】此类题目一般从需要证明的结论出发来构造函数，先将结论中的根 ξ 还原成变量 x，便于找出方程原型. 欲证 $f'(x)=\cos x$ 至少有一个根 ξ，只需证 $f'(x)-\cos x=0$ 满足罗尔定理. 根据罗尔定理的结论形式，将方程变成某一个函数的导数为零的形式，即 $[f(x)-\sin x]'=0$，于是构造函数 $g(x)=f(x)-\sin x$，然后依次验证 $g(x)$ 是否满足罗尔定理的三个条件.

例 4　$f(x)$ 在 $[0,a]$ 上连续，在 $(0,a)$ 内可导，且 $f(a)=0$，求证：存在一点 $\xi \in (0,a)$，使得 $f(\xi)+\xi f'(\xi)=0$.

证明　令 $g(x)=xf(x)$，则 $g'(x)=f(x)+xf'(x)$，

显然 $g(x)$ 在 $[0,a]$ 上连续，在 $(0,a)$ 内可导，且 $g(0)=0,\ g(a)=af(a)=0$，

由罗尔定理知，$\exists\xi \in (0,a)$，使得 $g'(\xi)=0$，即 $f(\xi)+\xi f'(\xi)=0$.

【名师点评】本题结论中的方程中出现了导数，首选罗尔定理进行证明. 应用罗尔定理证明方程根的存在性时，一般需要将方程变形为“左端是一个整体函数的导数，右端为零”的形式.

该题也需要将方程左端改写成某个函数的导数形式，即构造出方程左边函数的原函数. 根据该方程左边的函数形式，可推断出它是两函数乘积的导数，所以应利用导数的乘法法则去构造函数. 此题正确构造函数 $g(x)$ 是证明的关键，函数确定后，再去验证是否满足罗尔定理的条件，从而证明结论.

例 5　设 $f(x)$ 在 $[0,1]$ 上连续，在 $(0,1)$ 内可导，且 $f(0)=f(1)=0$，$f\left(\frac{1}{2}\right)=1$，求证：至少存在一点 $\xi \in (0,1)$，使得 $f'(\xi)=1$.

证明　令 $g(x)=f(x)-x$，则 $g'(x)=f'(x)-1$，

因为 $f(x)$ 在 $[0,1]$ 上连续，在 $(0,1)$ 内可导，所以 $g(x)$ 在 $[0,1]$ 上连续，在 $(0,1)$ 内可导，且 $g(0)=f(0)-0=0$，$g(1)=f(1)-1=-1<0,\ g\left(\frac{1}{2}\right)=f\left(\frac{1}{2}\right)-\frac{1}{2}=\frac{1}{2}>0$，

又因为 $g(x)$ 在 $\left[\frac{1}{2},1\right]$ 上连续，由零点定理得，至少存在一点 $\eta \in \left(\frac{1}{2},1\right)$，使得 $g(\eta)=0=g(0)$.

从而 $g(x)$ 在 $[0,\eta]$ 上连续，在 $(0,\eta)$ 内可导，且 $g(0)=g(\eta)$，

由罗尔定理知，至少存在一点 $\xi \in (0,\eta)\subset(0,1)$，使得 $g'(\xi)=0$，即 $f'(\xi)=1$.

【名师点评】本题是综合运用零点定理和罗尔定理来证明方程根的存在性. 在解题过程中，如果函数在所给区间上不能满足罗尔定理条件(3)，可以考虑借助已知条件在区间内部找一个点，使该点处的函数值和区间某端点处的函数值相等，并在这两点所构成的区间上应用罗尔定理.

考点三　关于拉格朗日中值定理的证明题

【考点分析】拉格朗日中值定理的证明题在近几年的专升本考试中频繁出现，主要有双边不等式的证明、恒等式的证明等.

例 6　设 $a>b>0,n>1$，求证：$nb^{n-1}(a-b)<a^n-b^n<na^{n-1}(a-b)$.

证明　令 $f(x)=x^n$，显然 $f(x)$ 在 $[b,a]$ 上连续，在 (b,a) 内可导，

由拉格朗日中值定理得，至少存在一点 $\xi \in (b,a)$，使得 $a^n-b^n=f'(\xi)(a-b)$

而 $f'(\xi)=n\xi^{n-1}$，且 $b<\xi<a$，所以 $nb^{n-1}(a-b)<f'(\xi)(a-b)<na^{n-1}(a-b)$

即 $nb^{n-1}(a-b)<a^n-b^n<na^{n-1}(a-b)$.

【名师点评】此类题目要从夹在中间的表达式出发来构造辅助函数. 在证明时要利用 ξ 所在区间来确定导数 $f'(\xi)$ 所在区间.

例 7 证明恒等式:$\arctan x+\operatorname{arccot} x=\frac{\pi}{2}(x\in(-\infty,+\infty))$.

证明 令 $f(x)=\arctan x+\operatorname{arccot} x$,则 $f(x)$ 在 $(-\infty,+\infty)$ 内连续且可导,

因为 $(\arctan x+\operatorname{arccot} x)'=\frac{1}{1+x^2}-\frac{1}{1+x^2}=0$,

所以由拉格朗日中值定理的推论得 $\arctan x+\operatorname{arccot} x=C$,

又因为 $\arctan 0+\operatorname{arccot} 0=0+\frac{\pi}{2}=\frac{\pi}{2}$,所以 $C=\frac{\pi}{2}$.

即 $\arctan x+\operatorname{arccot} x=\frac{\pi}{2}$.

【名师点评】拉格朗日中值定理推论:若在区间 I 内恒有 $f'(x)=0$,则 $f(x)=C$. 证明时只需构造辅助函数 $f(x)$,使其满足 $f'(x)=0$,并求所给区间内任一点处的函数值来确定常数 C 的值.

例 8 求证:若函数 $f(x)$ 在 $(-\infty,+\infty)$ 内满足 $f'(x)=f(x)$,且 $f(0)=1$,则 $f(x)=\mathrm{e}^x$.

证明 令 $F(x)=\frac{f(x)}{\mathrm{e}^x}$,则 $F(x)$ 在 $(-\infty,+\infty)$ 内连续且可导,

$F'(x)=\frac{f'(x)\mathrm{e}^x-\mathrm{e}^x f(x)}{(\mathrm{e}^x)^2}=\frac{f'(x)-f(x)}{\mathrm{e}^x}=0$,

由拉格朗日中值定理推论可知 $F(x)=C$,

而 $F(0)=\frac{f(0)}{\mathrm{e}^0}=1$,故 $C=1$. 即 $F(x)=1$ 恒成立,所以 $f(x)=\mathrm{e}^x$.

【名师点评】在利用拉格朗日中值定理证明恒等式时,可以通过对方程两端的函数作差,使差为零或常数的形式来构造辅助函数,也可以通过对方程两端的函数作商,使商为 1 的形式来构造辅助函数. 解题时要根据题目的已知条件灵活处理.

考点真题解析

考点一 求中值定理中的 ξ

真题 1 (2015. 公共) 对函数 $f(x)=\frac{1}{x}$ 在区间 $[1,2]$ 上应用拉格朗日中值定理得 $f(2)-f(1)=f'(\xi)$,则 $\xi=$________(其中 $1<\xi<2$).

解 因为 $f(x)$ 在 $[1,2]$ 上连续且在 $(1,2)$ 内可导,

所以由拉格朗日中值定理知存在 $\xi\in(1,2)$,使得 $f(2)-f(1)=f'(\xi)(2-1)$,即 $-\frac{1}{2}=f'(\xi)\times 1$,

所以 $-\frac{1}{2}=-\frac{1}{\xi^2}$,解得 $\xi=\sqrt{2}$.

故应填 $\sqrt{2}$.

真题 2 (2014. 机械) 对函数 $y=x^3+8$ 在区间 $[0,1]$ 上应用拉格朗日中值定理时,所得 ξ 为________.

A. 3　　B. $\frac{1}{\sqrt{3}}$　　C. $\frac{1}{3}$　　D. $-\frac{1}{3}$

解 由拉格朗日中值定理得 $f'(\xi)=\frac{f(1)-f(0)}{1-0}$,即 $3\xi^2=\frac{(1+8)-8}{1}=1$,所以 $\xi=\frac{1}{\sqrt{3}}\in(0,1)$.

故应选 B.

【名师点评】在真题中,这个考点以考查拉格朗日中值定理居多,注意在求出根后要舍去不在所给区间的 ξ.

真题 3 (2017.机械)若函数 $f(x)$ 在 $[a,b]$ 上连续，在 (a,b) 内可导，则＿＿＿＿＿＿.

A. 存在 $\theta\in(0,1)$，使得 $f(b)-f(a)=f'[\theta(b-a)](b-a)$

B. 存在 $\theta\in(0,1)$，使得 $f(b)-f(a)=f'[a+\theta(b-a)](b-a)$

C. 存在 $\theta\in(0,1)$，使得 $f(b)-f(a)=f'(\theta)(b-a)$

D. 存在 $\theta\in(0,1)$，使得 $f(b)-f(a)=f'[\theta(b-a)]$

解　由拉格朗日中值定理得 $f(b)-f(a)=f'(\xi)(b-a)(a<\xi<b)$，显然选项D不符合这种形式，再验证其余三个选项中关于 θ 的表达式哪一个与 ξ 所在区间 (a,b) 相符，由 $\theta\in(0,1)$ 得 $0<\theta(b-a)<b-a$，$a<a+\theta(b-a)<b$，故应选 B.

【名师点评】此题是拉格朗日中值定理直接应用题型，要抓住拉格朗日中值定理表达式中 ξ 的取值范围来确定选项.

考点二　证明含导数的方程根的存在性

真题 4 (2015.经管)设函数 $f(x)$ 在 (a,b) 内有三阶导数，且 $f(x_1)=f(x_2)=f(x_3)=f(x_4)$，其中 $a<x_1<x_2<x_3<x_4<b$，求证：在 (a,b) 内至少存在一点 ξ，使得 $f'''(\xi)=0$.

证明　$f(x)$ 在 (a,b) 内三阶可导，且 $f(x_1)=f(x_2)=f(x_3)=f(x_4)$，$a<x_1<x_2<x_3<x_4<b$，所以 $f(x)$ 在 $[x_1,x_2]$，$[x_2,x_3]$，$[x_3,x_4]$ 上满足罗尔定理的条件.

则至少存在 $\xi_1\in(x_1,x_2)$，$\xi_2\in(x_2,x_3)$，$\xi_3\in(x_3,x_4)$，使得 $f'(\xi_1)=f'(\xi_2)=f'(\xi_3)=0$；

于是 $f'(x)$ 在 $[\xi_1,\xi_2]$，$[\xi_2,\xi_3]$ 上满足罗尔定理的条件，则至少存在 $\eta_1\in(\xi_1,\xi_2)$，$\eta_2\in(\xi_2,\xi_3)$，使得 $f''(\eta_1)=f''(\eta_2)=0$；

于是 $f''(x)$ 在 $[\eta_1,\eta_2]$ 上满足罗尔定理的条件，所以至少存在一点 $\xi\in(\eta_1,\eta_2)$，使得 $f'''(\xi)=0$.

【名师点评】在真题中，这个考点以考查罗尔定理居多. 这种证明高阶导数方程根的存在性题目，需要在多个区间反复使用罗尔定理，并采用一种收口式结构，逐渐减少零点个数，直至得出最后结论.

真题 5 (2010.国贸)如果 $f(x)$ 在 $[0,1]$ 上连续，在 $(0,1)$ 上可导，且 $f(0)=f(1)=0$，$f\left(\frac{1}{2}\right)=1$，求证：在 $(0,1)$ 内至少有一点 ξ，使得 $f'(\xi)=1$.

证明　令 $F(x)=f(x)-x$，因为 $f(x)$ 在 $[0,1]$ 上连续，在 $(0,1)$ 上可导，所以 $F(x)$ 在 $[0,1]$ 上连续，在 $(0,1)$ 上可导，

$F\left(\frac{1}{2}\right)=f\left(\frac{1}{2}\right)-\frac{1}{2}=\frac{1}{2}>0$，$F(1)=f(1)-1=-1<0$，

由零点定理得，至少存在一点 $\eta\in\left(\frac{1}{2},1\right)$，使得 $F(\eta)=0$，

又因为 $F(0)=f(0)=0$，由罗尔定理得，至少存在一点 $\xi\in(0,\eta)\subset(0,1)$，使得 $F'(\xi)=0$，即 $f'(\xi)=1$.

【名师点评】在运用罗尔定理证明方程根的存在性命题时，如果在所给区间上不能满足罗尔定理条件(3)，可以考虑运用已知条件综合运用零点定理、定积分中值定理在区间内部找一个点，使该点处的函数值和区间某端点处的函数值相等，并在这两点所构成的区间上应用罗尔定理即可得证.

考点三　拉格朗日中值定理的证明题

真题 6 (2018.理工)设 $0<b<a$，求证：$\frac{a-b}{a}<\ln\frac{a}{b}<\frac{a-b}{b}$.

证明　令 $f(x)=\ln x$，显然 $f(x)$ 在 $[b,a]$ 上连续，在 (b,a) 内可导，

由拉格朗日中值定理得，至少存在一点 $\xi\in(b,a)$，使得 $\ln\frac{a}{b}=\ln a-\ln b=f'(\xi)(a-b)$，

而 $f'(\xi)=\dfrac{1}{\xi}$,且$\dfrac{1}{a}<\dfrac{1}{\xi}<\dfrac{1}{b}$,所以$\dfrac{a-b}{a}<\ln\dfrac{a}{b}<\dfrac{a-b}{b}$.

【名师点评】在近几年专升本考试的理工类真题中,利用拉格朗日中值定理证明不等式的题型连续出现.本题是这种类型题目的典型代表,也是专升本考试中考过几次的题目.

此题若证 $0<b\leqslant a$ 时$\dfrac{a-b}{a}\leqslant\ln\dfrac{a}{b}\leqslant\dfrac{a-b}{b}$,则需要分 $a=b$ 和$a>b$ 两种情况讨论,分别证明.

真题 7 (2019.理工)求证:当 $x>0$ 时,$\dfrac{x}{1+x}<\ln(1+x)<x$.

证明 令 $f(t)=\ln(1+t)$,显然 $f(t)$ 在$[0,x]$上连续,在$(0,x)$内可导.由拉格朗日中值定理得,至少存在一点$\xi\in(0,x)$,使得 $\ln(1+x)-\ln(1+0)=f'(\xi)(x-0)$,即 $\ln(1+x)=xf'(\xi)$,

而 $f'(\xi)=\dfrac{1}{1+\xi}$,且 $0<\xi<x$,所以$\dfrac{x}{1+x}<\dfrac{x}{1+\xi}=xf'(\xi)<\dfrac{x}{1+0}$.

即$\dfrac{x}{1+x}<\ln(1+x)<x$.

【名师点评】此类题目使用拉格朗日中值定理的乘积表达式 $f(b)-f(a)=f'(\xi)(b-a)$ 比用商的表达式 $f'(\xi)=\dfrac{f(b)-f(a)}{b-a}$ 更方便.此题构造函数时也可以令 $f(t)=\ln t$,在$[1,1+x]$上应用拉格朗日中值定理即可.

真题 8 (2018.公共)证明等式 $\arcsin x+\arccos x=\dfrac{\pi}{2}(x\in[-1,1])$.

证明 令 $f(x)=\arcsin x+\arccos x$,则 $f(x)$ 在$[-1,1]$上连续,在$(-1,1)$内可导,

且在$(-1,1)$内,$f'(x)=\dfrac{1}{\sqrt{1-x^2}}-\dfrac{1}{\sqrt{1-x^2}}=0$,

由拉格朗日中值定理推论可知,$f(x)=C\quad(x\in[-1,1])$.

由 $f(0)=\arcsin 0+\arccos 0=0+\dfrac{\pi}{2}=\dfrac{\pi}{2}$,得 $C=\dfrac{\pi}{2}$,

所以 $\arcsin x+\arccos x=\dfrac{\pi}{2}(x\in[-1,1])$.

【名师点评】在近几年专升本考试理工类专业的证明题中,拉格朗日中值定理连续出题,考生应多关注此考点.证明本题时要注意 $f(x)$ 在区间端点处是不可导的.

真题 9 (2019.公共)设函数 $f(x)$ 在$[0,1]$上可微,当$0\leqslant x\leqslant 1$时 $0<f(x)<1$ 且 $f'(x)\neq 1$,证明有且仅有一点 $x\in(0,1)$,使得 $f(x)=x$.

证明 令函数 $F(x)=f(x)-x$,则 $F(x)$ 在$[0,1]$上连续.

又由 $0<f(x)<1$ 知 $F(0)=f(0)-0>0$,$F(1)=f(1)-1<0$,

由零点定理知,在$(0,1)$内至少有一点 x,使得 $F(x)=0$,即 $f(x)=x$.

假设有两点 $x_1,x_2\in(0,1)$,$x_1\neq x_2$,使得 $f(x_1)=x_1$,$f(x_2)=x_2$,则由拉格朗日中值定理知,至少存在一点 $\xi\in(0,1)$,使得 $f'(\xi)=\dfrac{f(x_2)-f(x_1)}{x_2-x_1}=\dfrac{x_2-x_1}{x_2-x_1}=1$,这与已知 $f'(x)\neq 1$ 矛盾.综上所述,命题得证.

【名师点评】在证明不含导数的方程根的存在性(即方程至少有一个根)时,我们经常用零点定理;在证明方程根的唯一性时,我们经常用所构造函数的单调性来说明方程最多有一个根.但此题根据已知条件,没有办法证明所构造的辅助函数的导数恒大于零或恒小于零,也就不能利用辅助函数的单调性来证明方程根的唯一性.由于已知条件中有 $f'(x)\neq 1$,所以利用反证法,借助拉格朗日中值定理来证明方程根的唯一性.

考点方法综述

1. 对于求中值定理中 ξ 的题型，主要是考查对定理结论的识记，试题形式比较单一，考生只需要准确记住定理结论表达式即可.

2. 对于证明方程根的存在性的题型，先将所证命题化为 $f^{(n)}(x)=0$ 的形式：

当 $n=0$ 时(方程中不含导数)，用零点定理证明；

当 $n=1$ 时(方程中含一阶导数)，用罗尔定理证明；

当 $n=2$ 时(方程中含二阶导数)，对 $f'(x)$ 应用罗尔定理证明；

当 $n>2$ 时，在多个区间上反复对辅助函数及其各阶导数应用罗尔定理证明.

3. 辅助函数的构造方法

(1) 把命题结论中的 ξ 先换成 x，再通过恒等变形将原方程化为 $f'(x)=0$ 的形式.

(2) 利用观察法、积分法、解微分方程法等，求出使等式成立的函数 $f(x)$，则该函数即为所构造的辅助函数.

第二单元　导数的应用

考纲内容解读

一、新大纲基本要求

1. 掌握洛必达法则，会用洛必达法则求 $\frac{0}{0}$，$\frac{\infty}{\infty}$ 型未定式的极限.

2. 掌握函数单调性的判别方法，理解函数极值的概念，掌握函数极值、最大值和最小值的求法及其应用.

二、新大纲名师解读

本单元内容为专升本考试的常见考点. 洛必达法则是求解未定式极限的最主要方法，是必考考点，将洛必达法则与等价无穷小替换、重要极限等方法结合使用效果更佳. 对于求单调区间和极值的题型，解题步骤比较固定，考生只要按解题步骤解题即可. 对于求最大值或最小值的应用问题，或者与定积分应用结合的综合题型，需要考生能把所学各部分知识融会贯通，具有一定的分析和解决问题的能力.

考点知识梳理

一、洛必达法则

洛必达法则　设 ① 当 $x\to a$ 时，$\lim\limits_{x\to a}\frac{f(x)}{g(x)}$ 为 $\frac{0}{0}$ 型或 $\frac{\infty}{\infty}$ 型未定式极限；

② 在点 a 的某去心邻域内 $f'(x)$，$g'(x)$ 都存在，且 $g'(x)\neq 0$；

③ $\lim\limits_{x\to a}\frac{f'(x)}{g'(x)}=A$(或 ∞).

则 $\lim\limits_{x\to a}\frac{f(x)}{g(x)}=\lim\limits_{x\to a}\frac{f'(x)}{g'(x)}=A$(或 ∞).

【名师解析】 该法则用于求 $\frac{0}{0}$ 和 $\frac{\infty}{\infty}$ 型未定式极限以及可化为这两类未定式的极限. 在专升本考试大纲中，洛必达法则是考试的重点，要熟练掌握.

二、函数的单调性

设函数 $y=f(x)$ 在$[a,b]$上连续,在(a,b)内可导,

(1) 如果在(a,b)内 $f'(x)\geqslant 0$,且等号仅在有限多个点处成立,则函数 $f(x)$ 在$[a,b]$上单调增加;

(2) 如果在(a,b)内 $f'(x)\leqslant 0$,且等号仅在有限多个点处成立,则函数 $f(x)$ 在$[a,b]$上单调减少.

【名师解析】函数单调性考点的考法比较灵活,曾在专升本考试的各种题型中出现:在选择题中,根据给出的一阶、二阶导数的符号判断函数单调性和凹凸性;在填空题中,直接求函数的单调增区间或减区间;在计算题中,求函数的单调区间和极值;在证明题中,利用函数单调性证明不等式.

三、函数的极值

1. 极值定义

设函数 $f(x)$ 在点 x_0 的某个邻域 $U(x_0)$ 内有定义,如果对于去心邻域 $\mathring{U}(x_0)$ 内的任一 x,有 $f(x)<f(x_0)$(或 $f(x)>f(x_0)$),则称 $f(x_0)$ 是函数 $f(x)$ 的一个极大值(或极小值).函数的极大值与极小值统称为函数的极值,使函数取得极值的点称为极值点.

2. 极值存在的必要条件

设函数 $y=f(x)$ 在 x_0 处可导并取得极值,则 $f'(x_0)=0$.

【名师解析】(1) 若 $f'(x)=0$,则称 x_0 为 $f(x)$ 的驻点.

(2) 除了驻点外,导数不存在的点也可能是极值点.例 $f(x)=|x|$,$f'(0)$ 不存在,但 $f(x)$ 在 $x=0$ 处取极小值.

(3) 驻点和导数不存在的点只是"可能极值点".例 $f(x)=x^3$,$f'(0)=0$,但 $x=0$ 不是极值点.$f(x)=x^{\frac{1}{3}}$,$f'(0)$ 不存在,$x=0$ 也不是极值点.

上述定理可简单表述为可导的极值点必为驻点.

3. 极值存在的第一充分条件

设 $f(x)$ 在点 x_0 处连续,在 $\mathring{U}(x_0)$ 内可导,如果满足

(1) 当 $x<x_0$ 时,$f'(x)>0$;当 $x>x_0$ 时,$f'(x)<0$,则 $f(x)$ 在点 x_0 处取得极大值;

(2) 当 $x<x_0$ 时,$f'(x)<0$;当 $x>x_0$ 时,$f'(x)>0$,则 $f(x)$ 在点 x_0 处取得极小值;

(3) 当在点 x_0 两侧 $f'(x)$ 的符号不发生改变时,则 $f(x)$ 在点 x_0 处不取得极值.

4. 极值存在的第二充分条件

设函数 $f(x)$ 在点 x_0 处二阶可导,且 $f'(x_0)=0$,

(1) 若 $f''(x_0)<0$,则 $f(x_0)$ 是 $f(x)$ 的极大值;

(2) 若 $f''(x_0)>0$,则 $f(x_0)$ 是 $f(x)$ 的极小值;

(3) 当 $f''(x_0)=0$ 时,$f(x_0)$ 有可能是极值也有可能不是极值.

【名师解析】极值存在的第一充分条件和第二充分条件在求函数极值时各有优势.第一充分条件完备,可以无一遗漏地找出所有极值,在一阶导数表达式复杂、既有驻点又有不可导点的题目中求极值具有无可替代的作用;第二充分条件适用于只有驻点没有不可导点且更易于求二阶导数的题目,优点是无须划分区间和讨论各区间一阶导数符号,更方便快捷.

四、函数的最大值和最小值

1. 求连续函数 $f(x)$ 在闭区间$[a,b]$上的最大值和最小值

(1) 找点:找出函数 $f(x)$ 在$[a,b]$内的所有可能极值点(驻点和导数不存在的点)及区间的端点.

(2) 求值:求函数 $f(x)$ 在可能极值点及区间端点处的函数值.

(3) 比大小:比较所求函数值的大小,其中最大者与最小者就是函数 $f(x)$ 在区间$[a,b]$上的最大值和最小值.

2. 应用问题求最大值或最小值

(1) 根据问题描述设出自变量和因变量,建立函数关系并给出符合实际意义的定义域.

(2) 对建立的函数求导数，找出驻点和不可导点. 当表示该实际问题的函数 $f(x)$ 在所讨论的区间(不一定是闭区间)内只有一个可能的极值点时，则一定在该点取得所求的最大值或最小值.

【名师解析】 极值与最值的区别是：极值是局部的最大值或最小值，而最值是在给定的区间范围或整个定义域内的最大值或最小值.

考点例题分析

考点一　利用洛必达法则求极限

例 9　求极限 $\lim\limits_{x\to 0}\dfrac{e^x+e^{-x}-2}{x^2}$.

解　$\lim\limits_{x\to 0}\dfrac{e^x+e^{-x}-2}{x^2}=\lim\limits_{x\to 0}\dfrac{e^x-e^{-x}}{2x}=\lim\limits_{x\to 0}\dfrac{e^x+e^{-x}}{2}=1$.

例 10　求极限 $\lim\limits_{x\to 0}\dfrac{\tan x-x}{x-\sin x}$.

解　$\lim\limits_{x\to 0}\dfrac{\tan x-x}{x-\sin x}=\lim\limits_{x\to 0}\dfrac{\sec^2 x-1}{1-\cos x}\lim\limits_{x\to 0}\dfrac{\tan^2 x}{1-\cos x}=\lim\limits_{x\to 0}\dfrac{x^2}{\dfrac{x^2}{2}}=2$.

例 11　求极限 $\lim\limits_{x\to 0^+}\dfrac{\ln(\tan 7x)}{\ln(\tan 2x)}$.

解　$\lim\limits_{x\to 0^+}\dfrac{\ln(\tan 7x)}{\ln(\tan 2x)}=\lim\limits_{x\to 0^+}\dfrac{\dfrac{1}{\tan 7x}\cdot\sec^2 7x\cdot 7}{\dfrac{1}{\tan 2x}\cdot\sec^2 2x\cdot 2}=\dfrac{7}{2}\lim\limits_{x\to 0^+}\dfrac{\sec^2 7x}{\sec^2 2x}\cdot\lim\limits_{x\to 0^+}\dfrac{\tan 2x}{\tan 7x}=\dfrac{7}{2}\cdot\dfrac{2}{7}=1$.

【名师点评】 上面三个例题主要是应用洛必达法则求 $\dfrac{0}{0}$ 型极限. 这种方法也可以和等价无穷小替换或第一个重要极限结合使用.

例 12　求下列极限：

(1) $\lim\limits_{x\to 0}\dfrac{5x-\sin x}{x+\sin x}$；　　(2) $\lim\limits_{x\to \infty}\dfrac{5x-\sin x}{x+\sin x}$.

解　(1) $\lim\limits_{x\to 0}\dfrac{5x-\sin x}{x+\sin x}=\lim\limits_{x\to 0}\dfrac{5-\cos x}{1+\cos x}=\dfrac{5-\lim\limits_{x\to 0}\cos x}{1+\lim\limits_{x\to 0}\cos x}=2$；

(2) $\lim\limits_{x\to \infty}\dfrac{5x-\sin x}{x+\sin x}=\lim\limits_{x\to \infty}\dfrac{5-\dfrac{1}{x}\sin x}{1+\dfrac{1}{x}\sin x}=\dfrac{5-\lim\limits_{x\to \infty}\dfrac{1}{x}\sin x}{1+\lim\limits_{x\to \infty}\dfrac{1}{x}\sin x}=5$.

【名师点评】 此例题中的两题十分类似，但题(1)是 $\dfrac{0}{0}$ 型未定式，题(2)是 $\dfrac{\infty}{\infty}$ 型未定式，虽然函数一样，但求极限时自变量的变化过程不同，完全不是一种类型，所用方法也就不同. 题(1)在第一章中曾用第一个重要极限求解过，该题也可以用洛必达法则求解，而题(2)是 $\dfrac{\infty}{\infty}$ 型，就类型而言也可以考虑采用洛必达法则，但采用洛必达法则以后，发现分子、分母求导以后的新极限 $\lim\limits_{x\to\infty}\dfrac{5-\cos x}{1+\cos x}$ 的极限值不存在，因为 $x\to\infty$ 时，$\lim\limits_{x\to\infty}\cos x$ 极限不存在，所以该题无法采用洛必达法则求解，只能通过分子、分母同除以 x 后，恒等变形凑出 $\lim\limits_{x\to\infty}\dfrac{1}{x}\sin x$，用无穷小与有界量的乘积仍然为无穷小来求极限.

例 13 求下列极限：

(1) $\lim\limits_{x\to 0}\dfrac{\ln(1+2x)}{x}$； (2) $\lim\limits_{x\to +\infty}\dfrac{\ln(1+2x)}{x}$.

解 (1) $\lim\limits_{x\to 0}\dfrac{\ln(1+2x)}{x}=\lim\limits_{x\to 0}\dfrac{\frac{2}{1+2x}}{1}=2$；

(2) $\lim\limits_{x\to +\infty}\dfrac{\ln(1+2x)}{x}=\lim\limits_{x\to +\infty}\dfrac{\frac{2}{1+2x}}{1}=\lim\limits_{x\to +\infty}\dfrac{2}{1+2x}=0$.

【名师点评】此例题中的两题也十分类似，但题(1)是$\dfrac{0}{0}$型未定式，题(2)是$\dfrac{\infty}{\infty}$型未定式，虽然都可以使用洛必达法则来求解，但由于求解极限时自变量的变化过程不同，所以所得结果也不同.通过以上两个例题，要认识到求解极限问题时一定注意判断极限类型，不要只关注求极限的函数，同时也要关注自变量的变化过程.

例 14 求下列极限：

(1) $\lim\limits_{x\to 0}x\cot 2x$； (2) $\lim\limits_{x\to 0^+}x\ln x$.

解 (1) $\lim\limits_{x\to 0}x\cot 2x=\lim\limits_{x\to 0}\dfrac{x}{\tan 2x}=\lim\limits_{x\to 0}\dfrac{1}{2\sec^2 2x}=\dfrac{1}{2}$；

(2) $\lim\limits_{x\to 0^+}x\ln x=\lim\limits_{x\to 0^+}\dfrac{\ln x}{\frac{1}{x}}=\lim\limits_{x\to 0^+}\dfrac{\frac{1}{x}}{-\frac{1}{x^2}}=-\lim\limits_{x\to 0^+}x=0$.

【名师点评】此例题中的 $0\cdot\infty$ 型极限可通过恒等变形变成$\dfrac{0}{0}$型或$\dfrac{\infty}{\infty}$型，再用洛必达法则或其他方法求解.

例 15 求下列极限：

(1) $\lim\limits_{x\to 1}\left(\dfrac{1}{1-x}-\dfrac{3}{1-x^3}\right)$； (2) $\lim\limits_{x\to 0}\left(\dfrac{1}{x}-\dfrac{1}{e^x-1}\right)$.

解 (1) $\lim\limits_{x\to 1}\left(\dfrac{1}{1-x}-\dfrac{3}{1-x^3}\right)=\lim\limits_{x\to 1}\dfrac{1+x+x^2-3}{1-x^3}=\lim\limits_{x\to 1}\dfrac{1+2x}{-3x^3}=-1$；

(2) $\lim\limits_{x\to 0}\left(\dfrac{1}{x}-\dfrac{1}{e^x-1}\right)=\lim\limits_{x\to 0}\dfrac{e^x-1-x}{x(e^x-1)}=\lim\limits_{x\to 0}\dfrac{e^x-1-x}{x^2}=\lim\limits_{x\to 0}\dfrac{e^x-1}{2x}=\dfrac{1}{2}$.

【名师点评】像这类 $\infty-\infty$ 型的未定式求极限，通过适当变形，可以转化成$\dfrac{0}{0}$或$\dfrac{\infty}{\infty}$型未定式，从而使用洛必达法则求解. $0\cdot\infty$ 型和 $\infty-\infty$ 型考试大纲中没有提及，考生对这两种类型的极限了解一下即可.

考点二 求函数的单调区间和极值

【考点分析】此考点为专升本考试中的常见考点，难度较小，多出现在填空题或计算题中.

例 16 函数 $f(x)=2x^3-9x^2+12x$ 的单调减区间是________.

解 $f(x)$ 定义域为 $\mathbf{R}$，

由 $f'(x)=6x^2-18x+12=6(x-1)(x-2)<0$，得 $1<x<2$.

故应填(1,2).

【名师点评】单纯求函数单调增(或减)区间的题型多出现在客观题中，求解时要先求出函数的定义域，然后求出导数.如果所求为增(减)区间，则导数大于(小于)零的不等式解集与定义域的交集即为所求.

例 17　已知 $f(x) = 2kx^3 - 3kx^2 - 12kx$ 在 $[-1,2]$ 上为增函数，则 ________.

A. $k = 1$　　B. $k > 0$　　C. $k < 0$　　D. k 为任意实数

解　当 $x \in [-1,2]$ 时，$f'(x) = 6kx^2 - 6kx - 12k = 6k(x+1)(x-2) \geqslant 0$，

所以 $k < 0$.

故应选 C.

【名师点评】此题依然是利用一阶导数的符号来确定 k 的取值范围. 因为函数 $f(x)$ 在区间 $[-1,2]$ 上单调递增，所以 $f'(x) \geqslant 0$，将导函数进行因式分解，根据给定的闭区间，确定除 k 以外每个因式的符号，从而推出 k 的符号.

例 18　$y = x^3 - 6x^2 + 9x - 3$ 的极大值为 ________.

解　函数定义域为 $\mathbf{R}$，令 $y' = 3(x-3)(x-1) = 0$，得驻点 $x = 3$，$x = 1$，

又因为 $y'' = 6x - 12$，$y''(3) > 0$，$y''(1) < 0$，所以 $x = 1$ 为极大值点，$y(1) = 1$ 为极大值.

故应填 1.

【名师点评】在求函数的极值时，如果找到的可能极值点只有驻点，没有不可导点，二阶导数又比较好求，可以利用极值存在的第二充分条件来判断驻点是否为极值点，从而进一步求出函数的极值. 对于只求极值且可能极值点只有驻点的题目，第二充分条件计算较为简便.

例 19　求函数 $y = 3x^{-}\ x^3$ 的单调区间、极值.

解　函数定义域为 $(-\infty,+\infty)$，$y' = 6x - 3x^2 = 3x(2-x)$，$y'' = 6 - 6x = 6(1-x)$，

令 $y' = 0$，得 $x_1 = 0$，$x_2 = 2$，列表得

x	$(-\infty,0)$	0	$(0,2)$	2	$(2,+\infty)$
y'	$-$	0	$+$	0	$-$
y	减区间	极小值 $f(0) = 0$	增区间	极大值 $f(2) = 4$	减区间

由表知，函数的单调递减区间为 $(-\infty,0)$ 和 $(2,+\infty)$，单调递增区间为 $(0,2)$；极小值为 0，极大值为 4.

【名师点评】对于同时求单调区间和极值的题目，一般选用极值存在的第一充分条件求解. 求得驻点和不可导点后，借助列表的方式来讨论函数在每个区间上的符号，从而确定单调区间和极值点，进而求出极值. 极值存在的第二充分条件只能找出极值点，求出极值，无法确定单调区间.

例 20　求函数 $f(x) = x - \dfrac{3}{2}x^{\frac{2}{3}}$ 的极值.

解　函数 $f(x)$ 的定义域为 $(-\infty,+\infty)$，

令 $f'(x) = 1 - x^{-\frac{1}{3}} = (x^{\frac{1}{3}} - 1)x^{-\frac{1}{3}} = 0$，得驻点 $x = 1$，且 $x = 0$ 是函数 $f(x)$ 的不可导点.

列表得

x	$(-\infty,0)$	0	$(0,1)$	1	$(1,+\infty)$
$f'(x)$	$+$	不存在	$-$	0	$+$
$f(x)$	↗	极大值 0	↘	极小值 $-\dfrac{1}{2}$	↗

由表可知，函数的极大值为 $f(0) = 0$，极小值为 $f(1) = -\dfrac{1}{2}$.

【名师点评】除了驻点可能是极值点以外，导数不存在的点也有可能是极值点，也有可能不是，所以驻点和导数不存在的点都是"可能极值点"，需要具体用极值存在的充分条件去判断是否真是极值点. 对于既有驻点又有不可导点的函数，求极值一般选用极值存在的第一充分条件列表讨论，因为不可导点无法用极值存在的第二充分条件判断是否为极值点.

例 21 讨论方程 $\ln x = ax(a>0)$ 有几个实根?

解 设 $f(x)=\ln x - ax(x>0)$,令 $f'(x)=x^{-1}-a=0$,得唯一驻点 $x=a^{-1}$,

且 $f''(x)=-x^{-2}$,$f''(a^{-1})=-a^2<0$. 所以当 $x=a^{-1}$ 时,$f(a^{-1})$ 是极大值.

又因为 $\lim\limits_{x\to 0^+}(\ln x - ax)=-\infty$, $\lim\limits_{x\to+\infty}(\ln x - ax)=-\infty$,

所以当 $f(a^{-1})>0$,即 $0<a<e^{-1}$ 时,方程 $\ln x = ax$ 有两个不相等的实根;

当 $f(a^{-1})=0$,即 $a=e^{-1}$ 时,方程 $\ln x = ax$ 有唯一实根;

当 $f(a^{-1})<0$,即 $a>e^{-1}$ 时,方程 $\ln x = ax$ 没有实根.

考点三 求函数的最大值与最小值

【考点分析】求函数在闭区间上的最值,一般以客观题出现;而应用题中的求最值问题是专升本考试的常见考点,经常和定积分求平面图形面积或求圆柱、长方体等几何图形的表面积或体积相结合考查.

例 22 函数 $f(x)=2x^3-9x^2+12x+1$ 在区间 $[0,2]$ 上的最大值是________.

解 令 $f'(x)=6x^2-18x+12=6(x-1)(x-2)=0$,得 $x_1=1\in[0,2]$,$x_2=2\in[0,2]$,

$f(1)=6$,$f(2)=5$,$f(0)=1$,最大值是 $f(1)=6$.

故应填 6.

【名师点评】在闭区间上求连续函数的最大值和最小值时,需要先检验求出的驻点和不可导点是否属于所给区间,再利用"找点、求值、比大小"的步骤去求函数的最值. 如果 $f(x)$ 在 $[a,b]$ 上单调递增(或递减),则在区间端点处取得最大值和最小值.

例 23 设 $f(x)=ax^3-6ax^2+b$ 在 $[-1,2]$ 上的最大值为 3,最小值为 -29,又知 $a>0$,则________.

A. $a=2,b=-29$　　B. $a=3,b=2$　　C. $a=2,b=3$　　D. 以上都不对

解 $f'(x)=3ax^2-12ax=3ax(x-4)$,令 $f'(x)=0$ 得 $x_1=0$,$x_2=4$(舍去),

$f(0)=b$, $f(-1)=-7a+b$, $f(2)=-16a+b$,

因为 $a>0$,所以 $f(x)$ 在 $[-1,2]$ 上的最大值为 $f(0)=b=3$;最小值为 $f(2)=-16a+b=-29$,解得 $a=2,b=3$.

故应选 C.

【名师点评】此题注意利用 $a>0$ 这个条件,才能确定求出的含参数的函数值中哪个是最大值,哪个是最小值.

例 24 如图 3.3 所示,有一边长为 96cm 的正方形,在四角上各剪去一个边长相等的正方形,当剪去的小正方形边长为多少时所围成的容器的容积最大?

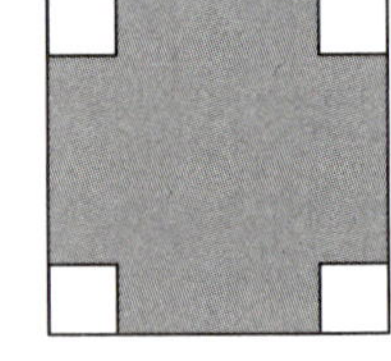
图 3.3

解 设剪去的小正形的边长为 $x$cm,则所围容器的容积为

$v=(96-2x)^2\cdot x(0<x<48)$,

令 $\dfrac{dv}{dx}=-4(96-2x)x+(96-2x)^2=(96-2x)(96-6x)=0$,

得 $x_1=16$,$x_2=48$(舍去),

因为该问题的最值一定存在,所以在开区间内唯一的驻点一定是函数的最值点,因此当四角剪去边长为 16cm 的小正方形时所围成容器的容积是最大的.

【名师点评】求应用问题的最大值或最小值在专升本考试中是常见题型,对于考生来说难点是函数关系的建立、一般来说,所求最大值或最小值的量是函数的因变量,而自变量的选择以建立的函数关系更简捷为依据,一般可以选用问题最后问句中"多少"前面的变量为自变量.

例 25 要做一圆柱形无盖铁桶,要求铁桶的容积 V 是一定值,问怎样设计才能使材料最省?

解 如图 3.4 所示,设铁桶底面半径为 x,高为 h,

则由 $V=\pi x^2 h$,得 $h=\dfrac{V}{\pi x^2}$,无盖铁桶的表面积为

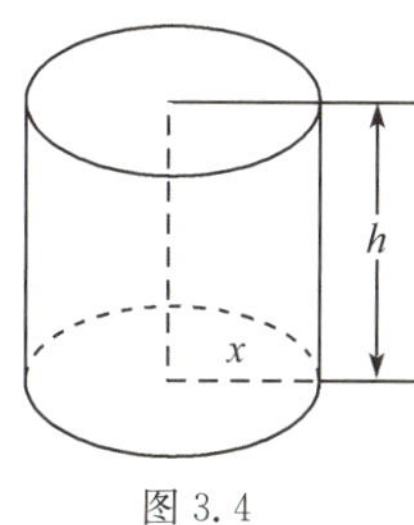

图 3.4

$S=\pi x^2+2\pi xh=\pi x^2+2\pi x\dfrac{V}{\pi x^2}=\pi x^2+\dfrac{2V}{x}(x>0)$,

因为 $S'=2\pi x-\dfrac{2V}{x^2}=\dfrac{2\pi x^3-2V}{x^2}$,令 $S'=0$,得 $x=\sqrt[3]{\dfrac{V}{\pi}}$,由于该问题的最值一定存在,所以开区间内唯一的驻点就是 S 的最值点,此时 $h=\dfrac{V}{\pi x^2}=\sqrt[3]{\dfrac{V}{\pi}}$.

所以只要铁桶底面半径和高都为$\sqrt[3]{\dfrac{V}{\pi}}$,就会使用料最省.

【名师点评】此类求体积一定的圆柱形容器用料最省问题在专升本考试中多次出现,主要分为有盖和无盖两种,无盖的圆柱形容器底面半径和高之比为 1∶1 时用料最省.大家可以自行尝试求有盖容器的情况,可以得出圆柱形有盖容器底面半径和高之比为 1∶2 时用料最省.

此类应用问题求最值的题目,其特点是建立函数关系后,往往求得的定义域内的驻点是唯一的,没有不可导点,且定义域又大多是开区间,没有区间端点.而该应用问题的最值一定是存在的,所以求得的定义域内唯一的驻点一定是函数的最值点.

如果建立的函数的定义域是闭区间,或者求得的驻点不止一个,或者还有不可导点,那么就需要分别求出驻点、不可导点、区间端点的函数值,进行大小比较,才能找到函数的最值.

例 26 东西方向的铁路上直线段 DB 的距离为 100km,工厂 A 在路基上点 D 的正南 40km 处,在 DB 间选一点 E,从点 E 修一条公路直到工厂.已知每吨每千米的公路运费与铁路运费之比是 5∶3,那么,点 E 选在何处能使原料从供应站 B 联运到工厂 A 的运费最省?

解 设 DE 之间的距离为 x km,则由题设知 $AE=\sqrt{40^2+x^2}$,可设每吨每千米铁路与公路运费分别为 $3k$ 和 $5k$,于是 1t 原料的总运费为 $L(x)=3k(100-x)+5k\sqrt{40^2+x^2}\ (x\in[0,100])$,

令 $L'(x)=-3k+\dfrac{5kx}{\sqrt{40^2+x^2}}=k\cdot\dfrac{5x-3\sqrt{40^2+x^2}}{\sqrt{40^2+x^2}}=0$,解得唯一驻点 $x=30$.

因为实际问题的最值不会在区间端点处取得,所以唯一驻点即为所求最值点.

所以,最小值点为 $x=30$,即点 E 选在距离点 D 30km 处能使原料从供应站 B 联运到工厂 A 的运费最省.

【名师点评】此题所建立的函数的定义域为闭区间,需要比较两端点和驻点处函数值的大小,从而确定最小值点.

考点四 利用单调性证明不等式

【考点分析】不等式的证明题是专升本考试中的常见题型,在证明时只需把不等式移项到一侧来构造辅助函数,利用辅助函数的单调性来证明即可.

例 27 证明不等式:当 $x>1$ 时,$e^x>ex$.

证明 设 $f(x)=e^x-ex$,则 $f(1)=0$,且 $f(x)$ 在 $[1,+\infty)$ 上连续.

$f'(x)=e^x-e>0\ (x>1)$,所以当 $x>1$ 时,$f(x)$ 单调增加,

因此当 $x>1$ 时,$f(x)>f(1)=0$,即 $e^x>ex$.

【名师点评】通过不等式移项构造出函数以后,一定要将不等式右边的 0 改写成所构造的函数在某一点的函数值,此点可以结合已知条件中 x 的范围来确定.则再通过对辅助函数求导,利用辅助函数的单调性证明即可.

例 28 证明不等式:当 $x>1$ 时,$2\sqrt{x}>3-\dfrac{1}{x}$.

证明 设 $f(x)=2\sqrt{x}-\left(3-\dfrac{1}{x}\right)$,则 $f(1)=0$,且 $f(x)$ 在 $[1,+\infty)$ 上连续.

$f'(x)=\dfrac{1}{\sqrt{x}}-\dfrac{1}{x^2}=\dfrac{1}{x^2}(x\sqrt{x}-1)>0\ (x>1)$,因此当 $x>1$ 时,$f(x)$ 单调增加.

所以当 $x>1$ 时,$f(x)>f(1)=0$,即 $2\sqrt{x}>3-\dfrac{1}{x}$.

【名师点评】此类利用单调性证明不等式的题目,构造出函数以后,应说明函数在相应区间上连续.例如此题中,若函数在点 $x=1$ 处不连续,即 $x=1$ 是函数的间断点,那么即使在 $x>1$ 时 $f(x)$ 单调增加,也不一定能得到 $f(x)>f(1)$.

例 29 求证:当 $x>0,0<a<1$ 时,$x^a-ax\leqslant 1-a$.

证明 设 $f(x)=x^a-ax+a-1$,则 $f(1)=0$,且 $f(x)$ 在$(0,+\infty)$上连续.

当 $x=1$ 时,$f(1)=1-a+a-1=0$,即 $x^a-ax=1-a$ 成立.

$f'(x)=ax^{a-1}-a$,

当 $0<x<1$ 时,$f'(x)=ax^{a-1}-a=a\left(\dfrac{1}{x^{1-a}}-1\right)>0$,

所以 $f(x)$ 单调增加,此时 $f(x)<f(1)=0$,即 $x^a-ax+a-1<0$ 成立.

当 $x>1$ 时,$f'(x)=ax^{a-1}-a=a\left(\dfrac{1}{x^{1-a}}-1\right)<0$,

所以 $f(x)$ 单调减少,此时,$f(x)<f(1)=0$,即 $x^a-ax+a-1<0$ 成立.

综上所述,当 $x>0,0<a<1$ 时,$x^a-ax\leqslant 1-a$ 成立.

【名师点评】利用函数的单调性证明不等式是一种常用的方法,解题的关键是要根据要证的结论构造合适的辅助函数,把不等式的证明转化为利用导数来研究函数的特性,有时需要对所给不等式做简单变形后再构造函数.此题的难点在于 $f(0)\neq 0$,而 $f(1)=0$,所以证明中需要对 x 进行讨论.

考点真题解析

考点一 利用洛必达法则求极限

真题 10 (2019.公共)求极限 $\lim\limits_{x\to\frac{\pi}{2}}\dfrac{\ln\sin x}{(\pi-2x)^2}$.

解 两次利用洛必达法则,得

$$\lim_{x\to\frac{\pi}{2}}\frac{\ln\sin x}{(\pi-2x)^2}=\lim_{x\to\frac{\pi}{2}}\frac{\frac{1}{\sin x}\cos x}{2(\pi-2x)(-2)}=-\frac{1}{4}\lim_{x\to\frac{\pi}{2}}\frac{1}{\sin x}\cdot\lim_{x\to\frac{\pi}{2}}\frac{\cos x}{\pi-2x}=\lim_{x\to\frac{\pi}{2}}\frac{-\sin x}{8}=-\frac{1}{8}.$$

【名师点评】本题虽是$\dfrac{0}{0}$型,但分子、分母中的无穷小都不能进行等价代换,所以选用洛必达法则.用了第一次洛必达法则后,先利用极限的四则运算法则,把非零因子$\dfrac{1}{\sin x}$分离出来,再对剩下的比较简洁的$\dfrac{0}{0}$型分式继续应用洛必达法则求极限.这样处理,比不分离非零因子,连续用两次洛必达法则简单得多.

真题 11 (2015.经管)求极限 $\lim\limits_{x\to+\infty}\dfrac{\ln\left(1+\frac{1}{x}\right)}{\operatorname{arccot}x}$.

解 $\displaystyle\lim_{x\to+\infty}\frac{\ln\left(1+\frac{1}{x}\right)}{\operatorname{arccot}x}=\lim_{x\to+\infty}\frac{\frac{1}{x}}{\operatorname{arccot}x}=\lim_{x\to+\infty}\frac{-\frac{1}{x^2}}{-\frac{1}{1+x^2}}=\lim_{x\to+\infty}\frac{1+x^2}{x^2}=1.$

【名师点评】上述两题求极限时,都是先用了等价无穷小代换,再用了洛必达法则.在专升本考试中,等价代换和洛必达法则经常结合起来使用,这两种方法也是求未定式极限中用的最多的两种方法.

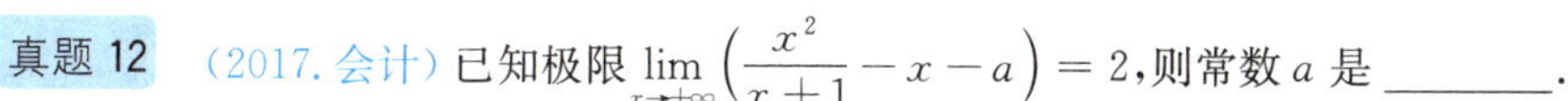

真题 12 (2017.会计)已知极限 $\lim\limits_{x\to+\infty}\left(\dfrac{x^2}{x+1}-x-a\right)=2$,则常数 a 是_______.

A. 1　　B. 2　　C. -2　　D. -3

解 $\lim\limits_{x\to+\infty}\left(\dfrac{x^2}{x+1}-x-a\right)=\lim\limits_{x\to+\infty}\dfrac{x^2-(x+1)(x+1)}{x+1}$

$=\lim\limits_{x\to+\infty}\dfrac{-(a+1)x-a}{x+1}=\lim\limits_{x\to+\infty}\dfrac{-(a+1)}{1}=-(A+1)=2$,所以 $a=-3$.

故应选 D.

真题 13 (2018.财经)求极限 $\lim\limits_{x\to0}\left(\dfrac{1}{\sin^2x}-\dfrac{1}{x^2}\right)$.

解 $\lim\limits_{x\to0}\left(\dfrac{1}{\sin^2x}-\dfrac{1}{x^2}\right)=\lim\limits_{x\to0}\dfrac{x^2-\sin^2x}{x^2\sin^2x}=\lim\limits_{x\to0}\dfrac{x^2-\sin^2x}{x^4}=\lim\limits_{x\to0}\dfrac{2x-\sin2x}{4x^3}$

$=\lim\limits_{x\to0}\dfrac{1-\cos2x}{6x^2}=\lim\limits_{x\to0}\dfrac{\frac{1}{2}\cdot(2x)^2}{6x^2}=\dfrac{1}{3}$.

【名师点评】以上两个例题都是 $\infty-\infty$ 型未定式极限,先通分转换成 $\dfrac{0}{0}$ 型未定式极限,再利用等价无穷小量替换和洛必达法则求解即可.

考点二　求函数的单调区间和极值

真题 14 (2016.机械、交通)函数 $y=3x-x^3$ 单调增加的区间是_______.

解 定义域为 $\mathbf{R}$,$y'=3(1-x^2)$,令 $y'>0$,解得 $-1<x<1$.

故应填 $(-1,1)$.

【名师点评】填空题中求函数的单调区间,不需要求驻点和不可导点,只需解导数大于零或小于零的不等式,把不等式的解集和定义域作交集即可.

真题 15 (2014.土木)$f(x)=\ln(x-1)$ 在区间 $(1,+\infty)$ 上是_______.

A. 单调减少函数　　B. 单调增加函数　　C. 非单调函数　　D. 有界函数

解 因为函数 $y=\ln(x-1)$ 的图像是由函数 $y=\ln x$ 的图像向右平移一个单位长度得到的,由对数函数的图像可得该函数在 $(1,+\infty)$ 是单调增加函数.

故应选 B.

【名师点评】判断函数在某个区间上的单调性,求出导数在这个区间内的符号即可. 如果能作出函数的图像,从图像上直观得到函数的单调性更方便快捷.

真题 16 (2018.理工)求函数 $y=x^3-3x^2-9x+5$ 的单调区间与极值.

解 该函数的定义域为 $(-\infty,+\infty)$,

$y'=3x^2-6x-9=3(x^2-2x-3)=3(x+1)(x-3)$,令 $y'=0$,得 $x=-1$,$x=3$.

列表得

x	$(-\infty,-1)$	-1	$(-1,3)$	3	$(3,+\infty)$
y'	$+$	0	$-$	0	$+$
y	单调递增	极大值 10	单调递减	极小值 -22	单调递增

由表知,函数的单调增区间为 $(-\infty,-1)$ 和 $(3,+\infty)$,单调减区间为 $(-1,3)$,极大值为 $y(-1)=10$,极小值为 $y(3)=-22$.

【名师点评】计算题中若同时求函数单调区间和极值，一般使用极值存在第一充分条件；若只求极值不求单调区间，函数只有驻点，没有不可导点，且二阶导数也比较好求，用极值存在的第二充分条件比较方便.

考点三 求函数的最大值与最小值

真题 17 (2017.电商) 函数 $f(x)=x+2\sqrt{x}$ 在区间 $[0,4]$ 上的最大值是________.

解 因为 $f'(x)=1+\dfrac{1}{\sqrt{x}}>0$,

所以函数 $f(x)=x+2\sqrt{x}$ 在区间 $[0,4]$ 上单调递增，最大值为 $f(4)=8$.

故应填 8.

【名师点评】对于单调函数来说，求闭区间上的最值时，无须用"找点、求值、比大小"的步骤.单调函数的最值一定出现在端点处.

真题 18 (2019.理工) 函数 $f(x)=2x^3-9x^2+12x+1$ 在区间 $[0,2]$ 上的最大值点与最小值点分别是______.

A. 1,0　　B. 1,2　　C. 2,0　　D. 2,1

解 $f(x)$ 的定义域为 $\mathbf{R}$, $f'(x)=6x^2-18x+12=6(x^2-3x+2)$,

令 $f'(x)=0$, 得驻点 $x_1=1, x_2=2$. 由 $f(0)=1, f(1)=6, f(2)=5$,

得 $f(x)$ 在区间 $[0,2]$ 上的最大值点与最小值点分别 1 和 0.

故应选 A.

【名师点评】若函数 $f(x)$ 在闭区间 $[a,b]$ 上连续，则它在该区间上必有最大值和最小值.求出 $f(x)$ 在 (a,b) 内的全部可能极值点和区间端点 a,b 的函数值，则其中最大者即是 $f(x)$ 在 $[a,b]$ 上的最大值，最小者就是 $f(x)$ 在 $[a,b]$ 上的最小值.

真题 19 (2017.机械) 求内接于椭圆 $\dfrac{x^2}{3}+\dfrac{y^2}{4}=1$，且面积最大的矩形的边长.

解法一 设椭圆与内接矩形在第一象限内的交点为 $(\sqrt{3}\cos t, 2\sin t)$,

则此矩形的长、宽分别为 $2\sqrt{3}\cos t, 4\sin t$,

矩形面积为 $S=2\sqrt{3}\cos t\cdot 4\sin t=4\sqrt{3}\sin 2t\leqslant 4\sqrt{3}$，当且仅当 $t=\dfrac{\pi}{4}$ 时取最大值,

所以当内接矩形长、宽分别为 $\sqrt{6}, 2\sqrt{2}$ 时面积最大.

解法二 设椭圆与内接矩形在第一象限内的交点为 $\left(x, \dfrac{2}{\sqrt{3}}\sqrt{3-x^2}\right)$,

则此矩形的长、宽分别为 $2x, \dfrac{4}{\sqrt{3}}\sqrt{3-x^2}$,

矩形面积为 $S=2x\cdot\dfrac{4}{\sqrt{3}}\sqrt{3-x^2}=\dfrac{8}{\sqrt{3}}x\cdot\sqrt{3-x^2}, (x>0)$

$S'=\dfrac{8}{\sqrt{3}}\left(\sqrt{3-x^2}-x\cdot\dfrac{x}{\sqrt{3-x^2}}\right)=\dfrac{3-2x^2}{\sqrt{3-x^2}}$，令 $S'=0$，得 $x=\dfrac{\sqrt{6}}{2}$,

因为 $x=\dfrac{\sqrt{6}}{2}$ 为唯一驻点，且内接矩形的最大面积存在，所以在该点处取得面积最大值.

所以当内接矩形长、宽分别为 $\sqrt{6}, 2\sqrt{2}$ 时面积最大.

【名师点评】一元函数最值的应用是最优化问题的基础，有些题目涉及知识点比较多，在专升本考试中多与几何问题相结合.在建立函数关系时，有时利用曲线的参数方程比直角坐标方程建立函数关系更简捷.

考点四　利用单调性证明不等式

真题 20　(2019. 公共) 求证：当 $x>0$ 时，$\ln(1+x)>\dfrac{\arctan x}{1+x}$.

证明　令函数 $f(x)=(1+x)\ln(1+x)-\arctan x$，则 $f(0)=0$，且 $f(x)$ 在 $[0,+\infty)$ 上连续.

当 $x>0$ 时，$f'(x)=\ln(1+x)+1-\dfrac{1}{1+x^2}=\ln(1+x)+\dfrac{x^2}{1+x^2}>0$，

故 $f(x)$ 在 $[0,+\infty)$ 内单调递增，因此 $f(x)>f(0)=0$，即 $\ln(1+x)>\dfrac{\arctan x}{1+x}$.

【名师点评】 此题在构造函数时，对所证明不等式先做恒等变形，把商的形式变换成乘积形式，这样求导数更容易.

真题 21　(2017. 电子) 求证：当 $x>0$ 时，$\ln(1+x)>x-\dfrac{x^2}{2}$.

证明　设 $f(x)=\ln(1+x)-x+\dfrac{x^2}{2}$，则 $f(0)=0$，且 $f(x)$ 在 $[0,+\infty)$ 上连续.

$f'(x)=\dfrac{1}{1+x}-1+x=\dfrac{x^2}{1+x}>0,(x>0)$，所以 $f(x)$ 在 $[0,+\infty)$ 上单调递增，

因此当 $x>0$ 时，$f(x)>f(0)=0$. 即当 $x>0$ 时，$\ln(1+x)>x-\dfrac{x^2}{2}$.

考点方法综述

1. 利用洛必达法则可以求 $\dfrac{0}{0}$，$\dfrac{\infty}{\infty}$ 型未定式的极限. 使用时需要注意：

(1) $\dfrac{0}{0}$，$\dfrac{\infty}{\infty}$ 型未定式可以直接使用洛必达法则求解.

(2) $0\cdot\infty$，$\infty-\infty$ 型未定式需要先转化为 $\dfrac{0}{0}$，$\dfrac{\infty}{\infty}$ 型未定式，再使用洛必达法则求解.

(3) 只要符合洛必达法则条件，在同一个题目中可以多次使用洛必达法则.

(4) 洛必达法则可以和等价无穷小替换、重要极限等方法结合使用.

2. 求函数单调区间和极值的步骤

(1) 确定函数的定义域.

(2) 求 $f'(x)$，令 $f'(x)=0$，求出驻点；观察 $f'(x)$ 表达式，找出不可导点.

(3) 用找到的驻点和不可导点把定义域划分成若干个区间，在每个区间内讨论 $f'(x)$ 的符号，确定函数在该工作间的单调性.

(4) 利用极值存在的第一充分条件，逐一判别驻点和不可导点是否是函数的极值点，并求出对应的极值.

为了使解题过程更有条理性，步骤(3)(4) 通常以表格形式讨论，最后在表的下方把表中所得结论表述出来.

如果只求函数极值，不需要求其单调区间，且函数只有驻点，没有不可导点，二阶导数也比较好求，则也可以用极值存在的第二充分条件去求极值.

3. 求函数最大值、最小值的步骤

(1) 连续函数 $f(x)$ 在闭区间 $[a,b]$ 上求最大值和最小值，就是找出所有可能最值点，比较各点处函数值大小，如果函数在所给区间上单调性不变，则在区间端点处取得最值.

(2) 应用问题求最大值或最小值，找到问题中适合的变量，建立函数关系，找出此函数符合条件的唯一驻点，所求问题最值即在该点处取得.

第三章检测训练 A

一、单选题

1. 下列函数中,在$[-1,1]$上满足罗尔定理条件的是________.

A. $y=\dfrac{1}{x^2}$　　B. $y=x^{\frac{1}{2}}$　　C. $y=x|x|$　　D. $y=x^2$

2. 设函数 $f(x)=x(x+1)(x-2)$,则方程 $f'(x)=0$ 有________个实根.

A. 0　　B. 1　　C. 3　　D. 2

3. 下列函数中,________在$[-1,1]$上满足拉格朗日中值定理的条件.

A. $f(x)=1-\sqrt[3]{x^2}$　　B. $f(x)=(x+1)(x-1)$

C. $f(x)=\dfrac{1}{x}$　　D. $f(x)=\dfrac{1}{x-1}$

4. 若函数 $f(x)$ 在点 x_0 处取得极大值,则必有________.

A. $f'(x_0)=0$ 且 $f''(x_0)=0$　　B. $f'(x_0)=0$ 且 $f''(x_0)>0$

C. $f'(x_0)=0$ 且 $f''(x_0)<0$　　D. $f'(x_0)=0$ 或 $f'(x_0)$ 不存在

5. 下列函数在区间$(-\infty,+\infty)$上单调减少的是________.

A. $\sin x$　　B. 2^x　　C. x^2　　D. $3-x$

6. 函数 $y=x^2\ln x$ 在$[1,e]$上的最大值是________.

A. e^2　　B. e　　C. 0　　D. e^{-2}

7. 已知函数 $f(x)=(x-1)(x-2)(x-3)$,则方程 $f'(x)=0$ 有________个实根.

A. 0　　B. 1　　C. 3　　D. 2

8. 下列说法正确的是________.

A. 若 x_0 是 $f(x)$ 的驻点,则 x_0 必是极值点

B. 若 x_0 是 $f(x)$ 的极值点,则 x_0 必是驻点

C. 若 $f(x)$ 在 $x=x_0$ 处可导,则 $f(x)$ 一定在 $x=x_0$ 处连续

D. 若 $f(x)$ 在 $x=x_0$ 处连续,则 $f(x)$ 一定在 $x=x_0$ 处可导

9. 若函数 $y=f(x)$ 满足 $f'(x_0)=0$,则 $x=x_0$ 必为 $f(x)$ 的________.

A. 极值点　　B. 间断点　　C. 驻点　　D. 最值点

10. 函数 $f(x)=\dfrac{1}{3}x^3-3x^2+9x$ 在区间$[0,4]$上点 $x=$________处的函数值最大.

A. 4　　B. 0　　C. 2　　D. 3

二、填空题

1. 函数 $y=1-x^2$ 在$[-1,3]$上满足拉格朗日中值定理的点 $\xi=$________.
2. 函数 $y=(x-2)^3$ 的驻点是________.
3. 已知函数 $f(x)$ 在点 $x=x_0$ 处可导且取得极值,则 $f'(x_0)=$________.
4. 设函数 $y=2x^2+ax+3$ 在点 $x=1$ 处取得极小值,则 $a=$________.
5. 函数 $f(x)=3x-x^2$ 的极值点是________.
6. 函数 $y=2x^2-\ln x$ 的递减区间为________.
7. 若函数 $f(x)$ 在 x_0 处取得极值,且 $f'(x_0)$ 存在,则 $f'(x_0)=$________.
8. 如果 $f'(x_0)=0,f''(x_0)<0$,则 $f(x)$ 在 x_0 处取得极________值.
9. 函数 $f(x)=x-\sin x$ 在区间$(0,\pi)$上________.(填“单调增加”或“单调减少”)
10. 函数 $y=2x^3-9x^2+12x+1$ 在区间$[0,2]$上的最大值点是________.

三、计算题

1. 求极限 $\lim\limits_{x\to+\infty}\dfrac{\dfrac{\pi}{2}-\arctan x}{\dfrac{1}{x}}$.

2. 求极限 $\lim\limits_{x\to0}\dfrac{x-\tan x}{x^2(e^x-1)}$.

3. 求极限 $\lim\limits_{x\to0}\dfrac{e^x-e^{\sin x}}{x^3}$.

4. 求极限$\lim\limits_{x\to0}\left(\dfrac{1}{2x}-\dfrac{1}{e^{2x}-1}\right)$.

5. 求极限$\lim\limits_{x\to1}\left(\dfrac{x}{x-1}-\dfrac{1}{\ln x}\right)$

6. 求函数 $y=x-\ln(x+1)$ 的单调区间和极值.

7. 求函数 $y=\dfrac{x}{1+x^2}$ 的极值.

8. 讨论曲线 $y=xe^x$ 的单调性,求其极值.

四、证明题

1. 证明不等式 $|\arctan a-\arctan b|\leqslant|a-b|$.

2. 设 $x>1$,求证:$(x^2-1)\ln x>(x-1)^2$.

3. 证明多项式 $f(x)=x^3-3x+a$ 在$[0,1]$上不可能有两个零点;并讨论 a 为何值时,$f(x)=x^3-3x+a$ 在$(0,1)$内存在零点.

五、应用题

1. 长为 l 的铁丝切成两段,一段围成正方形,另一段围成圆形,问这两段铁丝各为多长时,正方形的面积与圆的面积之和最小?

2. 某工厂需要围建一个面积为 512m^2 的矩形堆料场,一边可以利用原有的墙壁,其他三边需要砌新的墙壁.问堆料场的长和宽各为多少时,才能使砌墙所用的材料最省?

第三章检测训练 B

一、单选题

1. 下列函数中,在$[-1,1]$上满足罗尔定理条件的是________.

A. $\ln x^2$　　B. $|x|$　　C. $\cos x$　　D. $\dfrac{1}{x+1}$

2. 函数 $f(x)=x^3+8$ 在区间$[0,1]$上满足拉格朗日中值定理条件的 $\xi=$________.

A. 3　　B. $\dfrac{1}{\sqrt{3}}$　　C. $\dfrac{1}{3}$　　D. $-\dfrac{1}{3}$

3. 方程 $e^x-x-1=0$________.

A. 没有实根　　B. 有且仅有一个实根

C. 有且共有两个不同的实根　　D. 有三个不同的实根

4. 函数 $y=f(x)$ 在点 x_0 处二阶可导且取得极大值,则必有________.

A. $f'(x_0)=0$,且 $f''(x_0)>0$　　B. $f'(x_0)=0$ 且 $f''(x_0)=0$

C. $f'(x_0)=0$,且 $f''(x_0)<0$　　D. 以上结论都不对

5. $f(x)=(x+1)(x+2)(x+3)$,则方程 $f''(x)=0$________.

A. 仅有一个实根　　B. 有两个实根　　C. 有三个实根　　D. 无实根

6. 设函数 $y=f(x)$ 的导数在 $x=a$ 处连续,且 $\lim\limits_{x\to a}\dfrac{f'(x)}{x-a}=-1$,则 ________.

A. $x=a$ 是 $f(x)$ 的极小值点　　B. $x=a$ 是 $f(x)$ 的极大值点

C. $x=a$ 不是 $f(x)$ 的极值点　　D. 无法确定 $x=a$ 是否为 $f(x)$ 的极值点

7. 下列说法正确的是________.

A. 函数的极值点一定是函数的驻点　　B. 函数的驻点一定是函数的极值点

C. 二阶导数非零的驻点一定是函数的极值点　　D. 以上说法都不对

8. 已知 $f(x)=|x^{\frac{1}{3}}|$,则点 $x=0$ 是 $f(x)$ 的 ________.

A. 间断点　　B. 极小值点　　C. 极大值点　　D. 可导点

9. 设 $F'(x)=G'(x)$,则 ________.

A. $F(x)+G(x)=C$　　B. $F(x)-G(x)=C$　　C. $F(x)=G(x)$　　D. $F(x)$ 与 $G(x)$ 无关

10. 设函数 $f(x)$ 在点 $x=0$ 的某邻域内可导,且 $f'(0)=0$,$\lim\limits_{x\to 0}\dfrac{f'(x)}{\sin x}=\dfrac{1}{2}$,则 ________.

A. $f(0)$ 是 $f(x)$ 的一个极大值　　B. $f(0)$ 是 $f(x)$ 的一个极小值

C. $f'(0)$ 是 $f'(x)$ 的一个极大值　　D. $f'(0)$ 是 $f'(x)$ 的一个极小值

二、填空题

1. 函数 $y=2x^3+3x^2-12x+1$ 的单调增区间是 ________.

2. 设函数 $y=f(x)$ 在区间 I 内可导,如果 $f'(x)$________,则曲线在区间 I 内是单调减小的.

3. 函数 $y=\dfrac{x}{\ln x}$ 的单调增加的区间是 ________.

4. 已知函数 $f(x)=a\sin x+\dfrac{1}{3}\sin 3x$ 的驻点是 $x=\dfrac{\pi}{3}$,则 $a=$ ________.

5. $y=x+2\cos x$ 在区间 $\left[0,\dfrac{\pi}{2}\right]$ 上的最大值是 ________.

6. 已知曲线 $y=f(x)$ 上任意点的切线斜率为 $3x^2-3x-6$,且当 $x=-1$ 时,$y=\dfrac{11}{2}$ 是极大值,则 $f(x)=$ ________.

7. 设函数 $g(x)$ 有连续的一阶导数,且 $g(0)=g'(0)=1$,则 $\lim\limits_{x\to 0}\dfrac{g(x)-1}{\ln g(x)}=$ ________.

8. 曲线 $y=(x+6)e^{\frac{1}{x}}$ 的单调减区间的个数为 ________.

9. 函数 $y=x^2e^x$ 的单调减区间是 ________.

10. 当 $x=1$ 时,函数 $y=x^2-2px+q$ 达到极值,则 $p=$ ________.

三、计算题

1. 求极限 $\lim\limits_{x\to 0}\dfrac{x-\arctan x}{\ln(1+x^3)}$.

2. 求极限 $\lim\limits_{x\to 0}\dfrac{e^{x^2}-1-x^2}{x^2(e^{x^2}-1)}$.

3. 求极限 $\lim\limits_{x\to 0}\left(\dfrac{1}{\sin x}-\dfrac{1}{e^x-1}\right)$.

4. 求极限 $\lim\limits_{x\to 0}\dfrac{\sqrt{1+\tan x}-\sqrt{1+\sin x}}{x(1-\cos x)}$.

5. 求极限 $\lim\limits_{x\to 0}(x+e^x)^{\frac{2}{x}}$.

6. 求函数 $f(x)=(x-1)x^{\frac{2}{3}}$ 的单调区间与极值.

7. 求 $y=\dfrac{4(x+1)}{x^2}-2$ 的单调区间和极值.

8. 求函数 $y=\dfrac{x^3}{(x-1)^2}$ 的单调区间和极值.

四、证明题

1. 若方程 $a_0x^n+a_1x^{n-1}+\cdots+a_{n-1}x=0$ 有一个正根 $x=x_0$，证明方程 $a_0nx^{n-1}+a_1(n-1)x^{n-2}+\cdots+a_{n-1}=0$ 必有一个小于 x_0 的正根.

2. 求证：当 $x>0$ 时，$1+x\ln(x+\sqrt{1+x^2})>\sqrt{1+x^2}$.

五、综合题

1. 已知函数 $f(x)=4x^3+ax^2+bx+5$ 的图像在 $x=1$ 处的切线方程为 $y=-12x$，且 $f(1)=-12$，求：

(1) 函数 $f(x)$ 的解析式.

(2) 函数 $f(x)$ 在$[-2,1]$上的最值.

2. 已知函数 $f(x)=x^3+bx^2+cx+d$ 的图像过点 $P(0,2)$，且在点 $M(-1,f(-1))$ 处的切线方程为 $6x-y+7=0$. 求：

(1) 函数 $y=f(x)$ 的解析式.

(2) 函数 $y=f(x)$ 的单调区间.

第四章　不定积分

知识结构导图

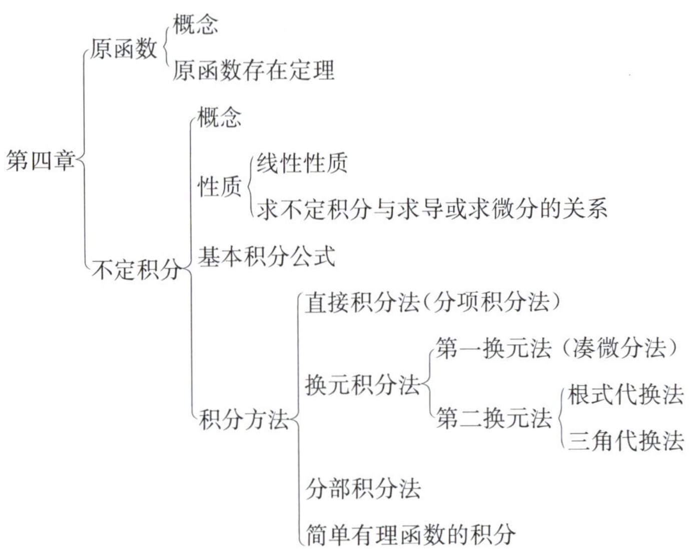

第一单元　不定积分的概念与性质

考纲内容解读

一、新大纲基本要求

1. 理解原函数与不定积分概念,了解原函数存在定理.
2. 掌握不定积分的性质.
3. 熟练掌握不定积分的基本公式.

二、新大纲名师解读

根据最新考纲的要求和对真题的统计,这一单元考查的重点是对原函数与不定积分概念的理解,要充分利用"原函数的导数是被积函数"来解决相关问题.另外,在一些简单函数的不定积分中,经常考查利用积分的基本公式及性质计算不定积分.

考点知识梳理

一、原函数与不定积分的概念

1. 原函数

如果在区间 I 上,可导函数 $F(x)$ 的导函数为 $f(x)$,即对任意 $x \in I$,都有 $F'(x) = f(x)$,则称函数 $F(x)$ 为 $f(x)$ 在区间 I 上的一个原函数.

【名师解析】关于原函数的概念,考试中经常考查原函数与不定积分中被积函数的关系.

2. 不定积分

函数 $f(x)$ 的全体原函数称为 $f(x)$ 的不定积分，记为 $\int f(x)\mathrm{d}x$，即如果 $F(x)$ 为 $f(x)$ 的一个原函数，则 $\int f(x)\mathrm{d}x = F(x)+C$，其中 C 为任意常数.

【名师解析】求一个函数的不定积分，就是求其全体原函数的过程. 其中 $\int$ 称为积分号，$f(x)$ 称为被积函数，$f(x)\mathrm{d}x$ 称为被积表达式，x 称为积分变量.

二、不定积分的基本性质

1. 不定积分与微分的关系(求不定积分与求导数或微分互为逆运算)

(1) $\left[\int f(x)\mathrm{d}x\right]' = f(x)$；　　(2) $\int f'(x)\mathrm{d}x = f(x)+C$；

(3) $\mathrm{d}\left[\int f(x)\mathrm{d}x\right] = f(x)\mathrm{d}x$；　　(4) $\int \mathrm{d}f(x) = f(x)+C$.

2. 不定积分的线性运算

(1) $\int [f_1(x)\pm f_2(x)\pm\cdots\pm f_n(x)]\mathrm{d}x = \int f_1(x)\mathrm{d}x \pm \int f_2(x)\mathrm{d}x \pm\cdots\pm \int f_n(x)\mathrm{d}x$；

(2) $\int k\cdot f(x)\mathrm{d}x = k\cdot\int f(x)\mathrm{d}x$ (其中 k 是常数).

三、基本积分公式

1. $\int k\mathrm{d}x = kx+C$ (k 为常数)	9. $\int \csc^2 x\mathrm{d}x = -\cot x+C$
2. $\int x^\mu \mathrm{d}x = \frac{1}{\mu+1}x^{\mu+1}+C \quad (\mu\neq -1)$	10. $\int \sec x\tan x\mathrm{d}x = \sec x+C$
3. $\int \frac{1}{x}\mathrm{d}x = \ln\|x\|+C$	11. $\int \csc x\cot x\mathrm{d}x = -\csc x+C$
4. $\int a^x\mathrm{d}x = \frac{a^x}{\ln a}+C \quad (a>0$ 且 $a\neq 1)$	12. $\int \frac{1}{1+x^2}\mathrm{d}x = \arctan x+C = -\mathrm{arccot}\, x+C$
5. $\int \mathrm{e}^x\mathrm{d}x = \mathrm{e}^x+C$	13. $\int \frac{1}{\sqrt{1-x^2}}\mathrm{d}x = \arcsin x+C = -\arccos x+C$
6. $\int \cos x\mathrm{d}x = \sin x+C$	14. $\int \tan x\mathrm{d}x = -\ln\|\cos x\|+C$
7. $\int \sin x\mathrm{d}x = -\cos x+C$	15. $\int \cot x\mathrm{d}x = \ln\|\sin x\|+C$
8. $\int \sec^2 x\mathrm{d}x = \tan x+C$	16. $\int \sec x\mathrm{d}x = \ln\|\sec x+\tan x\|+C$

考点例题分析

考点一　原函数与不定积分的概念

【考点分析】本单元在考试中出现频率较高的一类题目是考查被积函数与原函数之间的关系. 解决这类题目只要利用原函数的定义即可.

例 1 设 $e^x + \sin x$ 是 $f(x)$ 的一个原函数,则 $f'(x) =$ ________.

解 因为 $e^x + \sin x$ 是 $f(x)$ 的原函数,所以 $f(x) = (e^x + \sin x)' = e^x + \cos x$,所以 $f'(x) = (e^x + \cos x)' = e^x - \sin x$.

故应填 $e^x - \sin x$.

【名师点评】此类题目主要是考查原函数的概念,从而才能搞清楚 $f'(x)$ 与 $e^x + \sin x$ 的关系:$f'(x) = (e^x + \sin x)$.

例 2 下列函数中是同一函数的原函数的是 ________.

A. $\frac{\ln x}{x^2}$ 与 $\frac{\ln x}{x}$　　B. $\arcsin x$ 与 $-\arccos x$　　C. $\arctan x$ 与 $\text{arccot}x$　　D. $\cos 2x$ 与 $\cos x$

解 只需要看每对函数的导数是否相同即可.

A. $\left(\frac{\ln x}{x^2}\right)' = \frac{x - 2x\ln x}{x^4} = \frac{1 - 2\ln x}{x^3}$,$\left(\frac{\ln x}{x}\right)' = \frac{1 - \ln x}{x^2}$;

B. $(\arcsin x)' = -(\arccos x)' = \frac{1}{\sqrt{1 - x^2}}$;

C. 根据求导基本公式,$\arctan x$ 与 $\text{arccot}x$ 的导数互为相反数;

D. $(\cos 2x)' = -2\sin 2x$,$(\cos x)' = -\sin x$.

故应选 B.

【名师点评】根据原函数的定义,判断两个函数是否是同一个函数的原函数,只要判断二者的导数是否相同即可.

例 3 设函数 $f(x)$,$g(x)$ 均可导,且同为 $F(x)$ 的原函数.若 $f(0) = 5$,$g(0) = 2$,则 $f(x) - g(x) =$ ________.

解 因为 $f'(x) = g'(x) = F(x)$,所以 $f(x) - g(x) = C$.当 $x = 0$ 时,$f(0) - g(0) = C$,所以由已知条件得 $C = f(0) - g(0) = 5 - 2 = 3$.

故应填 3.

【名师点评】解决此类问题只要牢记原函数的性质,两个原函数之间仅相差一个常数.一般可以通过代入 x 的一个特殊值,求出该常数.本题中给了两个函数在点 $x = 0$ 处的函数值,所以通过代入 $x = 0$ 解出常数 C.

例 4 设 $f'(x^2) = \frac{1}{x}(x > 0)$,则 $f(x) =$ ________.

A. $2x + C$　　B. $\ln x + C$　　C. $2\sqrt{x} + C$　　D. $\frac{1}{\sqrt{x}} + C$

解 因为 $f'(x^2) = \frac{1}{x} = \frac{1}{\sqrt{x^2}}$,则 $f'(x) = \frac{1}{\sqrt{x}}$,所以 $f(x) = \int \frac{1}{\sqrt{x}}dx = 2\sqrt{x} + C$.

故应选 C.

【名师点评】本题主要利用了换元的方法,由已知 $f'(x^2)$ 解出了 $f'(x)$,然后才能利用原函数的概念,由 $f'(x)$ 利用不定积分解出 $f(x)$.

例 5 已知 $[\ln f(x)]' = \cos x$,且 $f(0) = 1$,则 $f(x) =$ ________.

解 由已知得 $\ln f(x)$ 是 $\cos x$ 的一个原函数,即 $\ln f(x) = \int \cos x dx = \sin x + C$.因为 $f(0) = 1$,所以 $C = 0$,则 $f(x) = e^{\sin x}$.

故应填 $e^{\sin x}$.

【名师点评】本题主要利用了原函数和不定积分的定义来求解.求满足两个条件的 $f(x)$,利用第一个条件,借助不定积分求出 $\ln f(x)$ 的表达式(含任意常数 C);再根据第二个条件 $f(0) = 1$,将积分得到的任意常数的值确定下来,从而得到一个确定的函数 $f(x)$.

例 6　设$\int f(x)\mathrm{d}x=\tan(x+x^2)+C$，则 $f(x)=$________.

A. $\sec^2(x+x^2)$　　B. $\sec^2(1+2x)$　　C. $(1+2x)\sec^2(x+x^2)$　　D. $(1+2x)\sec^2(1+2x)$

解　根据不定积分的定义可得

$f(x)=[\tan(x+x^2)+C]'=(1+2x)\sec^2(x+x^2)$.

故应选 C.

【名师点评】本题主要考查不定积分的概念，$f(x)$ 的全体原函数称为 $f(x)$ 的不定积分，即$\int f(x)\mathrm{d}x=F(x)+C$，根据积分运算和求导(或微分)互为逆运算的性质可得 $f(x)=[F(x)+C]'$. 另外，本题也可以让方程两边同时对 x 求导，这种方法同样可以得到 $f(x)$ 的表达式.

考点二　不定积分的基本性质

【考点分析】在专升本考试中，考查不定积分与求导(或微分)互为逆运算的性质时，经常以选择题或者填空题的形式出现，难度不大. 解此类题目时，需特别注意求导和求不定积分的运算顺序. 如果最后是积分运算，不要漏掉结果中的任意常数 C.

例 7　下列等式中，正确的一个是________.

A. $\left[\int f(x)\mathrm{d}x\right]'=f(x)$　　B. $\mathrm{d}\left[\int f(x)\mathrm{d}x\right]=f(x)$　　C. $\int F'(x)\mathrm{d}x=F(x)$　　D. $\mathrm{d}\left[\int f(x)\mathrm{d}x\right]=f(x)+C$

解　由 $\mathrm{d}\left[\int f(x)\mathrm{d}x\right]=f(x)\mathrm{d}x$ 知，选项 B 和 D 错误；由$\int F'(x)\mathrm{d}x=F(x)+C$ 知，选项 C 错误.

故应选 A.

【名师点评】本题主要考查不定积分的性质. 由于不定积分运算与求导或微分运算互为逆运算，所以对一个函数"先积分，后求导"后函数不变，而"先求导，后积分"后函数不变，添加任意常数. 微分运算只需要在导数运算结果上乘以 $\mathrm{d}x$ 即可.

例 8　$\mathrm{d}\int \mathrm{d}f(x)=$________.

解　因为$\int \mathrm{d}\,f(x)=f(x)+C$，所以 $\mathrm{d}\int \mathrm{d}f(x)=\mathrm{d}[f(x)+C]=f'(x)\mathrm{d}x$，

故应填 $f'(x)\mathrm{d}x$.

【名师点评】该题的关键在于确定正确的求解顺序，应该是先求$\int \mathrm{d}f(x)$，再求 $\mathrm{d}\int \mathrm{d}f(x)$.

例 9　若$\int f(x)\mathrm{e}^{\frac{1}{x}}\mathrm{d}x=\mathrm{e}^{\frac{1}{x}}+C$，则 $f(x)=$________.

解　方程两边同时对 x 求导，得 $f(x)\mathrm{e}^{\frac{1}{x}}=(\mathrm{e}^{\frac{1}{x}}+C)'=-\frac{1}{x^2}\mathrm{e}^{\frac{1}{x}}$，所以 $f(x)=-\frac{1}{x^2}$.

故应填 $-\frac{1}{x^2}$.

【名师点评】一般地，如果题目的已知条件中给出一个不定积分的等式，求被积函数或者被积函数的一部分时，可以让方程两边同时对 x 求导，利用不定积分与导数互为逆运算的性质，方程左边求导后即得到原积分的被积函数，整理出所求函数即可.

例 10　设$\int xf(x)\mathrm{d}x=\ln x+C$，求$\int \frac{1}{f(x)}\mathrm{d}x$.

解　方程两边同时对 x 求导，得 $xf(x)=\frac{1}{x}$，则 $f(x)=\frac{1}{x^2}$，故 $\int \frac{1}{f(x)}\mathrm{d}x=\int x^2\mathrm{d}x=\frac{x^3}{3}+C$.

例 11 若$\int f(x)\mathrm{d}x = x^2 + C$，求$\int xf(1-x^2)\mathrm{d}x$.

解 方程两边同时对 x 求导，得 $f(x) = 2x$，则 $f(1-x^2) = 2(1-x^2)$，从而

$$\int xf(1-x^2)\mathrm{d}x = \int 2x(1-x^2)\mathrm{d}x = \int (2x-2x^3)\mathrm{d}x = x^2 - \frac{1}{2}x^4 + C.$$

【名师点评】以上两题可以先按方程两端同时对 x 求导的方法，整理出 $f(x)$ 的表达式，然后再求相应积分即可.

考点三 基本积分公式

【考点分析】利用不定积分基本公式可以求出一些简单函数的不定积分，通常把这种积分法称为直接积分法. 它是求解一切不定积分的基础. 因为直接积分法比较简单，所以在专升本考试中利用直接积分法求解不定积分的题目并不是特别多，但是这个方法是后续学习换元积分法和分部积分法的基础，因此必须熟练掌握.

例 12 计算$\int 3^x \mathrm{e}^x \mathrm{d}x =$ ________.

解 被积函数 $3^x \mathrm{e}^x = (3\mathrm{e})^x$，由基本公式可得，原式 $= \int (3\mathrm{e})^x \mathrm{d}x = \frac{(3\mathrm{e})^x}{\ln 3\mathrm{e}} = \frac{3^x \mathrm{e}^x}{1+\ln 3} + C$.

故应填$\frac{3^x \mathrm{e}^x}{1+\ln 3} + C$.

【名师点评】本题积分中的被积函数是两个函数的乘积，由于这两个函数同为指数函数，且指数相同，因此可以利用指数函数的公式将其合并成一个指数函数，然后再利用指数函数的积分公式直接求解即可.

例 13 计算$\int x^2\sqrt{x}\,\mathrm{d}x$.

解 $\int x^2\sqrt{x}\,\mathrm{d}x = \int x^{\frac{5}{2}}\mathrm{d}x = \frac{x^{\frac{5}{2}+1}}{\frac{5}{2}+1} + C = \frac{2}{7}x^{\frac{7}{2}} + C$.

【名师点评】该题表明，当被积函数中出现几个幂函数的乘积或者商时，为了方便利用积分公式，可以将其改写成一个幂函数的标准形式，然后利用幂函数的积分公式来求解不定积分. 像$\sqrt[n]{x}$ 这样的根式，可以转换成 $x^{\frac{1}{n}}$ 的形式.

例 14 求不定积分$\int \cos^2\frac{x}{2}\mathrm{d}x$.

解 将被积函数$\cos^2\frac{x}{2}$ 降幂，即$\cos^2\frac{x}{2} = \frac{\cos x + 1}{2}$，就可运用基本公式计算.

原式 $= \frac{1}{2}\int(\cos x + 1)\mathrm{d}x = \frac{1}{2}(\sin x + x) + C$.

【名师点评】在三角函数中，$\sin^2\frac{x}{2} = \frac{1-\cos x}{2}$ 与$\cos^2\frac{x}{2} = \frac{1+\cos x}{2}$ 称为万能公式. 这组公式由左向右变形，实现降幂，降幂的同时升角；而由右向左变形，实现升幂，升幂的同时降角. 万能公式是高等数学中应用频率极高的三角公式，需要牢记. 该题积分求解中，之所以选择万能公式进行降幂，是因为在基本积分公式中，只有正弦和余弦函数的一次幂的积分公式. 出现正余弦函数的高次幂时，求不定积分一般可以考虑利用万能公式降幂.

考点真题解析

考点一 原函数与不定积分的概念

真题 1 (2019. 机械、交通) 设函数 $f(x)$ 在区间 I 内连续，则 $f(x)$ 在 I 内 ________.

A. 必存在导函数　　B. 必存在原函数　　C. 必有界　　D. 必有极值

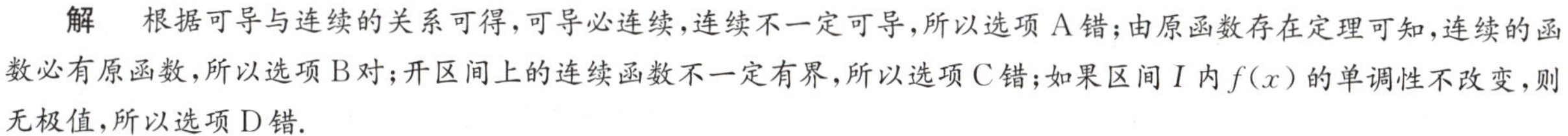

解　根据可导与连续的关系可得，可导必连续，连续不一定可导，所以选项 A 错；由原函数存在定理可知，连续的函数必有原函数，所以选项 B 对；开区间上的连续函数不一定有界，所以选项 C 错；如果区间 I 内 $f(x)$ 的单调性不改变，则无极值，所以选项 D 错.

故应选 B.

【名师点评】关于函数的连续性与可导性的关系，以及原函数存在定理是基本考查点. 必须熟知，函数可导一定连续，反之连续未必可导，但连续函数的原函数一定存在.

真题 2　(2018. 机械) 若 $F(x)$ 是 $f(x)$ 的一个原函数，C 为常数，则下列函数中仍是 $f(x)$ 的原函数的是______.

A. $F(Cx)$　　B. $F(x+C)$　　C. $CF(x)$　　D. $F(x)+C$

解　选项 A，$[F(Cx)]'=CF'(Cx)$；选项 B，$[F(x+C)]'=F'(x+C)$；选项 C，$[F(Cx)]'=CF'(Cx)$；选项 D，$[F(x)+C]'=F'(x)$.

故应选 D.

【名师点评】在近几年的专升本考试中，出现了一类直接考查原函数概念的题型. 在这类题目中，要注意搞清楚所给函数之间的关系，通过求导确定正确答案.

真题 3　(2017. 电子) 下列函数中，不是 $\sin 2x$ 的原函数的是______.

A. $\sin^2 x$　　B. $-\cos^2 x$　　C. $-\dfrac{\cos 2x}{2}$　　D. $\sin x\cos x$

解　选项 A，$(\sin^2 x)'=2\sin x\cos x=\sin 2x$；选项 B，$(-\cos^2 x)'=-2\cos x(-\sin x)=\sin 2x$；选项 C，$\left(-\dfrac{\cos 2x}{2}\right)'=-\dfrac{1}{2}(\cos 2x)'=\sin 2x$；选项 D，$(\sin x\cos x)'=\left(\dfrac{1}{2}\sin 2x\right)'=\cos 2x$.

故应选 D.

【名师点评】此题考查了原函数的基本概念，我们只需对四个选项中的每一个函数逐一进行求导，比对求导结果是否为 $\sin 2x$ 即可. 注意求导以后三角函数的变形. 选项 A 和 B 中都用到了正弦函数的倍角公式. 选项 D 中为正弦函数与余弦函数的乘积形式，利用倍角公式变形后再求导，比直接对乘积形式求导简单.

真题 4　(2015. 计算机) 若 $\int f(x)\mathrm{d}x=x\mathrm{e}^{-2x}+C$，则 $f(x)$ 等于______，其中 C 为常数.

A. $-2x\mathrm{e}^{-2x}$　　B. $-2x^2\mathrm{e}^{-2x}$　　C. $(1-2x)\mathrm{e}^{-2x}$　　D. $(1-2x^2)\mathrm{e}^{-2x}$

解　根据不定积分的定义可得

$$f(x)=\left[\int f(x)\mathrm{d}x\right]'=\mathrm{e}^{-2x}+x\mathrm{e}^{-2x}(-2)=\mathrm{e}^{-2x}(1-2x).$$

故应选 C.

考点二　不定积分的基本性质

真题 5　(2018、2019. 机械、交通) 设 $f(x)$ 在 $(-\infty,+\infty)$ 内连续，则 $\dfrac{\mathrm{d}}{\mathrm{d}x}\left[\int f(x)\mathrm{d}x\right]=$______.

解　根据不定积分的性质，求不定积分与求导是互逆运算，所以 $\dfrac{\mathrm{d}}{\mathrm{d}x}\left[\int f(x)\mathrm{d}x\right]=f(x)$.

故应填 $f(x)$.

【名师点评】本题考查不定积分的基本性质. 要注意符号 $\dfrac{\mathrm{d}}{\mathrm{d}x}\left[\int f(x)\mathrm{d}x\right]$ 与 $\left[\int f(x)\mathrm{d}x\right]'$ 是等效的.

真题 6　(2017. 会计) 如果函数 $f(x)$ 的导函数为 $\sin x$，则 $f(x)$ 的一个原函数是______.

A. $1+\sin x$　　B. $1-\sin x$　　C. $1+\cos x$　　D. $1-\cos x$

解 因为 $f'(x)=\sin x$，所以 $f(x)=\int \sin x\,\mathrm{d}x=-\cos x+C_1$，

则 $\int f(x)\mathrm{d}x=\int(-\cos x+C_1)\mathrm{d}x=-\sin x+C_1x+C_2$，只有选项 B 的函数符合该形式.

故应选 B.

【名师点评】所求原函数的导数为 $f(x)$，而 $f(x)$ 的导数为 $\sin x$，因此所求原函数的二阶导数为 $\sin x$，从而只需验证哪个选项求二阶导数后为 $\sin x$ 即可. 这种方法可以避免处理每次积分生成的任意常数.

真题 7 (2017. 国贸)C 为任意常数，且 $F'(x)=f(x)$，则下列等式成立的是________.

A. $\int F'(x)\mathrm{d}x=f(x)+C$　B. $\int f'(x)\mathrm{d}x=F(x)+C$　C. $\int F(x)\mathrm{d}x=F'(x)+C$　D. $\int f(x)\mathrm{d}x=F(x)+C$

解 由不定积分的性质可知，一个可导函数，对其先求导，再求不定积分，结果与该函数只差一个常数 C，故选项 A 与 B 不正确；选项 C，$\int F(x)\mathrm{d}x$ 表示求 $F(x)$ 的所有原函数，而 $F'(x)$ 不是 $F(x)$ 的原函数，故选项 C 不正确；选项 D，由已知 $F'(x)=f(x)$，所以 $F(x)$ 是 $f(x)$ 的一个原函数，因此 $\int f(x)\mathrm{d}x=F(x)+C$，故选项 D 正确.

故应选 D.

真题 8 (2017. 交通)设 $f(x)$ 为可导函数，则下列结果正确的是________.

A. $\int f(x)\mathrm{d}x=f(x)$　B. $\left[\int f(x)\mathrm{d}x\right]'=f(x)$　C. $\int f'(x)\mathrm{d}x=f(x)$　D. $\left[\int f(x)\mathrm{d}x\right]'=f(x)+C$

解 选项 A 显然不成立；选项 B，$\left[\int f(x)\mathrm{d}x\right]'$ 是对函数 $f(x)$ 先求不定积分再求导，函数 $f(x)$ 不变；选项 C，求不定积分 $\int f'(x)\mathrm{d}x$，也就是要找哪个函数的导函数是 $f'(x)$，当然是 $f(x)$，但是不定积分是求被积函数的全体原函数，故原函数应该为 $f(x)+C$；根据选项 B 可以得出选项 D 是错误的.

故应选 B.

【名师点评】这类题目属于专升本考试中常考的基本题型，主要考查不定积分与求导数(或微分)互为逆运算的性质：

(1) $\left[\int f(x)\mathrm{d}x\right]'=f(x)$ 或 $\mathrm{d}\left[\int f(x)\mathrm{d}x\right]=f(x)\mathrm{d}x$；

(2) $\int F'(x)\mathrm{d}x=F(x)+C$ 或 $\int \mathrm{d}F(x)=F(x)+C$.

真题 9 (2017. 土木)已知 $\int f(x)\mathrm{d}x=\sin x\cos x+C$，则 $f(x)=$________.

解 $f(x)=\left[\int f(x)\mathrm{d}x\right]'=(\sin x\cos x+C)'=\left(\frac{1}{2}\sin 2x\right)'=\cos 2x$.

故应填 $\cos 2x$.

真题 10 (2016. 机械、交通)已知 $\int f(\sqrt{x})\frac{1}{\sqrt{x}}\mathrm{d}x=x+\ln x+C$，则 $f(x)=$________.

解 方程两边同时求导，得 $f(\sqrt{x})\cdot\frac{1}{\sqrt{x}}=1+\frac{1}{x}$，令 $t=\sqrt{x}$，则 $f(t)\cdot\frac{1}{t}=1+\frac{1}{t^2}$，所以 $f(t)=t+\frac{1}{t}$，即 $f(x)=x+\frac{1}{x}$.

故应填 $x+\frac{1}{x}$.

真题 11 (2016. 机械、电气)已知 $\int f(x+1)\mathrm{d}x=x\mathrm{e}^{x+1}+C_1$，则 $f(x)=$________.

解 方程两边同时求导，得 $f(x+1)=\mathrm{e}^{x+1}+x\mathrm{e}^{x+1}=(1+x)\mathrm{e}^{x+1}$，所以 $f(x)=x\mathrm{e}^{x}$.

故应填 $x\mathrm{e}^{x}$.

【名师点评】上述三题求解方法相同，主要考查不定积分的概念和不定积分与求导运算互为逆运算的关系，通过对等式两边同时求导数，得到被积函数表达式，然后适当变形得到所求函数的表达式.

真题 12 (2015.经管)判断题:设$F(x)$为$f(x)$在区间I上的一个原函数,则$F(x^2)$为$f(x^2)$在这区间上的一个原函数.

解 因为$F'(x)=f(x)$,所以复合函数求导$[F(x^2)]'=F'(x^2)\cdot 2x=2xf(x^2)\neq f(x^2)$,

则$F(x^2)$不是$f(x^2)$在区间I上的一个原函数,故是错误的.

【名师点评】本题考查原函数的概念和复合函数的求导法则.

考点三 基本积分公式

真题 13 (2019.财经)不定积分$\int(2^x-x^3)\mathrm{d}x$的结果为_______.

A. $2^x\ln2-3x^2+C$ B. $\dfrac{2^x}{\ln2}-\dfrac{x^4}{4}+C$ C. $2^x\ln2-\dfrac{1}{4}x^4+C$ D. $\dfrac{2^x}{\ln2}-3x^2+C$

解 $\int(2^x-x^3)\mathrm{d}x=\int2^x\mathrm{d}x-\int x^3\mathrm{d}x=\dfrac{2^x}{\ln2}-\dfrac{x^4}{4}+C.$

故应选 B.

真题 14 (2017.土木)计算$\int x(1+2x)^2\mathrm{d}x=$_______.

解 $\int x(1+2x)^2\mathrm{d}x=\int(4x^3+4x^2+x)\mathrm{d}x=x^4+\dfrac{4}{3}x^3+\dfrac{x^2}{2}+C.$

故应填$x^4+\dfrac{4}{3}x^3+\dfrac{x^2}{2}+C.$

真题 15 (2016.土木)计算$\int\sqrt{x}(x^2-5)\mathrm{d}x=$_______.

解 由幂函数的不定积分公式可得

$$\int\sqrt{x}(x^2-5)\mathrm{d}x=\int(x^{\frac{5}{2}}-5x^{\frac{1}{2}})\mathrm{d}x=\frac{2}{7}x^{\frac{7}{2}}-\frac{10}{3}x^{\frac{3}{2}}+C.$$

故应填$\dfrac{2}{7}x^{\frac{7}{2}}-\dfrac{10}{3}x^{\frac{3}{2}}+C.$

【名师点评】在专升本考试中,此类题有的可以直接利用基本积分公式,有的需要根据被积函数的特点进行适当的初等变形,然后再使用不定积分性质分解成若干可直接用基本积分公式的情况.该题型一般以选择题、填空题的形式出现.

考点方法综述

在专升本考试中,关于不定积分的概念和性质考查较多,主要有以下内容:

1. 原函数与不定积分的概念和它们之间的关系是常考的基本题型之一.

原函数:若$F'(x)=f(x)$,则称$F(x)$为$f(x)$的一个原函数.

不定积分:原函数的全体,$\int f(x)\mathrm{d}x=F(x)+C.$

2. 基本性质

$$\left[\int f(x)\mathrm{d}x\right]'=f(x),\quad \int f'(x)\mathrm{d}x=f(x)+C.$$

$$\mathrm{d}\left[\int f(x)\mathrm{d}x\right]=f(x)\mathrm{d}x,\quad \int\mathrm{d}f(x)=f(x)+C.$$

$$\int[f_1(x)\pm f_2(x)\pm\cdots\pm f_n(x)]\mathrm{d}x=\int f_1(x)\mathrm{d}x\pm\int f_2(x)\mathrm{d}x\pm\cdots\pm\int f_n(x)\mathrm{d}x.$$

$\int k\cdot f(x)\mathrm{d}x=k\cdot\int f(x)\mathrm{d}x$(其中$k$是常数).

第二单元　不定积分的计算

一、新大纲基本要求

1. 掌握不定积分的第一换元法.
2. 掌握不定积分的第二换元法.
3. 掌握不定积分的分部积分法.

二、新大纲名师解读

根据考试大纲的要求,本单元重点是灵活运用所学的积分法计算不定积分. 常用的积分方法有分项积分法、第一换元法(凑微分法)、第二换元法中的三角代换和简单的根式代换、分部积分法. 掌握每种积分方法的特点,在计算不定积分时,根据被积函数的形式应能正确快速地识别选用哪种方法进行计算.

考点知识梳理

一、分项积分法

如果被积函数不能够直接运用基本积分公式,但是通过拆项、添项、减项后,将被积函数分成几个能够直接积分的函数的和、差形式,就可以利用基本积分公式将积分求出. 例如,$\int \frac{f(x)+g(x)}{f(x)g(x)}\mathrm{d}x=\int \frac{1}{f(x)}\mathrm{d}x+\int \frac{1}{g(x)}\mathrm{d}x$.

【名师解析】分项积分法中"分项"的主要目的是把不容易直接积分的函数的商或者乘积形式改写成容易分别积分的函数的和、差形式. 其中,对函数的商即分式的变形,经常利用分母的形式变化分子,有时也会对分子进行加减项,使得其变形后方便与分母约分,实现分项求解的目的.

二、第一换元法(凑微分法)

若$\int f(u)\mathrm{d}u=F(u)+C$,且$u=\varphi(x)$可导,则$\int f[\varphi(x)]\ \varphi'(x)\ \mathrm{d}x=F[\varphi(x)]+C$. 第一换元法也叫**凑微分法**,此法主要由五个基本步骤组成:

$$\text{原式}\xlongequal{\text{恒等变形}}\int f[\varphi(x)]\varphi'(x)\mathrm{d}x\xlongequal{\text{凑微分}}\int f[\varphi(x)]\mathrm{d}\varphi(x)$$

$$\xlongequal{\text{换元}\ \varphi(x)=u}\int f(u)\mathrm{d}u\xlongequal{\text{利用公式}}F(u)+C\xlongequal{\text{回代}\ u=\varphi(x)}F[\varphi(x)]+C.$$

常见的凑微分的形式:

1. $f(ax+b)\mathrm{d}x\xrightarrow{\text{凑微分成}}\frac{1}{a}f(ax+b)\mathrm{d}(ax+b)$.

2. $f(x^{n+1})x^n\mathrm{d}x\xrightarrow{\text{凑微分成}}\frac{1}{n+1}f(x^{n+1})\mathrm{d}(x^{n+1})$.

3. $f\left(\frac{1}{x}\right)\frac{1}{x^2}\mathrm{d}x\xrightarrow{\text{凑微分成}}-f\left(\frac{1}{x}\right)\mathrm{d}\left(\frac{1}{x}\right)$.

4. $f(\sqrt{x})\frac{1}{\sqrt{x}}\mathrm{d}x\xrightarrow{\text{凑微分成}}2f(\sqrt{x})\mathrm{d}(\sqrt{x})$.

5. $f(a\ln x+b)\frac{1}{x}\mathrm{d}x\xrightarrow{\text{凑微分成}}\frac{1}{a}f(a\ln x+b)\mathrm{d}(a\ln x+b)$.

6. $f(b\mathrm{e}^x+c)\mathrm{e}^x\mathrm{d}x\xrightarrow{\text{凑微分成}}\frac{1}{b}f(b\mathrm{e}^x+c)\mathrm{d}(b\mathrm{e}^x+c)$.

7. $f(\sin x)\cos x\mathrm{d}x\xrightarrow{\text{凑微分成}}f(\sin x)\mathrm{d}(\sin x)$;$f(\cos x)\sin x\mathrm{d}x\xrightarrow{\text{凑微分成}}-f(\cos x)\mathrm{d}(\cos x)$.

8. $f(\tan x)\sec^2 x\mathrm{d}x\xrightarrow{\text{凑微分成}}f(\tan x)\mathrm{d}(\tan x)$.

9. $f(\sec x)\sec x\tan x\,dx \xrightarrow{\text{凑微分成}} f(\sec x)d(\sec x)$.

【名师解析】第一换元法为求解复合函数的积分提供了一个很好的思路. 被积函数是乘积或者商的形式，而且两个乘积因子之间或者分子、分母之间有一定的导数关系，多数是复合函数中的内层函数和另外一个因子有导数关系，有这样特点的不定积分可以考虑用第一换元法计算. 计算时按照上述"五个基本步骤"求解不易出错，做题熟练后，可以省略恒等变形和换元的步骤.

运用第一换元法进行不定积分运算的难点在于从原被积函数中找出合适的部分改写成相关的导数形式 $\varphi'(x)$，同 dx 凑出 $d\varphi(x)$ 来，而且凑微分时要注意系数的配平过程. 熟记以上给出的常见类型的凑微分形式，会给解题带来帮助.

三、第二换元法(变量代换法)

1. 第二换元法

设 $x=\varphi(t)$ 单调可导，且 $\varphi'(t)\neq 0$，若 $\int f[\varphi(t)]\varphi'(t)dt=F(t)+C$，则

$$\int f(x)dx=\int f[\varphi(t)]d\varphi(t)=\int f[\varphi(t)]\varphi'(t)dt=F(t)+C=F[\varphi^{-1}(x)]+C.$$

2. 常用的换元方法

(1) 三角代换

如果被积函数中含有 $\sqrt{a^2-x^2}$，可作代换 $x=a\sin t,-\frac{\pi}{2}\leqslant t\leqslant\frac{\pi}{2}$；

如果被积函数中含有 $\sqrt{x^2-a^2}$，可作代换 $x=a\sec t,0<t<\frac{\pi}{2}$；

如果被积函数中含有 $\sqrt{x^2+a^2}$，可作代换 $x=a\tan t,-\frac{\pi}{2}<t<\frac{\pi}{2}$.

(2) 根式代换

如果被积函数中含有 $\sqrt[n]{ax\pm b}$，可作代换 $t=\sqrt[n]{ax\pm b}$；

若被积函数中出现 $\sqrt{1+e^x}$ 这类函数，也可作代换 $t=\sqrt{1+e^x}$.

【名师解析】第一类换元积分法可以省去中间的换元过程，因此新变量可以不出现，而第二类换元积分法必须进行换元，即新变量必须出现，故最后一定注意变量还原.

四、分部积分法

设函数 $u(x)$，$v(x)$ 在闭区间 $[a,b]$ 上具有连续导数，则有

$$\int uv'dx=\int udv=uv-\int vdu=uv-\int vu'dx,$$

这就是分部积分公式.

【名师解析】分部积分法主要适用于不同类型的函数相乘求积分. 公式中 u 和 v' 的选取至关重要. 一般地，如果被积函数是两类基本初等函数的乘积，在多数情况下，可按**"反三角函数、对数函数、幂函数、三角函数、指数函数"**的顺序，将排在前面的那类函数选作 u，排在后面的那类函数选作 v'.

考点例题分析

考点一 分项积分法

例 15 求下列不定积分：

(1) $\int\frac{3x^4+3x^2+1}{x^2+1}dx$；　(2) $\int\frac{2x^2+1}{x^2(x^2+1)}dx$；　(3) $\int\frac{1}{x^2(x^2+1)}dx$；

(4) $\int\frac{dx}{x(1+x)}$；　(5) $\int\frac{2x^4}{x^2+1}dx$；　(6) $\int\frac{(x-1)^3}{x^2}dx$.

解 (1)$\int \frac{3x^4+3x^2+1}{x^2+1}dx=\int(3x^2+\frac{1}{x^2+1})dx=x^3+\arctan x+C.$

(2)$\int \frac{2x^2+1}{x^2(x^2+1)}dx=\int \frac{x^2+(x^2+1)}{x^2(x^2+1)}dx=\int \frac{1}{x^2+1}dx+\int \frac{1}{x^2}dx=\arctan x-\frac{1}{x}+C.$

(3)$\int \frac{1}{x^2(x^2+1)}dx=\int \frac{(1+x^2)-x^2}{x^2(x^2+1)}dx=\int \frac{1}{x^2}dx-\int \frac{1}{1+x^2}dx=-\frac{1}{x}-\arctan x+C.$

(4)$\int \frac{dx}{x(1+x)}=\int\left(\frac{1}{x}-\frac{1}{1+x}\right)dx=\int \frac{1}{x}dx-\int \frac{1}{1+x}d(1+x)=\ln\left|\frac{x}{1+x}\right|+C.$

(5)$\int \frac{2x^4}{x^2+1}dx=2\int \frac{(x^4-1)+1}{x^2+1}dx=2\int(x^2-1)dx+2\int \frac{1}{1+x^2}dx=\frac{2x^3}{3}-2x+2\arctan x+C.$

(6)$\int \frac{(x-1)^3}{x^2}dx=\int \frac{x^3-3x^2+3x-1}{x^2}dx=\int x dx-\int 3dx+3\int \frac{1}{x}dx-\int \frac{1}{x^2}dx=\frac{1}{2}x^2-3x+3\ln|x|+\frac{1}{x}+C.$

【名师点评】基本积分表中没有这些函数的积分，通过拆项、添项、减项等方法灵活运用分项技巧，将被积函数分拆为基本积分表中所列的函数之和、差，然后进行逐项积分. 尤其是对于分式，经常根据分母的形式，对分子进行加减项. 加减项的原则是变形以后方便和分母约分，从而达到分项以后的每一项都比较容易求出原函数.

例 16 求下列不定积分：

(1)$\int \frac{1}{1-\sin x}dx$； (2)$\int \frac{\cos x}{1+\cos x}dx$.

解 (1)$\int \frac{1}{1-\sin x}dx=\int \frac{1+\sin x}{1-\sin^2 x}dx=\int \frac{1+\sin x}{\cos^2 x}dx=\int(\sec^2 x+\sec x\tan x)dx=\tan x+\sec x+C.$

【名师点评】该题的分式中出现了三角函数，直接按照上题的思路对分子进行加减项不容易进行，所以利用三角函数的平方公式，通过对分子、分母同乘以 $1+\sin x$，使分母合并成一项，分子变为两项，这样才方便进行分项积分.

(2) **解法一** 将分子的函数进行加减项变形，就可以将被积函数分拆为两项进行分项积分.

$$\int \frac{\cos x}{1+\cos x}dx=\int \frac{\cos x+1-1}{1+\cos x}dx=\int\left(1-\frac{1}{1+\cos x}\right)dx$$

$$=x-\int \frac{1-\cos x}{1-\cos^2 x}dx=x-\int \frac{1}{\sin^2 x}dx+\int \frac{\cos x}{\sin^2 x}dx$$

$$=x+\cot x-\frac{1}{\sin x}+C.$$

解法二 还可以利用三角函数的二倍角公式和平方关系.

$$\int \frac{\cos x}{1+\cos x}dx=\int \frac{\cos^2\frac{x}{2}-\sin^2\frac{x}{2}}{2\cos^2\frac{x}{2}}dx=\frac{1}{2}\int\left(1-\tan^2\frac{x}{2}\right)dx$$

$$=\frac{1}{2}\int\left(2-\sec^2\frac{x}{2}\right)dx=x-\int \sec^2\frac{x}{2}d\left(\frac{x}{2}\right)$$

$$=x-\tan\frac{x}{2}+C.$$

【名师点评】题(2)有多种解法，虽然以上两种方法最终的结果在形式上不完全一致，但两种形式是可以互相转换的，都是正确的. 像这类题目，多种方法可以灵活运用. 在关于三角函数的积分求解中，经常用到三角函数的平方公式、倍角公式、万能公式等，需要考生熟练掌握常用的三角函数公式，并能灵活运用.

考点例题分析

考点二 第一换元法(凑微分法)

【考点分析】在专升本考试中,利用第一换元法计算不定积分主要是考查如何把$\int g(x)\mathrm{d}x$ 的被积表达式"凑"成另一个容易积分的形式$\int f[\varphi(x)]\varphi'(x)\mathrm{d}x=\int f[\varphi(x)]\mathrm{d}\varphi(x)=\int f(u)\mathrm{d}u$.关键在于确定$\mathrm{d}\varphi(x)$,一般是将乘积或者分式中较为简单的因子改写成和另一个因子相关的导数形式,然后再进行凑微分,这样才能保证凑微分后方便换元.

例 17 求下列不定积分:

(1)$\int\frac{1}{2+3x}\mathrm{d}x$; (2)$\int\frac{2x^3}{1-x^4}\mathrm{d}x$.

解 (1)$\int\frac{1}{2+3x}\mathrm{d}x=\frac{1}{3}\int\frac{1}{2+3x}(2+3x)'\mathrm{d}x=\frac{1}{3}\int\frac{1}{2+3x}\mathrm{d}(2+3x)=\frac{1}{3}\int\frac{1}{u}\mathrm{d}u$

$=\frac{1}{3}\ln|u|+C=\frac{1}{3}\ln|2+3x|+C.$

【名师点评】在积分的恒等变形中,$\mathrm{d}x=\mathrm{d}(x\pm b)$,$\mathrm{d}x=\frac{1}{a}\mathrm{d}(ax\pm b)(a\neq 0)$是两个常用的变形形式.根据被积函数的特点,有时可以按这两种形式直接对 $\mathrm{d}x$ 进行变形,相当于凑微分的过程.

(2)$\int\frac{2x^3}{1-x^4}\mathrm{d}x=-\frac{1}{2}\int\frac{1}{1-x^4}(1-x^4)'\mathrm{d}x=-\frac{1}{2}\int\frac{1}{1-x^4}\mathrm{d}(1-x^4)=-\frac{1}{2}\int\frac{1}{u}\mathrm{d}u$

$=-\frac{1}{2}\ln|u|+C=-\frac{1}{2}\ln|1-x^4|+C.$

【名师点评】第一换元法主要应用于被积函数为两函数的乘积或者商的形式,并且乘积因子或分子、分母之间有一定的导数关系的不定积分求解.

利用第一换元法求不定积分,需要把被积函数的一个因子改写成导数形式去凑微分.要注意不一定是改写成其原函数的导数,也可以是乘积或者分式中另一个函数或者其内层函数的导数,这样凑微分以后才可方便地将相同的变量进行换元.例如本题(2)中为了凑微分,应将分子 $2x^3$ 根据分母改写成$-\frac{1}{2}(1-x^4)'$,而不是改成$\frac{1}{2}(x^4)'$,这是初学者很容易出错的地方.

两题均为$\int x^m f(x^{m+1}+a)\mathrm{d}x$ 形式的不定积分,一般将 x^m 改写成$\frac{1}{m+1}(x^{m+1}+a)'$去凑微分.令$u=x^{m+1}+a$,则$\int x^m f(x^{m+1}+a)\mathrm{d}x=\frac{1}{m+1}\int f(x^{m+1}+a)\mathrm{d}(x^{m+1}+a)=\frac{1}{m+1}\int f(u)\mathrm{d}u$.第一换元法中的换元过程在做题熟练后可以省略不写.

例 18 设$a>0$,则$\int\frac{1}{\sqrt{a^2-x^2}}\mathrm{d}x=$________.

A. $\arctan x+1$ B. $\arctan x+C$ C. $\arcsin x+1$ D. $\arcsin\frac{x}{a}+C$

解 $\int\frac{1}{\sqrt{a^2-x^2}}\mathrm{d}x=\frac{1}{a}\int\frac{1}{\sqrt{1-\left(\frac{x}{a}\right)^2}}\mathrm{d}x=\int\frac{1}{\sqrt{1-\left(\frac{x}{a}\right)^2}}\mathrm{d}\left(\frac{x}{a}\right)=\arcsin\frac{x}{a}+C.$

【名师点评】此积分形式和已知积分公式$\int\frac{1}{\sqrt{1-x^2}}dx=\arcsin x+C$非常接近，因此为了能方便应用该公式，对原积分进行了恒等变形，使之与已有公式形式上保持一致，换元后就可以利用已有公式求解原函数了，该题求解省略了换元的过程.

本题的结论可以当作变形公式来应用. 同理，由公式$\int\frac{1}{1+x^2}dx=\arctan x+C$还可以推导出变形公式$\int\frac{1}{a^2+x^2}dx=\frac{1}{a}\arctan\frac{x}{a}+C$. 这两个变形公式熟记后，计算时可以直接应用.

例 19 求下列不定积分：

(1)$\int\frac{\sin\sqrt{x}}{\sqrt{x}}dx$；　　(2)$\int\frac{1}{\sqrt{x}(1+x)}dx$.

解 (1)$\int\frac{\sin\sqrt{x}}{\sqrt{x}}dx=\int\sin\sqrt{x}\cdot\frac{1}{\sqrt{x}}dx=2\int\sin\sqrt{x}(\sqrt{x})'dx=2\int\sin\sqrt{x}\,d(\sqrt{x})=-2\cos\sqrt{x}+C$.

(2)$\int\frac{1}{\sqrt{x}(1+x)}dx=\int\frac{1}{1+(\sqrt{x})^2}\cdot\frac{1}{\sqrt{x}}dx=2\int\frac{1}{1+(\sqrt{x})^2}\cdot(\sqrt{x})'dx$

$=2\int\frac{1}{1+(\sqrt{x})^2}d(\sqrt{x})=2\arctan\sqrt{x}+C$.

【名师点评】此类题目为$\int f(\sqrt{x})\cdot\frac{1}{\sqrt{x}}dx$形式的不定积分，一般将$\frac{1}{\sqrt{x}}$改写成$(2\sqrt{x})'$去凑微分，令$u=\sqrt{x}$，则$\int f(\sqrt{x})\cdot\frac{1}{\sqrt{x}}dx=2\int f(\sqrt{x})d\sqrt{x}=2\int f(u)du$，换元后再求不定积分，熟练后可以省略换元的过程.

例 20 求下列不定积分：

(1)$\int\frac{dx}{x(1+3\ln x)}$；　　(2)$\int\frac{dx}{x\ln^2 x}$.

解 若被积函数中含有$\frac{1}{x}$与$\ln x$，可以将$\frac{1}{x}$改写成$(\ln x)'$或$\frac{1}{a}(a\ln x+b)'$，凑微分、换元后再求不定积分.

(1)$\int\frac{dx}{x(1+3\ln x)}=\frac{1}{3}\int\frac{1}{1+3\ln x}(1+3\ln x)'dx=\frac{1}{3}\int\frac{d(1+3\ln x)}{1+3\ln x}=\frac{1}{3}\ln|1+3\ln x|+C$.

(2)$\int\frac{dx}{x\ln^2 x}=\int\frac{1}{\ln^2 x}(\ln x)'dx=\int\frac{1}{\ln^2 x}d(\ln x)=-\frac{1}{\ln x}+C$.

【名师点评】此类题目为$\int f(a\ln x+b)\cdot\frac{1}{x}dx$形式的不定积分，一般将$\frac{1}{x}$改写成$\frac{1}{a}(a\ln x+b)'$去凑微分，令$u=a\ln x+b$，则$\int f(a\ln x+b)\cdot\frac{1}{x}dx=\frac{1}{a}\int f(a\ln x+b)d(a\ln x+b)=\frac{1}{a}\int f(u)du$，换元后再求不定积分，熟练后可以省略换元的过程.

例 21 求下列不定积分：

(1)$\int\frac{\cos\frac{1}{x}}{x^2}dx$；　　(2)$\int\frac{1}{x^2}e^{\frac{2}{x}}dx$.

解 (1)$\int\frac{\cos\frac{1}{x}}{x^2}dx=\int\left(\cos\frac{1}{x}\right)\cdot\frac{1}{x^2}dx=-\int\left(\cos\frac{1}{x}\right)\cdot\left(\frac{1}{x}\right)'dx=-\int\cos\frac{1}{x}d\left(\frac{1}{x}\right)=-\sin\frac{1}{x}+C$.

(2)$\int\frac{1}{x^2}e^{\frac{2}{x}}dx=-\frac{1}{2}\int e^{\frac{2}{x}}d\left(\frac{2}{x}\right)=-\frac{1}{2}e^{\frac{2}{x}}+C$.

【名师点评】此类题目为$\int f\left(\frac{1}{x}\right)\cdot\frac{1}{x^2}\mathrm{d}x$ 形式的函数，一般将$\frac{1}{x^2}$ 改写成$-\left(\frac{1}{x}\right)'$ 去凑微分，令 $u=\frac{1}{x}$，则 $\int f\left(\frac{1}{x}\right)\cdot\frac{1}{x^2}\mathrm{d}x=-\int f\left(\frac{1}{x}\right)\mathrm{d}\frac{1}{x}=-\int f(u)\mathrm{d}u$，换元后再求不定积分.

例 22　求下列不定积分：

(1)$\int\frac{\mathrm{e}^x}{1+\mathrm{e}^x}\mathrm{d}x$；　(2)$\int\frac{\mathrm{e}^x}{\sqrt{1-2\mathrm{e}^x}}\mathrm{d}x$；　(3)$\int\frac{1}{\mathrm{e}^{-x}+\mathrm{e}^x}\mathrm{d}x$；　(4)$\int\frac{1}{1+\mathrm{e}^x}\mathrm{d}x$.

解　若被积函数是关于 e^x 的函数，将 e^x 改写成$(\mathrm{e}^x)'$或$\frac{1}{a}(a\mathrm{e}^x+b)'$，凑微分、换元后再求不定积分.

(1)$\int\frac{\mathrm{e}^x}{1+\mathrm{e}^x}\mathrm{d}x=\int\frac{1}{1+\mathrm{e}^x}\cdot\mathrm{e}^x\mathrm{d}x=\int\frac{1}{1+\mathrm{e}^x}(1+\mathrm{e}^x)'\mathrm{d}x=\int\frac{\mathrm{d}(1+\mathrm{e}^x)}{1+\mathrm{e}^x}=\ln(1+\mathrm{e}^x)+C.$

(2)$\int\frac{\mathrm{e}^x}{\sqrt{1-2\mathrm{e}^x}}\mathrm{d}x=-\frac{1}{2}\int\frac{1}{\sqrt{1-2\mathrm{e}^x}}(1-2\mathrm{e}^x)'\mathrm{d}x=-\frac{1}{2}\int\frac{\mathrm{d}(1-2\mathrm{e}^x)}{\sqrt{1-2\mathrm{e}^x}}=-\sqrt{1-2\mathrm{e}^x}+C.$

(3)$\int\frac{1}{\mathrm{e}^{-x}+\mathrm{e}^x}\mathrm{d}x=\int\frac{\mathrm{e}^x}{1+(\mathrm{e}^x)^2}\mathrm{d}x=\int\frac{\mathrm{d}(\mathrm{e}^x)}{1+(\mathrm{e}^x)^2}=\arctan\mathrm{e}^x+C.$

(4)$\int\frac{1}{1+\mathrm{e}^x}\mathrm{d}x=\int\frac{1+\mathrm{e}^x-\mathrm{e}^x}{1+\mathrm{e}^x}\mathrm{d}x=\int\left(1-\frac{\mathrm{e}^x}{1+\mathrm{e}^x}\right)\mathrm{d}x=x-\ln(1+\mathrm{e}^x)C.$

例 23　设 $F(x)$ 是 $f(x)$ 的一个原函数，则$\int\mathrm{e}^{-x}f(\mathrm{e}^{-x})\mathrm{d}x=$________.

A. $F(\mathrm{e}^{-x})+C$　　B. $-F(\mathrm{e}^{-x})+C$　　C. $F(\mathrm{e}^x)+C$　　D. $-F(\mathrm{e}^x)+C$.

解　由于 $F(x)$ 是 $f(x)$ 的一个原函数，所以$\int f(x)\mathrm{d}x=F(x)+C$，于是

$\int\mathrm{e}^{-x}f(\mathrm{e}^{-x})\mathrm{d}x=-\int f(\mathrm{e}^{-x})\mathrm{d}\mathrm{e}^{-x}=-\int f(u)\mathrm{d}u=-F(u)+C=-F(\mathrm{e}^{-x})+C$，

故应选 B.

【名师点评】此类题目为$\int f(a\mathrm{e}^x+b)\mathrm{e}^x\mathrm{d}x$ 的形式，一般将 e^x 改写成$\frac{1}{a}(a\mathrm{e}^x+b)'$ 去凑微分，令 $u=a\mathrm{e}^x+b$，则$\int f(a\mathrm{e}^x+b)\mathrm{e}^x\mathrm{d}x=\frac{1}{a}\int f(a\mathrm{e}^x+b)\mathrm{d}(a\mathrm{e}^x+b)=\frac{1}{a}\int f(u)\mathrm{d}u$，换元后再求不定积分.

例 24　求下列不定积分：

(1)$\int\frac{\sin x}{\cos^3 x}\mathrm{d}x$；　(2)$\int\sin^2 x\cos^3 x\mathrm{d}x$；　(3)$\int\sin^2 x\mathrm{d}x$.

解　(1)$\int\frac{\sin x}{\cos^3 x}\mathrm{d}x=-\int\frac{1}{\cos^3 x}(\cos x)'\mathrm{d}x=-\int\frac{1}{\cos^3 x}\mathrm{d}(\cos x)=\frac{1}{2\cos^2 x}+C.$

(2) 根据三角函数的性质和第一换元积分法可得

$\int\sin^2 x\cos^3 x\mathrm{d}x=\int\sin^2 x\cos^2 x\cdot\cos x\mathrm{d}x=\int\sin^2 x(1-\sin^2 x)\mathrm{d}\sin x=\frac{1}{3}\sin^3 x-\frac{1}{5}\sin^5 x+C.$

(3) 被积函数是正弦函数的偶次幂，如果将 $\sin x$ 与 $\mathrm{d}x$ 凑成$-\mathrm{d}\cos x$，则不能做恰当的变量替换，于是考虑将其降幂，可进一步积分.

$\int\sin^2 x\mathrm{d}x=\int\frac{1-\cos 2x}{2}\mathrm{d}x=\int\frac{1}{2}\mathrm{d}x-\frac{1}{2}\int\cos 2x\mathrm{d}x=\frac{1}{2}x-\frac{1}{4}\sin 2x+C.$

【名师点评】上述例题属于被积函数是正弦函数与余弦函数的乘积的类型，可总结为以下结论，即形如$\int\sin^m x\cos^n x\mathrm{d}x$ 不定积分的解法：

(1) 当 m 为奇数时，$\int\sin^m x\cos^n x\mathrm{d}x=\int\sin^{m-1}x\cos^n x\cdot\sin x\mathrm{d}x=-\int\sin^{m-1}x\cos^n x\mathrm{d}\cos x$；

(2) 当 n 为奇数时，$\int\sin^m x\cos^n x\mathrm{d}x=\int\sin^m x\cos^{n-1}x\cdot\cos x\mathrm{d}x=\int\sin^m x\cos^{n-1}x\mathrm{d}\sin x$；

(3) 当 m,n 为偶数时，先对正弦函数或者余弦函数进行降幂，再计算.

例 25 求不定积分$\int \tan^3 x \sec x \mathrm{d}x$.

解 $\int \tan^3 x \sec x \mathrm{d}x = \int \tan^2 x(\sec x \tan x)\mathrm{d}x = \int(\sec^2 x - 1)\mathrm{d}\sec x = \frac{1}{3}\sec^3 x - \sec x + C$.

【名师点评】由于正切函数与正割函数的平方有导数关系，被积函数中同时出现这两类函数时，可以考虑借助它们的导数关系，利用第一换元法求解，求解过程中还经常用到正割函数与正切函数的平方关系$\sec^2 x = \tan^2 x + 1$.

另外，本题也可采用"切割化弦"的方法进行计算，

$$\int \tan^3 x \sec x \mathrm{d}x = \int \frac{\sin^3 x}{\cos^4 x}\mathrm{d}x = -\int \frac{\sin^2 x}{\cos^4 x}\mathrm{d}\cos x = -\int \frac{1-\cos^2 x}{\cos^4 x}\mathrm{d}\cos x = \int\left(\frac{1}{\cos^2 x} - \frac{1}{\cos^4 x}\right)\mathrm{d}\cos x = \frac{1}{3}\cos^{-3}x - \cos^{-1}x + C.$$

例 26 求下列不定积分：

(1)$\int \frac{x}{9+x^2}\mathrm{d}x$；　(2)$\int \frac{x^2}{9+x^2}\mathrm{d}x$；　(3)$\int \frac{x^3}{9+x^2}\mathrm{d}x$；　(4)$\int \frac{x^4}{9+x^2}\mathrm{d}x$.

解 (1)$\int \frac{x}{9+x^2}\mathrm{d}x = \frac{1}{2}\int \frac{1}{9+x^2}(9+x^2)'\mathrm{d}x = \frac{1}{2}\int \frac{1}{9+x^2}\mathrm{d}(9+x^2) = \frac{1}{2}\ln(9+x^2) + C$.

(2)$\int \frac{x^2}{9+x^2}\mathrm{d}x = \int \frac{x^2+9-9}{9+x^2}\mathrm{d}x = \int\left(1 - \frac{9}{9+x^2}\right)\mathrm{d}x = \int \mathrm{d}x - 9\int \frac{1}{9+x^2}\mathrm{d}x = x - 3\arctan\frac{x}{3} + C$.

注：后面积分可以直接利用第一换元法推导的公式$\int \frac{1}{a^2+x^2}\mathrm{d}x = \frac{1}{a}\arctan\frac{x}{a} + C$.

(3)$\int \frac{x^3}{9+x^2}\mathrm{d}x = \int \frac{x^3+9x-9x}{9+x^2}\mathrm{d}x = \int\left(x - \frac{9x}{9+x^2}\right)\mathrm{d}x = \frac{1}{2}x^2 - \frac{9}{2}\ln(9+x^2) + C$.

(4)$\int \frac{x^4}{9+x^2}\mathrm{d}x = \int \frac{x^4-9^2+9^2}{9+x^2}\mathrm{d}x = \int\left(x^2 - 9 + \frac{81}{9+x^2}\right)\mathrm{d}x = \frac{1}{3}x^3 - 9x + 27\arctan\frac{x}{3} + C$.

【名师点评】这一组题目形式类似，求解方法不同，有的用到第一换元法，有的用到分项积分法，有的需要把两种方法结合求解，这类有理分式的积分以后会经常遇到. 一般来说，像这类分子是一项，分母是两项之和的有理分式：分子的次数比分母低一次的，用第一换元法；分子的次数大于或等于分母的次数时，先通过对分子加减项进行分项积分，然后再选择相应方法对分项以后的各部分积分求解. 这类题目要牢固掌握，记住积分方法的判断规律.

考点三　第二换元法

【考点分析】在专升本考试中，常常考查被积函数中含有根式的积分. 如果含根式的积分无法用第一换元法求解的话，就选用第二换元法. 第二换元法主要包括根式代换法和三角换元法两类，都是处理带根号的、不方便用第一换元法求解的积分，但根式特点各不相同.

不管是根式代换法还是三角代换法，代换的目的都是为了去掉被积函数中的根号，从而将原不定积分化为不含根号易求解的不定积分. 在三角代换法中恰当地进行三角换元是解决问题的关键，注意在具体问题中注明 t 的取值范围以保证具体问题有意义.

第二换元积分法是先做变量替换 $x = \varphi(t)$(说明：$\varphi(t)$ 单调可导，$\varphi'(t) \neq 0$)，把积分$\int f(x)\mathrm{d}x$ 化为关于变量 t 的易于求解的积分$\int f[\varphi(t)]\varphi'(t)\mathrm{d}t$，然后再进行求解. 与第一换元法不同的是，第二换元法引入新变量的过程不能省略.

例 27 求下列不定积分：

(1)$\int \frac{\mathrm{d}x}{1+\sqrt{2x}}$；　(2)$\int \frac{\mathrm{d}x}{\sqrt[4]{x}+\sqrt{x}}$；　(3)$\int \frac{\mathrm{d}x}{\sqrt[3]{x}+\sqrt{x}}$；　(4)$\int \frac{\mathrm{d}x}{\sqrt{1+\mathrm{e}^x}}$.

解 (1) 令 $\sqrt{2x} = t$，则 $x = \frac{t^2}{2}$，$\mathrm{d}x = t\mathrm{d}t$，

所以原式 $= \frac{1}{2}\int \frac{\mathrm{d}(t^2)}{1+t} = \int \frac{t\mathrm{d}t}{1+t} = \int \frac{(1+t)-1}{1+t}\mathrm{d}t = t - \ln|1+t| + C = \sqrt{2x} - \ln(1+\sqrt{2x}) + C$.

(2) 令$\sqrt[4]{x}=t$，则 $x=t^4$，$dx=4t^3dt$，

所以原式 $=\int\frac{d(t^4)}{t+t^2}=\int\frac{4t^3dt}{t+t^2}=4\int\frac{t^2}{1+t}dt=4\int\frac{t^2-1+1}{t+1}dt$

$=4\left[\frac{t^2}{2}-t+\ln|1+t|\right]+C=2\sqrt{x}-4\sqrt[4]{x}+4\ln(1+\sqrt[4]{x})+C.$

(3) 令$\sqrt[6]{x}=t$，则 $x=t^6$，$dx=6t^5dt$，

所以原式 $=\int\frac{d(t^6)}{t^2+t^3}=\int\frac{6t^5dt}{t^2+t^3}=6\int\frac{t^3}{1+t}dt=6\int\frac{t^3+1-1}{t+1}dt=6\int(t^2-t+1-\frac{1}{1+t})dt$

$=6\left[\frac{t^3}{3}-\frac{t^2}{2}+t-\ln|1+t|\right]+C=2\sqrt{x}-3\sqrt[3]{x}+6\sqrt[6]{x}-6\ln(1+\sqrt[6]{x})+C.$

(4) 令 $\sqrt{1+e^x}=t$，则 $x=\ln(t^2-1)$，$dx=\frac{2t}{t^2-1}dt$，

所以原式 $=\int\frac{1}{t}d\ln(t^2-1)=\int\frac{1}{t}\cdot\frac{2t}{t^2-1}dt=\int\frac{2dt}{t^2-1}$

$=\int\left(\frac{1}{t-1}-\frac{1}{t+1}\right)dt=\ln\left|\frac{t-1}{t+1}\right|+C=\ln\left|\frac{\sqrt{1+e^x}-1}{\sqrt{1+e^x}+1}\right|+C.$

【名师点评】当遇到被积函数中含有 $\sqrt[n]{ax+b}$ 的积分问题时，用第二换元法中的根式代换法. 令 $t=\sqrt[n]{ax+b}$，解出 x 的表达式，从而写出 dx 换元以后的形式，将原积分转换为关于 t 的新积分，再进行计算即可，注意最后需要进行变量还原.

例 28　求不定积分$\int\frac{1}{(2-x)\sqrt{1-x}}dx$.

解　令 $\sqrt{1-x}=t$，则 $x=1-t^2$，$dx=-2tdt$，

所以原式 $=\int\frac{-2t}{(1+t^2)t}dt=-2\int\frac{1}{1+t^2}dt=-2\arctan t+C=-2\arctan\sqrt{1-x}+C.$

例 29　求不定积分$\int x^3\sqrt{3-2x^2}dx$.

解　先运用凑微分法，将被积表达式凑成关于 x^2 的函数，然后运用根式代换法进行积分.

$\int x^3\sqrt{3-2x^2}dx=\frac{1}{2}\int x^2\sqrt{3-2x^2}dx^2=\frac{1}{2}\int u\sqrt{3-2u}\,du$，

令 $\sqrt{3-2u}=t$，则 $u=\frac{3-t^2}{2}$，$du=-tdt$，

原式 $=\frac{1}{2}\int\frac{3-t^2}{2}\cdot t\cdot(-t)dt=-\frac{1}{4}\int(3t^2-t^4)dt=-\frac{1}{4}t^3+\frac{1}{20}t^5+C$

$=-\frac{1}{4}(3-2x^2)^{\frac{3}{2}}+\frac{1}{20}(3-2x^2)^{\frac{5}{2}}+C.$

【名师点评】此题难度较大，需要将两种方法结合使用. 通过凑微分、换元达到降幂的效果，然后才方便利用根式代换法求解.

例 30　求下列不定积分(每个题目补充变量换元过程中引入的直角三角形).

(1)$\int\frac{dx}{\sqrt{(2-x^2)^3}}$；　(2)$\int\frac{dx}{\sqrt{(x^2+1)^3}}$；　(3)$\int\frac{\sqrt{x^2-9}}{x}dx$.

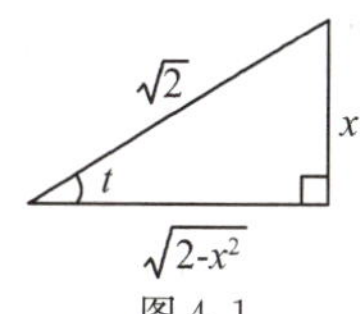

图 4.1

解　(1) 如图 4.1 所示，令 $x=\sqrt{2}\sin t$，$t\in\left(-\frac{\pi}{2},\frac{\pi}{2}\right)$，

所以原式$=\int\frac{1}{(\sqrt{2}\cos t)^3}d\sqrt{2}\sin t=\int\frac{\sqrt{2}\cos t}{(\sqrt{2}\cos t)^3}dt=\frac{1}{2}\int\sec^2 t\,dt=\frac{1}{2}\tan t+C=\frac{x}{2\sqrt{2-x^2}}+C.$

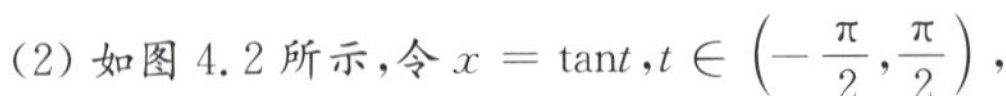

(2) 如图 4.2 所示，令 $x=\tan t, t\in\left(-\frac{\pi}{2},\frac{\pi}{2}\right)$，

所以原式 $=\int\frac{\sec^2 t}{\sec^3 t}\mathrm{d}t=\int\cos t\,\mathrm{d}t=\sin t+C=\frac{x}{\sqrt{1+x^2}}+C.$

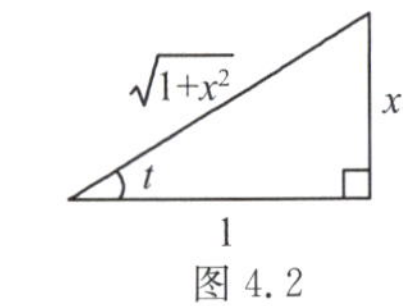

图 4.2

(3) 如图 4.3 所示，令 $x=3\sec t, t\in\left(0,\frac{\pi}{2}\right)$，

所以原式 $=\int\frac{3\tan t}{3\sec t}\cdot 3\sec t\tan t\,\mathrm{d}t=3\int\tan^2 t\,\mathrm{d}t=3\int(\sec^2 t-1)\mathrm{d}t$

$=3(\tan t-t)+C=\sqrt{x^2-9}-3\arccos\frac{3}{x}+C.$

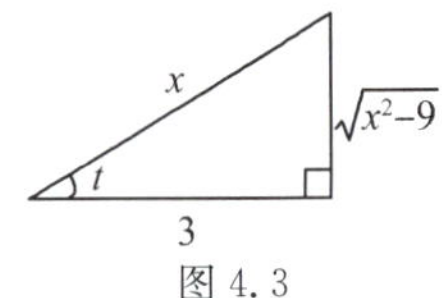

图 4.3

【名师点评】当被积函数中含有 $\sqrt{a^2-x^2}$，$\sqrt{a^2+x^2}$，$\sqrt{x^2-a^2}$ 时，如果无法用第一换元法求解，则可分别做三角代换 $x=a\sin t, x=a\tan t, x=a\sec t$，并根据被积函数特点，注明 t 的取值范围. 从而将被积函数中的根号去掉.

第二换元法中的根式代换法，最后变量回代的还原过程相对比较复杂，一般需引入一个直角三角形，先根据最初换元引入的三角函数，确定直角三角形的两边，再由勾股定理求出第三边，最后根据三边的表达式，用含 x 的式子表示出积分求出的关于 t 的函数，达到变量回代的目的.

考点四 分部积分法

【考点分析】分部积分法的考查关键在于利用分部积分公式时正确地选取 u 和 v'. 一般地，如果被积函数是两类基本初等函数的乘积，多数情况下可按"反三角函数、对数函数、幂函数、三角函数、指数函数"的顺序，为方便记忆，简称"反、对、幂、三、指"，将排在前面的那类函数选作 u，排在后面的那类函数选作 v'.

例 31 求下列不定积分：

(1) $\int x\sin 2x\,\mathrm{d}x$；　　(2) $\int x\mathrm{e}^{-x}\,\mathrm{d}x$.

解 这是一类被积函数是幂函数与三角函数或指数函数乘积的积分问题，可以用分部积分法求解.

(1) 原式 $=-\frac{1}{2}\int x\,\mathrm{d}\cos 2x=-\frac{1}{2}\left[x\cos 2x-\int\cos 2x\,\mathrm{d}x\right]=-\frac{1}{2}x\cos 2x+\frac{1}{4}\sin 2x+C.$

(2) 原式 $=-\int x\,\mathrm{d}(\mathrm{e}^{-x})=-x\mathrm{e}^{-x}+\int\mathrm{e}^{-x}\,\mathrm{d}x=-x\mathrm{e}^{-x}-\mathrm{e}^{-x}+C=-(x+1)\mathrm{e}^{-x}+C.$

【名师点评】当被积函数是幂函数与正弦(余弦)函数或者指数函数的乘积时(这是典型的分部积分问题)，一般选取 u 为幂函数，将三角函数或指数函数去凑微分.

例 32 求下列不定积分：

(1) $\int x^2\ln x\,\mathrm{d}x$；　　(2) $\int\frac{\ln x-1}{x^2}\mathrm{d}x$；　　(3) $\int\ln(1+x^2)\mathrm{d}x$.

解 (1) 原式 $=\frac{1}{3}\int\ln x\,\mathrm{d}x^3=\frac{1}{3}\left[x^3\ln x-\int x^3\frac{1}{x}\mathrm{d}x\right]=\frac{1}{3}x^3\ln x-\frac{1}{9}x^3+C=\frac{1}{9}x^3(3\ln x-1)+C.$

(2) 被积函数的分子有两项，可以将其分拆为两项，然后利用分部积分法与凑微分法将其逐项积分，

原式 $=\int\frac{\ln x}{x^2}\mathrm{d}x-\int\frac{1}{x^2}\mathrm{d}x=\frac{1}{x}-\int\ln x\,\mathrm{d}\left(\frac{1}{x}\right)=\frac{1}{x}-\frac{1}{x}\ln x+\int\frac{1}{x}\cdot\frac{1}{x}\mathrm{d}x$

$=\frac{1}{x}-\frac{1}{x}\ln x-\frac{1}{x}+C=-\frac{1}{x}\ln x+C.$

(3) 被积函数只是对数函数，所以直接选择 $u=\ln(1+x^2)$，$\mathrm{d}v=\mathrm{d}x$，则

原式 $=x\ln(1+x^2)-\int x\frac{2x}{1+x^2}\mathrm{d}x=x\ln(1+x^2)-2\int\frac{x^2+1-1}{1+x^2}\mathrm{d}x$

$=x\ln(1+x^2)-2x+2\arctan x+C.$

【名师点评】当被积函数是幂函数与对数函数的乘积时(这是典型的分部积分问题)，一般选取 u 为对数函数，将幂函数去凑微分.

例 33 求下列不定积分：

(1)$\int x^2\arctan x\,\mathrm{d}x$； (2)$\int \arctan x\,\mathrm{d}x$； (3)$\int \arcsin x\,\mathrm{d}x$.

解 (1) 被积函数中幂函数与 $\mathrm{d}x$ 比较容易凑微分，故选取 $u=\arctan x$，

$$\text{原式}=\frac{1}{3}\int \arctan x\,\mathrm{d}x^3=\frac{1}{3}\left(x^3\arctan x-\int x^3\frac{1}{1+x^2}\mathrm{d}x\right)$$

$$=\frac{1}{3}\left(x^3\arctan x-\int\frac{x^3+x-x}{1+x^2}\mathrm{d}x\right)=\frac{1}{3}\left[x^3\arctan x-\int\left(x-\frac{x}{1+x^2}\right)\mathrm{d}x\right]$$

$$=\frac{1}{3}x^3\arctan x-\frac{1}{6}x^2+\frac{1}{6}\ln(1+x^2)+C.$$

(2) $$\text{原式}=x\arctan x-\int x\cdot\frac{1}{1+x^2}\mathrm{d}x=x\arctan x-\frac{1}{2}\int\frac{1}{1+x^2}\mathrm{d}(1+x^2)$$

$$=x\arctan x-\frac{1}{2}\ln(1+x^2)+C.$$

(3) $$\text{原式}=x\arcsin x-\int x\cdot\frac{1}{\sqrt{1-x^2}}\mathrm{d}x=x\arcsin x+\frac{1}{2}\int\frac{1}{\sqrt{1-x^2}}\mathrm{d}(1-x^2)$$

$$=x\arcsin x+\sqrt{1-x^2}+C.$$

【名师点评】当被积函数是幂函数与反三角函数的乘积时(这是典型的分部积分问题)，一般选取 u 为反三角函数，将幂函数去凑微分；而当被积函数只有一个函数，且为反三角函数或者指数函数时，一般将唯一的这个函数当作 u，将 $\mathrm{d}x$ 视为 $\mathrm{d}v$，因此可以对这类不定积分直接利用分部积分公式求解.

例 34 求不定积分$\int \mathrm{e}^x\sin x\,\mathrm{d}x$.

解 设 $u=\sin x,\mathrm{d}v=\mathrm{e}^x\mathrm{d}x=\mathrm{d}\mathrm{e}^x$，

于是$\int \mathrm{e}^x\sin x\,\mathrm{d}x=\int\sin x\,\mathrm{d}\mathrm{e}^x=\mathrm{e}^x\sin x-\int\mathrm{e}^x\mathrm{d}\sin x=\mathrm{e}^x\sin x-\int\mathrm{e}^x\cos x\,\mathrm{d}x$，等式右端的积分与左端的积分是同一类型的，对右端的积分再用一次分部积分公式，即

$\int\mathrm{e}^x\cos x\,\mathrm{d}x=\int\cos x\,\mathrm{d}\mathrm{e}^x=\mathrm{e}^x\cos x-\int\mathrm{e}^x\mathrm{d}\cos x=\mathrm{e}^x\cos x+\int\mathrm{e}^x\sin x\,\mathrm{d}x$ 代入上式，

于是$\int\mathrm{e}^x\sin x\,\mathrm{d}x=\mathrm{e}^x\sin x-\mathrm{e}^x\cos x-\int\mathrm{e}^x\sin x\,\mathrm{d}x$，由于上式右端的第三项就是所求的积分$\int\mathrm{e}^x\sin x\,\mathrm{d}x$，因此移项得$\int\mathrm{e}^x\sin x\,\mathrm{d}x=\frac{1}{2}\mathrm{e}^x(\sin x-\cos x)+C$.

【名师点评】该不定积分的被积函数为指数函数与三角函数的乘积，需要使用分部积分法. 在此种类型中，被积函数的两个函数可以任意选择其中一个去凑微分，利用两次分部积分公式求解，两次凑微分的函数要保持一致. 经过两次分部积分后，等式右端往往会出现原积分形式. 解决此类积分循环问题，可以将等式看作关于所求积分的方程，通过移项、解方程来求解积分值. 需要注意的是移项之后，方程右端已经不包含积分项，根据不定积分的定义，不定积分结果不要忘记加上任意常数 C.

例 35 设函数 $f(x)$ 的一个原函数为$\frac{\tan x}{x}$，求$\int xf'(x)\mathrm{d}x$.

解 $f(x)=\left(\frac{\tan x}{x}\right)'=\frac{x\sec^2x-\tan x}{x^2}$，

$$\int xf'(x)\mathrm{d}x=\int x\,\mathrm{d}f(x)=xf(x)-\int f(x)\mathrm{d}x=\frac{x\sec^2x-\tan x}{x}-\frac{\tan x}{x}+C=\sec^2x-\frac{2\tan x}{x}+C.$$

例 36 已知 $f(x)$ 的一个原函数为 $\frac{\sin x}{1+x\sin x}$，求 $\int f(x)f'(x)\mathrm{d}x$.

解 $f(x)=\left(\frac{\sin x}{1+x\sin x}\right)'=\frac{\cos x-\sin^2 x}{(1+x\sin x)^2}$，

$$\int f(x)f'(x)\mathrm{d}x=\int f(x)\,\mathrm{d}f(x)=\frac{1}{2}f^2(x)+C=\frac{(\cos x-\sin^2 x)^2}{2(1+x\sin x)^4}+C.$$

【名师点评】上述两题思路相同，都是从所求积分入手，先将被积函数中的导数因子和 $\mathrm{d}x$ 凑微分，再利用分部积分法或者第一换元法求解不定积分. 一般地，如果被积函数中出现了抽象函数关于 x 的导数，可以先进行凑微分，再选择合适方法进一步求解. 这类题一般不需要求出 $f(x)$ 再积分.

例 37 求下列不定积分：

(1) $\int \mathrm{e}^{\sqrt{x}}\mathrm{d}x$；　　(2) $\int x^3\mathrm{e}^{x^2}\mathrm{d}x$.

解 (1) 注意到被积函数里含有关于 x 的无理根式，先作根式代换，再利用分部积分公式计算. 令 $t=\sqrt{x}$，则 $x=t^2$，

原式 $=\int \mathrm{e}^t 2t\mathrm{d}t=2\int t\mathrm{d}\mathrm{e}^t=2(t\mathrm{e}^t-\int \mathrm{e}^t\mathrm{d}t)=2\mathrm{e}^t(t-1)+C=2\mathrm{e}^{\sqrt{x}}(\sqrt{x}-1)+C$.

(2) $\int x^3\mathrm{e}^{x^2}\mathrm{d}x=\int x^2(x\mathrm{e}^{x^2})\mathrm{d}x=\frac{1}{2}\int x^2(\mathrm{e}^{x^2})'\mathrm{d}x=\frac{1}{2}\int x^2\,\mathrm{d}\mathrm{e}^{x^2}=\frac{1}{2}x^2\mathrm{e}^{x^2}-\frac{1}{2}\int \mathrm{e}^{x^2}\mathrm{d}x^2=\frac{1}{2}x^2\mathrm{e}^{x^2}-\frac{1}{2}\mathrm{e}^{x^2}+C$.

例 38 求不定积分 $\int \frac{\ln(1+x)}{\sqrt{x}}\mathrm{d}x$.

解 令 $\sqrt{x}=t$，则 $x=t^2$，$\mathrm{d}x=2t\mathrm{d}t$

$$\int \frac{\ln(1+x)}{\sqrt{x}}\mathrm{d}x=\int \frac{\ln(1+t^2)}{t}\cdot 2t\mathrm{d}t=2\int \ln(1+t^2)\mathrm{d}t=2t\ln(1+t^2)-2\int t\mathrm{d}\ln(1+t^2)$$

$$=2t\ln(1+t^2)-4\int \frac{t^2}{1+t^2}\mathrm{d}t=2t\ln(1+t^2)-4\int\left(1-\frac{1}{1+t^2}\right)\mathrm{d}t$$

$$=2t\ln(1+t^2)-4t+4\arctan t+C=2\sqrt{x}\ln(1+x)-4\sqrt{x}+4\arctan\sqrt{x}+C.$$

【名师点评】这类题目综合性较强，需要先用第二换元法的思想去掉“根号”，进而转化为分部积分问题进行求解. 在专升本考试中，很多题目是需要用到多种方法求解的，所以要对各类方法灵活应用.

考点真题解析

考点一　分项积分法与简单有理函数的积分

真题 16 (2018. 财经) 不定积分 $\int \frac{\mathrm{d}x}{x(x+1)}$ 的结果为________.

A. $\ln\left|\frac{x+1}{x}\right|+C$　　B. $\ln\left|\frac{x}{x+1}\right|+C$　　C. $\ln\frac{x+1}{x}+C$　　D. $\ln\frac{x}{x+1}+C$

解 $\int \frac{\mathrm{d}x}{x(x+1)}=\int\left(\frac{1}{x}-\frac{1}{x+1}\right)\mathrm{d}x=\ln|x|-\ln|x+1|+C=\ln\left|\frac{x}{x+1}\right|+C$.

故应选 B.

【名师点评】本题是简单有理函数求不定积分. 此类积分一般可以利用分项积分法，通过把被积函数的分式拆分成几个真分式的和或差的形式，然后进行积分.

真题 17 (2014. 土木) 求不定积分 $\int \frac{1}{x^2-1}\mathrm{d}x$.

解 $\int \frac{1}{x^2-1}\mathrm{d}x=\int \frac{1}{(x-1)(x+1)}\mathrm{d}x=\frac{1}{2}\int\left(\frac{1}{x-1}-\frac{1}{x+1}\right)\mathrm{d}x=\frac{1}{2}\ln\left|\frac{x-1}{x+1}\right|+C$.

【名师点评】以上两例是有理分式的不定积分，分子部分为1或者其他常数，分母部分可以进行分解因式，可以考虑通过将分式进行分项(裂项)，然后再积分. 一般来说，分母部分因式分解以后的两个乘积因子之间如果只相差一个常数，都可以裂项成两个分式之差，注意在配平过程不要漏掉系数.

真题 18　(2011. 理工) 求不定积分$\int \frac{1}{\sin^2 x \cdot \cos^2 x}\mathrm{d}x$.

解　$\int \frac{1}{\sin^2 x \cdot \cos^2 x}\mathrm{d}x = \int \frac{\sin^2 x + \cos^2 x}{\sin^2 x \cos^2 x}\mathrm{d}x = \int \frac{1}{\cos^2 x}\mathrm{d}x + \int \frac{1}{\sin^2 x}\mathrm{d}x = \tan x - \cot x + C$.

【名师点评】在三角函数中，有三个常用的平方公式要牢记：$\sin^2 x + \cos^2 x = 1, \tan^2 x + 1 = \sec^2 x, \cot^2 x + 1 = \csc^2 x$.

考点二　第一换元法(凑微分法)

真题 19　(2016. 计算机) 若$\int x f(x)\mathrm{d}x = \arcsin x + C$，求$\int \frac{1}{f(x)}\mathrm{d}x$.

解　对方程两边同时求导可得 $x f(x) = \frac{1}{\sqrt{1-x^2}}$，即$\frac{1}{f(x)} = x\sqrt{1-x^2}$.

故$\int \frac{1}{f(x)}\mathrm{d}x = \int x\sqrt{1-x^2}\mathrm{d}x = -\frac{1}{2}\int (1-x^2)^{\frac{1}{2}}\mathrm{d}(1-x^2) = -\frac{1}{3}(1-x^2)^{\frac{3}{2}} + C$.

【名师点评】此类题目主要考查不定积分的概念，通过对方程两边同时求导，得到被积函数表达式，然后整理得到 $f(x)$ 的函数表达式，最后把 $f(x)$ 代入积分求得结果. 该不定积分要利用第一换元法求解. 在专升本考试中，第一换元法是常考的积分方法.

真题 20　(2019. 公共) 已知$\int f(x)\mathrm{d}x = x\sin x^2 + C$，则$\int x f(x^2)\mathrm{d}x =$ ________.

A. $x\cos x^2 + C$　　B. $x\sin x^2 + C$　　C. $\frac{1}{2}x^2\sin x^4 + C$　　D. $\frac{1}{2}x^2\cos x^4 + C$

解　利用不定积分的第一换元法得

$\int x f(x^2)\mathrm{d}x = \frac{1}{2}\int f(x^2)\mathrm{d}x^2 = \frac{1}{2}\int f(u)\mathrm{d}u = \frac{1}{2}u\sin u^2 + C = \frac{1}{2}x^2\sin x^4 + C$.

故应选 C.

【名师点评】该题求解先从所求积分入手，凑微分后再换元，变形成已知积分的形式，然后利用已知条件求解即可. 此题这样求解比先求出 $f(x)$ 再求积分要简单.

真题 21　(2019. 财经) 求不定积分$\int \frac{\mathrm{d}x}{x(1+2\ln x)}$.

解　$\int \frac{\mathrm{d}x}{x(1+2\ln x)} = \frac{1}{2}\int \frac{1}{1+2\ln x}\mathrm{d}(1+2\ln x) = \frac{1}{2}\ln|1+2\ln x| + C$.

真题 22　(2017. 电商) $\int f'\left(\frac{1}{x}\right)\frac{1}{x^2}\mathrm{d}x$ 的结果是 ________.

解　根据不定积分的凑微分法可得 $\int f'\left(\frac{1}{x}\right)\frac{1}{x^2}\mathrm{d}x = -\int f'\left(\frac{1}{x}\right)\mathrm{d}\left(\frac{1}{x}\right) = -f\left(\frac{1}{x}\right) + C$.

故应填 $-f\left(\frac{1}{x}\right) + C$.

真题 23　(2016. 电子) $\int f'(2x)\mathrm{d}x =$ ________.

A. $\frac{1}{2}f(2x) + 1$　　B. $f(2x) + 1$　　C. $\frac{1}{2}f(2x) + C$　　D. $f(2x) + C$

解 由第一换元法和不定积分的性质得

原式 $=\frac{1}{2}\int f'(2x)\mathrm{d}2x=\frac{1}{2}f(2x)+C.$

故应选 C.

【名师点评】求抽象函数的不定积分是专升本考试中常考的知识点之一.解题时,应首先判断抽象函数的类型,看能否通过不定积分的性质求解,经常用到$\int f'(x)\mathrm{d}x=f(x)+C$.

真题 24 (2016.电气)求$\int x\sqrt[3]{3-2x^2}\mathrm{d}x$.

解 根据第一换元法得

$$\int x\sqrt[3]{3-2x^2}\mathrm{d}x=-\frac{1}{4}\int\sqrt[3]{3-2x^2}\mathrm{d}(3-2x^2)=-\frac{1}{4}\int u^{\frac{1}{3}}\mathrm{d}u=-\frac{1}{4}\times\frac{3}{4}u^{\frac{4}{3}}+C=-\frac{3}{16}(3-2x^2)^{\frac{4}{3}}+C.$$

【名师点评】在专升本考试中,利用第一换元法求不定积分是每年都会考到的题型,因此,必须熟练掌握常用的凑微分公式.

真题 25 (2016.经管)如果 $f(x)=\mathrm{e}^x$,则$\int\frac{f'(\ln x)}{x}\mathrm{d}x=$ ________.

A. $-\frac{1}{x}+C$　　B. $-x+C$　　C. $\frac{1}{x}+C$　　D. $x+C$

解 **解法一** 利用第一换元法和不定积分的性质可得

$$\int\frac{f'(\ln x)}{x}\mathrm{d}x=\int f'(\ln x)\mathrm{d}\ln x=\int f'(u)\mathrm{d}u=f(u)+C=f(\ln x)+C=\mathrm{e}^{\ln x}+C=x+C.$$

解法二 根据导数的定义可得 $f'(x)=\mathrm{e}^x$,$f'(\ln x)=\mathrm{e}^{\ln x}=x$,

代入原式得$\int\frac{f'(\ln x)}{x}\mathrm{d}x=\int\frac{x}{x}\mathrm{d}x=x+C.$

故应选 D.

【名师点评】本题是第一换元法和不定积分性质的综合题.凑微分法是非常有用的方法,所以需要熟记一些常用的凑微分的等式.

真题 26 (2016.机械、交通)求$\int\sqrt{\frac{\arcsin x}{1-x^2}}\mathrm{d}x$

解 此题可以用第一换元法来求,换元过程可以省略.

$$\int\sqrt{\frac{\arcsin x}{1-x^2}}\mathrm{d}x=\int\frac{\sqrt{\arcsin x}}{\sqrt{1-x^2}}\mathrm{d}x=\int\sqrt{\arcsin x}\,\mathrm{d}\arcsin x=\frac{2}{3}\arcsin^{\frac{3}{2}}x+C.$$

【名师点评】一般地,如果被积函数中出现分式,经常将其改写成乘积形式,如果两个乘积因子之间有导数关系,就可以考虑利用第一换元法求解.

考点三 第二换元法

真题 27 (2018.财经)求不定积分$\int\frac{\cos\sqrt{x}}{\sqrt{x}}\mathrm{d}x$.

解 **解法一** 第一换元法.

$$\int\frac{\cos\sqrt{x}}{\sqrt{x}}\mathrm{d}x=2\int\cos\sqrt{x}\,\frac{1}{2\sqrt{x}}\mathrm{d}x=2\int\cos\sqrt{x}\,\mathrm{d}\sqrt{x}=2\sin\sqrt{x}+C.$$

解法二 第二换元法.

令 $t=\sqrt{x}(t>0)$，则 $x=t^2$，$\mathrm{d}x=2t\mathrm{d}t$，

$$\int\frac{\cos\sqrt{x}}{\sqrt{x}}\mathrm{d}x=\int\frac{\cos t}{t}\cdot 2t\mathrm{d}t=2\int\cos t\mathrm{d}t=2\sin t+C=2\sin\sqrt{x}+C.$$

【名师点评】该题既可以用第一换元法求解，也可以用第二换元法求解. 第二换元法的变化过程与第一换元法正好相反，换元的目的是把不易计算的不定积分 $\int f(x)\mathrm{d}x$ 变成好计算的 $\int g(t)\mathrm{d}t$. 对于本题，用第一换元法比第二换元法更简捷. 因此，需要注意积累方法，在解题时选择恰当简便的方法进行求解.

真题 28 （2014. 工商）求不定积分 $\int\sqrt{e^x-1}\,\mathrm{d}x$.

解 设 $\sqrt{e^x-1}=t$，$x=\ln(t^2+1)$，$\mathrm{d}x=\dfrac{2t}{t^2+1}\mathrm{d}t$，则

$$\int\sqrt{e^x-1}\mathrm{d}x=\int\frac{2t^2}{t^2+1}\mathrm{d}t=2\int\frac{t^2+1-1}{t^2+1}\mathrm{d}t=2\int\left(1-\frac{1}{t^2+1}\right)\mathrm{d}t$$

$$=2t-2\arctan t+C=2\sqrt{e^x-1}-2\arctan\sqrt{e^x-1}+C.$$

真题 29 （2013. 计算机）求不定积分 $\int\dfrac{\mathrm{d}x}{(1-x^2)^{\frac{3}{2}}}$.

解 令 $x=\sin t$，$t\in\left(-\dfrac{\pi}{2},\dfrac{\pi}{2}\right)$，则 $\mathrm{d}x=\cos t\mathrm{d}t$，

$$\text{原式}=\int\frac{\cos t}{(1-\sin^2 t)^{\frac{3}{2}}}\mathrm{d}t=\int\frac{\cos t}{(\cos^2 t)^{\frac{3}{2}}}\mathrm{d}t=\int\frac{1}{\cos^2 t}\mathrm{d}t=\int\sec^2 t\mathrm{d}t=\tan t+C=\frac{x}{\sqrt{1-x^2}}+C.$$

【名师点评】一般这种方法称为三角换元法. 常用的三角换元如下：

(1) 被积函数中含有 $\sqrt{a^2-x^2}$，令 $x=a\sin t$，$t\in\left[-\dfrac{\pi}{2},\dfrac{\pi}{2}\right]$；

(2) 被积函数中含有 $\sqrt{a^2+x^2}$，令 $x=a\tan t$，$t\in\left(-\dfrac{\pi}{2},\dfrac{\pi}{2}\right)$；

(3) 被积函数中含有 $\sqrt{x^2-a^2}$，令 $x=a\sec t$，$t\in\left(-\dfrac{\pi}{2},\dfrac{\pi}{2}\right)$.

注意对定积分来讲，“换元一定要换限”.

考点四 分部积分法

真题 30 （2017. 工商）求不定积分 $\int x^2e^{-x}\mathrm{d}x$.

解 利用分部积分公式得

$$\int x^2e^{-x}\mathrm{d}x=-\int x^2\,\mathrm{d}e^{-x}=-x^2e^{-x}+2\int xe^{-x}\mathrm{d}x=-x^2e^{-x}-2\int x\,\mathrm{d}e^{-x}=-x^2e^{-x}-2\left(xe^{-x}-\int e^{-x}\mathrm{d}x\right)$$

$$=-x^2e^{-x}-2xe^{-x}+2\int e^{-x}\mathrm{d}x=e^{-x}(-x^2-2x-2)+C.$$

【名师点评】此题属于幂函数与指数函数乘积的不定积分，当幂函数的次数大于或等于 2 时，通常需要多次运用分部积分公式进行求解.

真题 31 （2017. 电子）求不定积分 $\int(x+1)\sin x\mathrm{d}x$.

解 利用分部积分公式得

$$\int(x+1)\sin x\mathrm{d}x=-\int(x+1)\,\mathrm{d}\cos x=-(x+1)\cos x+\int\cos x\mathrm{d}x=-(x+1)\cos x+\sin x+C.$$

【名师点评】在分部积分法的应用中，多项式函数$(x+1)$可以视为幂函数同等对待. 求幂函数与三角函数乘积的不定积分，根据“反、对、幂、三、指”的顺序，应将三角函数去凑微分.

真题 32 (2017. 交通) 求不定积分$\int \frac{x^2\arctan x}{1+x^2}\mathrm{d}x$.

解 $\int \frac{x^2\arctan x}{1+x^2}\mathrm{d}x=\int \frac{(x^2+1)\arctan x-\arctan x}{1+x^2}\mathrm{d}x=\int \arctan x\,\mathrm{d}x-\int \frac{\arctan x}{1+x^2}\mathrm{d}x$

$=x\arctan x-\int \frac{x}{1+x^2}\mathrm{d}x-\int \arctan x\ \mathrm{d}\arctan x$

$=x\arctan x-\frac{1}{2}\ln(1+x^2)-\frac{1}{2}(\arctan x)^2+C.$

【名师点评】此题不能直接应用第一换元法或者分部积分法，需要先对分子部分利用加减项进行恒等变形，分项以后再逐项积分，对第一个积分运用分部积分法求解，对第二个积分运用第一换元法求解.

真题 33 (2017. 机械) 求不定积分$\int \frac{\ln\cos x}{\cos^2 x}\mathrm{d}x$.

解 将被积函数中的$\frac{1}{\cos^2 x}\mathrm{d}x$凑成$\mathrm{d}\tan x$，$\frac{1}{\cos^2 x}\mathrm{d}x=\sec^2 x\mathrm{d}x=(\tan x)'\mathrm{d}x=\mathrm{d}(\tan x)$，利用分部积分公式得

$\int \frac{\ln\cos x}{\cos^2 x}\mathrm{d}x=\int \ln\cos x\,\mathrm{d}(\tan x)=\tan x\cdot\ln(\cos x)-\int \tan x\left(-\frac{\sin x}{\cos x}\right)\mathrm{d}x$

$=\tan x\cdot\ln(\cos x)+\int(\sec^2 x-1)\mathrm{d}x=\tan x\cdot\ln(\cos x)+\tan x-x+C.$

【名师点评】该题被积函数的分式中分子、分母之间没有导数关系，无法应用第一换元法，因此考虑分部积分法求解. 将被积函数中的对数函数确定为u，三角函数进行凑微分凑成$\mathrm{d}v$的形式，进而用分部积分公式求解.

真题 34 (2015. 计算机) 求不定积分$\int \mathrm{e}^{ax}\sin bx\,\mathrm{d}x$.

解 设$I=\int \mathrm{e}^{ax}\sin bx\,\mathrm{d}x$，则

$I=-\frac{1}{b}\int \mathrm{e}^{ax}\mathrm{d}\cos bx=-\frac{1}{b}(\mathrm{e}^{ax}\cos bx-a\int \mathrm{e}^{ax}\cos bx\,\mathrm{d}x)$

$=-\frac{1}{b}\left(\mathrm{e}^{ax}\cos bx-\frac{a}{b}\int \mathrm{e}^{ax}\mathrm{d}\sin bx\right)=-\frac{1}{b}\left(\mathrm{e}^{ax}\cos bx-\frac{a}{b}\mathrm{e}^{ax}\sin bx+\frac{a^2}{b}\int \mathrm{e}^{ax}\sin bx\,\mathrm{d}x\right)$

$=-\frac{1}{b}\left(\mathrm{e}^{ax}\cos bx-\frac{a}{b}\mathrm{e}^{ax}\sin bx+\frac{a^2}{b}I\right)$，

故解方程得 $I=\int \mathrm{e}^{ax}\sin bx\,\mathrm{d}x=\frac{\mathrm{e}^{ax}}{a^2+b^2}(a\sin bx-b\cos bx)+C.$

【名师点评】此题属于典型的关于$\mathrm{e}^{ax}\sin bx$，$\mathrm{e}^{ax}\cos bx$的不定积分，需要运用分部积分法求解. 其中u，v的选择可以是被积函数中两个因子中的任意一个. 这类问题要使用两次分部积分公式，且两次积分中函数u的选择类型不变，两次积分后，等式右端会出现原积分形式，此时可以将该等式视为关于原积分的方程. 通过解方程即可求得不定积分结果. 注意通过解方程解出的不定积分结果中，不要漏掉任意常数C.

真题 35 (2017. 会计) 求不定积分$\int \mathrm{e}^{\sqrt{2x}}\mathrm{d}x$.

解 令$\sqrt{2x}=t$，$x=\frac{1}{2}t^2$，$\mathrm{d}x=t\mathrm{d}t$，则

$\int \mathrm{e}^{\sqrt{2x}}\mathrm{d}x=\int t\mathrm{e}^t\mathrm{d}t=\int t\mathrm{d}\mathrm{e}^t=t\mathrm{e}^t-\int \mathrm{e}^t\mathrm{d}t=t\mathrm{e}^t-\mathrm{e}^t+C=\sqrt{2x}\,\mathrm{e}^{\sqrt{2x}}-\mathrm{e}^{\sqrt{2x}}+C.$

真题 36 （2016. 会计、国贸、电商、工商）求不定积分$\int \frac{e^{\sqrt{x}}\sin\sqrt{x}}{2\sqrt{x}}dx$.

解　令$\sqrt{x}=t, x=t^2, dx=2tdt$，则

原式$=\int e^t \sin t dt=\int \sin t de^t = e^t\sin t-\int e^t\cos t dt = e^t\sin t-\int \cos t de^t$

$=e^t\sin t - e^t\cos t+\int e^t d\cos t = e^t\sin t - e^t\cos t-\int e^t \sin t dt$.

上式出现了$\int e^t\sin t dt$ 循环过程，可以设 $I=\int e^t\sin t dt$，则 $I=e^t\sin t-e^t\cos t-I$，

解方程得，原式$=I=\frac{1}{2}e^t(\sin t-\cos t)+C=\frac{1}{2}e^{\sqrt{x}}(\sin\sqrt{x}-\cos\sqrt{x})+C$.

【名师点评】以上两题类似，都用到了根式代换法和分部积分法两种方法，先通过根式代换法去掉被积函数中的根号，换元后再利用分部积分法求解新积分. 此类题目考查学生对每种方法的掌握程度，因此平时需要积累，学会方法之间的互相转化.

考点方法综述

在专升本考试中，求不定积分的方法主要有：

1. 第一换元法（凑微分法）

第一换元法是计算不定积分最基本方法之一，它的特点是根据一阶微分形式的不变性，将被积函数凑成基本公式中的形式，然后套用公式.

$$原式\xlongequal{恒等变形}\int f[\varphi(x)]\varphi'(x)dx\xlongequal{凑微分}\int f[\varphi(x)]d\varphi(x)$$

$$\xlongequal{换元\ \varphi(x)=u}\int f(u)du\xlongequal{利用公式}F(u)+C\xlongequal{回代\ u=\varphi(x)}F[\varphi(x)]+C.$$

凑微分法是非常有用的，下面介绍一些常用的凑微分的等式.

(1)$\int f(ax+b)dx=\frac{1}{a}\int f(ax+b)d(ax+b)(a\neq 0)$，$u=ax+b$；

(2)$\int f(\ln x)\frac{1}{x}dx=\int f(\ln x)d(\ln x)$，$u=\ln x$；

(3)$\int f\left(\frac{1}{x}\right)\frac{1}{x^2}dx=-\int f\left(\frac{1}{x}\right)d\left(\frac{1}{x}\right)$，$u=\frac{1}{x}$；

(4)$\int f(\sqrt{x})\frac{1}{\sqrt{x}}dx=2\int f(\sqrt{x})d(\sqrt{x})$，$u=\sqrt{x}$；

(5)$\int f(e^x)e^x dx=\int f(e^x)d(e^x)$，$u=e^x$；

(6)$\int f(\sin x)\cos x dx=\int f(\sin x)d(\sin x)$，$u=\sin x$；

(7)$\int f(\cos x)\sin x dx=-\int f(\cos x)d(\cos x)$，$u=\cos x$；

(8)$\int f(\tan x)\sec^2 x dx=\int f(\tan x)d(\tan x)$，$u=\tan x$；

(9)$\int f(\arctan x)\frac{1}{1+x^2}dx=\int f(\arctan x)d(\arctan x)$，$u=\arctan x$；

(10)$\int f(\arcsin x)\frac{1}{\sqrt{1-x^2}}dx=\int f(\arcsin x)d(\arcsin x)$，$u=\arcsin x$.

2. 第二换元法

第二换元法又称代换法，它是将被积函数的自变量 x 设为某一新的变量 t 的函数 $x=\varphi(t)$. $\varphi(t)$ 具有连续导数且 $\varphi'(t)\neq 0$，目的是保证$\int f[\varphi(t)]\varphi'(t)dt$ 可积及 $x=\varphi(t)$ 有连续可导的反函数. 这种代换在形式上是化简为繁，但目的

是为了贴近基本积分公式,化难为易,顺利求出积分结果.下面介绍一些常用的第二换元法:

(1) 根式代换,$\sqrt[n]{ax \pm b} = t$.

(2) 三角换元,常用的三角换元如下:

被积函数中含有 $\sqrt{a^2 - x^2}$,令 $x = a\sin t, t \in \left[-\frac{\pi}{2}, \frac{\pi}{2}\right]$;

被积函数中含有 $\sqrt{x^2 + a^2}$,令 $x = a\tan t, t \in \left(-\frac{\pi}{2}, \frac{\pi}{2}\right)$;

被积函数中含有 $\sqrt{x^2 - a^2}$,令 $x = a\sec t, t \in \left(0, \frac{\pi}{2}\right)$.

3. **分部积分法**

在专升本考试中,分部积分法是常考的一个基本方法,主要用来解决两个不同类型函数的乘积的不定积分计算.使用分部积分法时,关键在于正确地寻找公式中的 u, v.在分部积分法中,主要遇到的是两种不同类型的函数乘积进行积分运算.将基本初等函数按照“反、对、幂、三、指”的顺序进行排列,排序在后的看成 v'.尤其是遇到综合问题时,需要灵活运用其他方法,进而转化为分部积分进行求解,分部积分公式为

$$\int uv'\mathrm{d}x = \int u\mathrm{d}v = uv - \int v\mathrm{d}u = uv - \int vu'\mathrm{d}x.$$

4. **简单有理函数的积分**

这一考点是一些简单有理函数的积分以及可化为有理函数的积分.求有理函数的积分时,先将有理式分解为多项式与部分分式之和,再对所得到的分解式逐项积分.简单有理函数的积分多数可以利用分项积分法来求解,即将被积函数通过恒等变形拆分成几个函数的和或差的形式,然后逐项进行积分.

本章检测训练

第四章检测训练 A

一、选择题

1. 若 $f(x)$ 的一个原函数是 $\sin x$,则 $\int f'(x)\mathrm{d}x$ ________.

A. $\sin x + C$　　B. $\cos x + C$　　C. $-\sin x + C$　　D. $-\cos x + C$

2. 若 $\int f(x)\mathrm{d}x = F(x) + C$,则 $\int \sin x f(\cos x)\mathrm{d}x =$ ________.

A. $-F(\cos x) + C$　　B. $F(\cos x) + C$　　C. $-f(\sin x) + C$　　D. $F(\sin x) + C$

3. 计算 $\int \sin e^x \mathrm{d}e^x =$ ________.

A. $\cos e^x + C$　　B. $-\cos e^x + C$　　C. $\arccos e^x + C$　　D. $-\arccos e^x + C$

4. 若 $\int f(x)\mathrm{d}x = F(x) + C$,则 $\int e^{-x} f(e^{-x})\mathrm{d}x =$ ________.

A. $F(e^x) + C$　　B. $F(e^{-x}) + C$　　C. $-F(e^{-x}) + C$　　D. $\frac{F(e^{-x})}{x} + C$

5. 若 $\int f(x)\mathrm{d}x = x^2 e^{2x} + C$,则 $f(x) =$ ________.

A. $2xe^{2x}$　　B. $2x^2e^{2x}$　　C. xe^{2x}　　D. $2xe^{2x}(1+x)$

6. 计算 $\int e^{3x+5}\mathrm{d}x =$ ________.

A. $e^{3x} + C$　　B. $\frac{1}{3}e^{3x+5} + C$　　C. $\frac{1}{3}e^{3x}$　　D. $3e^{3x} + C$

7. 计算 $\int \mathrm{d}\arctan\sqrt{x} =$ ________.

A. $\arctan\sqrt{x}$　　B. $\mathrm{arccot}\sqrt{x}$　　C. $\arctan\sqrt{x} + C$　　D. $\mathrm{arccot}\sqrt{x} + C$

8. 设 $F(x)$ 是 $f(x)$ 的一个原函数，那么 $\mathrm{d}\int f(x)\mathrm{d}x=$ ______.

A. $F(x)$　　B. $F(x)+C$　　C. $f(x)$　　D. $f(x)\mathrm{d}x$

9. 若 $\int f(x)\sin x\,\mathrm{d}x=f(x)+C$，则 $f(x)=$ ______.

A. $C\mathrm{e}^{\sin x}$　　B. $C\mathrm{e}^{-\sin x}$　　C. $C\mathrm{e}^{\cos x}$　　D. $C\mathrm{e}^{-\cos x}$

10. 设 $f(x)$ 的原函数是 $\frac{1}{x}$，则 $f'(x)=$ ______.

A. $\ln|x|$　　B. $\frac{1}{x}$　　C. $-\frac{1}{x^2}$　　D. $\frac{2}{x^3}$

二、填空题

1. $\int\frac{1}{1-2x}\mathrm{d}x=$ ______.

2. 若 $f'(\ln x)=1+2\ln x$，且 $f(0)=1$，则 $f(x)=$ ______.

3. 设 $f(x)=\frac{1}{x}$，则 $\int f'(x)\mathrm{d}x=$ ______.

4. 通过点 $(1,\frac{\pi}{4})$，斜率为 $\frac{1}{1+x^2}$ 的曲线方程为 $=$ ______.

5. 计算 $\int\frac{1}{\sin^2 x\cos^2 x}\mathrm{d}x=$ ______.

6. 函数 $f'(x)$ 的不定积分是 ______.

7. 计算 $\int\frac{1}{1+9x^2}\mathrm{d}x=$ ______.

8. 计算 $\int\frac{1}{3-4x}\mathrm{d}x=$ ______.

9. 求 $\int\mathrm{d}\int\mathrm{d}f(x)=$ ______.

10. 设 $f(x)$ 的一个原函数为 e^{x^2}，则 $\int xf'(x)\mathrm{d}x=$ ______.

三、计算题

1. $\int\frac{\cos 2x}{\cos^2\sin^2 x}\mathrm{d}x$.

2. $\int\frac{1}{9-4x^2}\mathrm{d}x$.

3. $\int\sin^3 x\,\mathrm{d}x$.

4. $\int\frac{1}{1+\mathrm{e}^x}\mathrm{d}x$.

5. $\int\frac{\sqrt{x^2-4}}{x}\mathrm{d}x$.

6. $\int\ln(2+x)\mathrm{d}x$.

7. $\int\left(5a^x-\frac{3}{x}+\mathrm{e}^x\right)\mathrm{d}x$.

8. $\int\frac{\ln^2 x-1}{x}\mathrm{d}x$.

9. $\int\tan x\,\mathrm{d}x$.

10. $\int\frac{1}{1+\sin x}\mathrm{d}x$.

11. $\int x^2\ln x\,\mathrm{d}x$.

12. $\int x^2\mathrm{e}^{-x}\mathrm{d}x$.

13. 已知 $f(x)$ 的一个原函数为 $\ln^2 x$，求 $\int xf'(x)\mathrm{d}x$.

第四章检测训练 B

一、选择题

1. 设 $f(x)$ 的一个原函数是 e^{-x}，则 $\int f(x)\mathrm{d}x=$ ______.

A. e^{-x}　　B. e^{-x}　　C. $-\mathrm{e}^{-x}+C$　　D. $\mathrm{e}^{-x}+C$

2. 设$\int f(x)\mathrm{d}x = F(x)+C$,则$\int xf(x^2)\mathrm{d}x =$ ______.

A. $2F(x^2)+C$　　B. $\frac{1}{2}F(x^2)+C$　　C. $F(x)+C$　　D. $\frac{1}{x}F(x^2)+C$

3. 若 $f(x)$ 为可导、可积函数,则 ______.

A. $[\int f(x)\mathrm{d}x]' = f(x)$　　B. $\mathrm{d}[\int f(x)\mathrm{d}x] = f(x)$　　C. $\int f'(x)\mathrm{d}x = f(x)$　　D. $\int \mathrm{d}f(x) = f(x)$

4. 计算$\int \frac{2}{1+(2x)^2}\mathrm{d}x =$ ______.

A. $\arctan 2x + C$　　B. $\arctan 2x$　　C. $\arcsin 2x + C$　　D. $\arccos 2x + C$

5. 下列函数中,是同一函数的原函数的是 ______.

A. $\frac{1}{2}\sin^2 x + C$ 与 $-\frac{1}{4}\cos 2x$　　B. e^{x^2} 与 e^{2x}

C. $\tan\frac{x}{2}$ 与 $-\cot x + \frac{1}{\sin^2 x}$　　D. $\ln|\ln x|$ 与$\ln^2 x$

6. 计算$\int \cos^2 x\mathrm{d}x =$ ______.

A. $\frac{1}{2}x+\frac{1}{4}\sin 2x + C$　　B. $\frac{1}{2}x-\frac{1}{4}\sin 2x + C$　　C. $\frac{1}{2}x+\frac{1}{4}\cos 2x + C$　　D. $\frac{1}{2}x-\frac{1}{4}\cos 2x + C$

7. 下列等式成立的是 ______.

A. $a\mathrm{d}x = \frac{1}{a}\mathrm{d}(ax+b)$($a,b$ 均为常数)　　B. $2x\mathrm{e}^{x^2}\mathrm{d}x = \mathrm{d}\mathrm{e}^{x^2}$

C. $\frac{1}{\sqrt{x}}\mathrm{d}x = \frac{1}{2}\mathrm{d}\sqrt{x}$　　D. $\ln x\mathrm{d}x = \mathrm{d}\left(\frac{1}{x}\right)$

8. 计算$\int \sin 2x\mathrm{d}x =$ ______.

A. $\sin x\cos x + C$　　B. $-\frac{1}{2}\cos 2x + C$　　C. $2\sin 2x + C$　　D. $\sin 2x + C$

9. 下列分部积分中,对 u 和v' 的选择合适的是 ______.

A. $\int x^4\sin x\mathrm{d}x$;$u=\sin x, v'=x^4$　　B. $\int (x+1)\ln^3 x\mathrm{d}x$;$u=x+1, v'=\ln^3 x$

C. $\int x\mathrm{e}^{-x}\mathrm{d}x$;$u=x, v'=\mathrm{e}^{-x}$　　D. $\int \arcsin x\mathrm{d}x$;$u=1, v'=\arcsin x$

10. 曲线 $y=f(x)$ 在点$(x,f(x))$处的切线斜率为$\frac{1}{x}(x>0)$,且过点$(\mathrm{e}^2,3)$,则该曲线方程为 ______.

A. $y=\ln x$　　B. $y=\ln x+1$　　C. $y=-\frac{1}{x^2}+1$　　D. $y=\ln x+3$

二、填空题

1. $\int x(x-2)\mathrm{d}x =$ ______.

2. 已知 $f(x+1)=\frac{x}{x+1}$,则$\int f(x)\mathrm{d}x =$ ______.

3. 已知$\int f(x)\mathrm{d}x = \cos x + C$,则 $f'(x) =$ ______.

4. 若 $uv = x\sin x$,$\int u'v\mathrm{d}x = \cos x + C$,则$\int uv'\mathrm{d}x =$ ______.

5. 计算$\int \frac{\cos^2 x-\sin^2 x}{\cos x+\sin x}\mathrm{d}x =$ ______.

6. 计算$\int \frac{2}{\sqrt{1-(2x)^2}}\mathrm{d}x =$ ______.

7. 计算$\int xf(x^2)f'(x^2)\mathrm{d}x =$ ______.

8. 计算$\int \frac{1-\sin x}{x+\cos x} dx =$ ________.

9. 已知$\int f(x+1) dx = x e^{x+1} + C_1$，则 $f(x) =$ ________.

10. 设 $f'(\cos^2 x) = \sin^2 x$，且 $f(0)=0$，则 $f(x) =$ ________.

三、计算题

1. $\int \frac{(2x-1)(\sqrt{x}+1)}{\sqrt{x}} dx$.

2. $\int \frac{1+2x^2}{x^2(1+x^2)} dx$.

3. $\int x\sqrt{x^2-3}\, dx$.

4. $\int e^x \sqrt{3+2e^x}\, dx$.

5. $\int \sin^2 x \cos^3 x\, dx$.

6. $\int \frac{2^{\arcsin x}}{\sqrt{1-x^2}} dx$.

7. $\int e^{\sqrt{2x-1}} dx$.

8. $\int \frac{1}{x(1+\ln x)} dx$.

9. $\int x \ln x\, dx$.

10. $\int \arctan\sqrt{x}\, dx$.

第五章　定积分及其应用

知识结构导图

- 第五章
  - 定积分的概念和性质
    - 定义 —— 分割、近似代替、求和、取极限
    - 几何意义 —— 平面图形各部分面积的代数和
    - 定积分的性质
  - 变上限积分
    - 变上限积分的概念
    - 积分上限函数求导
  - 定积分的计算
    - 牛顿 — 莱布尼茨公式
    - 定积分的换元积分法和分部积分法
  - 定积分的应用 —— 平面图形的面积

第一单元　定积分的概念和性质与变上限积分

考纲内容解读

一、新大纲基本要求

1. 理解定积分的概念与几何意义，了解可积的条件.
2. 掌握定积分的基本性质.
3. 理解积分上限函数，会求它的导数.

二、新大纲名师解读

根据最新大纲的要求和对真题的统计，本单元重点理解定积分的定义与几何意义，掌握定积分的基本性质，掌握变上限积分及其求导方法；能够利用定积分的几何意义与基本性质计算一些特殊的定积分；会计算不同类型的变上限积分的导数.

考点知识梳理

一、定积分的概念

(1) 定义：设函数 $y=f(x)$ 在 $[a,b]$ 上有界，任取 $n-1$ 个分点 $a=x_0<x_1<\cdots<x_{i-1}<x_i<\cdots<x_n=b$，把区间 $[a,b]$ 分成 n 个小区间 $[x_{i-1},x_i]$ $(i=1,2,\cdots,n)$，每个小区间的长度记为 Δx_i $(i=1,2,\cdots,n)$，记 $\lambda=\max\limits_{1\leqslant i\leqslant n}\{\Delta x_i\}$. 在每个小区间 $[x_{i-1},x_i]$ 上任取一点 ξ_i，作和式 $\sum\limits_{i=1}^{n}f(\xi_i)\Delta x_i$. 如果当 $\lambda\to 0$ 时，上述和式的极限存在，则称函数 $f(x)$ 在区间 $[a,b]$ 上可积(否则不可积)，并称其极限值为函数 $f(x)$ 在区间 $[a,b]$ 上的定积分，记作 $\int_a^b f(x)\mathrm{d}x$，即

$$\int_a^b f(x)\mathrm{d}x=\lim_{\lambda\to 0}\sum_{i=1}^{n}f(\xi_i)\Delta x_i.$$

【名师解析】定积分是一个数，只取决于被积函数和积分区间，与积分变量用什么符号表示无关. 例如，$\int_a^b f(x)\mathrm{d}x=\int_a^b f(t)\mathrm{d}t=\int_a^b f(u)\mathrm{d}u$. 确定了被积函数和积分区间的定积分是一个常数，故对定积分求导，其导数为 0.

(2) 可积的条件：连续函数是可积的；只有有限个第一类间断点的函数是可积的.

【名师解析】连续函数一定可积，但是反之不成立，即可积不一定连续.

二、定积分的几何意义

$\int_a^b f(x)\mathrm{d}x$ 表示由 $y=f(x)$、直线 $x=a$、$x=b$ 和 x 轴所围成的图形各部分面积的代数和.

当函数 $y=f(x)\geqslant 0$ 时，定积分 $\int_a^b f(x)\mathrm{d}x(\geqslant 0)$ 表示的是曲边梯形的面积；

当函数 $y=f(x)<0$ 时，定积分 $\int_a^b f(x)\mathrm{d}x$ 的值是一个负值，表示曲边梯形面积的相反数.

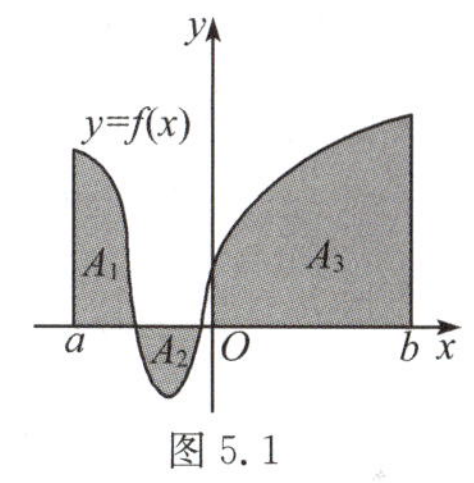

图 5.1

当函数 $y=f(x)$ 在区间 $[a,b]$ 上有正有负时，如图 5.1 所示，则有 $\int_a^b f(x)\mathrm{d}x=A_1+A_3-A_2$.

【名师解析】定积分和平面图形面积之间的关系不是简单对等的，要注意函数 $y=f(x)$ 的符号，即曲线 $y=f(x)$ 的位置. 用面积表示定积分时，规定曲线在 x 轴上方时，所围成的面积前面取正号；曲线在 x 轴下方时，围成的面积前面取负号. 定积分是所围平面图形各部分面积的代数和(即各部分包含符号的面积之和).

如图 5.1 所示，需要掌握用面积表示定积分的关系式($\int_a^b f(x)\mathrm{d}x=A_1+A_3-A_2$) 以及用定积分表示面积的关系式($A_1+A_2+A_3=\int_a^b |f(x)|\mathrm{d}x$)，要注意二者之间的区别. 还要理解利用特殊平面图形的面积来求定积分的方法，如 $\int_{-1}^1\sqrt{1-x^2}\,\mathrm{d}x$ 在几何意义上代表的是以原点为圆心、以 1 为半径的单位圆的上半圆的面积，故其值为 $\frac{\pi}{2}$.

三、定积分的性质

首先假定所讨论的函数在给定区间上是可积的.

1. $\int_a^a f(x)\mathrm{d}x=0$，$\int_a^b f(x)\mathrm{d}x=-\int_b^a f(x)\mathrm{d}x$，$\int_a^b 1\,\mathrm{d}x=\int_a^b \mathrm{d}x=b-a$.

2. $\int_a^b [f_1(x)\pm f_2(x)]\mathrm{d}x=\int_a^b f_1(x)\mathrm{d}x\pm\int_a^b f_2(x)\mathrm{d}x$.

3. $\int_a^b kf(x)\mathrm{d}x=k\int_a^b f(x)\mathrm{d}x$.

4. $\int_a^b f(x)\mathrm{d}x=\int_a^c f(x)\mathrm{d}x+\int_c^b f(x)\mathrm{d}x$ (积分区间的可加性).

5. 在区间 $[a,b]$ 上，若满足 $f(x)\leqslant g(x)$，则 $\int_a^b f(x)\mathrm{d}x\leqslant\int_a^b g(x)\mathrm{d}x$.

6. 若 $m\leqslant f(x)\leqslant M$，$x\in[a,b]$，则 $m(b-a)\leqslant\int_a^b f(x)\mathrm{d}x\leqslant M(b-a)$.

7. 积分中值定理：若 $f(x)$ 在 $[a,b]$ 上连续，则 $\exists\xi\in[a,b]$，使得 $\int_a^b f(x)\mathrm{d}x=f(\xi)(b-a)$.

$f(\xi)=\frac{1}{b-a}\int_a^b f(x)\mathrm{d}x$，我们称 $f(\xi)$ 为 $y=f(x)$ 在 $[a,b]$ 上的平均值，记作 $\bar{y}$.

【名师解析】定积分的性质中包括定积分的线性运算法则、积分区间的可加性、比较性、估值定理、积分中值定理，其中第二条可推广到有限多个函数代数和的情形. 在定积分的计算过程中，灵活运用各种性质，比如分段函数的定积分的计算，需要使用积分区间的可加性.

四、变上限积分(积分上限函数)

1. 定义

设 $f(x)$ 在$[a,b]$上连续,在$[a,b]$上任取一点 x,则 $f(x)$ 在$[a,x]$上的定积分$\int_a^x f(x)\mathrm{d}x$ 一定存在. 考虑到定积分与字母无关,为了明确起见,改写为$\int_a^x f(t)\mathrm{d}t$. 当 x 在区间$[a,b]$上任意变动时,每取定一个 x 值,定积分就有一个对应值,因此它是定义在区间$[a,b]$上的一个函数,记作 $\Phi(x)$. $\Phi(x)=\int_a^x f(t)\mathrm{d}t\ (a\leqslant x\leqslant b)$ 称为变上限的定积分,也叫作积分上限函数.

同样,可讨论积分下限函数$\int_x^b f(t)\mathrm{d}t=-\int_b^x f(t)\mathrm{d}t$.

2. 积分上限函数的导数

定理:若函数 $f(x)$ 在$[a,b]$上连续,则积分上限函数在$[a,b]$上可导,且导数等于被积函数:

$$\Phi'(x)=\left[\int_a^x f(t)\mathrm{d}t\right]'=\frac{\mathrm{d}}{\mathrm{d}x}\left[\int_a^x f(t)\mathrm{d}t\right]=f(x)(a\leqslant x\leqslant b).$$

变上限积分函数导数公式的推广如下:

(1) $\left[\int_a^{u(x)} f(t)\mathrm{d}t\right]'=f[u(x)]u'(x)$;

(2) $\left[\int_{v(x)}^{b} f(t)\mathrm{d}t\right]'=-f[v(x)]v'(x)$;

(3) $\left[\int_{v(x)}^{u(x)} f(t)\mathrm{d}t\right]'=f[u(x)]u'(x)-f[v(x)]v'(x)$.

【名师解析】变上限积分函数的求导问题要灵活掌握,通常出现在各种涉及求导的题目中,比如单调性和极值问题、洛必达法则求极限问题等. 变上限积分函数求导公式的推广公式中,均为复合函数求导,要注意内层函数的导数不能丢.

考点例题分析

考点一 定积分的概念

【考点分析】由定积分的定义可得,定积分是一个数,其值仅与被积函数和积分区间有关,与积分变量的符号无关,且其导数为 0.

例 1 定积分$\int_a^b f(x)\mathrm{d}x$________.

A. 与 $f(x)$ 无关　　B. 与区间$[a,b]$无关

C. 与变量 x 采用的符号无关　　D. 是变量 x 的函数

解 根据定积分的定义,定积分的值与积分变量采用的符号无关,只取决于被积函数和积分区间.

故应选 C.

【名师点评】此题考查的是定积分的概念. 定积分的值与积分变量采用的符号无关,与被积函数和积分区间有关. 定积分是一个常数,并不是函数.

例 2 $\frac{\mathrm{d}}{\mathrm{d}x}\int_a^b \arctan x\,\mathrm{d}x=$________.

A. $\arctan x$　　B. $\frac{1}{1+x^2}$　　C. $\arctan b-\arctan a$　　D. 0

解 根据定积分的定义,定积分是一个常数,常数求导恒为 0.

故应选 D.

【名师点评】此题考查的是定积分的概念. 确定了被积函数和积分区间的定积分是一个数，对其求导，导数应为0.

例3　设 $f(x)$ 为连续函数，且 $f(x)=x^2+\int_0^2 f(t)\mathrm{d}t$，求 $f(x)$.

解　因为 $f(x)$ 连续，所以 $f(x)$ 在区间 $[0,2]$ 上可积. 令 $I=\int_0^2 f(t)\mathrm{d}t$，则 $f(x)=x^2+I$.

两边在 $[0,2]$ 上积分，得 $\int_0^2 f(x)\mathrm{d}x=\int_0^2 x^2\mathrm{d}x+\int_0^2 I\mathrm{d}x=\frac{1}{3}x^3\Big|_0^2+Ix\Big|_0^2=\frac{8}{3}+2I$，

即 $I=\frac{8}{3}+2I$，$I=-\frac{8}{3}$. 所以 $f(x)=x^2-\frac{8}{3}$.

【名师点评】确定了被积函数和积分区间的定积分是一个常数. 在此题中，此定积分的常数值是未知的，我们对式子两边同时积分，得到一个以该定积分为未知量的方程，通过解方程，得到此定积分的值，从而得解.

考点二　定积分的几何意义

【考点分析】定积分的几何意义是指某区间上的定积分值等于其所围平面图形面积的代数和. 通过此几何意义，我们可以利用特殊图形的面积求定积分值.

例4　$\int_a^b f(x)\mathrm{d}x$ 表示曲边梯形：$x=a$，$x=b$，$y=0$，$y=f(x)$ 的________.

A. 周长　　B. 面积　　C. 质量　　D. 面积值的“代数和”

解　根据定积分的几何意义，$\int_a^b f(x)\mathrm{d}x$ 表示面积值的代数和.

故应选D.

【名师点评】定积分从几何意义上讲等于其所围平面图形各部分面积的代数和，即 x 轴上方的面积减去 x 轴下方的面积.

例5　定积分 $\int_{-2}^{2}\sqrt{4-x^2}\,\mathrm{d}x$ 的值是________.

A. 4π　　B. 2π　　C. π　　D. 8π

解　由定积分的几何意义得，该积分值等于以原点为圆心，半径为2的上半圆的面积值.

故应选B.

【名师点评】定积分的几何意义为被积函数所对应的曲线与 x 取值上、下限所对应的直线以及 x 轴所围平面图形各部分面积的代数和. 该题的被积函数在 x 轴上方，其定积分值等于所围的半圆面积. 利用几何意义求积分的题目中，半圆形、四分之一圆形等规则的几何形状是考试中经常出现的情形. 此题目也可利用第二换元法中的三角代换求解，但比较烦琐.

考点三　定积分的性质

【考点分析】定积分的性质包括线性运算法则、积分区间的可加性、积分的比较性质、积分估值定理、积分中值定理. 其中，积分区间的可加性主要应用于分段函数的定积分计算中，积分比较性质是通过比较相同区间内被积函数的大小确定定积分的大小.

例6　设 $f(x)=\begin{cases}2x, & 0\leqslant x\leqslant 1,\\ 1, & 1<x\leqslant 4,\end{cases}$ 则 $\int_0^4 f(x)\mathrm{d}x=$________.

解　根据积分区间的可加性得 $\int_0^4 f(x)\mathrm{d}x=\int_0^1 2x\mathrm{d}x+\int_1^4\mathrm{d}x=4$.

故应填4.

【名师点评】此题为求分段函数的定积分,由于分段点在积分区间的内部,不能直接求定积分,要利用定积分的性质中积分区间的可加性,将积分区间在分段点处分成两部分后分别积分再相加.

例 7 下列不等式成立的是 ________.

A. $\int_1^2 x^2 dx > \int_1^2 x^3 dx$ B. $\int_1^2 \ln x dx < \int_1^2 (\ln x)^2 dx$ C. $\int_0^1 x dx > \int_0^1 \ln(1+x) dx$ D. $\int_0^1 e^x dx < \int_0^1 (1+x) dx$

解 根据定积分的性质,要比较定积分的大小,只需要在积分区间内,比较被积函数的大小即可.

故应选 C.

【名师点评】只有上、下限相同的定积分,才可以利用定积分的性质,通过比较积分区间内被积函数的大小来确定积分值的大小. 如果上、下限不相同的定积分,不能应用该性质. 而且要注意对于两个定积分而言,即使各自被积函数不变,如果积分区间改变了,积分值的大小关系也可能变化,因为在不同积分区间上函数的大小关系有可能是不一样的.

考点四 变上限积分及其应用

【考点分析】在变上限积分函数的知识点中,考试题型主要涉及其导数问题,要灵活运用其求导公式. 在专升本考试中,最常见的是积分上限函数和洛必达法则相结合的题目,此类题型通常为计算 $\frac{0}{0}$ 型未定式的极限,在求导过程中注意分子、分母要"分别、同时"求导.

例 8 求下列极限:

(1) $\lim\limits_{x\to 0}\dfrac{\int_0^x \ln(1+2t^2)dt}{x^3}$; (2) $\lim\limits_{x\to 0}\dfrac{\int_0^x \arctan t dt}{1-\cos x}$; (3) $\lim\limits_{x\to 0}\dfrac{\int_{2x}^0 \sin t^2 dt}{x^3}$; (4) $\lim\limits_{x\to 0}\dfrac{\int_0^x (\tan t)^2 dt}{\ln(1+x^3)}$.

解 (1) $\lim\limits_{x\to 0}\dfrac{\int_0^x \ln(1+2t^2)dt}{x^3} = \lim\limits_{x\to 0}\dfrac{\ln(1+2x^2)}{3x^2} = \lim\limits_{x\to 0}\dfrac{2x^2}{3x^2} = \dfrac{2}{3}$.

(2) $\lim\limits_{x\to 0}\dfrac{\int_0^x \arctan t dt}{1-\cos x} = \lim\limits_{x\to 0}\dfrac{\arctan x}{\sin x} = \lim\limits_{x\to 0}\dfrac{x}{x} = 1$.

(3) $\lim\limits_{x\to 0}\dfrac{\int_{2x}^0 \sin t^2 dt}{x^3} = \lim\limits_{x\to 0}\dfrac{-\sin(2x)^2\cdot(2x)'}{3x^2} = -\dfrac{2}{3}\lim\limits_{x\to 0}\dfrac{\sin 4x^2}{x^2} = -\dfrac{8}{3}$.

(4) $\lim\limits_{x\to 0}\dfrac{\int_0^x (\tan t)^2 dt}{\ln(1+x^3)} = \lim\limits_{x\to 0}\dfrac{\int_0^x (\tan t)^2 dt}{x^3} = \lim\limits_{x\to 0}\dfrac{(\tan x)^2}{3x^2} = \lim\limits_{x\to 0}\dfrac{x^2}{3x^2} = \dfrac{1}{3}$.

【名师点评】在 $\frac{0}{0}$ 型未定式的极限中,如果出现积分上限函数或积分下限函数,经常利用洛必达法则求解极限值. 解此类题目注意在求导过程中分子、分母要"分别、同时"求导. 另外,在运用洛必达法则的过程中,通常和等价无穷小的替换一起使用,这样能更方便快捷地求解,但是要注意,在积分号里面的被积函数不可以直接进行等价替换.

例 9 已知 $f(x) = \int_0^{\sqrt{x}} \sin t^2 dt$,求 $f'(x)$.

解 $f'(x) = \sin(\sqrt{x})^2\cdot(\sqrt{x})' = \sin x\cdot\dfrac{1}{2\sqrt{x}} = \dfrac{1}{2\sqrt{x}}\sin x$.

例 10 设 $\varphi(x) = \int_0^{x^2} e^{-t} dt$, 则 $\varphi'(x) =$ ________.

A. e^{-1} B. $-e^{-x^2}$ C. $2xe^{-x^2}$ D. $-2xe^{-x^2}$

解　$\varphi'(x)=\dfrac{\mathrm{d}}{\mathrm{d}x}\int_0^{x^2}\mathrm{e}^{-t}\mathrm{d}t=\mathrm{e}^{-x^2}\cdot(x^2)'=2x\mathrm{e}^{-x^2}$.

故应选C.

【名师点评】上面两题均考查变上限积分函数求导问题,但题中的变上限积分函数均为复合函数,要把积分上限中的函数看作中间变量,根据复合函数求导的链式法则进行运算.此类题目容易出现的错误就是忘记乘以积分上限函数的导数.

例 11　设$\int_0^x f(t)\mathrm{d}t=\sin^2x-\ln x+\sin1$,则$f(x)=$________.

解　两边求导,得$f(x)=2\sin x\cos x-\dfrac{1}{x}=\sin2x-\dfrac{1}{x}$.

故应填$\sin2x-\dfrac{1}{x}$.

【名师点评】此题中,左边的变上限积分函数即为$f(x)$的原函数,两边同时求导即可.另外,在解答过程中要注意到该题右侧中的$\sin1$为常数,其导数为0.

例 12　已知$x\geqslant0$时$f(x)$连续,且$\int_0^{x^2}f(t)\mathrm{d}t=x^2(1+x)$,求$f(2)$.

解　方程两边同时对x求导,得$\left[\int_0^{x^2}f(t)\mathrm{d}t\right]'=(x^2+x^3)'$,即$f(x^2)\cdot2x=2x+3x^2$.

所以$f(x^2)=1+\dfrac{3x}{2}$.因此,$f(2)=f[(\sqrt{2})^2]=1+\dfrac{3\sqrt{2}}{2}$.

【名师点评】此题求$f(2)$,并不需要先求出$f(x)$的表达式,只需根据$f(x^2)$的表达式,令$x^2=2$,推出$f(2)$即可.

例 13　求函数$F(x)=\int_0^x t\mathrm{e}^{-t^2}\mathrm{d}t$的极值.

解　令$F'(x)=x\mathrm{e}^{-x^2}=0$,则$x=0$;当$x<0$时,$F'(x)<0$;当$x>0$时,$F'(x)>0$;

所以,$F(x)$有极小值$F(0)=\int_0^0 t\mathrm{e}^{-t^2}\mathrm{d}t=0$.

【名师点评】求函数的极值,一般先求导数,然后找到函数的驻点或者不可导点,即找出所有可能的极值点,根据可能极值点两侧的导函数的符号判定是否为极值,如果是极值,再判定是极大值还是极小值.

例 14　证明方程$3x-1-\int_0^x\dfrac{1}{1+t^2}\mathrm{d}t=0$在$(0,1)$内有唯一实根.

证明　令$f(x)=3x-1-\int_0^x\dfrac{1}{1+t^2}\mathrm{d}t$,则$f(x)$在$[0,1]$上连续,且$f(0)=-1<0$,

$f(1)=3-1-\int_0^1\dfrac{1}{1+t^2}\mathrm{d}t=2-\arctan t\Big|_0^1=2-\dfrac{\pi}{4}>0$.由零点定理得方程在$(0,1)$内至少有一个实根;又因为

$f'(x)=3-\dfrac{1}{1+x^2}>0$,所以$f(x)$在$(0,1)$内单调增加,因此方程$f(x)=0$在$(0,1)$内至多有一个实根.

综上所述,方程$f(x)=0$在$(0,1)$内有唯一实根.

【名师点评】此题中出现了积分上限函数(变上限积分),是第一章和第五章内容相结合的综合题.证明时要借助零点定理,但是最终要证明的不仅仅是根的存在性,还有根的唯一性,因此既要证明至少有一根,还要再证明至多也有一根.此题借助函数的单调性(单调函数和x轴最多有一个交点),所以方程也最多有一个根,两者结合确定有唯一实根.

考点真题解析

考点一 定积分的概念、性质及几何意义

真题 1 (2010.土木、工商) $\frac{d}{dx}\int_{1}^{e} e^{-x^2}dx =$ ________.

解 定积分是个常数,对常数求导恒为0.

故应填0.

【名师点评】确定了积分区间和被积函数的定积分是常数,常数的导数为0.

真题 2 (2014.土木) $\int_{a}^{b} dx =$ ________.

A. $b-a$ B. $a-b$ C. $a+b$ D. ab

解 $\int_{a}^{b} dx$ 的被积函数为1,可省略.从几何意义上看,此定积分等于以区间$[a,b]$为底,以1为高的长方形的面积.

故应选A.

真题 3 (2019.财经) 定积分$\int_{0}^{2}\sqrt{4-x^2}dx =$ ________.

解 利用定积分的几何意义来解.该积分等于以原点为圆心,以2为半径的四分之一圆的面积.

故应填π.

真题 4 (2018.财经) 定积分$\int_{-1}^{1}\sqrt{1-x^2}dx =$ ________.

解 利用定积分的几何意义来解.该积分等于以原点为圆心,以1为半径的半圆的面积.

故应填$\frac{\pi}{2}$.

【名师点评】以上三题均考查定积分的几何意义.对特殊的平面图形,可以用面积来求定积分,例如三角形、长方形、圆形的一部分等情况.

真题 5 (2019.财经) 设$f(x)$连续,且$f(x)=x+2\int_{0}^{1}f(x)dx$,则$\int_{0}^{1}f(x)dx =$ ________.

解 设$\int_{0}^{1}f(x)dx=a$,则$f(x)=x+2a$,对方程$f(x)=x+2\int_{0}^{1}f(x)dx$两边同时积分得

$$\int_{0}^{1}f(x)dx=\int_{0}^{1}(x+2a)dx=\left(\frac{x^2}{2}+2ax\right)\Big|_{0}^{1}=\frac{1}{2}+2a,\text{即 } a=\frac{1}{2}+2a,\text{解得 } a=-\frac{1}{2}.$$

故应填$-\frac{1}{2}$.

【名师点评】确定了被积函数和积分区间的定积分是一个常数.在此题中,此定积分的值是未知的,可以先设成一个常数,然后对等式两边同时积分,得到一个关于这个未知常数的方程,通过解方程,解出此常数值,从而得出定积分的值.

真题 6 (2019.财经) 定积分$\int_{-2}^{0}|x+1|dx$的值为 ________.

A. -2 B. 2 C. -1 D. 1

解 $\int_{-2}^{0}|x+1|dx=\int_{-2}^{-1}(-x-1)dx+\int_{-1}^{0}(x+1)dx=-\frac{x^2}{2}\Big|_{-2}^{-1}-x\Big|_{-2}^{-1}+\frac{x^2}{2}\Big|_{-1}^{0}+x\Big|_{-1}^{0}=1.$

故应选D.

【名师点评】此题考查的是定积分的性质中积分区间的可加性,由于$x+1$在$[-2,-1]$和$[-1,0]$两个区间上的正负号不同,为了去掉绝对值号,要利用定积分对于积分区间的可加性这条性质把定积分分成两个定积分进行计算.

考点二　变上限积分及其应用

真题 7　(2017.机械、电气)设 $f(x)$ 在 $(-\infty, +\infty)$ 内连续,下面________不是 $f(x)$ 的原函数.

A. $\int_0^x f(x)\mathrm{d}x + C$　　B. $\int_0^x f(t)\mathrm{d}t$　　C. $\int_0^x f(t)\mathrm{d}t + C$　　D. $\int_0^x f(t)\mathrm{d}x$

解　因为 $\left[\int_0^x f(t)\mathrm{d}x\right]' = \left[f(t)x\Big|_0^x\right]' = [f(t)x]' = f(t) \neq f(x)$,所以 $\int_0^x f(t)\mathrm{d}x$ 不是 $f(x)$ 的原函数.

故应选 D.

【名师点评】本题主要考查了变上限积分函数的导数这个知识点和原函数的概念,重点注意选项 D 中是关于 x 的积分,故被积函数中的 $f(t)$ 此时为常数.

真题 8　(2015.公共)设 $\int_0^x f(t)\mathrm{d}t = a^{3x}$,则 $f(x) =$________.

A. $3a^{3x}$　　B. $a^{3x}\ln a$　　C. $3a^{3x-1}$　　D. $3a^{3x}\ln a$

解　因为 $\int_0^x f(t)\mathrm{d}t = a^{3x}$,则方程两边同时求导得 $f(x) = 3a^{3x}\ln a$.

故应选 D.

【名师点评】一般地,若含有不定积分或者变上限积分的等式出现,求被积函数的表达式时,经常用到的求解方法就是方程两边同时求导.

真题 9　(2017.工商管理)$y = \int_0^x (t-1)^2(t+2)\mathrm{d}t$,则 $\left.\frac{\mathrm{d}y}{\mathrm{d}x}\right|_{x=0} =$________.

A. -2　　B. 2　　C. -1　　D. 1

解　$y' = \left[\int_0^x (t-1)^2(t+2)\mathrm{d}t\right]' = (x-1)^2(x+2)$,得 $y'(0) = 2$.

故应选 B.

【名师点评】本题直接利用变上限积分函数的求导公式 $F'(x) = \left[\int_a^x f(t)\mathrm{d}t\right]' = f(x)$ 求导,然后再代入 $x = 0$ 求该点处的导数值即可.

真题 10　(2017.电子)$\frac{\mathrm{d}}{\mathrm{d}x}\left[x\int_0^x \sqrt{1+t^4}\,\mathrm{d}t\right] =$________.

A. $\int_0^x \sqrt{1+t^4}\,\mathrm{d}t$　　B. $4x^4\int_0^x \sqrt{1+t^4}\,\mathrm{d}t$

C. $\int_0^x \sqrt{1+t^4}\,\mathrm{d}t + x\sqrt{1+x^4}$　　D. $x\sqrt{1+x^4}$

解　$\frac{\mathrm{d}}{\mathrm{d}x}\left[x\int_0^x \sqrt{1+t^4}\,\mathrm{d}t\right] = x'\int_0^x \sqrt{1+t^4}\,\mathrm{d}t + x\left(\int_0^x \sqrt{1+t^4}\,\mathrm{d}t\right)' = \int_0^x \sqrt{1+t^4}\,\mathrm{d}t + x\sqrt{1+x^4}$.

故应选 C.

【名师点评】本题考查了变上限积分函数的导数,要注意本题中需求导的函数是乘积形式,因此要用乘积的求导法则.

真题 11　(2016.电气)$\frac{\mathrm{d}}{\mathrm{d}x}\left(\int_0^{x^2} \frac{\mathrm{e}^t}{\sqrt{1+t^2}}\mathrm{d}t\right) =$________.

A. $\frac{\mathrm{e}^t}{\sqrt{1+t^2}}$　　B. $\frac{\mathrm{e}^{x^2}}{\sqrt{1+x^4}}$　　C. $\frac{2x\mathrm{e}^{x^2}}{\sqrt{1+x^4}}$　　D. $\frac{\mathrm{e}^{t^2}}{\sqrt{1+t^4}}$

解　根据变上限定积分(积分上限函数)求导数公式可得

$\frac{d}{dx}\left(\int_0^{x^2}\frac{e^t}{\sqrt{1+t^2}}dt\right)=\left(\int_0^{x^2}\frac{e^t}{\sqrt{1+t^2}}dt\right)'=\frac{2xe^{x^2}}{\sqrt{1+x^4}}$.

故应选C.

真题 12 (2019.财经)设 $\varphi(x)=\int_0^{\ln x}t^2dt$,则 $\varphi'(x)=$ ________.

解 根据变上限积分函数求导公式得,$\varphi'(x)=(\int_0^{\ln x}t^2dt)'=(\ln x)^2\cdot(\ln x)'=\frac{\ln^2 x}{x}$.

> **【名师点评】**以上两题仍然考查变上限积分求导,需要注意的是上限不再是单纯的 x,而是函数 $g(x)$. 此积分上限函数可视为两层复合的复合函数,如果 $g(x)$ 可导,利用复合函数的求导法则,得$[\int_a^{g(x)}f(t)dt]'=f[g(x)]\cdot g'(x)$.

真题 13 (2016.公共)设 $f(x)$ 是连续函数,则$\frac{d}{dx}\int_{2x}^{-1}f(t)dt=$ ________.

A. $f(2x)$　　B. $2f(2x)$　　C. $-f(2x)$　　D. $-2f(2x)$

解 根据变下限积分求导数公式可得$\frac{d}{dx}\int_{2x}^{-1}f(t)dt=[-\int_{-1}^{2x}f(t)dt]'=-2f(2x)$.

故应选D.

真题 14 (2014.机械)$\frac{d}{dx}\int_{\ln x}^{2}\frac{dt}{1+t^2}=$ ________.

解 根据变下限定积分(积分下限函数)求导公式可得

$\frac{d}{dx}\int_{\ln x}^{2}\frac{dt}{1+t^2}=-\frac{1}{1+(\ln x)^2}\cdot\frac{1}{x}=-\frac{1}{x+x\ln^2 x}$.

故应填$-\frac{1}{x+x\ln^2 x}$.

> **【名师点评】**此类型的题目考查变下限积分求导数,如果 $g(x)$ 可导,此处利用复合函数的求导法则,则$[\int_{g(x)}^{b}f(t)dt]'=-f[g(x)]\cdot g'(x)$,求导时注意不要漏掉负号.

真题 15 (2017.公共)若连续函数 $f(x)$ 满足$\int_0^{x^3-1}f(t)dt=x$,则 $f(7)=$ ________.

A. 1　　B. 2　　C. $\frac{1}{12}$　　D. $\frac{1}{2}$

解 方程两边同时求导$\left[\int_0^{x^3-1}f(t)dt\right]'=x'$,得 $f(x^3-1)\cdot 3x^2=1$,则 $f(x^3-1)=\frac{1}{3x^2}$,令 $x^3-1=7$,则 $x=2$,因此 $f(7)=\frac{1}{12}$.

故应选C.

> **【名师点评】**解此类题目一般是先对含变上限函数的方程两边同时求导,得出 $f[\varphi(x)]$ 的表达式,若求 $f(a)$,则再令 $\varphi(x)=a$,同时解出 x 的值,代入 $f[\varphi(x)]$ 的表达式,从而解得 $f(a)$ 的值.

真题 16 (2016.经管)设 $f(x)$ 在$[a,b]$上可导,且 $f'(x)>0$,若 $\varphi(x)=\int_0^x f(t)dt$,则下列说法正确的是 ________.

A. $\varphi(x)$ 在$[a,b]$上单调减少　　B. $\varphi(x)$ 在$[a,b]$上单调增加

C. $\varphi(x)$ 在$[a,b]$上为凹函数　　D. $\varphi(x)$ 在$[a,b]$上为凸函数

解 $\varphi'(x)=\left[\int_0^x f(t)dt\right]'=f(x)$,$\varphi''(x)=f'(x)>0$,所以 $\varphi(x)$ 在$[a,b]$上为凹函数.

故应选C.

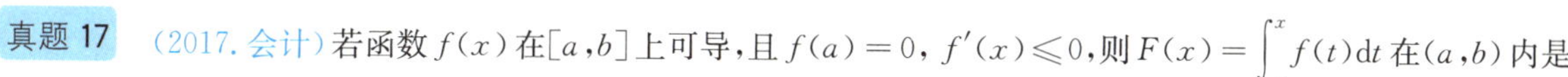

真题 17　(2017. 会计) 若函数 $f(x)$ 在 $[a,b]$ 上可导，且 $f(a)=0$，$f'(x)\leqslant 0$，则 $F(x)=\int_a^x f(t)\mathrm{d}t$ 在 (a,b) 内是________.

A. 单调增加且大于零　　B. 单调增加且小于零　　C. 单调减少且大于零　　D. 单调减少且小于零

解　$f'(x)\leqslant 0$，得 $f(x)$ 在 $[a,b]$ 上单调减少，$f(x)\leqslant f(a)=0$，$F(x)=\int_a^x f(t)\mathrm{d}t$，$F'(x)=f(x)\leqslant 0$，$F(x)$ 单调减少，且 $F(x)\leqslant F(a)=0$.

故应选 D.

真题 18　(2017. 公共) 设 $f(x)=\int_0^x t\mathrm{e}^{-t^2}\mathrm{d}t$，求 $f(x)$ 的极值.

解　由 $f'(x)=x\mathrm{e}^{-x^2}=0$ 得 $x=0$，又由 $f''(x)=\mathrm{e}^{-x^2}-2x^2\mathrm{e}^{-x^2}$ 得 $f''(0)>0$，故由极值存在的第二充分条件得 $f(0)=0$ 为函数的极小值.

【名师点评】 以上三题主要考查利用变上限积分的求导判定函数的单调性、凹凸性和求极值，结合前面所学单调性的判定定理、凹凸性的判定定理、判定极值的充分条件相关知识点来完成.

真题 19　(2017. 土木) $\lim\limits_{x\to 0}\dfrac{\int_0^{2x}\ln(1+t)\mathrm{d}t}{1-\cos 2x}=$________.

解　$\lim\limits_{x\to 0}\dfrac{\int_0^{2x}\ln(1+t)\mathrm{d}t}{1-\cos 2x}=\lim\limits_{x\to 0}\dfrac{2\ln(1+2x)}{2\sin 2x}=\lim\limits_{x\to 0}\dfrac{2x}{2x}=1.$

故应填 1.

【名师点评】 此题为变上限(上限为函数)积分的求导和洛必达法则相结合的题目. 首先判定此极限为 $\dfrac{0}{0}$ 型的极限，利用洛必达法则，分子、分母“分别、同时”求导，分子中利用变上限积分函数的求导公式，然后结合等价无穷小的替换使求极限的过程得以简化.

真题 20　(2019. 公共) 设函数 $f(x)=\begin{cases}\dfrac{1}{x}\displaystyle\int_x^0\dfrac{\sin 2t}{t}\mathrm{d}t\;, & x\neq 0,\\ a\;, & x=0\end{cases}$ 在点 $x=0$ 处连续，则 $a=$________.

解　$\lim\limits_{x\to 0}\dfrac{\int_x^0\frac{\sin 2t}{t}\mathrm{d}t}{x}=\lim\limits_{x\to 0}\dfrac{-\frac{\sin 2x}{x}}{1}=-\lim\limits_{x\to 0}\dfrac{2x}{x}=-2$，因为 $f(x)$ 在点 $x=0$ 处连续，所以 $a=-2$.

故应填 -2.

【名师点评】 此题为分段函数在分段点处的连续性问题，同时考查了变下限积分的求导和洛必达法则的知识点. 首先由连续可以知道该点处的极限应等于该点处的函数值，此极限为 $\dfrac{0}{0}$ 型的极限，利用洛必达法则，分子、分母“分别、同时”求导，分子中利用变上限积分函数的求导公式，然后结合等价无穷小的替换使求极限的过程得以简化.

真题 21　(2016. 电子) 设 $f(x)$ 在 $[a,b]$ 上连续，且单调增加，求证：$\int_a^b tf(t)\mathrm{d}t\geqslant\dfrac{a+b}{2}\int_a^b f(t)\mathrm{d}t$.

证明　令 $F(x)=2\int_a^x tf(t)\mathrm{d}t-(a+x)\int_a^x f(t)\mathrm{d}t$，

则 $F(b)=2\int_a^b tf(t)\mathrm{d}t-(a+b)\int_a^b f(t)\mathrm{d}t$，$F(a)=0$(下面只需证 $F(b)\geqslant F(a)=0$)，

$F'(x)=2xf(x)-\int_a^x f(t)\mathrm{d}t-(a+x)f(x)=(x-a)f(x)-\int_a^x f(t)\mathrm{d}t.$

因为 $f(x)$ 在 $[a,b]$ 上连续，所以 $f(t)$ 在 $[a,x]$ 上连续. 由积分中值定理得 $\int_a^x f(t)\,\mathrm{d}t=f(\xi)(x-a)$，

因此 $F'(x)=(x-a)f(x)-f(\xi)(x-a)=(x-a)[f(x)-f(\xi)]\ (a\leqslant\xi\leqslant x)$,

由于 $f(x)$ 单调增加,当 $a\leqslant\xi\leqslant x$ 时,$f(x)\geqslant f(\xi)$,

则 $F'(x)\geqslant 0$,$F(x)$ 在$[a,b]$上单调增加,故 $F(b)\geqslant F(a)=0$.

即$\int_a^b tf(t)\mathrm{d}t\geqslant\frac{a+b}{2}\int_a^b f(t)\mathrm{d}t$.

【名师点评】此题为关于不等式的证明题.一般地,证明不等式成立,常用到函数的单调性,而此题不等号两端都是定积分,是常数,没有出现函数,因此应将定积分变形为变上限积分.构造出函数以后,将其转化成一般的函数不等式再利用单调性进行证明.本题先将不等式右端移到左端,然后将两个定积分都转换为变上限积分,从而合理地构造函数.另外,在单调性的证明中还利用了积分中值定理对定积分进行变形,这类题目难度较大.

考点方法综述

在专升本考试中,该单元的考查主要有:

1.定积分的概念和性质,贯穿于定积分的大多数题目之中,计算定积分的题目中几乎都会涉及定积分的线性运算法则等.

2.定积分的几何意义,面积和定积分之间的关系,一些特殊函数的定积分可以通过求所围成的规则图形的面积值来计算.

3.变上限积分(积分上限函数),此类函数在极限中出现时,经常运用洛必达法则求解.还考查过此类函数的单调性和极值问题,主要利用积分上限函数的求导公式进行考查.

第二单元　定积分的计算

考纲内容解读

一、新大纲基本要求

1.掌握牛顿—莱布尼茨公式.

2.掌握定积分的换元积分法与分部积分法.

二、新大纲名师解读

根据考试大纲的要求,本单元重点掌握定积分的计算方法,能够灵活运用牛顿—莱布尼茨公式、换元积分法和分部积分法求定积分,了解无穷区间上反常积分的定义,会判断反常积分的收敛性.

考点知识梳理

一、牛顿—莱布尼茨公式

微积分基本定理:若函数 $f(x)$ 在区间$[a,b]$上连续,且 $F(x)$ 是 $f(x)$ 在$[a,b]$上的一个原函数,则

$$\int_a^b f(x)\mathrm{d}x=F(b)-F(a)=F(x)\Big|_a^b,$$

这个公式称为**牛顿—莱布尼茨公式**.

牛顿—莱布尼茨公式表明:连续函数 $f(x)$ 在$[a,b]$上的定积分就等于它的任意一个原函数 $F(x)$ 在区间$[a,b]$上的增量.

【名师解析】牛顿—莱布尼茨公式明确了定积分与不定积分(原函数)之间的关系,把计算定积分的问题转化为求不定积分的问题,为计算定积分提供了一种更为简便的方法.

二、换元积分法和分部积分法

1. 换元积分法

设 $f(x)$ 在 $[a,b]$ 上连续，函数 $x=\varphi(t)$ 满足条件：

(1) $\varphi(\alpha)=a,\varphi(\beta)=b$；

(2) 当 t 在 α 与 β 之间变化时，$\varphi(t)$ 在 $[a,b]$ 上取值，且有连续的导数. 则有 $\int_a^b f(x)\mathrm{d}x=\int_\alpha^\beta f[\varphi(t)]\varphi'(t)\mathrm{d}t$.

【名师解析】在使用换元积分法时，要注意换元的同时必须换积分上、下限.

2. 分部积分法

设函数 $u=u(x),v=v(x)$ 具有连续导数，则有

$$\int_a^b uv'\mathrm{d}x=\int_a^b u\mathrm{d}v=uv\Big|_a^b-\int_a^b v\mathrm{d}u=uv\Big|_a^b-\int_a^b v\mathrm{d}u.$$

【名师解析】分部积分法对于不定积分和定积分来说，在计算上差别不大，定积分的分部积分法运用只是比不定积分多了上、下限的代值过程. 对 u 和 v' 的选取，仍然符合不定积分运用分部积分法时的选择原则. 当求两个函数乘积的定积分时，可以按照"反、对、幂、三、指"的顺序，将排序在前面的函数当作 u，排序在后面的当作 v'.

三、对称公式

1. 若 $f(x)$ 是在 $[-a,a]$ 上连续的奇函数，则有 $\int_{-a}^a f(x)\mathrm{d}x=0$.

2. 若 $f(x)$ 是在 $[-a,a]$ 上连续的偶函数，则有 $\int_{-a}^a f(x)\mathrm{d}x=2\int_0^a f(x)\mathrm{d}x$.

【名师解析】此公式在定积分的计算中能够起到简化计算过程的作用，在做题的过程中如果遇到对称区间上的定积分，可以先观察被积函数的奇偶性，从而判定能否使用对称公式.

* 四、反常积分(反常积分)

1. 无穷区间的反常积分

设函数 $f(x)$ 在区间 $[a,+\infty)$ 内连续，称 $\int_a^{+\infty} f(x)\mathrm{d}x$ 为函数 $f(x)$ 在无穷区间 $[a,+\infty)$ 上的反常积分，也称**反常积分**. 如果极限 $\lim\limits_{b\to+\infty}\int_a^b f(x)\mathrm{d}x(b>a)$ 存在，称反常积分**收敛**，并称此极限值为该反常积分的值. 即 $\int_a^{+\infty} f(x)\mathrm{d}x=\lim\limits_{b\to+\infty}\int_a^b f(x)\mathrm{d}x(b>a)$. 如果极限不存在，称反常积分**发散**.

类似地，若设函数 $f(x)$ 在区间 $(-\infty,b]$ 内连续，称 $\int_{-\infty}^b f(x)\mathrm{d}x$ 为函数 $f(x)$ 在无穷区间 $(-\infty,b]$ 上的反常积分. 如果极限 $\lim\limits_{a\to-\infty}\int_a^b f(x)\mathrm{d}x(b>a)$ 存在，称反常积分**收敛**，并称此极限值为该反常积分的值. 即 $\int_{-\infty}^b f(x)\mathrm{d}x=\lim\limits_{a\to-\infty}\int_a^b f(x)\mathrm{d}x(b>a)$. 如果极限不存在，称反常积分**发散**.

若设函数 $f(x)$ 在区间 $(-\infty,+\infty)$ 内连续，称 $\int_{-\infty}^{+\infty} f(x)\mathrm{d}x$ 为函数 $f(x)$ 在无穷区间 $(-\infty,+\infty)$ 上的反常积分. 任取 $c(-\infty<c<+\infty)$，有 $\int_{-\infty}^{+\infty} f(x)\mathrm{d}x=\int_{-\infty}^c f(x)\mathrm{d}x+\int_c^{+\infty} f(x)\mathrm{d}x$. 如果极限 $\lim\limits_{a\to-\infty}\int_a^c f(x)\mathrm{d}x$ 和 $\lim\limits_{b\to+\infty}\int_c^b f(x)\mathrm{d}x$ 都存在，称反常积分**收敛**，否则**发散**.

利用牛顿－莱布尼茨公式，若 $F(x)$ 是 $f(x)$ 在 $[a,b]$ 上的一个原函数，把上述三种情况简化：

(1) $f(x)\in C[a,+\infty)$，$\int_a^{+\infty} f(x)\mathrm{d}x=F(x)\Big|_a^{+\infty}=\lim\limits_{x\to+\infty}F(x)-F(a)$ ($f(x)\in c[a,+\infty)$ 表示 $f(x)$ 在 $[a,+\infty)$ 内连续)；

(2) $f(x)\in C(-\infty,b]$，$\int_{-\infty}^b f(x)\mathrm{d}x=F(x)\Big|_{-\infty}^b=F(b)-\lim\limits_{x\to-\infty}F(x)$；

(3) $f(x)\in C(-\infty,+\infty)$，$\int_{-\infty}^{+\infty} f(x)\mathrm{d}x=F(x)\Big|_{-\infty}^{+\infty}=\lim\limits_{x\to+\infty}F(x)-\lim\limits_{x\to-\infty}F(x)$.

若上述极限存在,则称此反常积分收敛;若上述极限不存在,则称反常积分发散.

2. 无界函数的反常积分

若函数 $f(x)$ 在点 a 的任一领域内都无界,则 a 称为函数 $f(x)$ 的**瑕点**(也称为无穷间断点).

设函数 $f(x)$ 在区间 $(a,b]$ 内连续,且 $\lim\limits_{x\to a^+}f(x)=\infty$,称 $\int_a^b f(x)\mathrm{d}x$ 为函数 $f(x)$ 在区间 $(a,b]$ 上的反常积分. 如果极限 $\lim\limits_{\varepsilon\to 0^+}\int_{a+\varepsilon}^b f(x)\mathrm{d}x$ 存在,称反常积分收敛,并称此极限值为该反常积分的值. 即 $\int_a^b f(x)\mathrm{d}x=\lim\limits_{\varepsilon\to 0^+}\int_{a+\varepsilon}^b f(x)\mathrm{d}x$. 如果极限不存在,称反常积分发散.

类似地,若设函数 $f(x)$ 在区间 $[a,b)$ 内有连续,且 $\lim\limits_{x\to b^-}f(x)=\infty$,称 $\int_a^b f(x)\mathrm{d}x$ 为函数 $f(x)$ 在无穷区间 $[a,b)$ 上的反常积分. 如果极限 $\lim\limits_{\varepsilon\to 0^+}\int_a^{b-\varepsilon}f(x)\mathrm{d}x$ 存在,称反常积分收敛,并称此极限值为该反常积分的值. 即 $\int_a^b f(x)\mathrm{d}x=\lim\limits_{\varepsilon\to 0^+}\int_a^{b-\varepsilon}f(x)\mathrm{d}x$. 如果极限不存在,称反常积分发散.

同样,用牛顿—莱布尼茨公式简化如下:

(1) $f(x)\in C(a,b]$,$x=a$ 为 $f(x)$ 的瑕点,则 $\int_a^b f(x)\mathrm{d}x=F(x)\Big|_a^b=F(b)-\lim\limits_{x\to a^+}F(x)$,若极限 $F(a^+)$ 存在,称反常积分收敛,否则称反常积分发散.

(2) $f(x)\in C[a,b)$,$x=b$ 为 $f(x)$ 的瑕点,则 $\int_a^b f(x)\mathrm{d}x=F(x)\Big|_a^b=\lim\limits_{x\to b^-}F(x)-F(a)$,若极限 $\lim\limits_{x\to b^-}F(x)$ 存在,称反常积分收敛,否则称反常积分发散.

(3) $f(x)$ 在区间 $[a,b]$ 上除点 $c\ (a<c<b)$ 外连续,$x=c$ 为内部瑕点,则 $\int_a^b f(x)\mathrm{d}x=\int_a^c f(x)\mathrm{d}x+\int_c^b f(x)\mathrm{d}x=F(x)\Big|_a^c+f(x)\Big|_c^b=\lim\limits_{x\to c^-}F(x)-F(a)+F(b)-\lim\limits_{x\to c^+}F(x)$.

当 $\lim\limits_{x\to c^-}F(x)$,$\lim\limits_{x\to c^+}F(x)$ 都存在时,称反常积分 $\int_a^b f(x)\mathrm{d}x$ 收敛;当至少有一个极限不存在时,称反常积分发散.

【名师解析】反常积分的考查在近年专升本考试中多以选择题和填空题的形式出现. 计算反常积分与定积分类似,同样要先求被积函数的原函数,上、下限代值过程时注意转化为极限问题来求解.

考点例题分析

考点一 牛顿—莱布尼茨公式及定积分的性质计算定积分

【考点分析】使用牛顿—莱布尼茨公式来计算定积分的值,计算时往往需要结合其他的知识点,比如定积分的线性运算,定积分对积分区间的可加性等性质,还经常用到定积分的换元积分法和分部积分法.

例 15 计算下列定积分:

(1) $\int_4^9\sqrt{x}(1+\sqrt{x})\mathrm{d}x$; (2) $\int_0^{\frac{\pi}{2}}\sqrt{1+\cos 2x}\,\mathrm{d}x$; (3) $\int_0^{\frac{\pi}{3}}\dfrac{1+\sin^2 x}{\cos^2 x}\mathrm{d}x$.

解 将被积函数进行适当的变形,结合定积分的性质和基本积分公式就可以求出积分.

(1) $\int_4^9\sqrt{x}(1+\sqrt{x})\mathrm{d}x=\int_4^9(\sqrt{x}+x)\mathrm{d}x=\left(\dfrac{2}{3}x^{\frac{3}{2}}+\dfrac{1}{2}x^2\right)\Big|_4^9=45\dfrac{1}{6}$.

(2) $\int_0^{\frac{\pi}{2}}\sqrt{1+\cos 2x}\,\mathrm{d}x=\int_0^{\frac{\pi}{2}}\sqrt{2}\cos x\,\mathrm{d}x=\sqrt{2}\sin x\Big|_0^{\frac{\pi}{2}}=\sqrt{2}$.

(3) $\int_0^{\frac{\pi}{3}}\dfrac{1+\sin^2 x}{\cos^2 x}\mathrm{d}x=\int_0^{\frac{\pi}{3}}(\sec^2 x+\tan^2 x)\mathrm{d}x=\int_0^{\frac{\pi}{3}}(2\sec^2 x-1)\mathrm{d}x=(2\tan x-x)\Big|_0^{\frac{\pi}{3}}=2\sqrt{3}-\dfrac{\pi}{3}$.

【名师点评】在计算定积分时,往往需要先对被积函数进行恒等变形的处理.例如(1)中被积函数是利用了分项积分的方法,将乘积形式转换为和,然后再求定积分.(2)中被积函数为含三角函数的根式函数,这类题目一般先利用三角公式对被积函数进行变形,使得变形后能整体或者部分的抵消掉根号,化简后再求定积分,根号被抵消时函数要加绝对值,也可以根据给定区间判断去绝对值后函数的符号,直接写出去绝对值后的函数形式.(3)中的被积函数是利用了三角函数的倒数关系和平方关系进行了恒等变形,将被积函数最终转换为能直接利用积分公式的形式,从而方便求解.

例 16　求下列定积分:

(1)$\int_0^{2\pi}|\sin x|\,dx$;　　(2)$\int_{\frac{1}{e}}^{e}|\ln x|\,dx$.

解　(1)$\int_0^{2\pi}|\sin x|\,dx=\int_0^{\pi}\sin x\,dx-\int_{\pi}^{2\pi}\sin x\,dx=-\cos x\Big|_0^{\pi}+\cos x\Big|_{\pi}^{2\pi}=4$.

(2)$\int_{\frac{1}{e}}^{e}|\ln x|\,dx=\int_{\frac{1}{e}}^{1}(-\ln x)dx+\int_1^e\ln x\,dx=-x\ln x\Big|_{\frac{1}{e}}^{1}+\int_{\frac{1}{e}}^{1}x\cdot\frac{1}{x}dx+x\ln x\Big|_1^e-\int_1^e x\cdot\frac{1}{x}dx$

$=-\frac{1}{e}+1-\frac{1}{e}+e-(e-1)=2-\frac{2}{e}$.

【名师点评】被积函数带有绝对值号的定积分,求解时要先去绝对值号再积分,去掉绝对值号时要注意被积函数在积分区间内的符号是否有变化.如果被积函数的零点出现在积分区间内部,则要借助定积分对积分区间的可加性,利用被积函数的零点将积分区间分割,再求两个定积分之和.

例 17　设 $f(x)=\begin{cases}x+1, & 0\leqslant x\leqslant 1,\\ \frac{1}{2}x^2, & 1<x\leqslant 2,\end{cases}$ 则$\int_0^2 f(x)dx=$______.

A. 1　　B. $\frac{8}{3}$　　C. 2　　D. 0

解　$\int_0^2 f(x)dx=\int_0^1(x+1)dx+\int_1^2\frac{1}{2}x^2dx=\left[\frac{1}{2}x^2+x\right]_0^1+\frac{1}{6}x^3\Big|_1^2=\frac{8}{3}$.

故应选 B.

【名师点评】本题主要考查被积函数为分段函数的定积分计算.由于分段点在积分区间的内部,所以被积函数在积分区间内的函数表达式不唯一,因此要利用定积分对积分区间的可加性,用分段点将积分区间分割为两部分,进而求两个定积分之和.

考点二　利用对称公式计算定积分

【考点分析】利用对称公式计算定积分,首先判断被积函数的奇偶性,尤其遇到被积函数是奇函数或者部分是奇函数的情况,利用"对称区间上连续奇函数的定积分为 0"这个结论可以快速地简化计算.

例 18　定积分$\int_{-2}^{2}x\cos x\,dx=$______.

A. -1　　B. 0　　C. 1　　D. $\frac{1}{2}$

解　因为积分区间关于原点对称,被积函数为奇函数,所以$\int_{-2}^{2}x\cos x\,dx=0$.

故应选 B.

例 19　设 $f(x)$ 是$[-1,1]$上的连续函数,则$\int_{-\frac{1}{2}}^{\frac{1}{2}}\frac{x^3\tan^2x}{4+x^4}f(x^2)dx=$______.

解　对于对称区间上的定积分,可考虑利用定积分的对称公式求解.先判断被积函数的奇偶性.设 $g(x)=\frac{x^3}{4+x^4}$,

$h(x)=\tan^2 x$，$k(x)=f(x^2)$，则 $g(x)$ 为奇函数，后两者均为偶函数，所以被积函数是奇函数. 由定积分的对称公式得积分值为零.

故应填0.

例 20 下列等式不成立的是________.

A. $\int_{-1}^{1}\ln(\sqrt{1+x^2}-x)\mathrm{d}x=0$　　B. $\int_{-1}^{1}\sin(x+\frac{\pi}{2})\mathrm{d}x=0$

C. $\int_{-1}^{1}(\mathrm{e}^x-\mathrm{e}^{-x})\mathrm{d}x=0$　　D. $\int_{-1}^{1}\arctan x\,\mathrm{d}x=0$

解 选项 A 中，$f(x)=\ln(\sqrt{1+x^2}-x)$，

$$f(-x)=\ln(\sqrt{1+x^2}+x)=\ln\frac{\sqrt{1+x^2}+x}{1}=\ln\frac{1+x^2-x^2}{\sqrt{1+x^2}-x}=\ln\frac{1}{\sqrt{1+x^2}-x}=-\ln(\sqrt{1+x^2}-x),$$

所以被积函数为奇函数，积分值为0.

选项 B 中，$\sin\left(x+\frac{\pi}{2}\right)=-\cos x$ 是偶函数，所以 $\int_{-1}^{1}\sin\left(x+\frac{\pi}{2}\right)\mathrm{d}x\neq 0$.

选项 C 和 D 中，被积函数也都是奇函数，所以积分值均为0.

故应选B.

例 21 计算 $\int_{-\frac{\pi}{2}}^{\frac{\pi}{2}}\frac{1}{1+\cos x}\mathrm{d}x=$________.

解 $$\int_{-\frac{\pi}{2}}^{\frac{\pi}{2}}\frac{1}{1+\cos x}\mathrm{d}x=2\int_{0}^{\frac{\pi}{2}}\frac{1}{1+\cos x}\mathrm{d}x=2\int_{0}^{\frac{\pi}{2}}\frac{1}{2\cos^2\frac{x}{2}}\mathrm{d}x=2\int_{0}^{\frac{\pi}{2}}\sec^2\frac{x}{2}\mathrm{d}\left(\frac{x}{2}\right)=\left(2\tan\frac{x}{2}\right)\Big|_{0}^{\frac{\pi}{2}}=2.$$

故应填2.

【名师点评】以上4个题主要考查对称区间上连续的奇偶函数定积分的计算. 在遇到对称区间的定积分时，先观察被积函数的奇偶性，被积函数若是积或商的形式，可以先分别判断每个因子的奇偶性，从而得出被积函数的奇偶性，然后利用对称公式简化求解过程.

例 22 设 $M=\int_{-\frac{\pi}{2}}^{\frac{\pi}{2}}\frac{\sin x\cos^4 x}{1+x^2}\mathrm{d}x$，$N=\int_{-\frac{\pi}{2}}^{\frac{\pi}{2}}(\sin^3 x+\cos^4 x)\mathrm{d}x$，$P=\int_{-\frac{\pi}{2}}^{\frac{\pi}{2}}(x^2\sin^3 x-\cos^4 x)\mathrm{d}x$，则________.

A. $N<P<M$　　B. $N<M<P$　　C. $M<P<N$　　D. $P<M<N$

解 利用对称区间上函数的奇偶性可得

$$M=\int_{-\frac{\pi}{2}}^{\frac{\pi}{2}}\frac{\sin x\cos^4 x}{1+x^2}\mathrm{d}x=0;\ N=\int_{-\frac{\pi}{2}}^{\frac{\pi}{2}}(\sin^3 x+\cos^4 x)\mathrm{d}x=2\int_{0}^{\frac{\pi}{2}}\cos^4 x\mathrm{d}x>0;$$

$$P=\int_{-\frac{\pi}{2}}^{\frac{\pi}{2}}(x^2\sin^3 x-\cos^4 x)\mathrm{d}x=-2\int_{0}^{\frac{\pi}{2}}\cos^4 x\mathrm{d}x<0,$$所以 $P<M<N$.

故应选D.

【名师点评】本题主要考查对称区间上奇偶函数定积分的计算以及定积分的比较性质.

例 23 求下列定积分：

(1) $\int_{-2}^{2}\frac{x^5+2x^4+x^3-3x^2-1}{x^3+x}\mathrm{d}x$；　　(2) $\int_{-2}^{2}(\sqrt{4-x^2}-x\cos^2 x)\mathrm{d}x$；

(3) $\int_{-1}^{1}(x\sqrt{|x|}+\sqrt{1-x^2})\mathrm{d}x$.

解 (1) $$\int_{-2}^{2}\frac{x^5+2x^4+x^3-3x^2-1}{x^3+x}\mathrm{d}x=\int_{-2}^{2}\frac{x^5+x^3}{x^3+x}\mathrm{d}x+\int_{-2}^{2}\frac{2x^4-3x^2-1}{x^3+x}\mathrm{d}x=2\int_{0}^{2}x^2\mathrm{d}x=\frac{2}{3}x^3\Big|_{0}^{2}=\frac{16}{3}.$$

(2) $$\int_{-2}^{2}(\sqrt{4-x^2}-x\cos^2 x)\mathrm{d}x=\int_{-2}^{2}\sqrt{4-x^2}\mathrm{d}x-\int_{-2}^{2}x\cos^2 x\mathrm{d}x=\int_{-2}^{2}\sqrt{4-x^2}\mathrm{d}x=2\pi.$$

(3) $$\int_{-1}^{1}(x\sqrt{|x|}+\sqrt{1-x^2})\mathrm{d}x=\int_{-1}^{1}x\sqrt{|x|}\mathrm{d}x+\int_{-1}^{1}\sqrt{1-x^2}\mathrm{d}x=\int_{-1}^{1}\sqrt{1-x^2}\mathrm{d}x=\frac{\pi}{2}.$$

【名师点评】对于对称区间上的定积分，当被积函数为奇函数与偶函数的和或差时，一般利用定积分的线性运算性质，分别求几个函数的定积分后再相加减，这样方便利用对称公式.

考点三　利用换元积分法计算定积分

【考点分析】换元积分法是专升本考试中的重要考点.换元积分法包括第一类换元积分法和第二类换元积分法：第一类换元积分法是复合函数求导的逆运算，最主要的过程是完成凑微分这一步，所以又称为凑微分法；第二类换元积分法主要用来解决被积函数中带有根号的题目，分为根式代换和三角代换两种.

例 24　求下列定积分：

(1)$\int_{-1}^{1}\frac{\mathrm{d}x}{\sqrt{5-4x}}$；　(2)$\int_{1}^{e^2}\frac{\mathrm{d}x}{x\sqrt{1+\ln x}}$；　(3)$\int_{0}^{1}\frac{\mathrm{d}x}{e^x+e^{-x}}$.

解　(1)$\int_{-1}^{1}\frac{\mathrm{d}x}{\sqrt{5-4x}}=-\frac{1}{4}\int_{-1}^{1}\frac{1}{\sqrt{5-4x}}\cdot(5-4x)'\mathrm{d}x=-\frac{1}{4}\int_{-1}^{1}\frac{1}{\sqrt{5-4x}}\mathrm{d}(5-4x)$

$\xlongequal{u=5-4x}-\frac{1}{4}\int_{9}^{1}\frac{1}{\sqrt{u}}\mathrm{d}u=\frac{1}{4}\int_{1}^{9}\frac{1}{\sqrt{u}}\mathrm{d}u=\frac{1}{2}\sqrt{u}\Big|_1^9=1$.

(2)$\int_{1}^{e^2}\frac{\mathrm{d}x}{x\sqrt{1+\ln x}}=\int_{1}^{e^2}\frac{1}{\sqrt{1+\ln x}}\mathrm{d}(1+\ln x)=2\sqrt{1+\ln x}\Big|_1^{e^2}=2(\sqrt{3}-1)$.

(3)$\int_{0}^{1}\frac{\mathrm{d}x}{e^x+e^{-x}}=\int_{0}^{1}\frac{e^x\mathrm{d}x}{(e^x)^2+1}=\int_{0}^{1}\frac{\mathrm{d}e^x}{(e^x)^2+1}=\arctan e^x\Big|_0^1=\arctan e-\frac{\pi}{4}$.

【名师点评】该题考查的第一类换元积分法，换元过程可以省略，计算定积分时，若不写出换元过程就不需要进行换限，但是若换元必须换限.定积分的换元积分法最终不需要回代，直接使用牛顿－莱布尼茨公式计算出结果即可.

例 25　求下列定积分：

(1)$\int_{4}^{9}\frac{\sqrt{x}}{\sqrt{x}-1}\mathrm{d}x$；　(2)$\int_{0}^{1}\sqrt{1-x^2}\,\mathrm{d}x$；　(3)$\int_{1}^{\sqrt{3}}\frac{1}{x^2\sqrt{x^2+1}}\mathrm{d}x$；　(4)$\int_{0}^{\frac{\sqrt{2}}{2}}\frac{\arcsin x}{\sqrt{(1-x^2)^3}}\mathrm{d}x$.

解　(1)令$\sqrt{x}=t$，则$x=t^2$，$\mathrm{d}x=2t\mathrm{d}t$.当$x=4$时，$t=2$；当$x=9$时，$t=3$，于是

$\int_{4}^{9}\frac{\sqrt{x}}{\sqrt{x}-1}\mathrm{d}x=\int_{2}^{3}\frac{t}{t-1}2t\mathrm{d}t=2\int_{2}^{3}\frac{t^2}{t-1}\mathrm{d}t=2\int_{2}^{3}\frac{(t^2-1)+1}{t-1}\mathrm{d}t=2\int_{2}^{3}\left(t+1+\frac{1}{t-1}\right)\mathrm{d}t$

$=2\left[\frac{t^2}{2}+t+\ln|t-1|\right]\Big|_2^3=7+2\ln 2$.

(2)令$x=\sin t$，$\begin{array}{c|c} x & 0\to 1 \\ \hline t & 0\to\frac{\pi}{2}\end{array}$，则

$\int_{0}^{1}\sqrt{1-x^2}\,\mathrm{d}x=\int_{0}^{\frac{\pi}{2}}\sqrt{1-\sin^2 t}\cos t\mathrm{d}t=\int_{0}^{\frac{\pi}{2}}\cos^2 t\mathrm{d}t=\int_{0}^{\frac{\pi}{2}}\frac{1+\cos 2t}{2}\mathrm{d}t=\left(\frac{t}{2}+\frac{\sin 2t}{4}\right)\Big|_0^{\frac{\pi}{2}}=\frac{\pi}{4}$.

注：此题也可借助定积分几何意义求解，此积分即求四分之一圆的面积.

(3)令$x=\tan t$，$\begin{array}{c|c} x & 1\to\sqrt{3} \\ \hline t & \frac{\pi}{4}\to\frac{\pi}{3}\end{array}$，则

$\int_{1}^{\sqrt{3}}\frac{1}{x^2\sqrt{x^2+1}}\mathrm{d}x=\int_{\frac{\pi}{4}}^{\frac{\pi}{3}}\frac{\sec^2 t}{\tan^2 t\sqrt{\sec^2 t}}\mathrm{d}t=\int_{\frac{\pi}{4}}^{\frac{\pi}{3}}\frac{\cos t}{\sin^2 t}\mathrm{d}t=\int_{\frac{\pi}{4}}^{\frac{\pi}{3}}\frac{\mathrm{d}\sin t}{\sin^2 t}=-\frac{1}{\sin t}\Big|_{\frac{\pi}{4}}^{\frac{\pi}{3}}=\sqrt{2}-\frac{2}{\sqrt{3}}$.

(4)令$x=\sin t$，$\begin{array}{c|c} x & 0\to\frac{\sqrt{2}}{2} \\ \hline t & \frac{\pi}{4}\to\frac{\pi}{4}\end{array}$，则

$\int_{0}^{\frac{\sqrt{2}}{2}}\frac{\arcsin x}{\sqrt{(1-x^2)^3}}\mathrm{d}x=\int_{0}^{\frac{\pi}{4}}\frac{t\cos t}{\cos^3 t}\mathrm{d}t=\int_{0}^{\frac{\pi}{4}}t\sec^2 t\,\mathrm{d}t=\int_{0}^{\frac{\pi}{4}}t\,\mathrm{d}\tan t$

$$= t \cdot \tan t \Big|_0^{\frac{\pi}{4}} - \int_0^{\frac{\pi}{4}} \tan t \, dt = t \cdot \tan t \Big|_0^{\frac{\pi}{4}} + \ln|\cos t| \Big|_0^{\frac{\pi}{4}} = \frac{\pi}{4} + \ln\frac{\sqrt{2}}{2}.$$

【名师点评】本题主要考查定积分的第二类换元积分法，注意第二类换元积分法的换元过程不能省略，并且计算时第一步要进行换元，同时进行换限.(4)题中用换元积分法后新积分的被积函数为幂函数乘以三角函数形式的积分，需使用分部积分法.

考点四 利用分部积分法计算定积分

【考点分析】分部积分法是专升本考试中的重要知识点，在历年专升本考试中出现得比较频繁，要熟练掌握定积分的分部积分公式.

$$\int_a^b uv' \mathrm{d}x = \int_a^b u \mathrm{d}v = uv \Big|_a^b - \int_a^b v \mathrm{d}u.$$

分部积分法对于不定积分和定积分来说，在计算上差别不大，定积分的分部积分法只是比不定积分多了上、下限的代值相减过程. 利用分部积分法求解时，对 u 和 v' 的选取是关键，与不定积分相同，仍然可以按照"反、对、幂、三、指"的顺序，将排序在前面的函数当作 u，将排序在后面的当作 v'.

例 26 求下列定积分：

(1) $\int_0^{\frac{\pi}{4}} x\sin 2x \, \mathrm{d}x$； (2) $\int_1^4 \frac{\ln x}{\sqrt{x}} \mathrm{d}x$.

解 (1) $\int_0^{\frac{\pi}{4}} x\sin 2x \, \mathrm{d}x = -\frac{1}{2}\int_0^{\frac{\pi}{4}} x \, \mathrm{d}(\cos 2x) = -\frac{1}{2}\left(x\cos 2x \Big|_0^{\frac{\pi}{4}} - \int_0^{\frac{\pi}{4}} \cos 2x \, \mathrm{d}x\right) = -\frac{1}{2}\left(0 - \frac{1}{2}\int_0^{\frac{\pi}{4}} \cos 2x \, \mathrm{d}2x\right)$

$= \frac{1}{4}\sin 2x \Big|_0^{\frac{\pi}{4}} = \frac{1}{4}$.

(2) $\int_1^4 \frac{\ln x}{\sqrt{x}} \mathrm{d}x = 2\int_1^4 \ln x \, \mathrm{d}\sqrt{x} = 2\sqrt{x}\ln x \Big|_1^4 - 2\int_1^4 \sqrt{x} \cdot \frac{1}{x} \mathrm{d}x = 8\ln 2 - 4\sqrt{x} \Big|_1^4 = 8\ln 2 - 4$.

【名师点评】以上两题的被积函数分别为幂函数乘以三角函数、幂函数乘以对数函数的形式，都需要使用分部积分法. 根据分部积分法的函数选择原则，分别把三角函数和幂函数改写成导数去凑微分，再利用分部积分公式计算.

例 27 计算定积分 $\int_0^{\sqrt{3}} \arctan x \, \mathrm{d}x$.

解 $\int_0^{\sqrt{3}} \arctan x \, \mathrm{d}x = x\arctan x \Big|_0^{\sqrt{3}} - \int_0^{\sqrt{3}} \frac{x}{1+x^2} \mathrm{d}x = x\arctan x \Big|_0^{\sqrt{3}} - \frac{1}{2}\int_0^{\sqrt{3}} \frac{1}{1+x^2} \mathrm{d}(1+x^2)$

$= \sqrt{3}\arctan\sqrt{3} - \frac{1}{2}\ln(1+x^2) \Big|_0^{\sqrt{3}} = \frac{\sqrt{3}\pi}{3} - \frac{1}{2}(\ln 4 - \ln 1) = \frac{\sqrt{3}}{3}\pi - \ln 2$.

【名师点评】本题可以看作是1乘以反三角函数，所以选择反三角函数保留在原位. 一般地，当被积函数只有一个函数，并且是反三角函数或者对数函数时，可以将被积函数当作分部积分公式中的 u 函数，将 $\mathrm{d}x$ 中的 x 当作 v 函数，直接利用分部积分公式求解.

例 28 求定积分 $\int_0^{\frac{\pi^2}{4}} \sin\sqrt{x} \, \mathrm{d}x$.

解 令 $\sqrt{x} = t$，则 $x = t^2$，

$\int_0^{\frac{\pi^2}{4}} \sin\sqrt{x} \, \mathrm{d}x = 2\int_0^{\frac{\pi}{2}} t\sin t \, \mathrm{d}t = -2\int_0^{\frac{\pi}{2}} t \, \mathrm{d}\cos t = -2\left(t\cos t \Big|_0^{\frac{\pi}{2}} - \int_0^{\frac{\pi}{2}} \cos t \, \mathrm{d}t\right) = 2$.

【名师点评】此题为同时使用换元积分法和分部积分法的综合题目. 先使用根式代换，目的是去掉被积函数中的根号，换元后的新积分中出现幂函数与三角函数的乘积，此时再使用分部积分法计算.

考点五* 反常积分的计算

【考点分析】反常积分有无限区间的反常积分和无界函数的反常积分两种情况. 该知识点在考试中经常以选择题或者填空题的形式出现，做题的过程中注意转化为极限问题解决即可，极限存在即为收敛，否则即为发散.

例 29　反常积分$\int_0^{+\infty} e^{-2x}\,dx =$ ________.

A. 不存在　　B. $-\frac{1}{2}$　　C. $\frac{1}{2}$　　D. 2

解　$\int_0^{+\infty} e^{-2x}\,dx = -\frac{1}{2}e^{-2x}\Big|_0^{+\infty} = \lim\limits_{x\to+\infty}\left(-\frac{1}{2}e^{-2x}\right)+\frac{1}{2}e^0 = \frac{1}{2}.$

故应选 C.

【名师点评】本题为无限区间的反常积分，先求出被积函数的原函数，然后将上、下限的代值过程转化为极限求解. 积分时要注意被积函数为复合函数，要使用第一类换元积分法.

例 30　反常积分$\int_{-\infty}^{+\infty} \frac{1}{1+x^2}dx =$ ________.

A. $\frac{\pi}{2}$　　B. π　　C. 发散　　D. 都不对

解　$\int_{-\infty}^{+\infty} \frac{1}{1+x^2}dx = \arctan x\Big|_{-\infty}^{+\infty} = \lim\limits_{x\to+\infty}\arctan x - \lim\limits_{x\to-\infty}\arctan x = \frac{\pi}{2}-\left(-\frac{\pi}{2}\right) = \pi.$

故应选 B.

【名师点评】本题为无限区间的反常积分，注意求出原函数后两个极限都存在才可以称此反常积分收敛. 该题求两个极限时，可借助 $y=\arctan x$ 的函数图像，观察得出极限结果.

例 31　求下列反常积分：

(1)$\int_{-\infty}^{0} x e^{-x^2}\,dx$；　　(2)$\int_{\frac{2}{\pi}}^{+\infty} \frac{1}{x^2}\sin\frac{1}{x}\,dx$.

解　(1)$\int_{-\infty}^{0} x e^{-x^2}\,dx = -\frac{1}{2}\int_{-\infty}^{0} e^{-x^2}\,d(-x^2) = \left[-\frac{1}{2}e^{-x^2}\right]_{-\infty}^{0} = -\frac{1}{2}+\lim\limits_{x\to-\infty}\frac{1}{2}e^{-x^2} = -\frac{1}{2}.$

(2)$\int_{\frac{2}{\pi}}^{+\infty} \frac{1}{x^2}\sin\frac{1}{x}\,dx = -\int_{\frac{2}{\pi}}^{+\infty}\sin\frac{1}{x}\,d\left(\frac{1}{x}\right) = \left(\cos\frac{1}{x}\right)\Big|_{\frac{2}{\pi}}^{+\infty} = \lim\limits_{x\to+\infty}\cos\frac{1}{x} - \cos\frac{2}{\pi} = 1-\cos\frac{2}{\pi}.$

【名师点评】此题中的两题都使用了第一类换元积分法，也就是凑微分法. 事实上，前面所学的换元积分法和分部积分法等积分方法在反常积分这里都可以正常使用.

例 32　讨论积分$\int_{-1}^{1}\frac{1}{x^2}\,dx$ 的收敛性.

解　被积函数 $f(x)=\frac{1}{x^2}$ 在区间$[-1,1]$上除 $x=0$ 外连续，且$\lim\limits_{x\to0}\frac{1}{x^2}=\infty$，因此该积分是无界函数的反常积分，$x=0$ 是被积函数的瑕点.

$$\int_{-1}^{1}\frac{1}{x^2}\,dx = \int_{-1}^{0}\frac{1}{x^2}\,dx + \int_{0}^{1}\frac{1}{x^2}\,dx = \left[-\frac{1}{x}\right]_{-1}^{0} + \left[-\frac{1}{x}\right]_{0}^{1} = \lim_{x\to0^-}\left(-\frac{1}{x}\right)-1-1-\lim_{x\to0^+}\left(-\frac{1}{x}\right) = \infty,$$

所以积分$\int_{-1}^{1}\frac{1}{x^2}\,dx$ 发散.

【名师点评】本题积分区间中有被积函数的瑕点，所以为无界函数的反常积分，或者称为瑕积分. 被积函数如果在积分区间内不连续的话，就不满足微积分基本定理，不能应用牛顿—莱布尼茨公式求解. 因此，以下解法是错误的

$$\int_{-1}^{1}\frac{1}{x^2}dx = -\frac{1}{x}\Big|_{-1}^{1} = -1-1 = -2.$$

考点六 积分证明题

【考点分析】关于定积分的证明题需要综合运用各种积分方法，其中用到的比较频繁的是换元积分法，通过换元积分法可以实现左右两侧变量的变换，或者积分上、下限的变换等.

例 33 设函数 $f(x)$ 连续，证 $\int_a^b f(a+b-x)\mathrm{d}x=\int_a^b f(x)\mathrm{d}x$.

证明 令 $a+b-x=t$，则 $x=a+b-t$，则

$$\int_a^b f(a+b-x)\mathrm{d}x=\int_b^a f(t)(-1)\mathrm{d}t=\int_a^b f(t)\mathrm{d}t=\int_a^b f(x)\mathrm{d}x.$$

【名师点评】本题证明的突破口在于左右两端不同的被积函数，欲证左、右两边积分相等，需要将 $a+b-x$ 看作一个变量，所以通过换元可以实现被积函数的转换. 虽然换元的同时要换限，上、下限会发生变化，但是通过交换积分上、下限的位置，最终将上、下限还原成原来的形式，这样符合右端积分上、下限的需求，从而证出结论.

例 34 已知 $f(x)$ 为奇函数，求证 $\int_0^x f(t)\mathrm{d}t$ 为偶函数.

证明 令 $F(x)=\int_0^x f(t)\mathrm{d}t$，因为 $f(x)$ 为奇函数，则

$$F(-x)=\int_0^{-x} f(t)\mathrm{d}t\xlongequal{\text{令}t=-u}-\int_0^x f(-u)\mathrm{d}u=\int_0^x f(u)\mathrm{d}u=F(x).$$

所以 $\int_0^x f(t)\mathrm{d}t$ 为偶函数.

【名师点评】若证明函数 $F(x)$ 为偶函数，需证明 $F(-x)=F(x)$，本题即证明 $\int_0^{-x} f(t)\mathrm{d}t=\int_0^x f(t)\mathrm{d}t$. 通过观察两个变上限积分，它们的上、下限有变化，所以考虑利用换元来实现换限，根据两个上限和两个下限都互为相反数的特点，可以合理选择换元的关系式，从而实现上、下限变化的相应需求. 从此题可以看出，证明两定积分或变限积分相等时，使用换元法能达到使积分上、下限改变的目的.

例 35 设 $f(x)$ 在 $[a,b]$ 上连续且 $f(x)>0$，证明方程 $\int_a^x f(t)\mathrm{d}t+\int_b^x \frac{1}{f(t)}\mathrm{d}t=0$ 在 $[a,b]$ 内有且仅有一个实根.

证明 令 $F(x)=\int_a^x f(t)\mathrm{d}t+\int_b^x \frac{1}{f(t)}\mathrm{d}t$，则 $F(x)$ 在 $[a,b]$ 上连续，

$$F(a)=\int_a^a f(t)\mathrm{d}t+\int_b^a \frac{1}{f(t)}\mathrm{d}t=\int_b^a \frac{1}{f(t)}\mathrm{d}t=-\int_a^b \frac{1}{f(t)}\mathrm{d}t<0,$$

$$F(b)=\int_a^b f(t)\mathrm{d}t+\int_b^b \frac{1}{f(t)}\mathrm{d}t=\int_a^b f(t)\mathrm{d}t>0,$$

由零点定理知，方程至少有一个根，又因为 $F'(x)=f(x)+\frac{1}{f(x)}>0$，函数单调增加，方程最多有一个根.

综上所述，方程有且仅有一个实根.

【名师点评】首先对题目进行分析，证明根的存在性. 通常用零点定理，但是零点定理的结论是至少有一个实根. 本题要证明有且只有一个实根，所以需要再研究函数的单调性，利用单调性可以证明方程至多有一个实根. 因此，零点定理结合函数单调性可以证明有且只有一个实根.

例 36 证 $\int_0^x \frac{2+\sin t}{1+t}\mathrm{d}t=\int_x^1 \frac{1+t}{2+\sin t}\mathrm{d}t$ 在 $(0,1)$ 内有唯一的实根.

证明 令 $f(x)=\int_0^x \frac{2+\sin t}{1+t}\mathrm{d}t-\int_x^1 \frac{1+t}{2+\sin t}\mathrm{d}t$，则 $f'(x)=\frac{2+\sin x}{1+x}+\frac{1+x}{2+\sin x}$，

在(0,1)内，$f'(x)>0$，所以 $f(x)$ 在(0,1)内单调增加，因此，在(0,1)内 $f(x)=0$ 至多有一个实根.

又因为 $f(0)=-\int_0^1\frac{1+t}{2+\sin t}dt<0$，$f(1)=\int_0^1\frac{2+\sin t}{1+t}dt>0$，且 $f(x)$ 在[0,1]上连续，

由零点定理知在(0,1)内 $f(x)=0$ 至少有一个实根.

综上所述，在(0,1)内 $f(x)=0$ 有唯一实根. 即 $\int_0^x\frac{2+\sin t}{1+t}dt=\int_x^1\frac{1+t}{2+\sin t}dt$ 在(0,1)内有唯一的实根.

【名师点评】本题与上题类似，需要通过零点定理证明方程至少有一个根，再借助函数单调性证明方程至多有一个根，这样二者结合，才可以确定方程有且仅有一个根.

考点真题解析

考点一　利用牛顿—莱布尼茨公式及对称公式计算定积分

真题 22 (2018. 财经) 定积分 $\int_{-1}^1\frac{x^4\tan x}{2x^2+\cos x}dx$ 的值为________.

A. 0　　B. 1　　C. −1　　D. 2

解　令 $f(x)=\frac{x^4\tan x}{2x^2+\cos x}$，则 $f(-x)=\frac{-x^4\tan x}{2x^2+\cos x}=-f(x)$，所以 $f(x)$ 为奇函数，于是有 $\int_{-1}^1\frac{x^4\tan x}{2x^2+\cos x}dx=0$.

故应选 A.

【名师点评】本题主要考查对称区间上奇偶函数定积分的计算. 积分区间为对称区间，重点考查被积函数的奇偶性，题目中被积函数为奇函数，故解为 0.

真题 23 (2016. 电子) 设 $f(x)$ 是[−2,2]上的连续函数，则 $\int_{-1}^1\frac{x^3\cos x}{2+x^4}f(x^2)dx=$________.

解　由对称公式 $\int_{-a}^a f(x)dx=\begin{cases}0, & f(x)\text{ 为奇函数},\\ 2\int_a^b f(x)dx, & f(x)\text{ 为偶函数},\end{cases}$ 此题中的被积函数 $\frac{x^3\cos x}{2+x^4}f(x^2)$ 为奇函数，所以积分值为 0.

故应填 0.

真题 24 (2014. 经管) 计算 $\int_{-2}^2(\sqrt{4-x^2}-x\cos^2x)dx$.

解　$\int_{-2}^2(\sqrt{4-x^2}-x\cos^2x)dx=\int_{-2}^2\sqrt{4-x^2}dx-\int_{-2}^2x\cos^2x dx=\int_{-2}^2\sqrt{4-x^2}dx=2\pi$.

【名师点评】本题主要考查对称区间上奇偶函数定积分的计算. 当积分区间为对称区间时，先考查被积函数的奇偶性. 本题中的被积函数为奇函数与偶函数的代数和，为非奇非偶函数，因此两项分别积分，其中奇函数在对称区间上积分值为 0，故只需要求偶函数的积分，由定积分的几何意义知 $\int_{-2}^2\sqrt{4-x^2}dx$ 代表半圆的面积.

考点二　利用换元法计算定积分

真题 25 (2015. 理工类) 积分 $\int_1^e\frac{dx}{x\sqrt{1+\ln x}}$ 的值等于________.

解　$\int_1^e\frac{1}{x\sqrt{1+\ln x}}dx=\int_1^e\frac{1}{\sqrt{1+\ln x}}d(1+\ln x)=2\sqrt{1+\ln x}\Big|_1^e=2(\sqrt{2}-1)$.

故应填 $2(\sqrt{2}-1)$.

【名师点评】在做积分题目时,如果被积函数中 $\ln x$ 与 $\frac{1}{x}$ 同时出现,那么就要考虑到 $\ln x$ 的导数恰好是 $\frac{1}{x}$,因此可以利用第一类换元积分法求解.第一类换元积分法做题熟练后,解题时可以不写出换元的步骤,直接求出原函数,这样也就省略了换限的过程,相对比较简单.

真题 26 (2016.土木)求定积分 $\int_0^4 \frac{x+2}{\sqrt{2x+1}}\,dx$.

解 令 $\sqrt{2x+1}=t$,则 $x=\frac{t^2-1}{2}$,$dx=t\,dt$,当 $x=0$ 时,$t=1$;当 $x=4$ 时,$t=3$.则

$$\int_0^4 \frac{x+2}{\sqrt{2x+1}}\,dx=\int_1^3 \frac{\frac{t^2-1}{2}+2}{t}\cdot t\,dt=\frac{1}{2}\int_1^3 (t^2+3)\,dt=\frac{1}{2}\left(\frac{t^3}{3}+3t\right)\Big|_1^3=\frac{22}{3}.$$

【名师点评】此题中被积函数中出现了根式,且根式里面的形式为一次函数,这种积分题目通常使用根式代换达到简化被积函数的目的.要注意,换元必须换限.

真题 27 (2014.交通)计算定积分 $\int_0^a x^2\sqrt{a^2-x^2}\,dx$.

解 令 $x=a\sin t$,$x=0$,$t=0$;$x=a$,$t=\frac{\pi}{2}$,$dx=a\cos t\,dt$,

$$\int_0^a x^2\sqrt{a^2-x^2}\,dx=\int_0^{\frac{\pi}{2}}(a\sin t)^2\sqrt{a^2-a^2\sin^2 t}\cdot a\cos t\,dt=a^4\int_0^{\frac{\pi}{2}}\sin^2 t\cos^2 t\,dt$$

$$=\frac{a^4}{4}\int_0^{\frac{\pi}{2}}\sin^2 2t\,dt=\frac{a^4}{32}\int_0^{\frac{\pi}{2}}(1-\cos 4t)\,d4t=\frac{a^4\pi}{16}.$$

【名师点评】此题中被积函数中出现了根式,且根式里面的形式为二次函数,这种积分题目通常使用第二换元法中的三角代换,通过换元达到消掉根号的目的,从而简化被积函数的形式.值得注意的是,第二类换元积分法必须在求解开始就进行换元,换元过程不能省略,而且换元的同时要换限.

考点三 利用分部积分法计算定积分

真题 28 (2019.财经)求定积分 $\int_1^e x\ln x\,dx$.

解 $\int_1^e x\ln x\,dx=\int_1^e \ln x\,d\frac{x^2}{2}=\frac{x^2}{2}\cdot\ln x\Big|_1^e-\int_1^e\frac{x^2}{2}d\ln x=\frac{e^2}{2}-\int_1^e\frac{x}{2}dx=\frac{e^2+1}{4}.$

真题 29 (2016.机械、交通)求定积分 $\int_0^1 x\ln(1+x)\,dx$.

解 $\int_0^1 x\ln(1+x)\,dx=\frac{1}{2}\int_0^1\ln(1+x)\,dx^2=\frac{1}{2}x^2\ln(1+x)\Big|_0^1-\frac{1}{2}\int_0^1\frac{x^2}{1+x}dx$

$$=\frac{1}{2}x^2\ln(1+x)\Big|_0^1-\frac{1}{2}\int_0^1\frac{x^2-1+1}{1+x}dx$$

$$=\frac{1}{2}x^2\ln(1+x)\Big|_0^1-\frac{1}{2}\int_0^1\left(x-1+\frac{1}{x+1}\right)dx=\frac{1}{4}.$$

【名师点评】上面两题中被积函数为幂函数与对数函数相乘.遇到这种形式时,采用分部积分法,对幂函数进行凑微分,对数函数保留在原位,然后使用分部积分法公式进行运算.

真题 30 (2016.电子)求定积分 $\int_0^\pi x\sin x\,dx$.

解 利用分部积分法,

$$\int_0^\pi x\sin x\,dx=-\int_0^\pi x\,d\cos x=-x\cos x\Big|_0^\pi+\int_0^\pi\cos x\,dx=-\pi\cos\pi+\sin x\Big|_0^\pi=\pi.$$

真题 31　(2016.电气) 求定积分$\int_0^{\pi} x\cos x\,dx$.

解　$\int_0^{\pi} x\cos x\,dx = \int_0^{\pi} x\,d\sin x = x\sin x\Big|_0^{\pi} - \int_0^{\pi}\sin x\,dx = x\sin x\Big|_0^{\pi} + \cos x\Big|_0^{\pi} = -2.$

【名师点评】上面两题中被积函数为幂函数与三角函数相乘,遇到这种形式可以采用分部积分法,对三角函数进行凑微分,幂函数保留在原位,然后使用分部积分法公式进行运算.

考点四　反常积分的计算

真题 32　(2019.公共) 反常积分$\int_{-\infty}^{0} x e^x\,dx =$ ________.

解　$\int_{-\infty}^{0} x e^x\,dx = \int_{-\infty}^{0} x\,de^x = x e^x\Big|_{-\infty}^{0} - \int_{-\infty}^{0} e^x\,dx = 0 - \lim\limits_{x\to-\infty} x e^x - (1 - \lim\limits_{x\to-\infty} e^x)$

$= -\lim\limits_{x\to-\infty}\dfrac{x}{e^{-x}} - 1 = \lim\limits_{x\to-\infty}\dfrac{1}{e^{-x}} - 1 = 0 - 1 = -1.$

故应填 -1.

【名师点评】本题是求解无穷区间上的反常积分,被积函数为幂函数乘以指数函数的形式,所以要使用分部积分法,同时注意 $\lim\limits_{x\to-\infty} x e^x$ 为 $0\cdot\infty$ 型的未定式极限,首先需要转化为$\dfrac{\infty}{\infty}$型未定式极限,然后使用洛必达法则得到结论.

真题 33　(2015.公共) 反常积分$\int_0^1 \dfrac{100}{x^p}dx\,(p>0)$ 当 ________ 时收敛,当 ________ 时发散.

解　反常积分收敛,即积分存在,且值为一个常数.

当 $p=1$ 时,$\int_0^1 \dfrac{100}{x}dx = 100\ln x\Big|_0^1 = 100(0 - \lim\limits_{x\to0^+}\ln x) = \infty$

当 $p\neq1$ 时,$\int_0^1 \dfrac{100}{x^p}dx = 100\int_0^1 x^{-p}dx = \dfrac{100}{1-p}x^{1-p}\Big|_0^1$

$$=\begin{cases}\dfrac{100}{1-p}, & 0<p<1\text{ (积分收敛)},\\ \dfrac{100}{1-p} - \dfrac{100}{1-p}\lim\limits_{x\to0^+}x^{1-p}, & p>1\text{(极限不存在,积分发散)}.\end{cases}$$

所以当 $0<p<1$ 时反常积分收敛,当 $p\geqslant1$ 时反常积分发散.

故应填 $0<p<1$ 和 $p\geqslant1$.

【名师点评】本题是判断无界函数的反常积分的敛散性,要注意点 $x=0$ 为瑕点,不能直接使用牛顿—莱布尼茨公式,求出原函数后,代入上、下限时,要将瑕点的代值转化为极限来求解,极限存在则反常积分收敛,否则反常积分发散.

考点五　积分证明题

真题 34　(2016.公共) 设 $f(x)$ 在 $[0,1]$ 上连续,在 $(0,1)$ 内可导,且$2\int_{\frac{1}{2}}^{1} f(x)dx = f(0)$,求证:存在 $\xi\in(0,1)$,使 $f'(\xi)=0$.

证明　因为 $f(x)$ 在 $[0,1]$ 上连续,由积分中值定理可知,存在 $c\in\left[\dfrac{1}{2},1\right]$,使得$\int_{\frac{1}{2}}^{1} f(x)dx = f(c)\left(1-\dfrac{1}{2}\right)$,即 $f(c) = 2\int_{\frac{1}{2}}^{1} f(x)dx = f(0)$. 因此,$f(x)$ 在 $[0,c]$ 上连续,在 $(0,c)$ 内可导,且 $f(c)=f(0)$,所以 $f(x)$ 在 $[0,c]$ 上满足罗尔定理,因此存在 $\xi\in(0,c)\subset(0,1)$,使得 $f'(\xi)=0$.

【名师点评】 根据本题要求证明的结论，比较容易看出，此题需要使用罗尔定理，而根据罗尔定理的条件，需要满足：闭区间内连续、开区间内可导、端点处的函数值相等，故首先利用积分中值定理找到两个函数值相等的点.

真题 35 (2014. 交通)设函数 $f(x)$ 在 $[0,1]$ 上连续，且 $f(x)<1$，证明方程 $2x-\int_0^x f(t)\mathrm{d}t=1$ 在区间 $(0,1)$ 内有且仅有一个实根.

证明 设 $F(x)=2x-\int_0^x f(t)\mathrm{d}t-1,\ x\in[0,1]$，则 $F(x)$ 在 $[0,1]$ 上连续，且 $F(0)=-1, F(1)=1-\int_0^1 f(t)\mathrm{d}t$.

因为 $f(x)$ 在 $[0,1]$ 上连续，且 $f(x)<1$，由定积分中值定理 $\int_0^1 f(t)\mathrm{d}t=f(\xi_1)(1-0)=f(\xi_1)<1\ (0\leqslant\xi_1\leqslant 1)$，

所以 $F(1)=1-\int_0^1 f(t)\mathrm{d}t=1-f(\xi_1)>0(0\leqslant\xi_1\leqslant 1)$，故由零点定理知，至少存在 $\xi\in(0,1)$，使得 $F(\xi)=0$，即该方程至少有一个实根；又因为 $F'(x)=2-f(x)>0$，故 $F(x)$ 单调增加，所以该方程至多有一个实根. 综上所述，方程 $2x-\int_0^x f(t)\mathrm{d}t=1$ 在区间 $(0,1)$ 内有且仅有一个实根.

【名师点评】 此题是利用定积分的积分中值定理，结合零点定理来证方程根的存在性，但是要注意到该题要证明有且仅有一个实根，而零点定理的结论是至少有一个实根，所以还要运用函数的单调性，单调性可以说明至多有一个实根，综合起来，则方程有且仅有一个实根.

真题 36 (2017. 土木)若 $f(x)$ 连续，则 $\int_0^\pi xf(\sin x)\mathrm{d}x=\frac{\pi}{2}\int_0^\pi f(\sin x)\mathrm{d}x$.

证明 令 $x=\pi-t$，则

$$\int_0^\pi xf(\sin x)\mathrm{d}x=-\int_\pi^0(\pi-t)f(\sin t)\mathrm{d}t=\int_0^\pi(\pi-t)f(\sin t)\mathrm{d}t$$

$$=\int_0^\pi \pi f(\sin t)\mathrm{d}t-\int_0^\pi tf(\sin t)\mathrm{d}t=\pi\int_0^\pi f(\sin x)\mathrm{d}x-\int_0^\pi xf(\sin x)\mathrm{d}x.$$

于是 $\int_0^\pi xf(\sin x)\mathrm{d}x=\frac{\pi}{2}\int_0^\pi f(\sin x)\mathrm{d}x$.

【名师点评】 证明两个定积分相等，最常用的方法是换元法. 该题的难点在于如何进行换元才能实现积分从左向右的转换. 通过观察，左右两边的定积分中，被积函数中都出现了 $f(\sin x)$，也就说换元以后 $\sin x$ 没有变名，三角函数的诱导公式中使正弦函数的函数名不变的公式为 $\sin x=\sin(\pi-x)$，因此本题中令 $x=\pi-t$，则 $f(\sin x)=f(\sin t)$.

考点方法综述

在专升本考试中，该单元的考查内容较多，主要有以下内容：

1. 用牛顿－莱布尼茨公式计算定积分的值. 牛顿－莱布尼茨公式被称为微积分基本公式，是微积分中最重要的公式之一，这个公式通过原函数在积分区间端点处的函数值来计算定积分，把不定积分和定积分连接了起来. 熟练运用牛顿－莱布尼茨公式，很关键的一点在于掌握上一章中的基本积分公式.

2. 定积分的分部积分法和换元积分法. 对于大部分的积分题目，仅仅用积分公式是解决不了的，所以需要使用换元积分法和分部积分法. 这两种方法在不定积分中已经学习，所以此处要注意应用在定积分中时的注意事项，比如换元必须换限.

3. 对称区间上奇偶函数的定积分值. 近几年考试中经常出现填空题，此知识点相对简单，遇到定积分的积分区间是对称区间时，重点验证被积函数的奇偶性.

4. 反常积分也通常出现在填空题或者选择题中，此处注意遇到反常积分时，虽然用类似牛顿－莱布尼茨公式的形式对其进行表示，但在求出原函数后，当积分限为无穷大或瑕点时，不能直接代值计算，需要取极限才可以，极限存在积分才是收敛的，否则积分是发散的.

第三单元　定积分的应用

考纲内容解读

一、新大纲基本要求

会利用定积分计算平面图形的面积.

二、新大纲名师解读

根据考试大纲的要求，本单元重点掌握定积分的计算及其在几何学上的应用，对平面图形的面积学会分析，运用积分解决应用问题.

考点知识梳理

求平面图形的面积

通过前面的学习，知道可以利用定积分计算曲边梯形的面积. 其实，应用定积分不仅可以计算曲边梯形的面积，还可以计算一些比较复杂的平面图形的面积. 例如，由上下两条曲线 $y=f_1(x)$，$y=f_2(x)$ 和 $x=a$，$x=b$ 左右两条垂直于 x 轴的直线共同围成的平面图形，称为 X 型区域，如图 5.2 所示；再如，由左右两条曲线 $x=g_2(y)$、$x=g_1(y)$ 和上下两条垂直于 y 轴的直线 $y=d$，$y=c$ 共同围成的平面图形，称为 Y 型区域，如图 5.3 所示；我们可以推导出这两类平面图形利用定积分计算面积的公式.

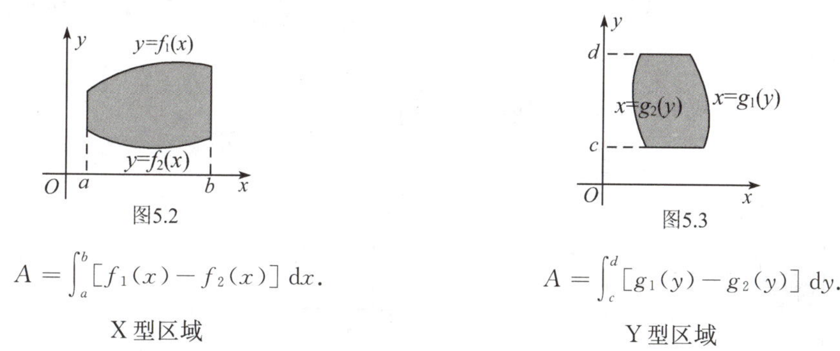

图5.2　　图5.3

$$A=\int_a^b[f_1(x)-f_2(x)]\,\mathrm{d}x.$$

X 型区域

$$A=\int_c^d[g_1(y)-g_2(y)]\,\mathrm{d}y.$$

Y 型区域

【名师解析】求平面图形面积的问题是专升本考试中的重要知识点，而且通常容易出现综合题. 做这类题目时，首先要画图，观察所求平面图形是 X 型区域还是 Y 型区域. 区分的原则为尽量不分块或者少分块，本质上就是减少积分的次数，确定积分范围后列出定积分，使用牛顿－莱布尼茨公式即可得到结果.

考点例题分析

考点　求平面图形面积

【考点分析】利用定积分求平面图形的面积，是专升本考试中一个非常重要的知识点，经常出现在计算题或者综合题中，分值较高. 做这类题目时，一般遵循“画图 — 求交点 — 列出定积分并求解” 的步骤.

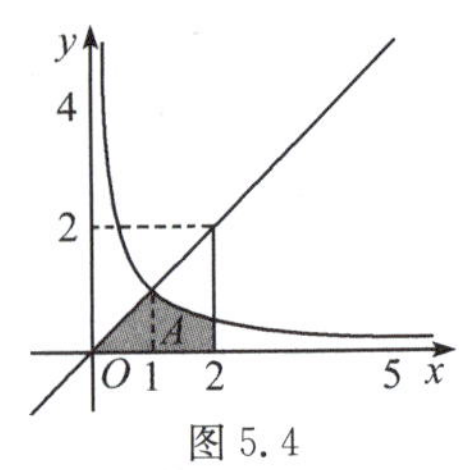

图 5.4

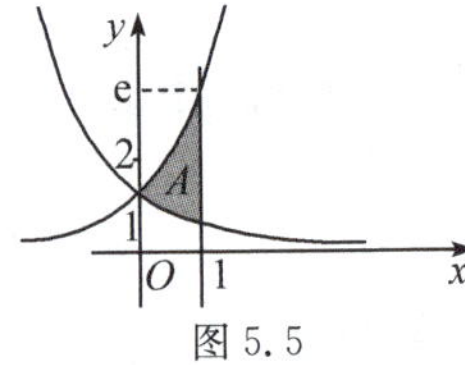

图 5.5

例 37 求下列曲线所围成的图形面积.

(1)$y=\dfrac{1}{x}$, $y=x$,$x=2$;(2)$y=\dfrac{1}{x}$,$y=x$,$x=2$,x 轴;(3)$y=\mathrm{e}^{x}$,$y=\mathrm{e}^{-x}$,$x=1$.

解 (1)$A=\int_{1}^{2}\left(x-\dfrac{1}{x}\right)\mathrm{d}x=\left(\dfrac{1}{2}x^{2}-\ln x\right)\Big|_{1}^{2}=\dfrac{3}{2}-\ln 2.$

(2)$y=\dfrac{1}{x}$,$y=x$,$x=2$, x 轴,如图 5.4 所示.

$A=\int_{0}^{1}x\,\mathrm{d}x+\int_{1}^{2}\dfrac{1}{x}\mathrm{d}x=\left(\dfrac{1}{2}x^{2}\right)\Big|_{0}^{1}+\ln x\Big|_{1}^{2}=\dfrac{1}{2}+\ln 2.$

(3)$y=\mathrm{e}^{x}$,$y=\mathrm{e}^{-x}$,$x=1$,如图 5.5 所示.

$A=\int_{0}^{1}(\mathrm{e}^{x}-\mathrm{e}^{-x})\mathrm{d}x=[\mathrm{e}^{x}+\mathrm{e}^{-x}]\Big|_{0}^{1}=\mathrm{e}+\mathrm{e}^{-1}-2.$

【名师点评】求几条曲线所围成平面图形的面积.首先画图,准确找到所求的图形,然后根据尽量不分块或者少分块的原则,确定是X型区域还是Y型区域,其实就是选择以 x 还是以 y 为积分变量.本题中的两个图形都是X型区域,所以选择以 x 为积分变量,利用公式 $A=\int_{a}^{b}$(上函数 − 下函数)$\mathrm{d}x$ 来求解.

例 38 由曲线 $y=\mathrm{e}^{x}$,$y=\mathrm{e}$ 及 y 轴所围成的图形的面积是________.

解 $A=\int_{0}^{1}(\mathrm{e}-\mathrm{e}^{x})\mathrm{d}x=(\mathrm{e}x-\mathrm{e}^{x})\Big|_{0}^{1}=1.$(见图 5.6)

故应填 1.

例 39 曲线 $y=x^{2}$ 与直线 $y=1$ 所围成的图形的面积为________.

A. $\dfrac{2}{3}$　　B. $\dfrac{3}{4}$　　C. $\dfrac{4}{3}$　　D. 1

解 画草图(见图 5.7),

$A=\int_{-1}^{1}(1-x^{2})\mathrm{d}x=2\int_{0}^{1}(1-x^{2})\mathrm{d}x=\left(2x-\dfrac{2}{3}x^{3}\right)\Big|_{0}^{1}=\dfrac{4}{3}.$

故应选 C.

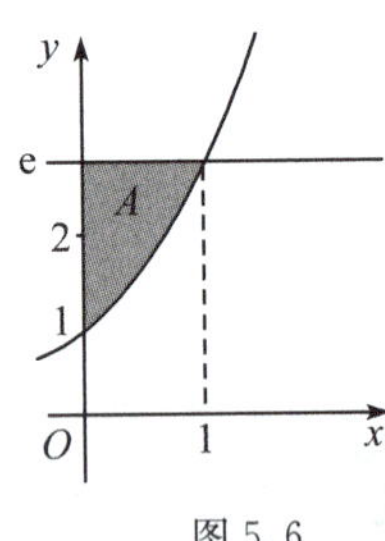

图 5.6

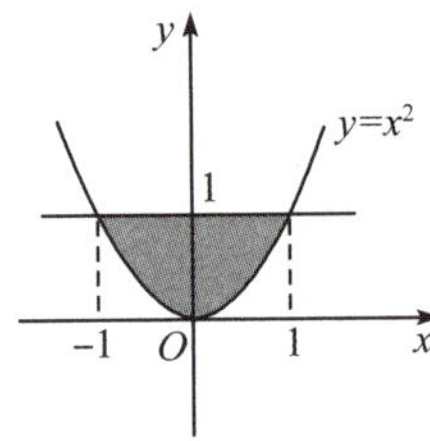

图 5.7

【名师点评】此题中的平面图形可以看成X型区域,也可以看成Y型区域.如果两种类型都不需要分块,计算难易程度相当的话,一般选X型,以 x 作为积分变量,函数无须变形,计算更为方便.

例 40 计算抛物线 $y^{2}=2x$ 与直线 $y=x-4$ 所围成图形的面积.

解 画草图(见图 5.8),

由 $\begin{cases}y^{2}=2x,\\ y=x-4\end{cases}$ 得交点$(2,-2)$,$(8,4)$,

取 y 为积分变量,积分区间为$[-2,4]$,

所求面积为 $A=\int_{-2}^{4}\left(y+4-\dfrac{1}{2}y^{2}\right)\mathrm{d}y=\left(\dfrac{y^{2}}{2}+4y-\dfrac{y^{3}}{6}\right)\Big|_{-2}^{4}=18.$

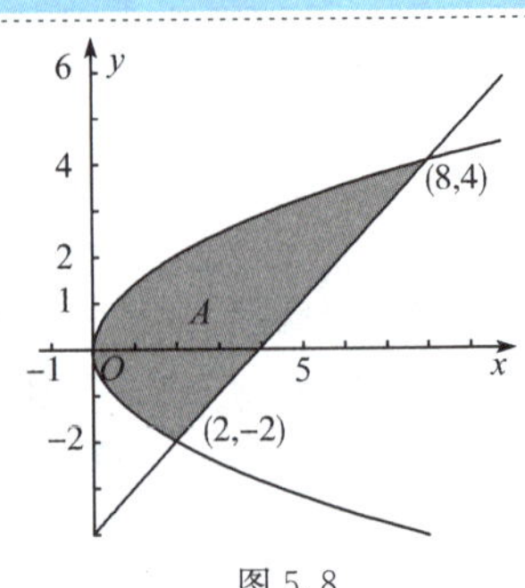

图 5.8

【名师点评】该题所围图形是 Y 型区域,所以以 y 为积分变量,列出积分公式 $A=\int_c^d$(右函数 $-$ 左函数)$\mathrm{d}y$. 注意,按照 Y 型区域计算时,一定要将左、右函数均改写成以变量 y 为自变量的表达式,再代入积分公式计算.

考点真题解析

考点　求平面图形的面积

真题 37　(2019. 财经)求由曲线 $y=x^2$ 与 $y=x^3$ 所围成的图形的面积.

解　两曲线的交点坐标为(0,0)和(1,1).

对变量 x 积分,可得面积 $S=\int_0^1(x^2-x^3)\mathrm{d}x=\left.\frac{x^3}{3}\right|_0^1-\left.\frac{x^4}{4}\right|_0^1=\frac{1}{12}$.

【名师点评】首先画图,根据图形的形状,选择以 x 为积分变量,再求出交点确定积分范围,列出定积分用牛顿—莱布尼茨公式计算即可.

真题 38　(2014. 经管)求由曲线 $y=\ln x, y=0, x=\frac{1}{2}, x=2$ 所围成的区域面积.

解　$A=\int_{\frac{1}{2}}^1(-\ln x)\mathrm{d}x+\int_1^2\ln x\,\mathrm{d}x=-(x\ln x-x)\Big|_{\frac{1}{2}}^1+(x\ln x-x)\Big|_1^2=\frac{3}{2}\ln 2-\frac{1}{2}$.

【名师点评】此题中的图形需要分成两部分:x 轴下方的部分积分为负值,此块图形上面积为积分值的相反数;x 轴上方的部分积分与面积值相等.

真题 39　(2015. 经管)求由曲线 $y=x^2$ 及 $y=\sqrt{x}$ 所围成的平面图形的面积.

解　如图 5.9 所示,所求面积

$$A=\int_0^1(\sqrt{x}-x^2)\mathrm{d}x=\left[\frac{2}{3}x^{\frac{3}{2}}-\frac{1}{3}x^3\right]\Bigg|_0^1=\frac{1}{3}.$$

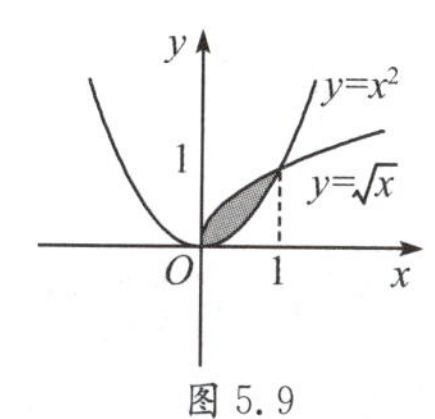

图 5.9

【名师点评】首先画图,根据图形的形状,确定可视为 X 型区域,所以取 x 为积分变量,$A=\int_a^b$(上函数 $-$ 下函数)$\mathrm{d}x$,再求出交点确定积分范围,列出定积分用牛顿—莱布尼茨公式计算即可.

真题 40　(2016. 公共)求由 $y=\sin x, y=\cos x, x=0, x=\frac{\pi}{2}$ 所围成的平面图形面积.

解　如图 5.10 所示,所求面积

$$A=\int_0^{\frac{\pi}{4}}(\cos x-\sin x)\mathrm{d}x+\int_{\frac{\pi}{4}}^{\frac{\pi}{2}}(\sin x-\cos x)\mathrm{d}x$$

$$=[\sin x+\cos x]\Big|_0^{\frac{\pi}{4}}+[-\cos x-\sin x]\Big|_{\frac{\pi}{4}}^{\frac{\pi}{2}}$$

$$=2(\sqrt{2}-1).$$

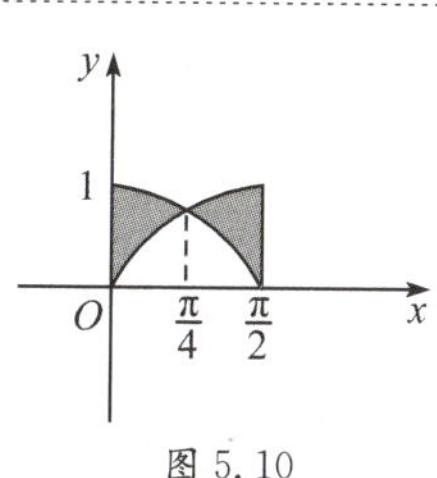

图 5.10

【名师点评】根据画出的草图,可以将平面图形确定为 X 型区域,以 x 为积分变量,由于平面图形包含两部分,可以分别用两个定积分表示这两个面积,面积之和即为所求.

真题 41 (2019. 公共) 计算由 $y^2=9-x$,直线 $x=2$ 及 $y=-1$ 所围成的平面图形上面部分(面积大的部分)的面积 A.

解 $A=\int_{-1}^{\sqrt{7}}(9-y^2-2)\mathrm{d}y=\left(7y-\frac{1}{3}y^3\right)\Big|_{-1}^{\sqrt{7}}=\frac{14}{3}\sqrt{7}+\frac{20}{3}.$

【名师点评】根据画出图形的形状,确定此平面为 Y 型区域,选择以 y 为积分变量,$A=\int_c^d(\text{右函数}-\text{左函数})\mathrm{d}y$,求出交点确定积分范围,用牛顿－莱布尼茨公式计算即可. 注意按照 Y 型区域求解时,由于积分变量是 y,公式中的右函数和左函数也都要改写成以 y 为自变量的函数形式.

真题 42 (2018. 公共) 求 $y=x^2$ 上点(2,4)处切线与抛物线 $y=-x^2+4x+1$ 所围成的图形的面积.

解 切线斜率为 $k=(x^2)'|_{x=2}=4$,所以切线方程为 $y-4=4(x-2)$,即 $y=4x-4$.

由 $\begin{cases}y=4x-4,\\y=-x^2+4x+1\end{cases}$ 解得交点为 $(-\sqrt{5},-4\sqrt{5}-4)$,$(\sqrt{5},4\sqrt{5}-4)$,

$A=\int_{-\sqrt{5}}^{\sqrt{5}}[-x^2+4x+1-(4x-4)]\mathrm{d}x=\frac{20}{3}\sqrt{5}.$

【名师点评】此题为综合题,首先根据导数的几何意义求出切线方程,再利用定积分的应用求出所围成的图形的面积. 将图形视为 X 型区域,以 x 为积分变量,$A=\int_a^b(\text{上函数}-\text{下函数})\mathrm{d}x$,列出定积分用牛顿－莱布尼茨公式计算即可.

真题 43 (2018. 财经) 求由曲线 $y=\frac{1}{x}$ 与直线 $y=x$,$x=2$ 以及 x 轴所围成的图形的面积.

解 曲线 $y=\frac{1}{x}$ 与直线 $y=x$ 在第一象限相交于点(1,1),对变量 x 积分,可得面积

$A=\int_0^1 x\,\mathrm{d}x+\int_1^2\frac{1}{x}\mathrm{d}x=\frac{x^2}{2}\Big|_0^1+\ln x\Big|_1^2=\frac{1}{2}+\ln 2.$

【名师点评】上面两题中所围成的图形均为 X 型区域,本题选择以 x 为积分变量,$A=\int_a^b(\text{上函数}-\text{下函数})\mathrm{d}x$,求出交点确定积分范围,列出定积分用牛顿－莱布尼茨公式计算即可.

真题 44 (2017. 公共) 求介于 $y=x^2$,$y=\frac{x^2}{2}$ 与 $y=2x$ 之间的图形面积.

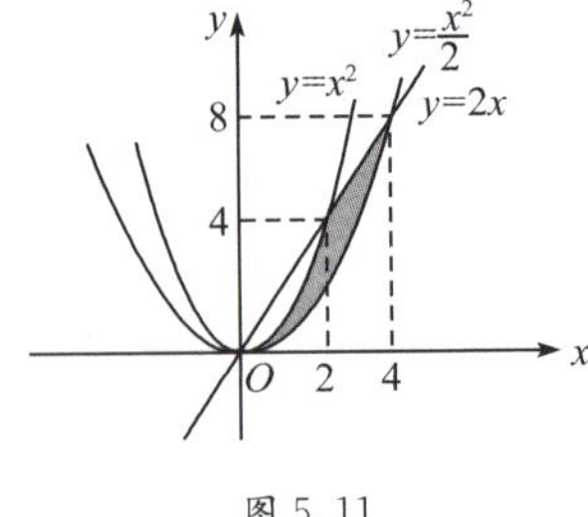

图 5.11

解 由 $\begin{cases}y=x^2,\\y=2x,\end{cases}$ 解得 $\begin{cases}x=2,\\y=4;\end{cases}$

$\begin{cases}y=\frac{x^2}{2},\\y=2x,\end{cases}$ 解得 $\begin{cases}x=4,\\y=8;\end{cases}$ $\begin{cases}y=\frac{x^2}{2},\\y=x^2,\end{cases}$ 解得 $\begin{cases}x=0,\\y=0.\end{cases}$

三个方程两两联立可得,三条线的交点分别为(0,0),(2,4),(4,8)(见图 5.11),

故所求面积 $A=\int_0^2\left(x^2-\frac{x^2}{2}\right)\mathrm{d}x+\int_2^4\left(2x-\frac{x^2}{2}\right)\mathrm{d}x=4.$

【名师点评】首先画出草图,由于三个函数所围平面区域有多个,因此要在草图中准确标出由已知三个函数共同围成的平面图形. 根据该图形的形状,可以发现,不论将此图视为 X 型区域,还是 Y 型区域,都需要对该平面图形进行分块,利用定积分分别求出两个面积再相加. 一般来说,在两种类型都需要分块的情况下,如果难易程度又相当,多选择 X 型区域,因为给出的函数多以 x 作为自变量. 选择 X 型区域,以 x 作为积分变量,函数不需要变形,可以直接代入公式求面积.

真题 45　(2017. 国贸) 求抛物线 $y=3-x^2$ 与直线 $y=2x$ 所围成的图形的面积(见图 5.12).

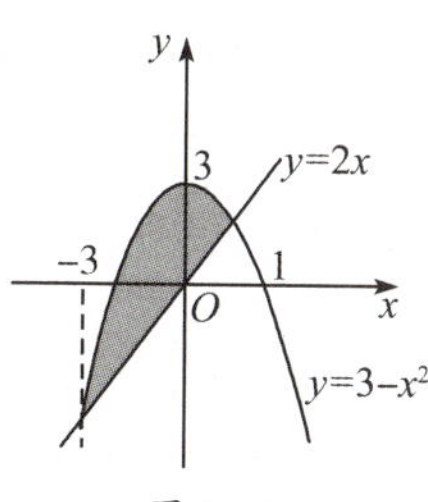

图 5.12

解　抛物线 $y=3-x^2$ 与直线 $y=2x$ 的交点为 $(-3,-6)$ 和 $(1,2)$,

于是所围成的图形的面积是

$$A=\int_{-3}^{1}(3-x^2-2x)\mathrm{d}x=\left(3x-\frac{x^3}{3}-x^2\right)\Big|_{-3}^{1}=\frac{32}{3}.$$

真题 46　(2015. 理工) 第一象限内曲线 $y=\sqrt{x}$ 和它的一条切线 L 及直线 $x=0,x=2$ 围成的平面图形面积最小,求直线 L.

解　由题意画出图 5.13,设切点为 (x_0,y_0),则 $y_0=\sqrt{x_0}$,

因为 $y'=\dfrac{1}{2\sqrt{x}}$,所以 $y'(x_0)=\dfrac{1}{2\sqrt{x_0}}$,因此切线方程为:$y-\sqrt{x_0}=\dfrac{1}{2\sqrt{x_0}}(x-x_0)$,

即 $y=\dfrac{\sqrt{x_0}}{2}+\dfrac{x}{2\sqrt{x_0}}$.

$$A=\int_0^2\left(\frac{\sqrt{x_0}}{2}+\frac{x}{2\sqrt{x_0}}-\sqrt{x}\right)\mathrm{d}x=\left(\frac{\sqrt{x_0}}{2}x+\frac{x^2}{4\sqrt{x_0}}-\frac{2}{3}x^{\frac{3}{2}}\right)\Big|_0^2$$

$$=\sqrt{x_0}+\frac{1}{\sqrt{x_0}}-\frac{4}{3}\sqrt{2}\,(0<x_0<x).$$

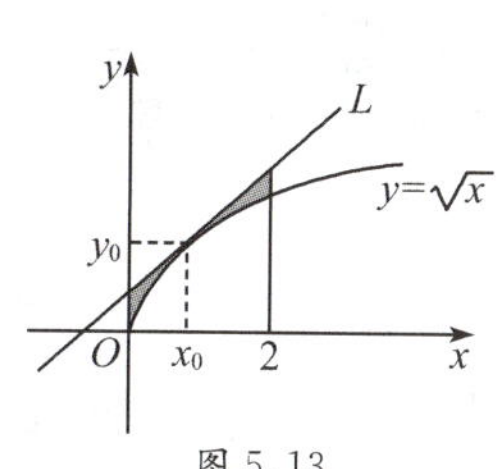

图 5.13

令 $A'=0$,解得 $x_0=1$,唯一的驻点即为最值点. 即 $x_0=1$, $y_0=1$ 时面积取得最小值.

因此,所求直线 L:$y-1=\dfrac{1}{2}(x-1)$,即 $y=\dfrac{1}{2}x+\dfrac{1}{2}$.

> **【名师点评】**此题为综合题,考查了导数的几何意义、定积分的应用、最值问题相关知识点. 首先根据导数的几何意义写出切线方程,再列出定积分求出平面图形的面积,并以此为目标函数. 该目标函数在定义域的开区间内只有唯一的驻点,所以该点即为所求最值点.

真题 47　(2016. 机械、交通) 在抛物线 $y=x^2(0\leqslant x\leqslant 1)$ 上找一点 P,使过点 P 的水平直线与抛物线以及直线 $x=0,x=1$ 所围成的平面图形面积最小.

解　由题意画出图 5.14,因为点 P 在抛物线上,设 $P(k,k^2)(0\leqslant k\leqslant 1)$,

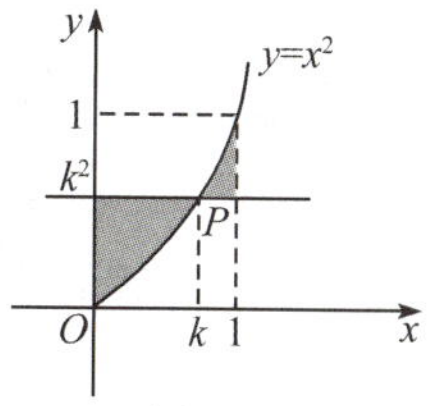

$$A=\int_0^k(k^2-x^2)\mathrm{d}x+\int_k^1(x^2-k^2)\mathrm{d}x=\left(k^2x-\frac{1}{3}x^3\right)\Big|_0^k+\left(\frac{1}{3}x^3-k^2x\right)\Big|_k^1$$

$$=k^3-\frac{1}{3}k^3+\frac{1}{3}-k^2-\frac{1}{3}k^3+k^3=\frac{4}{3}k^3-k^2+\frac{1}{3}\ (0\leqslant k\leqslant 1).$$

图 5.14

令 $A'=0$,则 $k=0,k=\dfrac{1}{2}$,而 $A(0)=\dfrac{1}{3},A\left(\dfrac{1}{2}\right)=\dfrac{1}{4},A(1)=\dfrac{2}{3}$.

所以 $k=\dfrac{1}{2}$ 时,所求面积最小. 因此,所求点 P 的为 $\left(\dfrac{1}{2},\dfrac{1}{4}\right)$.

> **【名师点评】**曲线围成平面图形面积的最值问题也是专升本考试中常考知识点之一. 求解时首先利用定积分表示出平面图形的面积,然后以此为目标函数. 若该面积函数在定义域的开区间内只有唯一的驻点,则唯一驻点即为所求最值点;若该目标函数的定义域是闭区间,或者有不止一个驻点,则需要把所有可能极值点的函数值都求出来,比较大小后得出最值.

真题 48　(2014. 公共) 一抛物线过点 $(1,0)$、$(3,0)$,求证:该抛物线与两坐标轴所围图形面积等于该抛物线与 x 轴所围图形面积.

证明　由题意画出图 5.15,抛物线方程可设为 $y=ax^2+bx+c$,

因为过 $(1,0)$,$(3,0)$ 两点,所以 $\begin{cases}a+b+c=0,\\9a+3b+c=0.\end{cases}$

解之得 $b=-4a, c=3a$. 所以抛物线方程为 $y=ax^2-4ax+3a$,

$a>0$ 时与两坐标轴围成的面积

$$A_1=\int_0^1(ax^2-4ax+3a)\mathrm{d}x=\left(\frac{1}{3}ax^3-2ax^2+3ax\right)\Bigg|_0^1=\frac{1}{3}a-2a+3a=\frac{4}{3}a;$$

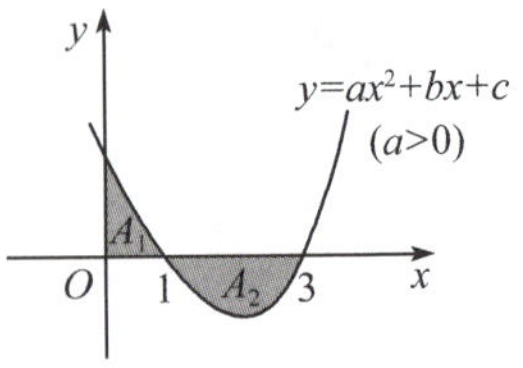

图 5.15

抛物线与 x 轴围成的面积

$$A_2=-\int_1^3(ax^2-4ax+3a)\mathrm{d}x=-\left[\left(\frac{1}{3}ax^3-2ax^2+3ax\right)\Bigg|_1^3\right]$$

$$=-\left[\left(\frac{1}{3}a\times27-2a\times9+3a\times3\right)-\left(\frac{1}{3}a-2a+3a\right)\right]=-\left[0-\left(\frac{4}{3}a\right)\right]=\frac{4}{3}a,$$

因此 $A_1=A_2$.

同理, $a<0$ 时可证 $A_1=A_2$.

因此抛物线与两坐标轴围成的面积等于与 x 轴围成的面积.

【名师点评】此题仅由已知条件并不能确定抛物线的开口方向,所以可以进行讨论.用定积分表示两个平面图形面积时,要注意这两个图形一个出现在 x 轴的上方,另一个出现在 x 轴的下方,所以积分前面的符号一正一负,特别是负号不要漏掉.

考点方法综述

在专升本考试中,该单元的考查内容通常为计算题或者综合题.用定积分计算平面图形的面积时,首先根据所画图形,确定类型,然后选择积分变量.平面图形类型确定的基本原则为尽量不分块或者少分块,这样能够减少计算量.

本章检测训练

第五章检测训练 A

一、单选题

1. 设函数 $f(x)$ 仅在区间$[0,4]$上可积,则必有$\int_0^3 f(x)\mathrm{d}x=$________.

A. $\int_0^2 f(x)\mathrm{d}x+\int_2^3 f(x)\mathrm{d}x$　　B. $\int_0^{-1} f(x)\mathrm{d}x+\int_{-1}^3 f(x)\mathrm{d}x$

C. $\int_0^5 f(x)\mathrm{d}x+\int_5^3 f(x)\mathrm{d}x$　　D. $\int_0^{10} f(x)\mathrm{d}x+\int_{10}^3 f(x)\mathrm{d}x$

2. 已知 $F(x)$ 是 $f(x)$ 的原函数,则$\int_0^x f(t+a)\mathrm{d}t=$________.

A. $F(x)-F(a)$　　B. $F(t+a)-F(2a)$　　C. $F(x+a)-F(a)$　　D. $F(t)-F(a)$

3. $\int_{-\infty}^{+\infty}\frac{\mathrm{d}x}{1+x^2}=$________.

A. 0　　B. π　　C. $\frac{\pi}{2}$　　D. $\pm\infty$

4. $\lim\limits_{x\to0}\frac{\int_0^x \sin t^2\mathrm{d}t}{x^2}=$________.

A. 1　　B. 0　　C. $\frac{1}{2}$　　D. $\frac{1}{3}$

5. 若$\int_0^1 x^{-q}\mathrm{d}x$ 收敛,则________.

A. $q\geqslant1$　　B. $q>1$　　C. $q\leqslant1$　　D. $q<1$

6. 设 $I_1=\int_0^1 x\mathrm{d}x, I_2=\int_1^2 x^2\mathrm{d}x$,则________.

A. $I_1\geqslant I_2$　　B. $I_1>I_2$　　C. $I_1\leqslant I_2$　　D. $I_1<I_2$

7. 反常积分$\int_{2}^{+\infty}\frac{dx}{x^2}=$______.

A. 0　　B. $+\infty$　　C. $-\frac{1}{2}$　　D. $\frac{1}{2}$

8. $\int_{0}^{4}dx=$______.

A. 0　　B. 1　　C. $\frac{1}{4}$　　D. 4

9. $\frac{d}{dx}\int_{0}^{x}\cos t^2 dt=$______.

A. $\cos x^2$　　B. $\sin x^2$　　C. $2x\cos x^2$　　D. $\cos t^2$

10. 下列定积分值为零的是______.

A. $\int_{-1}^{2}x dx$　　B. $\int_{-1}^{1}x\sin x^2 dx$　　C. $\int_{-1}^{2}\sin x dx$　　D. $\int_{-1}^{1}x^2\sin x^2 dx$

11. $\frac{d}{dx}\int_{a}^{b}\arcsin x dx=$______.

A. 0　　B. $\frac{1}{\sqrt{1-x^2}}$　　C. $\arcsin x$　　D. $\arcsin b-\arcsin a$

12. 下列不等式中正确的是______.

A. $\int_{0}^{1}x^2 dx\leqslant\int_{0}^{1}x^3 dx$　　B. $\int_{0}^{1}x^2 dx\geqslant\int_{0}^{1}x^3 dx$　　C. $\int_{1}^{2}x^3 dx\leqslant\int_{1}^{2}x^2 dx$　　D. $\int_{1}^{2}x dx\geqslant\int_{1}^{2}x^2 dx$

13. $\int_{0}^{x}f(t)dt=a^{2x}$，则 $f(x)$ 等于______.

A. $2a^{2x}$　　B. $a^{2x}\ln a$　　C. $2a^{2x-1}$　　D. $2a^{2x}\ln a$

14. $f\left(\frac{1}{x}\right)=\frac{x}{x+1}$，则$\int_{0}^{1}f(x)dx=$______.

A. $\frac{1}{2}$　　B. $1-\ln 2$　　C. 1　　D. $\ln 2$

二、填空题

1. 若$\int_{0}^{a}x\sin x dx=b(a>0)$，则$\int_{-a}^{a}x(\sin x+\cos x)dx=$______.

2. 若$\int_{-a}^{a}(2x-1)dx=4$，则 $a=$______.

3. 计算$\int_{-1}^{1}x|x|dx=$______.

4. $4\int_{0}^{1}\sqrt{1-x^2}dx$ 在几何上表示______图形的面积.

5. 已知$\int_{-\infty}^{+\infty}\frac{A}{1+x^2}dx=1$，则 $A=$______.

6. 已知 $F'(x)=f(x)$，则$\int_{a}^{x}f(t+a)dt=$______.

7. 函数 $y=\frac{1}{\sqrt[3]{x}}$ 在区间$[1,8]$上的平均值是______.

8. 计算$\frac{d}{dx}\int_{x^2}^{1}f(t)dt=$______.

9. 计算$\lim\limits_{x\to 0}\frac{\int_{0}^{x}\sin^2 2t dt}{x^3}=$______.

10. 计算$\int_{-2}^{2}x^4\sin^3 x dx=$______.

11. 计算$\int_{1}^{+\infty}\frac{1}{1+x^2}dx=$______.

三、计算题

1. $\int_1^e \frac{dx}{x(2x+1)}$.

2. $\int_0^1 \frac{2x+3}{1+x^2}dx$.

3. $\int_0^1 \frac{x\,dx}{(2-x^2)\sqrt{1-x^2}}$.

4. $\int_0^{\pi}\sqrt{\frac{1+\cos 2x}{2}}\,dx$.

5. $\int_1^2 x^2\ln x\,dx$.

6. $\int_0^2 x^3 e^{-x^2}dx$.

7. $\int_0^{\frac{\pi}{2}} x^2\sin x\,dx$.

8. $\lim\limits_{x\to 0}\frac{\int_0^x \frac{\sin(t^2)}{t}dt}{x^2}$.

9. $\int_1^4 e^{\sqrt{x}}dx$.

10. $\int_0^1 x^2\sqrt{1-x^2}\,dx$.

四、解答题

1. 求由曲线 $y=2x$, $y=\frac{x}{2}$, $x+y=2$ 所围成的图形的面积.

2. 求由曲线 $y=2-x^2$ 和直线 $y-2x=2$ 所围成图形的面积.

3. 设平面图形是曲线 $y=x^2$, $y=x$ 及 $y=2x$ 所围成,求此平面图形的面积;

4. 求由曲线 $y=\ln(x+1)$ 在点(0,0)处的切线与抛物线 $y=x^2-2$ 围成的平面图形的面积.

5. 过抛物线 $x^2=4y$ 上横坐标分别为2和4的两点连一条直线,求此直线与抛物线所围成的图形的面积.

6. 求函数 $f(x)=\int_0^x \frac{t+2}{t^2+2t+2}dt$ 在区间[0,1]上的最大值与最小值.

第五章检测训练 B

一、选择题

1. 设 $f(x)$ 在 $[a,b]$ 上有定义,若 $f(x)$ 在 $[a,b]$ 上可积,则以下结论正确的是________.

A. $f(x)$ 在 $[a,b]$ 上有有限个间断点　　B. $f(x)$ 在 $[a,b]$ 上有界

C. $f(x)$ 在 $[a,b]$ 上连续　　D. $f(x)$ 在 $[a,b]$ 上可导

2. 设 $f(x)$ 在 $[a,b]$ 上连续且 $\int_a^b f(x)dx=0$,则________.

A. 在 $[a,b]$ 的某个小区间上 $f(x)=0$　　B. $[a,b]$ 上的一切 x 均使 $f(x)=0$

C. $[a,b]$ 内至少有一点 x,使 $f(x)=0$　　D. $[a,b]$ 内不一定有 x,使 $f(x)=0$

3. $\int_0^1 e^x dx$ 与 $\int_0^1 e^{x^2}dx$ 相比,有关系式________.

A. $\int_0^1 e^x dx<\int_0^1 e^{x^2}dx$　　B. $\int_0^1 e^x dx>\int_0^1 e^{x^2}dx$　　C. $\int_0^1 e^x dx=\int_0^1 e^{x^2}dx$　　D. $\left[\int_0^1 e^x dx\right]^2<\int_0^1 e^{x^2}dx$

4. $\int_a^x f'(2t)dt=$________.

A. $2[f(x)-f(a)]$　　B. $f(2x)-f(2a)$　　C. $2[f(2x)-f(2a)]$　　D. $\frac{1}{2}[f(2x)-f(2a)]$

5. 设 $f(x)=\begin{cases}x^2, x>0,\\ x,\ x\leqslant 0,\end{cases}$ 则 $\int_{-1}^1 f(x)dx=$________.

A. $2\int_{-1}^0 x\,dx$　　B. $2\int_0^1 x^2dx$　　C. $\int_0^1 x^2dx+\int_{-1}^0 x\,dx$　　D. $\int_0^1 x\,dx+\int_{-1}^0 x^2dx$

6. 设 $f(x)$ 在 $[a,b]$ 上连续,$\varphi(x)=\int_a^x f(t)dt$,则________.

A. $\varphi(x)$ 是 $f(x)$ 在 $[a,b]$ 上的一个原函数　　B. $f(x)$ 是 $\varphi(x)$ 在 $[a,b]$ 上的一个原函数

C. $\varphi(x)$ 是 $f(x)$ 在 $[a,b]$ 上唯一的一个原函数　　D. $f(x)$ 是 $\varphi(x)$ 在 $[a,b]$ 上唯一的一个原函数

7. 设 $f(x)$ 是具有连续导数的函数,且 $f(0)=0$. 若 $\Phi(x)=\begin{cases}\frac{\int_0^x tf(t)dt}{x^2}, & x\neq 0,\\ 0, & x=0,\end{cases}$ 则 $\Phi'(0)=$________.

A. $f'(0)$　　B. $\frac{1}{3}f'(0)$　　C. 1　　D. $\frac{1}{3}$

8. 设 $f(x)$ 在$[0,l^2]$上连续，则函数 $F(x)=\int_0^x tf(t^2)\mathrm{d}t$ 在$(-l,l)$上是________.

A. 奇函数　　B. 偶函数　　C. 单调增加函数　　D. 非奇非偶函数

9. 计算$\int_{-\frac{\pi}{2}}^{\frac{\pi}{2}}|\sin x|\mathrm{d}x=$________.

A. 0　　B. π　　C. $\frac{\pi}{2}$　　D. 2

10. 若$\int_0^x f(t)\mathrm{d}t=\frac{x^4}{2}$，则$\int_0^4\frac{1}{\sqrt{x}}f(\sqrt{x})\mathrm{d}x=$________.

A. 16　　B. 8　　C. 4　　D. 2

11. 计算$\int_{-1}^{1}\frac{1}{x^2}\mathrm{d}x=$________.

A. 0　　B. 2　　C. -2　　D. 发散

12. 位于右半平面且由圆周 $x^2+y^2=8$ 与抛物线 $y^2=2x$ 所围图形的面积 $A=$________.

A. $\int_0^{\sqrt{8}}(\sqrt{8-x^2}-\sqrt{2x})\mathrm{d}x$　　B. $\int_0^2\sqrt{2x}\,\mathrm{d}x+\int_2^{\sqrt{8}}\sqrt{8-x^2}\,\mathrm{d}x$

C. $2\int_0^{\sqrt{8}}(\sqrt{8-x^2}-\sqrt{2x})\mathrm{d}x$　　D. $2(\int_0^2\sqrt{2x}\,\mathrm{d}x+\int_2^{\sqrt{8}}\sqrt{8-x^2}\,\mathrm{d}x)$

二、填空题

1. 设 $f(x)=\begin{cases}x+1, x\leqslant 1,\\ \frac{1}{2}x^2,\ x>1,\end{cases}$ 则$\int_0^2 f(x)\mathrm{d}x=$______________.

2. 计算$\frac{\mathrm{d}}{\mathrm{d}x}\int_a^b\arctan^2 x\,\mathrm{d}x=$______________.

3. 设 $f(x)$ 是连续函数，且$\int_0^{x^2-1}f(t)\mathrm{d}t=x$，则 $f(7)=$______________.

4. 计算$\frac{\mathrm{d}}{\mathrm{d}x}\int_{x^2}^{x^3}\frac{\mathrm{d}t}{\sqrt{1+t^4}}=$______________.

5. 计算$\int_{\frac{1}{e}}^{e^3}\frac{1}{x\sqrt{1+\ln x}}\mathrm{d}x=$______________.

6. 计算$\int_0^5\frac{x^3}{x^2+1}\mathrm{d}x=$______________.

7. 计算$\int_{-a}^{a}x^2[f(x)-f(-x)]\mathrm{d}x=$______________.

8. 设 $x\mathrm{e}^{-x}$ 为 $f(x)$ 的一个原函数，则$\int_0^1 xf'(x)\mathrm{d}x=$______________.

9. 计算$\int_0^{\frac{\sqrt{3}}{2}}\arccos x\,\mathrm{d}x=$______________.

10. 曲线 $y=x^3$ 与直线 $y=1,x=0$ 所围成的图形的面积为______________.

三、计算题

1. 求极限$\lim\limits_{x\to 0}\frac{\int_0^x(\arcsin t-t)\mathrm{d}t}{x(\mathrm{e}^x-1)^3}$.

2. 求定积分$\int_0^{\frac{\pi}{4}}\frac{\sec^2 x}{(1+\tan x)^2}\mathrm{d}x$.

3. 求定积分$\int_{-2}^{1}\frac{1}{(11+5x)^3}\mathrm{d}x$.

4. 求定积分$\int_0^{\ln 2}\sqrt{\mathrm{e}^x-1}\,\mathrm{d}x$.

5. 求定积分$\int_1^4\frac{1}{x(1+\sqrt{x})}\mathrm{d}x$.

6. 求定积分$\int_{-\frac{\pi}{2}}^{\frac{\pi}{2}}\sqrt{\cos x-\cos^3 x}\,\mathrm{d}x$.

7. 求定积分$\int_{-2}^{2}(|x|+x)\mathrm{e}^{-|x|}\mathrm{d}x$.

8. 求定积分$\int_{-1}^{1}(\sqrt{1+x^2}+x)^2\mathrm{d}x$.

9. 求定积分$\int_1^{\sqrt{3}}\frac{1}{x^2\sqrt{1+x^2}}\mathrm{d}x$.

10. 求定积分$\int_1^{e}\cos(\ln x)\mathrm{d}x$.

11. 求定积分$\int_0^1\ln(1+\sqrt{x})\mathrm{d}x$.

四、解答题

1.设 $y=y(x)$ 由 $\int_0^y e^{t^2}dt+\int_0^{x^2}\frac{\sin t}{\sqrt{t}}dt=0$ 确定,求 $\frac{dy}{dx}$.

2.已知 $f(x)=\begin{cases}\sin x, 0\leqslant x\leqslant 1,\\ x, \quad 1<x\leqslant 2,\\ 2, \quad x>2,\end{cases}$ 求 $F(x)=\int_0^x f(t)dt$.

3.求由曲线 $y=x^2$ 及 $y=2-x^2$ 所围成的平面图形的面积.

4.在曲线 $y=x^2(x>0)$ 上求一点,使得曲线在该点处的切线、曲线以及 x 轴所围成图形的面积为 $\frac{1}{12}$.

5.求抛物线 $y=\frac{1}{2}x^2$ 将圆 $x^2+y^2=8$ 分割后形成的两部分的面积.

6.在抛物线 $y=x^2(0\leqslant x\leqslant 1)$ 上找一点 P,使过点 P 的水平直线、抛物线以及直线 $x=0,x=1$ 所围成的平面图形面积最小.

第二模块　新大纲高等数学(三)模拟题

模拟题一

一、选择题(每小题 3 分,共 15 分)

1. 设$\lim\limits_{x\to 0}(1-mx)^{\frac{1}{x}}=e^2$,则 $m=$________.

A. $-\dfrac{1}{2}$　　B. -2　　C. 2　　D. $\dfrac{1}{2}$

2. 设 $f(x)$ 在 x_0 某邻域内有定义,且$\lim\limits_{h\to 0}\dfrac{f(x_0-3h)-f(x_0)}{h}=1$,则 $f'(x_0)=$________.

A. $\dfrac{1}{3}$　　B. $-\dfrac{1}{3}$　　C. -3　　D. 3

3. 设 $f(x)=\dfrac{x^2-2x}{|x|(x^2-4)}$,则 $x=0$ 为其________.

A. 连续点　　B. 可去间断点　　C. 无穷间断点　　D. 跳跃间断点

4. 设 $F(x)$ 是 $f(x)$ 的一个原函数,则$\int e^{-x}f(e^{-x})dx=$________.

A. $-F(e^x)+C$　　B. $F(e^x)+C$　　C. $-F(e^{-x})+C$　　D. $F(e^{-x})+C$

5. 定积分$\int_{-\sqrt{3}}^{\sqrt{3}}\dfrac{x^5\sin^2 x}{1+x^2+x^4}dx=$________.

A. 1　　B. 0　　C. e　　D. 无法求解

二、填空题(每小题 3 分,共 15 分)

6. 函数 $y=\sqrt{16-x^2}+\arccos\dfrac{2x-1}{7}$ 的连续区间为________.

7. 函数 $f(x)=\ln x$ 在区间$[1,e]$上满足拉格朗日中值定理的 $\xi=$________.

8. $\lim\limits_{x\to 0}\dfrac{\int_0^x \sin t^2 dt}{x^3}=$________.

9. 过曲线 $y=\ln x$ 上点(1,0)处的法线方程为________.

10. $\dfrac{d}{dx}\int_a^b \arctan x\,dx=$________.

三、计算题(每小题 6 分,共 42 分)

11. 求极限$\lim\limits_{x\to 0}\left(\dfrac{1}{x}-\dfrac{1}{e^x-1}\right)$.

12. 设函数 $y=f(x)$ 由方程 $y^2-2xy+9=0$ 确定,求 y'.

13. $y=x^{\sin 2x}(x>0)$,求微分 dy.

14. 求函数 $y=x^4-2x^2$ 的极值.

15. 求不定积分$\int\sin^3 x\cos^2 x\,dx$.

16. 求$\int_0^1 \arctan x\,dx$.

17. 设$f(x)$为连续函数,且$f(x)=x-3\int_0^1 f(t)dt$,求$f(x)$.

四、应用题(每小题 7 分,共 14 分)

18. 求抛物线$y^2=2x$与该曲线在点$\left(\frac{1}{2},1\right)$处的法线所围成图形的面积.

19. 要做一个底为长方形的带盖的箱子,其体积为 72,底长与宽的比为 2∶1,问各边长多少时,才能使表面积为最小?

五、证明题(每小题 7 分,共 14 分)

20. 求证:当$x>0$时,有$\ln\left(1+\frac{1}{x}\right)>\frac{1}{1+x}$.

21. 设$f(x)$在$[0,1]$上可导,且满足$f(1)=\int_0^1 xf(x)dx$,求证:必有一点$\xi\in(0,1)$,使得$\xi f'(\xi)+f(\xi)=0$.

模拟题二

一、选择题(每小题3分,共15分)

1. 设 $f(x)$ 在点 x_0 处可导,且 $f'(x_0)=-2$,则 $\lim\limits_{h\to 0}\dfrac{f(x_0-h)-f(x_0)}{h}=$ ________.

A. $\dfrac{1}{2}$　　B. 2　　C. $-\dfrac{1}{2}$　　D. -2

2. 当 $x\to 0$ 时,x^2 与 $\sin x$ 比较是 ________.

A. 较高阶无穷小　　B. 较低阶无穷小

C. 同阶但不等价无穷小　　D. 等价无穷小

3. 函数 $y=f(x)$ 在点 x_0 处取得极大值,则必有 ________.

A. $f'(x_0)=0, f''(x_0)>0$　　B. $f''(x_0)<0$

C. $f'(x_0)=0, f''(x_0)<0$　　D. $f'(x_0)=0$ 或 $f'(x_0)$ 不存在

4. 若 $f(x)=\arctan e^x$,则 $f'(x)=$ ________.

A. $\dfrac{e^x}{1+e^{2x}}$　　B. $\dfrac{1}{1+e^{2x}}$　　C. $\dfrac{1}{\sqrt{1+e^{2x}}}$　　D. $\dfrac{e^x}{\sqrt{1+e^{2x}}}$

5. 定积分 $\int_{-1}^{1}\sqrt{x^2-x^4}\,dx=$ ________.

A. $\dfrac{1}{3}$　　B. $\dfrac{2}{3}$　　C. 0　　D. $\dfrac{3}{2}$

二、填空题(每小题3分,共15分)

6. 函数 $y=\dfrac{\ln(3-x)}{\sqrt{|x|-1}}$ 的定义域为 ________.

7. $\lim\limits_{x\to\infty}\left(\dfrac{x+1}{x}\right)^{-x}=$ ________.

8. 曲线 $y=(x+4)\sqrt[3]{3-x}$ 在点(2,6)处的切线方程为 ________.

9. 设 $y=x^{\tan x}(x>0)$,则 $y'=$ ________.

10. $\int\dfrac{\sin^2 x}{1+\cos 2x}dx=$ ________.

三、计算题(每小题6分,共42分)

11. 求极限 $\lim\limits_{x\to 0}\dfrac{x-\arctan x}{\ln(1+x^3)}$.

12. 当 $x\to 0$ 时,无穷小 $1-\cos x$ 与 mx^n 为等价无穷小,求 m 和 n 的值.

13. 设 $y=\sqrt{\dfrac{(x-1)(x+2)}{(3-x)(4+x)}}$,求 y'.

14. 求函数 $y=x+\dfrac{1}{x+1}$ 的单调区间与极值.

15. 求函数 $f(x)=x+\dfrac{3}{2}x^{\frac{2}{3}}$ 在区间 $\left[-8,\dfrac{1}{8}\right]$ 上的最大值和最小值.

16. 求不定积分 $\int\dfrac{x}{\sqrt{x-3}}\,dx$.

17. 求定积分 $\int_1^4\dfrac{\ln x}{\sqrt{x}}dx$.

四、应用题(每小题7分,共14分)

18. 设有一块边长为6的正方形铁皮,从四个角截去同样的小方块,做成一个无盖的方盒子,问小方块的边长为多少才能使盒子的容积最大?

19. 有曲线 $y=x^2$ 及直线 $x=1, x=0, y=a$,其中 $0\leqslant a\leqslant 1$.

(1)求所围图形的面积; (2)a 为何值时,该面积取值最小?并求出此最小值.

五、证明题(每小题7分,共14分)

20. 当 $x>0$ 时,证明 $e^x-1>\sin x$.

21. 若方程 $a_0x^n+a_1x^{n-1}+\cdots+a_{n-1}x=0$ 有一个正根 $x=x_0$,试证明方程 $na_0x^{n-1}+(n-1)a_1x^{n-2}+\cdots+a_{n-1}=0$ 必有一个小于 x_0 的正根.

模拟题三

一、选择题(每小题 3 分,共 15 分)

1. 当 $x \to 0^+$ 时,下列函数为无穷小的是 ________.

A. $x\sin\dfrac{1}{x}$　　B. $e^{\frac{1}{x}}$　　C. $\ln x$　　D. $\dfrac{1}{x}\sin x$

2. 设 $y=\dfrac{\sqrt[3]{x}-1}{x-1}$,则 $x=1$ 是函数 y 的 ________.

A. 连续点　　B. 可去间断点　　C. 跳跃间断点　　D. 无穷间断点

3. 设 $f(x)=\begin{cases}\dfrac{1}{3}x^3, & x\leqslant 1,\\ x^2, & x>1,\end{cases}$ 则 $f(x)$ 在点 $x=1$ 处 ________.

A. 左、右导数都存在　　B. 左导数存在,右导数不存在

C. 左、右导数都不存在　　D. 左导数不存在,但右导数存在

4. 下列函数在给定区间上不满足拉格朗日中值定理的是 ________.

A. $y=|x|$, $[-1,2]$　　B. $y=4x^3-5x^2+x-1$, $[0,1]$

C. $y=\ln(1+x^2)$, $[0,3]$　　D. $y=\dfrac{2x}{1+x^2}$, $[-1,1]$

5. 下列凑微分式中正确的是 ________.

A. $\arctan x\,dx=d\left(\dfrac{1}{1+x^2}\right)$　　B. $\dfrac{dx}{\sqrt{x}}=d(\sqrt{x})$

C. $\ln|x|\,dx=d\left(\dfrac{1}{x}\right)$　　D. $\sin 2x\,dx=d(\sin^2 x)$

二、填空题(每小题 3 分,共 15 分)

6. 设 $y=f(\ln x)e^{f(x)}$,其中 $f(x)$ 可微,则微分 $dy=$ ________.

7. 极限 $\lim\limits_{x\to 0}(1+3x)^{\frac{2}{\sin x}}=$ ________.

8. 曲线 $y=\dfrac{1}{2}x^2-2$ 在点 $(2,0)$ 处的切线方程为 ________.

9. 定积分 $\int_1^e x^2\ln x\,dx=$ ________.

10. $\lim\limits_{x\to 0}\dfrac{\int_0^x \cos t^2\,dt}{2x}=$ ________.

三、计算题(每小题 6 分,共 42 分)

11. 求极限 $\lim\limits_{x\to 0}\dfrac{e^x-e^{\sin x}}{x^3}$.

12. 求极限 $\lim\limits_{n\to\infty}\dfrac{1+2+3+\cdots+n}{n^2}$.

13. 设 $y=\ln\cos x-e^{\tan x}$,求 y'.

14. 设 $f(x)=\int_1^{x^2}\dfrac{\sin t}{t}dt$,求 $\int_0^1 xf(x)dx$.

15. 求曲线 $y=\dfrac{1}{x}$ 与直线 $y=x$, $x=2$ 以及 x 轴所围成的图形的面积.

16. 设 $f(x)=\begin{cases}1+x^2, & x\leqslant 0,\\ e^{-x}, & x>0,\end{cases}$ 求定积分 $\int_1^3 f(x-2)dx$.

17. 求定积分 $\int\dfrac{\sqrt{x^2-4}}{x}dx$.

四、应用题(每小题7分,共14分)

18. 要做一个容积为 250π 的无盖圆柱体蓄水池,已知池底单位造价为池壁单位造价的两倍,问蓄水池的尺寸应怎样设计,才能使总造价最低?

19. 求由抛物线 $y^2 = x$ 与半圆 $x^2 + y^2 = 2(x > 0)$ 围成图形的面积.

五、证明题(每小题7分,共14分)

20. 求证:当 $x > 0$ 时,$\frac{x}{1+x} < \ln(1+x) < x$.

21. 设函数 $f(x)$ 在区间 $(-a,a)$ 上为奇函数且可导,证明 $f'(x)$ 在区间 $(-a,a)$ 上为偶函数.

模拟题四

一、选择题(每小题 3 分,共 15 分)

1. 当 $x \to 0$ 时,下列无穷小量中与 $1-\cos x$ 等价的是 ________.

A. x　　B. $\frac{1}{2}x$　　C. x^2　　D. $\frac{1}{2}x^2$

2. 设 $f(x)=\begin{cases}\frac{\sin x}{x}, & x<0,\\ ax+b, & x\geqslant 0\end{cases}$ 是连续函数,则 a,b 满足 ________.

A. a 为任意实数,$b=1$　　B. $a=1,b=0$　　C. $a=0,b=-1$　　D. $a=0,b=0$

3. 设 $f(x)$ 是可导函数,则 $\lim\limits_{h\to 0}\frac{f(h)-f(-h)}{h}=$ ________.

A. $f'(x)$　　B. $f'(0)$　　C. $2f'(0)$　　D. $2f'(x)$

4. 不定积分 $\int \sin^2\frac{x}{2}\,\mathrm{d}x=$ ________.

A. $\frac{1}{2}(x+\sin x)+C$　　B. $-\frac{1}{2}(x-\sin x)+C$　　C. $-\frac{1}{2}(x+\sin x)+C$　　D. $\frac{1}{2}(x-\sin x)+C$

5. 定积分 $\int_0^2 |x-1|\,\mathrm{d}x=$ ________.

A. 0　　B. 2　　C. -1　　D. 1

二、填空题(每小题 3 分,共 15 分)

6. $\lim\limits_{x\to 0}\frac{x^2\sin\frac{1}{x}}{\sin x}=$ ________.

7. 已知 $y=\sin(x^2)\ln x$,则 $y''|_{x=1}$ ________.

8. 已知 $f(x)=(x-1)(x-2)(x-3)(x-4)$,则 $f'(x)=0$ 在区间 $(1,4)$ 内有 ________ 个根.

9. 设 $y=x^x$,则 $\mathrm{d}y=$ ________.

10. 不定积分 $\int \mathrm{e}^x 5^{-x}\,\mathrm{d}x=$ ________.

三、计算题(每小题 6 分,共 42 分)

11. 已知 $\lim\limits_{x\to\infty}\left(\frac{x^2+1}{x+1}-\alpha x-\beta\right)=0$,求常数 α,β.

12. 若 $x\to 0$ 时,$\sqrt{1-ax^2}-1$ 与 $x\sin x$ 是等价无穷小,计算 a 的值.

13. 若 $f(t)=\lim\limits_{x\to\infty}t\left(1+\frac{1}{x}\right)^{2tx}$,求 $f'(t)$.

14. 设 $xy-2^x+2^y=0$ 确定了一元隐函数 $y=y(x)$,求 $\frac{\mathrm{d}y}{\mathrm{d}x}$.

15. 求过点 $(1,0)$ 且与曲线 $y=\frac{1}{x}$ 相切的直线方程..

16. 求不定积分 $\int\sqrt{1+\mathrm{e}^x}\,\mathrm{d}x$.

17. 设 $f(x)=\begin{cases}\frac{1}{1+x}, & x\geqslant 0,\\ \frac{1}{1+\mathrm{e}^x}, & x<0,\end{cases}$ 求定积分 $\int_0^2 f(x-1)\,\mathrm{d}x$.

四、应用题(每小题 7 分,共 14 分)

18. 设某产品在时刻 t 总产量的变化率为 $f(t)=100+12t-0.6t^2$(单位:h),求从 $t=2$ 到 $t=4$ 这两个小时的总产量为多少?

19. 在区间 $[0,1]$ 上给定函数 $y=x^2$. 对于参数 $t(0<t<1)$,S_1 由 $x=0,y=t^2$ 和 $y=x^2$ 所围成,S_2 由 $x=1,y=t^2$ 和 $y=x^2$ 所围成. 当 t 为何值时,S_1 和 S_2 面积相等?

五、证明题(每小题 7 分,共 14 分)

20. 设 $f(x)$ 在$[0,+\infty)$ 上连续且恒为正值,试证明 $F(x)=\dfrac{\int_0^x tf(t)\mathrm{d}t}{\int_0^x f(t)\mathrm{d}t}(x>0)$ 是增函数.

21. 若函数 $f(x)$ 在区间(a,b) 内具有二阶导数,且 $f(x_1)=f(x_2)=f(x_3)$,$a<x_1<x_2<x_3<b$,试证明至少有一点 $\xi\in(x_1,x_3)$,使得 $f''(\xi)=0$.

模拟题五

一、选择题(每小题 3 分,共 15 分)

1. 函数 $f(x)=\sqrt{3-4x+x^2}+\dfrac{1}{x-1}$ 的定义域为 ________.

A. $(-\infty,1)\cup(1,3)$　B. $(-\infty,1)\cup(3,+\infty)$　C. $(-\infty,1)\cup[3,+\infty)$　D. $(1,3]$

2. 设 $y=e^{-\frac{1}{x}}$ 是无穷大量,则 x 的变化过程是 ________.

A. $x\to0^+$　B. $x\to0^-$　C. $x\to+\infty$　D. $x\to-\infty$

3. 设 $f(x)$ 在 $[0,1]$ 上连续,在 $(0,1)$ 内可导,且 $f'(x)>0$,则 ________.

A. $f(0)<0$　B. $f(1)>0$　C. $f(1)>f(0)$　D. $f(1)<f(0)$

4. 函数 $2(e^{2x}-e^{-2x})$ 的一个原函数是 ________.

A. e^x+e^{-x}　B. $4(e^{2x}-e^{-2x})$　C. $\dfrac{1}{2}(e^{2x}-e^{-2x})$　D. $(e^x+e^{-x})^2$

5. 设 $\varphi(x)=\int_0^{2x}e^t\cos t\,dt$,则 $\varphi'(0)=$ ________.

A. 0　B. 1　C. -1　D. 2

二、填空题(每小题 3 分,共 15 分)

6. 已知 $f(x)=\ln x,g(x)=e^{2x+1}$,则 $f[g(x)]=$ ________.

7. $\lim\limits_{x\to+\infty}x\cdot(\sqrt{x^2+1}-\sqrt{x^2-1})=$ ________.

8. 若 $f(x)$ 连续,且 $\int_0^{x^3-1}f(t)dt=x$,则 $f(7)=$ ________.

9. $\lim\limits_{n\to\infty}\left(\dfrac{1}{n+1}+\dfrac{1}{n+2}+\cdots+\dfrac{1}{n+n}\right)=$ ________.

10. 若直线 $y=5x+m$ 是曲线 $y=x^2+3x+2$ 的一条切线,则常数 $m=$ ________.

三、计算题(每小题 6 分,共 42 分)

11. 判断 $f(x)=x^3+\ln\dfrac{1-x}{1+x}$ 的奇偶性.

12. 求极限 $\lim\limits_{x\to4}\dfrac{\sqrt{2x+1}-3}{\sqrt{x-2}-\sqrt{2}}$.

13. 求由方程 $\ln\sqrt{x^2+y^2}=\arctan\dfrac{y}{x}$ 所确定的隐函数的导数 y'.

14. 求函数 $y=x^2e^{-x}$ 的极值.

15. 求不定积分 $\int\dfrac{1}{1+\sqrt{2x-1}}dx$.

16. 求定积分 $\int_0^1\arctan x\,dx$.

17. 求函数 $f(x)=2x(x-6)^2$ 在区间 $[-2,4]$ 上的最大值.

四、应用题(每小题 7 分,共 14 分)

18. 求由曲线 $xy=2$ 与直线 $x+y=3$ 所围成的图形的面积.

19. 设一矩形内接于抛物线 $y^2=2px(p>0)$ 和直线 $x=a(a>0)$ 所围成的抛物线弓形,一条边在 $x=a$ 上,要使面积最大,其边长应为多少?

五、证明题(每小题 7 分,共 14 分)

20. 设 $f(x)$ 在 $[a,b]$ 上连续,且有 $f(a)<a,f(b)>b$ 成立,试证明至少存在一点 $\xi\in(a,b)$ 使得 $f(\xi)=\xi$.

21. 试证明 $\int_x^1\dfrac{dt}{1+t^2}=\int_1^{\frac{1}{x}}\dfrac{dt}{1+t^2}\ (x>0)$.

模拟题六

一、选择题(每小题 3 分,共 15 分)

1. 已知 $f'(x_0)$ 存在,则 $\lim\limits_{h\to 0}\dfrac{f(x_0+h)-f(x_0-h)}{2h}=$ ________.

A. $f'(x_0)$　　B. $2f'(x_0)$　　C. 0　　D. $\dfrac{1}{2}f'(x_0)$

2. 函数 $f(x)=\ln x$ 在$[1,2]$上满足拉格朗日中值定理的 $\xi=$ ________.

A. ln2　　B. ln1　　C. lne　　D. $\dfrac{1}{\ln 2}$

3. 当 $x\to 0$ 时,函数 $f(x)=x\sin^2 x$ 与下列变量为同阶无穷小的是 ________.

A. $\cos x^2-1$　　B. $\sqrt{1-x^3}-1$　　C. 3^x-1　　D. $(1+x^2)^3-1$

4. 设 $F(x)=\mathrm{e}^{2x}$ 是 $f(x)$ 的一个原函数,则 $\int xf'(x)\,\mathrm{d}x=$ ________.

A. $\mathrm{e}^{2x}\left(\dfrac{1}{2}x-1\right)+C$　　B. $\mathrm{e}^{2x}(2x-1)+C$

C. $\mathrm{e}^{2x}\left(\dfrac{1}{2}x+1\right)+C$　　D. $\mathrm{e}^{2x}(2x+1)+C$

5. 函数 $f(x)=\varphi\left(\dfrac{1-x}{1+x}\right)$,$\varphi(x)$ 为可导函数,$\varphi'(1)=3$,则 $f'(0)=$ ________.

A. -6　　B. 6　　C. -3　　D. 3

二、填空题(每小题 3 分,共 15 分)

6. 函数 $y=\ln x+\arcsin x$ 的定义域为 ________.

7. 已知 $\int_1^x f(t)\,\mathrm{d}t=x^2+\ln x-1$,则 $f(x)=$ ________.

8. 若 $\lim\limits_{x\to 0}(1+ax)^{\frac{1}{x}}=\lim\limits_{x\to\infty}x\sin\dfrac{2}{x}$,则 $a=$ ________.

9. 曲线 $y=\mathrm{e}^x$,$y=\mathrm{e}$ 和 y 轴围成的图形的面积为 ________.

10. 如果函数 $y=\begin{cases}\dfrac{x^2-16}{x-4}, & x\neq 4,\\ a, & x=4\end{cases}$ 在$(-\infty,+\infty)$内连续,则 $a=$ ________.

三、计算题(每小题 6 分,共 42 分)

11. 求极限 $\lim\limits_{x\to 0}\dfrac{\mathrm{e}^x-\mathrm{e}^{-x}}{\sin x}$.

12. 求极限 $\lim\limits_{x\to\frac{\pi}{2}}\dfrac{\sin 2x}{2\cos(\pi-x)}$.

13. 已知 $y=\sin\dfrac{2x}{1+x^2}$,求函数的微分 $\mathrm{d}y$.

14. 求定积分 $\int_0^1\dfrac{1}{\mathrm{e}^x+\mathrm{e}^{-x}}\mathrm{d}x$.

15. 设 $y=y(x)$ 是由参数方程 $\begin{cases}x^3-xt^2+t-1=0,\\ y=t^3+t+1\end{cases}$ 所确定的函数,求 $\dfrac{\mathrm{d}y}{\mathrm{d}x}\Big|_{t=0}$.

16. 求不定积分 $\int\dfrac{1}{x\sqrt{x+1}}\mathrm{d}x$.

17. 计算定积分 $\int_1^2(2x+1)\ln x\,\mathrm{d}x$.

四、应用题(每小题 7 分,共 14 分)

18. 已知直线 $x=a$ 将抛物线 $x=y^2$ 与直线 $x=1$ 围成的平面图形分成面积相等的两部分,求 a 的值.

19. 设平面区域 D 是由曲线 $y=\cos x\left(\dfrac{\pi}{4}\leqslant x\leqslant\dfrac{\pi}{2}\right)$ 与 $y=\sin x\left(\dfrac{\pi}{4}\leqslant x\leqslant\pi\right)$ 及 x 轴围成的平面图形,求平面区域 D 的面积.

五、证明题(每小题 7 分,共 14 分)

20. 设函数 $f(x)$ 二阶可导,且 $f''(x)>0$,$f(0)<0$,证明 $\dfrac{f(x)}{x}$ 在$(0,+\infty)$内单增.

21. 设 $x>0$,证明 $\int_0^x\dfrac{1}{1+t^2}\mathrm{d}t+\int_0^{\frac{1}{x}}\dfrac{1}{1+t^2}\mathrm{d}t=\dfrac{\pi}{2}$.

模拟题七

一、选择题(每小题 3 分,共 15 分)

1. 当 $x \to 0$ 时,$x - \sin x$ 与 x^2 比较是________.

A. 较高阶无穷小　　B. 较低阶无穷小　　C. 同阶但不等价无穷小　　D. 等价无穷小

2. 设 $f'(x)$ 在点 x_0 的某个邻域内存在,且 $f(x_0)$ 为 $f(x)$ 的极大值,则 $\lim\limits_{h \to 0} \dfrac{f(x_0 + 2h) - f(x_0)}{h} =$ ________.

A. 0　　B. 1　　C. 2　　D. -2

3. 函数 $f(x) = x\dfrac{a^x - 1}{a^x + 1}$ 的图像关于________对称.

A. x 轴　　B. y 轴　　C. 直线 $y = x$　　D. 无法确定

4. 函数 $f(x) = (e^x - e^{-x})\sin x$ 是________.

A. 偶函数　　B. 奇函数　　C. 非奇非偶函数　　D. 无法判断奇偶性

5. $x = 1$ 为函数 $y = \dfrac{x^2 - 1}{x^2 - 3x + 2}$ 的________.

A. 连续点　　B. 可去间断点　　C. 跳跃间断点　　D. 第二类间断点

二、填空题(每小题 3 分,共 15 分)

6. 函数 $y = \sqrt{16 - x^2} + \arcsin\dfrac{2x - 1}{7}$ 的连续区间为________.

7. $\lim\limits_{x \to 0}(1 + \sin x)^{\frac{2}{x}} =$ ________.

8. 曲线 $y = \arctan 2x$ 在点$(0,0)$处的法线方程为________.

9. $\int e^x \sin(e^x)\mathrm{d}x =$ ________.

10. 定积分$\int_{-1}^{1}(x^2 + x\cos x)\mathrm{d}x =$ ________.

三、计算题(每小题 6 分,共 42 分)

11. 求极限 $\lim\limits_{x \to \infty}\left(\dfrac{x - 1}{x + 1}\right)^{x+1}$.

12. 求定积分$\displaystyle\int_{1}^{\sqrt{3}} \frac{1}{x^2\sqrt{1 + x^2}}\mathrm{d}x$.

13. 已知 $f(0) = 1, f(2) = 3, f'(2) = 5$,求定积分$\int_0^1 x f''(2x)\mathrm{d}x$.

14. 求极限 $\lim\limits_{x \to 0}\dfrac{\tan x - x}{x^2(e^x - 1)}$.

15. 求由方程 $x^2 + 2xy - y^2 - 2x = 0$ 确定的隐函数 $y = y(x)$ 的导数.

16. 求定积分$\displaystyle\int_{1}^{e^2} \frac{1}{x\sqrt{1 + \ln x}}\mathrm{d}x$.

17. 讨论方程 $\ln x = ax\,(a > 0)$ 有几个实根.

四、应用题(每小题 7 分,共 14 分)

18. 设曲线 $y = x^2$ 在其上一点的切线与曲线及 x 轴围成的面积为$\dfrac{2}{3}$.

(1) 求这个点的坐标;

(2) 求切线方程.

19. 设函数 $f(x)$ 满足 $f(x) = \dfrac{1}{x^2} + 2\int_1^2 f(x)\mathrm{d}x$,求 $f(x)$ 的表达式.

五、证明题(每小题 7 分,共 14 分)

20. 试证明当 $x > 0$ 时,$\ln(x + \sqrt{1 + x^2}) > \dfrac{x}{\sqrt{1 + x^2}}$.

21. 试证明方程 $x \cdot 3^x - x - 1 = 0$ 在$(0,3)$上至少有一根.

模拟题八

一、选择题(每小题3分,共15分)

1. 极限$\lim\limits_{x\to 0}\dfrac{\sin^2 mx}{2x^2}=$ ________.

A. 0　　B. ∞　　C. $\dfrac{m}{2}$　　D. $\dfrac{m^2}{2}$

2. 设$f(x)=\dfrac{x^2-2x}{x(x^2-4)}$,则$x=0$为其 ________.

A. 连续点　　B. 可去间断点　　C. 无穷间断点　　D. 跳跃间断点

3. 极限$\lim\limits_{x\to 0}\left(x\arctan\dfrac{1}{x}-\dfrac{\arctan x}{x}\right)=$ ________.

A. -1　　B. 1　　C. 0　　D. 2

4. 定积分$\int_{-1}^{1}\dfrac{x\sin^4 x}{x^4+3x^2+1}\mathrm{d}x=$ ________.

A. $-\dfrac{\pi}{2}$　　B. $\dfrac{\pi}{4}$　　C. $\dfrac{\pi}{2}$　　D. 0

5. 已知$y=x\ln x$,则$y'''=$ ________.

A. $\dfrac{1}{x}$　　B. $\dfrac{1}{x^2}$　　C. $-\dfrac{1}{x}$　　D. $-\dfrac{1}{x^2}$

二、填空题(每小题3分,共15分)

6. $\lim\limits_{x\to\infty}\left(1-\dfrac{2}{x}\right)^x=$ ________.

7. 设$f(x)=\begin{cases}a\mathrm{e}^x+1, & x<0,\\ x+2, & x\geqslant 0\end{cases}$在$x=0$处连续,则$a=$ ________.

8. 已知函数$y=x\sin x$,则$\mathrm{d}y=$ ________.

9. 若曲线$y=f(x)$在点$(x_0,f(x_0))$处的切线平行于$y=-x+1$,则$f'(x_0)=$ ________.

10. 设$f(x)$在$x=0$的某邻域内连续,且$\lim\limits_{x\to 0}\dfrac{f(x)}{\sin 2x}=1$,则$f'(0)=$ ________.

三、计算题(每小题6分,共42分)

11. 求极限$\lim\limits_{x\to 0}\dfrac{\int_0^x\sin(t^2)\mathrm{d}t}{x^2\sin x}$.

12. 设函数$y=\left(1-\dfrac{1}{2x}\right)^x$,求$y'$.

13. 设方程$x^2y-\mathrm{e}^{2x}=\sin y$确定隐函数$y=y(x)$,求$\dfrac{\mathrm{d}y}{\mathrm{d}x}$.

14. 求极限$\lim\limits_{x\to 0}\left(\dfrac{1}{x\sin x}-\dfrac{\cos x}{x^2}\right)$.

15. 已知$x\mathrm{e}^x$为$f(x)$的一个原函数,求$\int_0^1 xf'(x)\mathrm{d}x$.

16. 求不定积分$\int\dfrac{\ln x}{(1+x)^2}\mathrm{d}x$.

17. 计算定积分$\int_1^5\dfrac{1}{1+\sqrt{x-1}}\mathrm{d}x$.

四、应用题(每小题7分,共14分)

18. 东西方向的铁路上直线段DB的距离为100km,工厂A在路基上点D的正南40km处,在DB间选一点E,从点E修一条公路直到工厂. 已知每吨每千米的公路运费与铁路运费之比是5∶3,问点E选在何处能使原料从供应站B联运到工厂A的运费最省?

19. 求曲线$y=\ln x$在区间$(2,6)$内的一条切线,使得该切线与直线$x=2,x=6$和$y=\ln x$所围图形的面积最小.

五、证明题(每小题7分,共14分)

20. 已知函数$f(x)$在$[a,b]$上连续,证明$g(x)=\int_a^x f^2(t)\mathrm{d}t+\int_b^x\dfrac{1}{f^2(t)}\mathrm{d}t$在$(a,b)$内有且仅有一个零点.

21. 求证:函数$y=|x|$在$x=0$处连续但不可导.

模拟题九

一、选择题(每小题 3 分,共 15 分)

1. 函数 $y=\dfrac{\arcsin(\ln x)}{\sqrt{2-x}}$ 的定义域是________.

A. $(0,2)$　　B. $[e^{-1},2)$　　C. $[e^{-1},e)$　　D. $(2,e]$

2. 设函数 $f(x)=\begin{cases}\dfrac{x}{\tan 2x}, & x\neq 0,\\ 1, & x=0,\end{cases}$ 则 $x=0$ 是 $f(x)$ 的________.

A. 连续点　　B. 可去间断点　　C. 跳跃间断点　　D. 以上都不对

3. 设 $\alpha(x)=\int_0^{3x}\dfrac{\sin t}{t}\mathrm{d}t$, $\beta(x)=\int_0^{\sin x}(1+t)^{\frac{1}{t}}\mathrm{d}t$,则当 $x\to 0$ 时,$\alpha(x)$ 是 $\beta(x)$________.

A. 高阶无穷小　　B. 低阶无穷小

C. 同阶但不等价的无穷小　　D. 等价无穷小

4. 若 $f'(x_0)=1$,则 $\lim\limits_{h\to 0}\dfrac{f(x_0+h)-f(x_0-h)}{h}=$________.

A. 1　　B. 2　　C. 3　　D. 0

5. 已知 $\int f(x)\,\mathrm{d}x=x^3+C$,则 $\int xf(1-x^2)\,\mathrm{d}x=$________.

A. $(1-x^2)^3+C$　　B. $\dfrac{1}{2}(1-x^2)^3$　　C. $\dfrac{1}{2}(1-x^2)^3+C$　　D. $-\dfrac{1}{2}(1-x^2)^3+C$

二、填空题(每小题 3 分,共 15 分)

6. $\lim\limits_{x\to\infty}\left(\dfrac{x+2a}{x-a}\right)^x=8$,则 $a=$________.

7. 设 $f(x)$ 处处连续,且 $f(1)=2$,则 $\lim\limits_{x\to 0}f\left(\dfrac{\ln(1+x)}{x}\right)=$________.

8. 已知函数 $y=\ln(\cos 3x)$,则该函数的微分 $\mathrm{d}y=$________.

9. 已知 $\int f(x)\mathrm{d}x=\sqrt{x}+C$,则 $\int\dfrac{1}{x}f(\ln x)\mathrm{d}x=$________.

10. 极限 $\lim\limits_{x\to 0}\left(\dfrac{3+x}{3-x}\right)^{\frac{2}{x}}=$________.

三、计算题(每小题 6 分,共 42 分)

11. 计算 $\lim\limits_{x\to 0}\dfrac{e^{\sin x}-e^x}{\sin x-x}$.

12. 若 $f(x)=\dfrac{x^2}{x+1}-ax-b$ 当 $x\to\infty$ 时为无穷小,求常数 a 与 b 的值.

13. 设 $y=y(x)$ 由 $\int_0^y e^{t^2}\mathrm{d}t+\int_0^{x^2}\dfrac{\sin t}{\sqrt{t}}\mathrm{d}t=0$ 确定,求 $\dfrac{\mathrm{d}y}{\mathrm{d}x}$.

14. 设函数 $f(x)=\begin{cases}e^{-x}, & x\geqslant 0,\\ 1+x^2, & x<0,\end{cases}$ 求 $\int_{\frac{1}{2}}^{2}f(x-1)\mathrm{d}x$.

15. 计算 $\int\dfrac{x+\arctan x}{1+x^2}\mathrm{d}x$.

16. 计算定积分 $\int_{-1}^{1}x\left(\sqrt{x^2+1}+e^x\right)\mathrm{d}x$.

17. 求由曲线 $y=\dfrac{1}{x}$ 与直线 $y=x$,$x=2$ 所围成的平面图形的面积 S.

四、应用题(每小题 7 分,共 14 分)

18. 由直线 $y=0$, $x=8$ 和曲线 $y=x^2$ 围成曲边三角形 OAB,在曲边 OB 上求一点,过此点作 $y=x^2$ 的切线,使该切线与直线段 OA,AB 所围成的三角形面积最大.

19. 讨论函数 $f(x)=\frac{1}{\sqrt{2\pi}}e^{-\frac{x^2}{2}}$ 的单调性、极值.

五、证明题(每小题 7 分,共 14 分)

20. 证明 $\int_{-a}^{a}f(x)\mathrm{d}x=\int_{0}^{a}[f(x)+f(-x)]\mathrm{d}x$

21. 已知函数 $f(x)$ 二阶连续可导,且 $\lim\limits_{x\to 0}\frac{f(x)}{x}=0$, $f(0)=0$, $f(1)=0$,试证明在区间 $(0,1)$ 内,至少存在一点 ξ,使得 $f''(\xi)=0$.

模拟题十

一、选择题(每小题 3 分,共 15 分)

1. 若$\lim\limits_{x\to2}\dfrac{x^3+ax^2+b}{x-2}=8$,则$a+b=$________.

A. -5　　B. 4　　C. -3　　D. 2

2. $f(x)=|x-2|$在点$x=2$处的导数是________.

A. 1　　B. 0　　C. -1　　D. 不存在

3. 下列函数中,在$x=0$处不连续的是________.

A. $f(x)=\begin{cases}e^x, & x\leqslant0,\\ \dfrac{\sin x}{x}, & x>0\end{cases}$　　B. $f(x)=\begin{cases}\dfrac{\sin x}{|x|}, & x\neq0,\\ 1, & x=0\end{cases}$

C. $f(x)=\begin{cases}x^2\sin\dfrac{1}{x}, & x\neq0,\\ 0, & x=0\end{cases}$　　D. $f(x)=\begin{cases}e^{\frac{1}{x}}, & x\neq0,\\ 0, & x=0\end{cases}$

4. 设函数$f(x)$具有四阶导数,且$f''(x)=\sqrt{x}$,则$f^{(4)}(x)=$________.

A. $\dfrac{1}{2\sqrt{x}}$　　B. $\sqrt{x}$　　C. 1　　D. $-\dfrac{1}{4}x^{-\frac{3}{2}}$

5. 下列不等式中不成立的是________.

A. $\int_1^2\ln x\,dx>\int_1^2(\ln x)^2dx$　　B. $\int_0^{\frac{\pi}{2}}\sin x\,dx<\int_0^{\frac{\pi}{2}}x\,dx$

C. $\int_0^2\ln(1+x)\,dx>\int_0^2x\,dx$　　D. $\int_0^2e^x\,dx<\int_0^2(1+x)\,dx$

二、填空题(每小题 3 分,共 15 分)

6. 设$f(x)$和$g(x)$均为周期函数,$f(x)$的周期为3,$g(x)$的周期为4,则$f(x)+g(x)$的周期为________.

7. 设$f(x)$在$x=0$的某邻域内连续,且$\lim\limits_{x\to0}\dfrac{f(x)}{\sin2x}=1$,则$f'(0)=$________.

8. 已知曲线$f(x)=x^3+3ax^2+3bx$在$x=-1$处取极大值,且过点$(0,3)$,则$2a-4b=$________.

9. 曲线$y=\dfrac{3x}{1+x}$在点$(2,2)$处的切线方程为________.

10. 函数$f(x)=x^2-x-2$在区间$[0,2]$上使用拉格朗日中值定理时,结论中的$\xi=$________.

三、计算题(每小题 6 分,共 42 分)

11. 求极限$\lim\limits_{x\to0}\cot x\left(\dfrac{1}{\sin x}-\dfrac{1}{x}\right)$.

12. 设$y=\sqrt[3]{\dfrac{x(x+1)}{(4-3x)^2}}$,求$y'$.

13. 求不定积分$\int\tan^3x\sec^3x\,dx$.

14. 设$y=f(x)$是由方程$e^{xy}+y\ln x=\sin2x$确定的隐函数,求$\dfrac{dy}{dx}$.

15. 已知$\int xf(x)\,dx=e^{-2x}+C$,求$\int\dfrac{1}{f(x)}dx$.

16. 求$\int_{-4}^4|x(x-1)|\,dx$.

17. 平面图形D由曲线$y=x^2$与直线$y=2-x$及x轴所围成,求平面图形D的面积.

四、应用题(每小题 7 分,共 14 分)

18. 已知抛物线$y=1+x^2$与过点$M(0,b)$的切线及y轴所围成图形的面积为$\dfrac{8}{3}$,求常数b的值.

19. 求函数$y=x^{\frac{1}{x}}$在$x>0$时的最大值,并从数列$1,\sqrt{2},\sqrt[3]{3},\sqrt[4]{4},\cdots,\sqrt[n]{n},\cdots$中选出最大的一项(已知$\sqrt{2}<\sqrt[3]{3}$).

五、证明题(每小题 7 分,共 14 分)

20. 设函数$f(x)$在闭区间$[0,1]$上连续,在开区间$(0,1)$内可导,且$f(0)=0,f(1)=2$,试证明在$(0,1)$内至少存在一点ξ,使得$f'(\xi)=2\xi+1$成立.

21. 求证:$f(x)=xe^{-x^2}\int_0^xe^{t^2}dt$在$(-\infty,+\infty)$上为偶函数.

第三模块　检测训练、模拟题答案及详解

第一章检测训练 A

一、单选题

1. C. 解　由已知得$\begin{cases}-1\leqslant x-1\leqslant 1,\\ |x|-1>0,\end{cases}$即$\begin{cases}0\leqslant x\leqslant 2,\\ x>1\text{ 或 }x<-1,\end{cases}$求交集解得定义域为$(1,2]$.

2. B. 解　作为单选题，此类题目先选择最容易判断的性质进行判断，奇偶性判断起来相对比较简单. 因为$f(x)=|x\cos x|$，所以$f(-x)=|-x\cos(-x)|=|x\cos x|=f(x)$，所以该函数为偶函数.

3. D. 解　因为$f\left(x+\dfrac{1}{x}\right)=x^2+\dfrac{1}{x^2}=\left(x+\dfrac{1}{x}\right)^2-2$，所以$f(x)=x^2-2$.

4. D. 解　$\lim\limits_{x\to x_0}f(x)$存在与否与$f(x)$在$x_0$点有无定义没有直接关系，但由极限的局部有界性可得，若$\lim\limits_{x\to x_0}f(x)$存在，则$f(x)$在$x_0$的极限是唯一的.

5. C. 解　$\lim\limits_{x\to 0}\dfrac{x\sin x}{x^2}=\lim\limits_{x\to 0}\dfrac{\sin x}{x}=1$，所以当$x\to 0$时，$x\sin x$与$x^2$是等价的无穷小.

6. B. 解　因为$\lim\limits_{x\to 1}\dfrac{\sqrt[3]{x}-1}{x-1}=\lim\limits_{x\to 1}\dfrac{\sqrt[3]{x}-1}{(\sqrt[3]{x})^3-1^3}=\lim\limits_{x\to 1}\dfrac{\sqrt[3]{x}-1}{(\sqrt[3]{x}-1)(\sqrt[3]{x^2}+\sqrt[3]{x}+1)}=\dfrac{1}{3}$，所以$x=1$是函数$y$的第一类可去间断点.

7. C. 解　$\lim\limits_{x\to 0}\left(x\sin\dfrac{1}{x}-\dfrac{1}{x}\sin x\right)=\lim\limits_{x\to 0}x\sin\dfrac{1}{x}-\lim\limits_{x\to 0}\dfrac{\sin x}{x}=0-1=-1$.

8. D. 解　当$x\to 1^-$时，$\dfrac{1}{x-1}\to-\infty$，$\lim\limits_{x\to 1^-}e^{\frac{1}{x-1}}=0$；当$x\to 1^+$时，$\dfrac{1}{x-1}\to+\infty$，$\lim\limits_{x\to 1^+}e^{\frac{1}{x-1}}=+\infty$，故$\lim\limits_{x\to 1}e^{\frac{1}{x-1}}$不存在.

9. B. 解　因为$\lim\limits_{x\to 2}\dfrac{x^2-ax+b}{x^2-x-2}=2$，所以该极限一定为$\dfrac{0}{0}$型的未定式极限，可以通过分解因式，约去零因子再求极限.

所以$\lim\limits_{x\to 2}\dfrac{x^2-ax+b}{x^2-x-2}=\lim\limits_{x\to 2}\dfrac{(x-2)(x-k)}{(x-2)(x+1)}=\lim\limits_{x\to 2}\dfrac{x-k}{x+1}=\dfrac{2-k}{3}=2$，解得$k=-4$.

由此可得$x^2-ax+b=(x-2)(x+4)=x^2+2x-8$，所以$a=-2$，$b=-8$.

10. A. 解　$\lim\limits_{n\to\infty}\dfrac{3^{n+1}+(-2)^{n+1}}{2^n+3^n}=\lim\limits_{n\to\infty}\dfrac{3\cdot 3^n+(-2)\cdot(-2)^n}{2^n+3^n}=\lim\limits_{n\to\infty}\dfrac{3+(-2)\left(\dfrac{-2}{3}\right)^n}{\left(\dfrac{2}{3}\right)^n+1}=3$.

二、填空题

1. $\{x\mid 0\leqslant x<1\}$. 解　由已知得$\begin{cases}-1\leqslant 1-x\leqslant 1,\\ \dfrac{1+x}{1-x}>0,\end{cases}$即$\begin{cases}0\leqslant x\leqslant 2,\\ -1<x<1,\end{cases}$解得定义域为$\{x\mid 0\leqslant x<1\}$.

2. $\ln x$. 解　设$e^x=t$，则$x=\ln t$，则$f(t)=\ln t$，所以$f(x)=\ln x$.

3. 1. 解　因为$|\sin x|\leqslant 1$，则由已知得$f(\sin x)=1$.

4. e^{-1} $\lim\limits_{x\to\infty}\left(\dfrac{x+1}{x}\right)^{-x}=\lim\limits_{x\to\infty}\left(1+\dfrac{1}{x}\right)^{x\cdot(-1)}=\lim\limits_{x\to\infty}\left[\left(1+\dfrac{1}{x}\right)^{x}\right]^{-1}=e^{-1}$.

5. $\dfrac{1}{4}$. 解 $\lim\limits_{x\to2}\dfrac{\sin(x-2)}{x^2-4}=\lim\limits_{x\to2}\dfrac{x-2}{x^2-4}=\lim\limits_{x\to2}\dfrac{1}{x+2}=\dfrac{1}{4}$.

6. e^6. 解 $\lim\limits_{x\to0}(1+3x)^{\frac{2}{\sin x}}=\lim\limits_{x\to0}(1+3x)^{\frac{1}{3x}\cdot\frac{6x}{\sin x}}=\lim\limits_{x\to0}[(1+3x)^{\frac{1}{3x}}]^{\lim\limits_{x\to0}\frac{6x}{\sin x}}=e^6$.

7. $\dfrac{3}{2}$. 解 $\lim\limits_{x\to1}\left(\dfrac{x}{x-1}-\dfrac{2}{x^2-1}\right)=\lim\limits_{x\to1}\dfrac{x^2+x-2}{x^2-1}=\lim\limits_{x\to1}\dfrac{(x-1)(x+2)}{(x-1)(x+1)}=\lim\limits_{x\to1}\dfrac{x+2}{x+1}=\dfrac{3}{2}$.

8. 1. 解 $\lim\limits_{x\to0^-}f(x)=\lim\limits_{x\to0^-}e^x=1,\lim\limits_{x\to0^+}f(x)=\lim\limits_{x\to0^+}(ax^2+b)=b$,因为 $f(x)$ 在点 $x=0$ 处连续,所以 $b=1$.

9. $x=0$. 解 $f(x)=\dfrac{1}{\ln x^2}$ 的间断点有 $x=0,x=\pm1$,分别求极限.

$\lim\limits_{x\to0}\dfrac{1}{\ln x^2}=0,\lim\limits_{x\to\pm1}\dfrac{1}{\ln x^2}=\infty$. 所以函数的第一类间断点为 $x=0$.

10. 第一类跳跃. 解 由已知得 $\lim\limits_{x\to1^-}f(x)=\lim\limits_{x\to1^-}\left[2+(x-1)\cos\dfrac{1}{x}\right]=2\neq f(1),\lim\limits_{x\to1^+}f(x)=\lim\limits_{x\to1^+}(3x^2+\ln x)=3$ $=f(1)$,所以 $x=1$ 是函数的第一类跳跃间断点.

三、计算题

1. 解 $\lim\limits_{x\to2}\dfrac{x^2-3x+2}{x^2-5x-6}=\lim\limits_{x\to2}\dfrac{(x-1)(x-2)}{(x+3)(x-2)}=\lim\limits_{x\to2}\dfrac{x-1}{x+3}=\dfrac{1}{5}$.

2. 解 $\lim\limits_{x\to0}\dfrac{x}{\sqrt{x+4}-2}=\lim\limits_{x\to0}\dfrac{x(\sqrt{x+4}+2)}{(\sqrt{x+4}-2)(\sqrt{x+4}+2)}=\lim\limits_{x\to0}\dfrac{x(\sqrt{x+4}+2)}{x}=\lim\limits_{x\to0}(\sqrt{x+4}+2)=4$.

3. 解 $\lim\limits_{x\to\infty}\dfrac{3x^3-2x^2+5}{2x^3+3x}=\lim\limits_{x\to\infty}\dfrac{3-\dfrac{2}{x}+\dfrac{5}{x^3}}{2+\dfrac{3}{x^2}}=\dfrac{3}{2}$.

4. 解 $\lim\limits_{x\to0}\dfrac{\ln(1+2x)}{\sqrt{1-3x}-1}=\lim\limits_{x\to0}\dfrac{2x}{\dfrac{1}{2}\cdot(-3x)}=-\dfrac{4}{3}$.

5. 解 $\lim\limits_{x\to0}(1-\sin x)^{2\csc x}=\lim\limits_{x\to0}[1+(-\sin x)]^{\frac{1}{-\sin x}\cdot(-2)}=e^{-2}$.

6. 解 $\lim\limits_{x\to2}(\dfrac{1}{x-2}-\dfrac{4}{x^2-4})=\lim\limits_{x\to2}\dfrac{x-2}{x^2-4}=\lim\limits_{x\to2}\dfrac{x-2}{(x-2)(x+2)}=\lim\limits_{x\to2}\dfrac{1}{x+2}=\dfrac{1}{4}$.

7. 解 $\lim\limits_{x\to-1}\left(\dfrac{3}{x^3+1}-\dfrac{1}{x+1}\right)=\lim\limits_{x\to-1}\left[\dfrac{3}{(x+1)(x^2-x+1)}-\dfrac{1}{x+1}\right]=\lim\limits_{x\to-1}\dfrac{3-(x^2-x+1)}{(x+1)(x^2-x+1)}$

$=\lim\limits_{x\to-1}\dfrac{-x^2+x+2}{(x+1)(x^2-x+1)}=-\lim\limits_{x\to-1}\dfrac{(x-2)(x+1)}{(x+1)(x^2-x+1)}=-\lim\limits_{x\to-1}\dfrac{x-2}{x^2-x+1}=1$.

8. 解 $\lim\limits_{x\to\infty}\dfrac{x+\sin x}{1+x}=\lim\limits_{x\to\infty}\dfrac{x}{1+x}-\lim\limits_{x\to\infty}\dfrac{1}{1+x}\sin x=1-0=1$.

9. 解 $\lim\limits_{n\to\infty}(\dfrac{1}{n^2+1}+\dfrac{2}{n^2+1}+\cdots+\dfrac{n}{n^2+1})=\lim\limits_{n\to\infty}\dfrac{n(n+1)}{2(n^2+1)}=\dfrac{1}{2}\lim\limits_{n\to\infty}\dfrac{n^2+n}{n^2+1}=\dfrac{1}{2}$.

10. 解 $\lim\limits_{n\to\infty}\dfrac{1}{n^2}\ln[f(1)f(2)\cdots f(n)]=\lim\limits_{n\to\infty}\dfrac{1}{n^2}\ln(e\cdot e^2\cdot\cdots\cdot e^n)=\lim\limits_{n\to\infty}\dfrac{1}{n^2}\ln e^{1+2+\cdots+n}$

$=\lim\limits_{n\to\infty}\dfrac{1}{n^2}\ln e^{\frac{(1+n)n}{2}}=\lim\limits_{n\to\infty}\dfrac{1}{n^2}\cdot\dfrac{n(n+1)}{2}=\dfrac{1}{2}$.

第一章检测训练 B

一、单选题

1. D. 解 此题根据选项,最适合用排除法,只要验证 $0,\dfrac{1}{2},-1$ 这三个点是否在定义域内即可.

2. D. 解 $f(x)=x^2+\ln\frac{1-x}{1+x}$,$f(-x)=x^2+\ln\frac{1+x}{1-x}=x^2+\ln\left(\frac{1-x}{1+x}\right)^{-1}=x^2-\ln\frac{1-x}{1+x}$,所以该函数是非奇非偶函数.

3. B. 解 由图像可知,$y=\arctan x$ 是单调增加且有界的,所以 $y=1-\arctan x$ 是单调减少且有界的.

4. C. 解 若函数 $f(x)$ 在某点 x_0 极限存在,则极限值和 x_0 点的函数值没有必然关系,此时 $f(x)$ 在 x_0 的函数值可以不存在,存在的话和极限值也不一定相等.

5. A. 解 根据极限的有界性,数列有极限一定有界,但数列有界却不一定有极限. 例如数列 $\{(-1)^n\}$.

6. C. 解 选项 A,$\lim\limits_{x\to0}\frac{\sin x^2}{x}=\lim\limits_{x\to0}\frac{x^2}{x}=\lim\limits_{x\to0}x=0$;选项 B,$\lim\limits_{x\to0}\frac{\sin x}{x^2}=\lim\limits_{x\to0}\frac{x}{x^2}=\lim\limits_{x\to0}\frac{1}{x}=\infty$;选项 C,$\lim\limits_{x\to0}\frac{\sin x}{x}=1$ 是第一个重要极限,正确;选项 D,$\lim\limits_{x\to\infty}\frac{\sin x}{x}=\lim\limits_{x\to\infty}\frac{1}{x}\sin x=0$.

7. C. 解 $\lim\limits_{x\to0}\frac{\sqrt{1+x}-\sqrt{1-x}}{2x}=\lim\limits_{x\to0}\frac{(\sqrt{1+x}-\sqrt{1-x})(\sqrt{1+x}+\sqrt{1-x})}{2x(\sqrt{1+x}+\sqrt{1-x})}=\lim\limits_{x\to0}\frac{1}{\sqrt{1+x}+\sqrt{1-x}}=\frac{1}{2}$,所以 $\sqrt{1+x}-\sqrt{1-x}$ 与 $2x$ 是同阶非等价无穷小.

8. A. 解 $\lim\limits_{x\to0}\frac{(1+ax^2)^{\frac{1}{3}}-1}{\cos x-1}=\lim\limits_{x\to0}\frac{\sqrt[3]{1+ax^2}-1}{\cos x-1}=\lim\limits_{x\to0}\frac{\frac{1}{3}ax^2}{-\frac{1}{2}x^2}=-\frac{2}{3}a$,因为二者是等价无穷小,所以 $-\frac{2}{3}a=1$,所以 $a=-\frac{3}{2}$.

9. D. 解 $\lim\limits_{x\to0^+}e^{\frac{1}{x}}=\infty$,$\lim\limits_{x\to0^-}e^{\frac{1}{x}}=0$,所以点 $x=0$ 是函数 $y=e^{\frac{1}{x}}$ 的第二类间断点.

10. C. 解 由已知得 $\lim\limits_{x\to0^-}f(x)=\lim\limits_{x\to0^-}\frac{x}{-x}=-1$,$\lim\limits_{x\to0^+}f(x)=\lim\limits_{x\to0^+}\frac{x}{x}=1$,$f(0)=0$,所以 $f(x)$ 在 $x=0$ 的左、右极限存在但不相等,因此 $f(x)$ 在 $x=0$ 处不连续.

二、填空题

1. $\{x\mid x=0\}$. 解 因为 $f(x)$ 的定义域是 $[0,1]$,则 $0\leqslant x^2+1\leqslant1$,所以满足条件的 x 只有一个值 0,因此函数的定义域为 $\{x\mid x=0\}$.

2. 2.5. 解 $f(3.5)=4-3.5=0.5$,$f[f(3.5)]=2+0.5=2.5$.

3. x^2-x+3. 解 由已知得 $f(x+1)=x^2+2x+1+(x+1)+3=(x+1)^2+(x+1)+3$,方程两端用 $x-1$ 整体代换 $x+1$,即得 $f(x-1)=(x-1)^2+(x-1)+3=x^2-x+3$.

4. e^2. 解 $\lim\limits_{x\to0}(1+\sin x)^{\frac{2}{x}}=\lim\limits_{x\to0}(1+\sin x)^{\frac{1}{\sin x}\cdot\frac{2\sin x}{x}}=\lim\limits_{x\to0}[(1+\sin x)^{\frac{1}{\sin x}}]^{\lim\limits_{x\to0}\frac{2\sin x}{x}}=e^2$.

5. 2. 解 $\lim\limits_{x\to1}\frac{x-1}{\sqrt{x}-1}=\lim\limits_{x\to1}\frac{(\sqrt{x}-1)(\sqrt{x}+1)}{\sqrt{x}-1}=\lim\limits_{x\to1}(\sqrt{x}+1)=2$.

6. $\frac{2}{3}$. 解 $\lim\limits_{x\to0}\frac{2x\cos x}{\tan3x}=\lim\limits_{x\to0}\frac{2x}{3x}\cdot\lim\limits_{x\to0}\cos x=\frac{2}{3}$.

7. $\frac{6}{5}$. 解 $\lim\limits_{x\to\infty}\frac{3x^2+5}{5x+6}\sin\frac{2}{x}=\lim\limits_{x\to\infty}\frac{3x^2+5}{5x+6}\cdot\frac{2}{x}=2\lim\limits_{x\to\infty}\frac{3x^2+5}{5x^2+6x}=\frac{6}{5}$.

8. $-1,-2$. 解 因为 $\lim\limits_{x\to\infty}\frac{(1+a)x^4+bx^3+2}{x^3+x+1}=-2$,所以由 $\frac{\infty}{\infty}$ 型有理分式极限的结论可得 $\begin{cases}1+a=0,\\b=-2,\end{cases}$ 解得 $\begin{cases}a=-1,\\b=-2.\end{cases}$

9. $\frac{1}{3}$. 解 因为 $f(x)$ 在 $(-\infty,+\infty)$ 上是连续函数,所以 $f(x)$ 在点 $x=0$ 处连续,$\lim\limits_{x\to0}\frac{1}{x}\sin\frac{x}{3}=\lim\limits_{x\to0}\frac{1}{x}\cdot\frac{x}{3}=\frac{1}{3}$,$f(0)=a$,所以 $a=\frac{1}{3}$.

10. $x=\pm\sqrt{e}$. 解 $f(x)=\frac{1}{1-\ln x^2}$ 的间断点有 $x=0$,$x=\pm\sqrt{e}$,分别考查几个间断点的极限,$\lim\limits_{x\to0}\frac{1}{1-\ln x^2}=0$,

$\lim\limits_{x\to\pm\sqrt{e}}\frac{1}{1-\ln x^2}=\infty$. 所以 $x=\pm\sqrt{e}$ 为第二类间断点.

三、计算题

1. 解 $\lim\limits_{x\to-3}\frac{x^2+x-6}{x^2-9}=\lim\limits_{x\to-3}\frac{(x-2)(x+3)}{(x-3)(x+3)}=\lim\limits_{x\to-3}\frac{x-2}{x-3}=\frac{5}{6}$.

2. 解 $\lim\limits_{x\to\infty}\frac{2x^2-x+1}{4x^2-2}=\lim\limits_{x\to\infty}\frac{2-\frac{1}{x}+\frac{1}{x^2}}{4-\frac{2}{x^2}}=\frac{1}{2}$.

3. 解 $\lim\limits_{x\to0}\frac{\tan3x}{\sin2x}=\lim\limits_{x\to0}\frac{3x}{2x}=\frac{3}{2}$.

4. 解 $\lim\limits_{x\to4}\frac{\sqrt{1+2x}-3}{\sqrt{x}-2}=\lim\limits_{x\to4}\frac{(\sqrt{1+2x}-3)(\sqrt{1+2x}+3)(\sqrt{x}+2)}{(\sqrt{x}-2)(\sqrt{x}+2)(\sqrt{1+2x}+3)}=\lim\limits_{x\to4}\frac{(2x-8)(\sqrt{x}+2)}{(x-4)(\sqrt{1+2x}+3)}=\frac{4}{3}$.

5. 解 $\lim\limits_{x\to\infty}(\frac{\sin x}{x}+x\sin\frac{1}{x})=\lim\limits_{x\to\infty}\frac{1}{x}\sin x+\lim\limits_{x\to\infty}\frac{\sin\frac{1}{x}}{\frac{1}{x}}=0+1=1$.

6. 解 方法一：$\lim\limits_{x\to\infty}\left(\frac{x-1}{x+1}\right)^{x+1}=\lim\limits_{x\to\infty}\left(\frac{x+1-2}{x+1}\right)^{x+1}=\lim\limits_{x\to\infty}\left(1-\frac{2}{x+1}\right)^{-\frac{x+1}{2}\cdot(-2)}=e^{-2}$.

方法二：$\lim\limits_{x\to\infty}\left(\frac{x-1}{x+1}\right)^{x+1}=\lim\limits_{x\to\infty}\left(\frac{x-1}{x+1}\right)^{x}\cdot\lim\limits_{x\to\infty}\left(\frac{x-1}{x+1}\right)^{1}=\lim\limits_{x\to\infty}\left[\frac{1-\frac{1}{x}}{1+\frac{1}{x}}\right]^{x}\cdot1=\frac{\lim\limits_{x\to\infty}\left(1+\frac{1}{-x}\right)^{(-x)(-1)}}{\lim\limits_{x\to\infty}\left(1+\frac{1}{x}\right)^{x}}=\frac{e^{-1}}{e}$

$=e^{-2}$.

7. 解 $\lim\limits_{x\to0}\frac{(e^{3x}-1)\sin2x}{\ln(1+x^2)}=\lim\limits_{x\to0}\frac{3x\cdot2x}{x^2}=6$.

8. 解 $\lim\limits_{x\to0}\left[\frac{e^{7x}-e^{-x}}{8\sin3x}-(e^x-1)\cos\frac{1}{x}\right]=\lim\limits_{x\to0}\frac{e^{-x}(e^{8x}-1)}{8\sin3x}-\lim\limits_{x\to0}(e^x-1)\cos\frac{1}{x}$

$=\lim\limits_{x\to0}\frac{e^{-x}\cdot8x}{8\cdot3x}-\lim\limits_{x\to0}x\cdot\cos\frac{1}{x}=\lim\limits_{x\to0}\frac{e^{-x}}{3}=\frac{1}{3}$.

9. 解 $\lim\limits_{x\to-\infty}x\cdot(\sqrt{x^2+100}+x)=\lim\limits_{x\to-\infty}\frac{100x}{\sqrt{x^2+100}-x}==\lim\limits_{x\to-\infty}\frac{100}{-\sqrt{1+\frac{100}{x^2}}-1}=-50$.

10. 解 $\lim\limits_{n\to\infty}(\sqrt{n+\sqrt{n}}-\sqrt{n-\sqrt{n}})=\lim\limits_{n\to\infty}\frac{(\sqrt{n+\sqrt{n}}-\sqrt{n-\sqrt{n}})\cdot(\sqrt{n+\sqrt{n}}+\sqrt{n-\sqrt{n}})}{\sqrt{n+\sqrt{n}}+\sqrt{n-\sqrt{n}}}$

$=\lim\limits_{n\to\infty}\frac{2\sqrt{n}}{\sqrt{n+\sqrt{n}}+\sqrt{n-\sqrt{n}}}=\lim\limits_{n\to\infty}\frac{2}{\sqrt{1+\sqrt{\frac{1}{n}}}+\sqrt{1-\sqrt{\frac{1}{n}}}}=\frac{2}{\sqrt{1+0}+\sqrt{1-0}}=1$.

四、证明题

1. 证明 设 $f(x)=x^3-2x-1$，则 $f(x)$ 在 $[1,2]$ 上连续. 又因为 $f(1)=-1$，$f(2)=3$，则 $f(1)\cdot f(2)<0$，所以由零点定理得至少存在一点 $\xi\in(1,2)$，使得 $f(\xi)=0$，即方程 $x^3-2x=1$ 至少有一个根介于 1 和 2 之间.

2. 证明 设 $f(x)=x\cdot2^x-1$，则 $f(x)$ 在 $[0,1]$ 上连续. 又因为 $f(0)=-1<0$，$f(1)=1>0$，根据零点定理得至少存在一点 $\xi\in(0,1)$，使得 $f(\xi)=0$，即方程 $x^3-2x=1$ 至少有一个小于 1 的正根.

第二章检测训练 A

一、单选题

1. C. 解 连续性：$\lim\limits_{x\to1^-}f(x)=\lim\limits_{x\to1^-}(x+2)=3$，$\lim\limits_{x\to1^+}f(x)=\lim\limits_{x\to1^+}(3x-1)=2$，所以函数在点 $x=1$ 处不连续，不连续

一定不可导.

2. C. 解 设点 M 的坐标 (x_0,y_0)，由题意得 $y'(x_0)=-\dfrac{2x_0}{(1+x_0^2)^2}=0$，所以 $x_0=0$，代入曲线方程，解得 $y_0=1$，所以点 M 的坐标为 $(0,1)$.

3. B. 解 $\lim\limits_{h\to0}\dfrac{f(x_0-h)-f(x_0+h)}{h}=-2\lim\limits_{h\to0}\dfrac{f(x_0-h)-f(x_0+h)}{-2h}=-2f'(x_0)=2$.

4. B. 解 $y'=3\tan^2 2x\cdot\sec^2 2x\cdot2=6\tan^2 2x\sec^2 2x$.

5. A. 解 $f'(x)=3x^2-6x$，$f''(x)=6x-6$，$f''(1)=0$.

6. A. 解 $f'(x)=\dfrac{e^x}{1+(e^x)^2}=\dfrac{e^x}{1+e^{2x}}$.

7. A. 解 $\dfrac{dy}{dx}=\dfrac{\left(\dfrac{2t}{1+t^2}\right)'}{\left(\dfrac{1-t^2}{1+t^2}\right)'}=\dfrac{t^2-1}{2t}$.

8. B. 解 因为 $y'=1+e^x$，$y'(0)=1+e^0=2$，所以过点 $(0,1)$ 处的切线方程为 $y=2x+1$.

9. C. 解 一元函数在一点可导是在该点处可微的充要条件.

10. D. 解 $f'(0)=\lim\limits_{x\to0}\dfrac{f(2x)-f(0)}{2x}=\dfrac{1}{2}\lim\limits_{x\to0}\dfrac{f(2x)-f(0)}{x}=\dfrac{1}{2}\times\dfrac{1}{2}=\dfrac{1}{4}$.

二、填空题

1. $e^x-\sin x$. 解 $f(x)=(e^x+\sin x)'=e^x+\cos x$，$f'(x)=(e^x+\cos x)'=e^x-\sin x$.

2. $y=-\dfrac{1}{2}x$. 解 $y'=\dfrac{2}{1+4x^2}$，$y'(0)=2$，所以法线的斜率为 $-\dfrac{1}{2}$，法线方程为 $y=-\dfrac{1}{2}x$.

3. $-2\cos2x$. 解 $y'=-2\cos x\sin x=-\sin2x$，$y''=-2\cos2x$.

4. $y=x-\sqrt{2}$. 解 $y'=\dfrac{1}{2}+\dfrac{1}{x^2}$，$y'(\sqrt{2})=\dfrac{1}{2}+\dfrac{1}{2}=1$，所以曲线 $y=\dfrac{1}{2}x-\dfrac{1}{x}$ 在点 $(\sqrt{2},0)$ 处的切线方程为 $y=x-\sqrt{2}$.

5. $\dfrac{6}{x}$. 解 $y'=3x^2\ln x+x^3\cdot\dfrac{1}{x}=3x^2\ln x+x^2$，$y''=6x\ln x+3x^2\cdot\dfrac{1}{x}+2x=6x\ln x+5x$，$y'''=6\ln x+11$，$y^{(4)}=\dfrac{6}{x}$.

6. $\dfrac{2}{e}dx$. 解 $y'=\dfrac{1}{\ln^2 x}\cdot2\ln x\cdot\dfrac{1}{x}=\dfrac{2}{x\ln x}$，$y'(e)=\dfrac{2}{e\ln e}=\dfrac{2}{e}$，所以 $dy\big|_{x=e}=\dfrac{2}{e}dx$.

7. $\dfrac{11}{4}$. 解 $f'(x)=\dfrac{1}{2\sqrt{1+x}}$，$f(3)+3f'(3)=2+3\times\dfrac{1}{4}=\dfrac{11}{4}$.

8. $y=\dfrac{-9x\arcsin3x}{\sqrt{1-9x^2}}+3$. 解 $y'=\dfrac{-18x}{2\sqrt{1-9x^2}}\arcsin3x+\sqrt{1-9x^2}\cdot\dfrac{3}{\sqrt{1-9x^2}}=\dfrac{-9x\arcsin3x}{\sqrt{1-9x^2}}+3$.

9. $-e^{-\frac{x}{2}}\left(\dfrac{1}{2}\cos3x+3\sin3x\right)dx$. 解 $y'=-\dfrac{1}{2}e^{-\frac{x}{2}}\cos3x-e^{-\frac{x}{2}}2\sin3x$，$dy=-e^{-\frac{x}{2}}\left(\dfrac{1}{2}\cos3x+2\sin3x\right)dx$.

10. $e^x[f'(e^x)+e^xf''(e^x)]$. 解 $y'=f'(e^x)e^x$，$y''=f''(e^x)(e^x)^2+f'(e^x)e^x=e^x[f''(e^x)e^x+f'(e^x)]$.

三、计算题

1. 解 $y'=(x\arctan x)'-\left[\dfrac{1}{2}\ln(1+x^2)\right]'=\arctan x+\dfrac{x}{1+x^2}-\dfrac{1}{2}\cdot\dfrac{2x}{1+x^2}=\arctan x$.

2. 解 $y'=(\sqrt{x}\sin x)'=(\sqrt{x})'\sin x+\sqrt{x}(\sin x)'=\dfrac{1}{2\sqrt{x}}\cdot\sin x+\sqrt{x}\cos x=\dfrac{\sin x+2x\cos x}{2\sqrt{x}}$.

3. 解 $\dfrac{dy}{dx}=[\ln\cos(e^x)]'=\dfrac{1}{\cos(e^x)}\cdot[-\sin(e^x)]\cdot e^x=-e^x\tan(e^x)$.

4. 解 $y'=(\cos e^x)'\cdot\ln(1+x)+(\cos e^x)\cdot[\ln(1+x)]'=-e^x\sin e^x\cdot\ln(1+x)+\dfrac{\cos e^x}{1+x}$.

5. 解 $dy=\left(\dfrac{x^2\sin x}{1-\sqrt{x}}\right)'dx=\dfrac{(2x\sin x+x^2\cos x)(1-\sqrt{x})-x^2\sin x\cdot\left(-\dfrac{1}{2\sqrt{x}}\right)}{(1-\sqrt{x})^2}dx$

$=\left[\dfrac{2x\sin x+x^2\cos x}{1-\sqrt{x}}+\dfrac{x^2\sin x}{2\sqrt{x}(1-\sqrt{x})^2}\right]\mathrm{d}x.$

6. 解　$f'(x)=\sqrt{x^2-16}+\dfrac{x^2}{\sqrt{x^2-16}}=\dfrac{2x^2-16}{\sqrt{x^2-16}}$,

$f''(x)=\dfrac{4x\sqrt{x^2-16}-(2x^2-16)\dfrac{x}{\sqrt{x^2-16}}}{x^2-16}$, $f''(5)=\dfrac{10}{27}.$

7. 解　函数 $y=x^x(x>0)$ 两边同时取对数,得 $\ln y=x\ln x$,

两边同时对 x 求导数,得 $\dfrac{1}{y}\cdot y'=\ln x+1$,解得 $y'=x^x(\ln x+1)$,所以 $\mathrm{d}y=x^x(\ln x+1)\mathrm{d}x.$

8. 解　方程两边同时对 x 求导数,得 $2y\cdot y'+\cos(2x-y)(2-y')=1$,

整理,得 $[2y-\cos(2x-y)]y'=1-2\cos(2x-y)$,解得 $y'=\dfrac{1-2\cos(2x-y)}{2y-\cos(2x-y)}.$

9. 解　$y'=\dfrac{1}{1+\left(\dfrac{1-x}{1+x}\right)^2}\left(\dfrac{1-x}{1+x}\right)'=\dfrac{(1+x)^2}{(1+x)^2+(1-x)^2}\cdot\dfrac{-(1+x)-(1-x)}{(1+x)^2}=\dfrac{-2}{2(1+x^2)}=\dfrac{-1}{1+x^2}$,

$y''=[-(1+x^2)^{-1}]'=(1+x^2)^{-2}\cdot 2x=\dfrac{2x}{(1+x^2)^2}.$

10. 解　由于 $y'=\dfrac{-18x}{2\sqrt{1-9x^2}}\arcsin 3x+\sqrt{1-9x^2}\cdot\dfrac{3}{\sqrt{1-9x^2}}=3-\dfrac{9x\arcsin 3x}{\sqrt{1-9x^2}}$,

故 $\mathrm{d}y=\left(3-\dfrac{9x\arcsin 3x}{\sqrt{1-9x^2}}\right)\mathrm{d}x.$

第二章检测训练B

一、单选题

1. A.　解　对于 $y=\dfrac{1}{x}$,$y'(2)=-\dfrac{1}{4}$,对于 $y=ax^2+b$,$y'(2)=4a$,因为两曲线相切于点$\left(2,\dfrac{1}{2}\right)$,所以在该点有公共切线,因此 $4a=-\dfrac{1}{4}$,即 $a=-\dfrac{1}{16}$,由于切点满足曲线方程 $y=-\dfrac{1}{16}x^2+b$,代入解得 $b=\dfrac{3}{4}.$

2. D.　解　$y'=x'f(-2x)+x[f(-2x)]'=f(-2x)-2xf'(-2x).$

3. A.　解　$\lim\limits_{h\to 0}\dfrac{f(x_0+2h)-f(x_0)}{h}=2\lim\limits_{h\to 0}\dfrac{f(x_0+2h)-f(x_0)}{2h}=2f'(x_0)$,因为 $f(x)$ 可导,且 $f(x_0)$ 为 $f(x)$ 的极大值,所以 $f'(x_0)=0$,$\lim\limits_{h\to 0}\dfrac{f(x_0+2h)-f(x_0)}{h}=2f'(x_0)=0.$

4. A.　解　因为 $f(x)=x^2$,所以 $f'(x)=2x$,

根据导数的定义知,$\lim\limits_{\Delta x\to 0}\dfrac{f(a)-f(a-\Delta x)}{\Delta x}=\lim\limits_{\Delta x\to 0}\dfrac{f[a+(-\Delta x)]-f(a)}{-\Delta x}=f'(a)=2a.$

【说明】除了用导数的定义求该极限以外,因为题目中给出了函数的具体表达式,所以自然还会想到可以直接代入函数表达式求极限. $\lim\limits_{\Delta x\to 0}\dfrac{f(a)-f(a-\Delta x)}{\Delta x}=\lim\limits_{\Delta x\to 0}\dfrac{a^2-(a-\Delta x)^2}{\Delta x}=\lim\limits_{\Delta x\to 0}(2a-\Delta x)=2a.$

5. B.　解　当 $x=0$ 时,$y=1$,方程两边同时对 x 求导,$2^{xy}\ln 2(y+y'x)=1+y'$,整理得 $y'=\dfrac{1-2^{xy}y\ln 2}{2^{xy}x\ln 2-1}$,所以 $y'\Big|_{\substack{x=0\\y=1}}=\dfrac{1-\ln 2}{-1}=\ln 2-1$,因此 $\mathrm{d}y\big|_{x=0}=(\ln 2-1)\mathrm{d}x.$

6. A.　解　$f'(x)=x^2+x+6$,$f'(0)=6$,切线方程为 $y-1=6x$,令 $y=0$,解得 $x=-\dfrac{1}{6}$,所以与 x 轴交点的坐标是$\left(-\dfrac{1}{6},0\right)$.

7. D.　解　$\lim\limits_{x\to 0}\frac{f(1)-f(1-x)}{2x}=\frac{1}{2}\lim\limits_{x\to 0}\frac{f(1-x)-f(1)}{-x}=\frac{1}{2}f'(1)=-1$，所以 $k=f'(1)=-2$.

8. A.　解　若 $f(x)$ 为 $(-l,l)$ 内的可导偶函数，则 $f(-x)=f(x)$，方程两边同时对 x 求导，得 $-f'(-x)=f'(x)$，即 $f'(-x)=-f'(x)$，所以 $f'(x)$ 为可导奇函数.

9. B.　解　$\frac{\mathrm{d}u}{\mathrm{d}v}=\frac{\frac{\mathrm{d}u}{\mathrm{d}x}}{\frac{\mathrm{d}v}{\mathrm{d}x}}=\frac{(\ln x)'}{(\sqrt{x})'}=\frac{\frac{1}{x}}{\frac{1}{2\sqrt{x}}}=\frac{2}{\sqrt{x}}$.

10. A.　解　$f(x)$ 在点 $x=1$ 处可导，则该点处也连续.

$\lim\limits_{x\to 1^-}f(x)=\lim\limits_{x\to 1^-}(x^2+3)=4$，$\lim\limits_{x\to 1^+}f(x)=\lim\limits_{x\to 1^+}(ax+b)=a+b$，所以 $a+b=4$. 只有选项 A 符合.

二、填空题

1. $\frac{1}{x\ln x\ln(\ln x)}\mathrm{d}x$.　解　由复合函数求导法则得 $y'=\frac{1}{\ln(\ln x)}\cdot\frac{1}{\ln x}\cdot\frac{1}{x}=\frac{1}{x\ln x\ln(\ln x)}$.

2. $y=-\frac{1}{3}x+\frac{20}{3}$.　解　$y'=\sqrt[3]{3-x}+\frac{1}{3}(3-x)^{-\frac{2}{3}}(x+4)$，$y'(2)=3$，所以法线的斜率为 $-\frac{1}{3}$，因此法线方程为 $y-6=-\frac{1}{3}(x-2)$，即 $y=-\frac{1}{3}x+\frac{20}{3}$.

3. $\frac{1}{(2x+1)^2}$.　解　$g(x)=f[f(x)]=\frac{f(x)}{f(x)+1}=\frac{\frac{x}{x+1}}{\frac{x}{x+1}+1}=\frac{x}{2x+1}$，

$g'(x)=\left(\frac{x}{2x+1}\right)'=\frac{(2x+1)-2x}{(2x+1)^2}=\frac{1}{(2x+1)^2}$.

4. $-1,-1,1$.　解　$\begin{cases}f(-1)=-1-a=0,\\ g(-1)=b+c=0,\\ f'(-1)=g'(-1),\end{cases}$ 即 $\begin{cases}a=-1,\\ b+c=0,\\ 3+a=-2b,\end{cases}$ 解得 $\begin{cases}a=-1,\\ b=-1,\\ c=1.\end{cases}$

5. $2x\cdot f'(\sin x^2)\cdot\cos x^2$.　解　此复合函数是三层复合，直接利用复合函数求导法则得 $y'=f'(\sin x^2)\cdot\cos x^2\cdot 2x$.

6. $\frac{3^{-x}\ln 3}{1+3^{-x}}\mathrm{d}x$.　解　$y'=\frac{1}{1+3^{-x}}(1+3^{-x})'=\frac{3^{-x}\ln 3}{1+3^{-x}}$.

7. 2020!.　解　方法一　根据导数的定义可知，

$f'(0)=\lim\limits_{x\to 0}\frac{f(x)-f(0)}{x-0}=\lim\limits_{x\to 0}\frac{x(x-1)(x-2)\cdots(x-2020)}{x}=\lim\limits_{x\to 0}(x-1)(x-2)\cdots(x-2020)=2020!$.

方法二　$f'(x)=x'[(x-1)(x-2)\cdots(x-2020)]+x[(x-1)(x-2)\cdots(x-2020)]'$

$=(x-1)(x-2)\cdots(x-2020)+x[(x-1)(x-2)\cdots(x-2020)]'$.

$f'(0)=(0-1)(0-2)\cdots(0-2020)+0[(x-1)(x-2)\cdots(x-2020)]'=2020!$.

8. $\left[\frac{\mathrm{e}^{f(x)}f'(\ln x)}{x}+f(\ln x)\mathrm{e}^{f(x)}f'(x)\right]\mathrm{d}x$.　解　$y'=f'(\ln x)\frac{1}{x}\mathrm{e}^{f(x)}+f(\ln x)\mathrm{e}^{f(x)}f'(x)$，

所以 $\mathrm{d}y=\left[\frac{\mathrm{e}^{f(x)}f'(\ln x)}{x}+f(\ln x)\mathrm{e}^{f(x)}f'(x)\right]\mathrm{d}x$.

9. $-3f'(x_0)$.　解　$\lim\limits_{h\to\infty}hf\left(x_0-\frac{3}{h}\right)=-3\lim\limits_{h\to\infty}\frac{f\left(x_0-\frac{3}{h}\right)-f(x_0)}{\frac{-3}{h}}=-3f'(x_0)$.

10. $(1,-3)$.　解　依题意得，切线垂直于 y 轴，即切线平行于 x 轴，所以所求切线的斜率为 0，$y'=4x^3-4=0$，则 $x=1$，代入函数得 $y=-3$. 所以该点为 $(1,-3)$.

三、计算题

1. 解　$y'=\left[\frac{1}{2}\ln(1+\mathrm{e}^{2x})\right]'-(x)'+[\mathrm{e}^{-x}\arctan(\mathrm{e}^x)]'$

$=\frac{1}{2}\cdot\frac{2\mathrm{e}^{2x}}{1+\mathrm{e}^{2x}}-1-\mathrm{e}^{-x}\arctan(\mathrm{e}^x)+\frac{1}{1+\mathrm{e}^{2x}}=-\mathrm{e}^{-x}\arctan(\mathrm{e}^x)$.

2. 解　因为$\lim\limits_{x\to0}f(x)=\lim\limits_{x\to0}x^2\arctan\dfrac{1}{x}=0=f(0)$,所以$f(x)$在点$x=0$处连续.

又因为$f'(0)=\lim\limits_{x\to0}\dfrac{f(x)-f(0)}{x-0}=\lim\limits_{x\to0}\dfrac{x^2\arctan\dfrac{1}{x}-0}{x}=\lim\limits_{x\to0^-}x\arctan\dfrac{1}{x}=-\dfrac{\pi}{2}$,

所以$f(x)$在点$x=0$处连续且可导.

3. 解　$\dfrac{dy}{dx}=\dfrac{(a\sin^3t)'}{(a\cos^3t)'}=\dfrac{3a\sin^2t\cdot\cos t}{3a\cos^2t\cdot(-\sin t)}=-\tan t$,

$\dfrac{d^2y}{dx^2}=\dfrac{(-\tan t)'}{(a\cos^3t)'}=\dfrac{-\sec^2t}{3a\cos^2t\cdot(-\sin t)}=\dfrac{1}{3a\cos^4t\sin t}$.

4. 解　设所求切线的切点为(x_0,y_0),直线PQ的方程为$y=2x+2$,因为切线与直线PQ平行,

所以切线斜率$k=y'(x_0)=2x_0-2=0$,可得$x_0=2,y_0=x_0^2-2x_0+5=5$,

所以切线方程为$y-5=2(x-2)$,即$y=2x+1$.

5. 解法一　方程$e^{xy}+\tan(xy)=y$两边同时对x求导数,得$e^{xy}(y+xy')+\sec^2(xy)(y+xy')=y'$,

整理,得$[1-xe^{xy}-x\sec^2(xy)]y'=y[e^{xy}+\sec^2(xy)]$,所以$y'=\dfrac{y[e^{xy}+\sec^2(xy)]}{1-xe^{xy}-x\sec^2(xy)}$.

解法二　令$F(x,y)=e^{xy}+\tan(xy)-y$,则

$F'_x=ye^{xy}+y\sec^2(xy)=y[e^{xy}+\sec^2(xy)]$, $F'_y=xe^{xy}+x\sec^2(xy)-1$,

于是$\dfrac{dy}{dx}=-\dfrac{F'_x}{F'_y}=\dfrac{y[e^{xy}+\sec^2(xy)]}{1-xe^{xy}-x\sec^2(xy)}$.

6. 解　两边同时取对数,得$\ln y=x[\ln x-\ln(1+x)]$,

两边同时对x求导数,得$\dfrac{1}{y}y'=\ln\left(\dfrac{x}{1+x}\right)+x\left(\dfrac{1}{x}-\dfrac{1}{1+x}\right)=\ln\left(\dfrac{x}{1+x}\right)+\dfrac{1}{1+x}$,

所以$\dfrac{dy}{dx}=\left(\dfrac{x}{1+x}\right)^x\left[\ln\left(\dfrac{x}{1+x}\right)+\dfrac{1}{1+x}\right]$.

7. 解　$y'=\ln(x+\sqrt{x^2+a^2})+x\cdot\dfrac{1}{x+\sqrt{x^2+a^2}}\cdot\left(1+\dfrac{2x}{2\sqrt{x^2+a^2}}\right)-\dfrac{2x}{2\sqrt{x^2+a^2}}=\ln(x+\sqrt{x^2+a^2})$,

$y''=\dfrac{1}{x+\sqrt{x^2+a^2}}\cdot\left(1+\dfrac{2x}{2\sqrt{x^2+a^2}}\right)=\dfrac{1}{\sqrt{x^2+a^2}}$.

8. 解　利用对数求导法,方程两边同取对数,得$\ln y=\ln x+\dfrac{1}{2}\ln(1-x)-\dfrac{1}{2}\ln(1+x)$,

即$\dfrac{1}{y}y'=\dfrac{1}{x}-\dfrac{1}{2(1-x)}-\dfrac{1}{2(1+x)}$,

解得$y'=y\left[\dfrac{1}{x}-\dfrac{1}{2(1-x)}-\dfrac{1}{2(1+x)}\right]=\dfrac{1-x-x^2}{1-x^2}\sqrt{\dfrac{1-x}{1+x}}$.所以$dy=y'dx=\dfrac{1-x-x^2}{1-x^2}\sqrt{\dfrac{1-x}{1+x}}\,dx$.

四、证明题

1. 证明　因为$f(x)$在$(-l,l)$上为奇函数且可导,所以$f(-x)=-f(x)$.两边同时对x求导,得$f'(-x)\cdot(-1)=-f'(x)$,即$f'(-x)=f'(x)$.所以$f'(x)$在$(-l,l)$上为偶函数.

2. 证明　因为$y'=-\dfrac{1}{x^2}$,则曲线上任意一点$\left(x_0,\dfrac{1}{x_0}\right)$处的切线斜率$k=-\dfrac{1}{x_0^2}$,切线方程为$y-\dfrac{1}{x_0}=-\dfrac{1}{x_0^2}(x-x_0)$,

令$y=0$,得$x=2x_0$,令$x=0$,得$y=\dfrac{2}{x_0}$,则面积$S=\dfrac{1}{2}|2x_0|\cdot\left|\dfrac{2}{x_0}\right|=2$为定值,故题设命题成立.

第三章检测训练 A

一、单选题

1. D.　解　因为$y=\dfrac{1}{x^2}$在点$x=0$处间断,$y=x^{\frac{1}{2}}$在$[-1,0)$上没有定义,$y=x|x|$区间端点处函数值不相等,所以选项 A,B,C 都不满足罗尔定理.

2. D. 解 函数 $f(x)=x(x+1)(x-2)$ 在区间$[-1,0]$,$[0,2]$上都满足罗尔定理,且 $f(x)$ 在这两个区间内单调,所以 $f'(x)=0$ 在$[-1,0]$,$[0,2]$内各有且仅有一个实根.

3. B. 解 因为 $f(x)=1-\sqrt[3]{x^2}$ 在点 $x=0$ 处不可导,$f(x)=\dfrac{1}{x}$ 在 $x=0$ 处间断,$f(x)=\dfrac{1}{x-1}$ 在 $x=1$ 处不连续,所以选项 A,C,D 都不满足拉格朗日中值定理.

4. D. 解 函数 $f(x)$ 的极值点为驻点或导数不存在的点,此题题设部分没有说 $f(x)$ 在点 x_0 处可导.

5. D. 解 因为$(3-x)'=-1<0$ 在$(-\infty,+\infty)$上恒成立,所以函数 $y=3-x$ 在$(-\infty,+\infty)$上单调减少.

6. A. 解 $y'=2x\ln x+x=x(2\ln x+1)$,因为在$[1,e]$上 $y'>0$,所以 $y=x^2\ln x$ 在$[1,e]$上单调递增,最大值为 $f(e)=e^2$.

7. D. 解 因为 $f(x)$ 在区间$[1,2][2,3]$上满足罗尔定理,故在这两个区间内至少存在两个点 ξ_1,ξ_2,使得 $f'(\xi_1)=f'(\xi_2)=0$,又因为 $f'(x)=0$ 为一元二次方程,最多有两个实根,所以方程 $f'(x)=0$ 有且仅有两个实根.

8. C. 解 驻点不一定是极值点,只有当驻点左、右两边单调性不同时才是极值点;极值点也不一定是驻点,也可能是导数不存在的点,只有可导的极值点才是驻点.所以,选项 A、B 错误.又根据可导与连续之间的关系可知,选项 C 正确,选项 D 错误.

9. B. 解 根据驻点定义可知,导数为零的点为驻点,驻点不一定是极值点,也不一定是最值点,驻点一定是连续点,所以选项 A、B、D 错误.

10. A. 解 在区间$[0,4]$上,$f'(x)=x^2-6x+9=(x-3)^2\geqslant 0$,所以 $f(x)$ 在区间$[0,4]$上单调增加,所以在区间右端点 $x=4$ 处取得最大值.

二、填空题

1. 1. 解 由拉格朗日中值定理得 $f'(\xi)=\dfrac{f(3)-f(-1)}{3-(-1)}=\dfrac{-8-0}{4}=-2$,由 $y=1-x^2$ 得 $f'(\xi)=-2\xi$,于是 $\xi=1$.

2. $x=2$. 解 令 $y'=3(x-2)^2=0$ 得 $x=2$,所以函数 $y=(x-2)^3$ 的驻点是 $x=2$.

3. 0. 解 由极值存在的必要条件知,可导的极值点必为驻点.

4. -4. 解 $y'=4x+a$,因为 $y=2x^2+ax+3$ 在点 $x=1$ 处取得极小值,所以 $y'(1)=4+a=0$,$a=-4$.

5. $x=\dfrac{3}{2}$. 解 令 $f'(x)=3-2x=0$ 得 $x=\dfrac{3}{2}$,且 $f'\left(\dfrac{3}{2}\right)=-2<0$,所以 $x=\dfrac{3}{2}$ 为极大值点.

6. $\left(0,\dfrac{1}{2}\right)$. 解 函数 $y=2x^2-\ln x$ 的定义域为$(0,+\infty)$.令 $y'=4x-\dfrac{1}{x}=\dfrac{4x^2-1}{x}<0$ 得 $-\dfrac{1}{2}<x<\dfrac{1}{2}$,与定义域取交集得递减区间为 $\left(0,\dfrac{1}{2}\right)$.

7. 0. 解 由极值存在的必要条件可知,可导的极值点必为驻点,驻点即为导数为 0 的点.

8. 大. 解 由极值存在的第二充分条件可知,当 $f'(x_0)=0$,$f''(x_0)<0$ 时,点 x_0 为 $f(x)$ 的最大值点.

9. 单调增加. 解 $f'(x)=1-\cos x>0$,$x\in(0,\pi)$,所以函数 $f(x)=x-\sin x$ 在区间$(0,\pi)$上单调增加.

10. $x=1$. 解 $y'=6x^2-18x+12=6(x^2-3x+2)$,令 $y'=0$ 得 $x_1=1$,$x_2=2$,而 $y(0)=1$,$y(1)=6$,$y(2)=5$,所以 $y=2x^3-9x^2+12x+1$ 在区间$[0,2]$上的最大值点是 $x=1$.

三、计算题

1. 解 $$\lim_{x\to+\infty}\frac{\dfrac{\pi}{2}-\arctan x}{\dfrac{1}{x}}=\lim_{x\to+\infty}\frac{-\dfrac{1}{1+x^2}}{-\dfrac{1}{x^2}}=\lim_{x\to+\infty}\frac{x^2}{1+x^2}=1.$$

2. 解 $$\lim_{x\to0}\frac{x-\tan x}{x^2(e^x-1)}=\lim_{x\to0}\frac{x-\tan x}{x^3}=\lim_{x\to0}\frac{1-\sec^2 x}{3x^2}=\lim_{x\to0}\frac{-2\sec^2 x\tan x}{6x}=-\frac{1}{3}.$$

3. 解 $$\lim_{x\to0}\frac{e^x-e^{\sin x}}{x^3}=\lim_{x\to0}\frac{e^{\sin x}(e^{x-\sin x}-1)}{x^3}=\lim_{x\to0}e^{\sin x}\cdot\lim_{x\to0}\frac{e^{x-\sin x}-1}{x^3}$$

$$=\lim_{x\to0}\frac{x-\sin x}{x^3}=\lim_{x\to0}\frac{1-\cos x}{3x^2}=\lim_{x\to0}\frac{\dfrac{1}{2}x^2}{3x^2}=\frac{1}{6}.$$

4. 解　$\lim\limits_{x\to 0}\left(\frac{1}{2x}-\frac{1}{e^{2x}-1}\right)=\lim\limits_{x\to 0}\frac{e^{2x}-1-2x}{2x(e^{2x}-1)}=\lim\limits_{x\to 0}\frac{e^{2x}-1-2x}{4x^2}=\lim\limits_{x\to 0}\frac{2e^{2x}-2}{8x}=\lim\limits_{x\to 0}\frac{4x}{8x}=\frac{1}{2}$.

5. 解　$\lim\limits_{x\to 1}\left(\frac{x}{x-1}-\frac{1}{\ln x}\right)=\lim\limits_{x\to 1}\frac{x\ln x-x+1}{(x-1)\ln x}=\lim\limits_{x\to 1}\frac{\ln x+1-1}{\ln x+1-\frac{1}{x}}=\lim\limits_{x\to 1}\frac{\frac{1}{x}}{\frac{1}{x}+\frac{1}{x^2}}=\frac{1}{2}$.

6. 解　函数的定义域为$(-1,+\infty)$,令$y'=1-\frac{1}{x+1}=\frac{x}{x+1}=0$,得驻点$x=0$,定义域内没有导数不存在的点.列表得

x	$(-1,0)$	0	$(0,+\infty)$
y'	$-$	0	$+$
y	↘	极小值 0	↗

由表知,函数的单调增区间为$(0,+\infty)$,单调减区间为$(-1,0)$,极小值为$y(0)=0$.

7. 解　函数的定义域为$(-\infty,+\infty)$,$y'=\frac{(1+x^2)-2x^2}{(1+x^2)^2}=\frac{1-x^2}{(1+x^2)^2}$,令$y'=0$,得$x=\pm 1$,列表得

x	$(-\infty,-1)$	-1	$(-1,1)$	1	$(1,+\infty)$
y'	$-$	0	$+$	0	$-$
y	↘	极小值$-\frac{1}{2}$	↗	极大值$\frac{1}{2}$	↘

由表知,该函数的单调减区间为$(-\infty,-1)$和$(1,+\infty)$,单调增区间为$(-1,1)$,极小值为$y(-1)=-\frac{1}{2}$,极大值为$y(1)=\frac{1}{2}$.

8. 解　函数的定义域为$\mathbf{R}$,$y'=(x+1)e^x$,令$y'=0$,得$x=-1$,列表得

x	$(-\infty,-1)$	-1	$(-1,+\infty)$
y'	$-$	0	$+$
y	↘	极小值$-e^{-1}$	↗

由表知,函数的单调减区间为$(-\infty,-1)$,单调区间为$(-1,+\infty)$;极小值$y(-1)=-e^{-1}$.

四、证明题

1. 证明　当$a=b$时,显然成立.当$a\neq b$时,取函数$f(x)=\arctan x$,$f(x)$在$[a,b]$或$[b,a]$上连续,在(a,b)或(b,a)内可导,由拉格朗日中值定理知,至少存在一点$\xi\in(a,b)$或(b,a),使得$f(a)-f(b)=f'(\xi)(a-b)$,即

$\arctan a-\arctan b=\frac{1}{1+\xi^2}(a-b)$,故$|\arctan a-\arctan b|=\frac{1}{1+\xi^2}|a-b|\leqslant|a-b|$.

2. 证明　$f(x)=(x+1)\ln x-x+1$,且$f'(x)=\ln x+\frac{1}{x}$.当$x>1$时,$f'(x)>0$,所以$f(x)$在$(1,+\infty)$内单调增加,$f(x)>f(1)=0$,即$(x+1)\ln x>x-1$,所以$x>1$时,$(x^2-1)\ln x>(x-1)^2$.

3. 证明　因为在区间$[0,1]$上$f'(x)=3x^2-3=3(x^2-1)<0$,所以函数$f(x)$在$[0,1]$上单调减少,所以$f(x)=x^3-3x+a$在$[0,1]$上不可能有两个零点.

又因为$f(x)=x^3-3x+a$在$[0,1]$上连续,且$f(0)=a$,$f(1)=a-2$,若$f(0)f(1)=a(a-2)<0$,即$0<a<2$,由零点定理知,$f(x)=x^3-3x+a$在$(0,1)$内必有零点.

五、应用题

1. 解　设围成正方形的铁丝长为x,则正方形与圆的面积之和$y=\frac{x^2}{16}+\frac{(l-x)^2}{4\pi}(0<x<l)$,

$y'=\frac{x}{8}-\frac{l-x}{2\pi}=\frac{(\pi+4)x-4l}{8\pi}$,令$y'=0$,得$x_0=\frac{4l}{\pi+4}$,又因为$y''(x_0)=\frac{\pi+4}{8\pi}>0$,

所以在点 $x_0=\dfrac{4l}{\pi+4}$ 处取得面积和的最小值.即围成正方形的铁丝长$\dfrac{4l}{\pi+4}$,围成圆的铁丝长$\dfrac{\pi l}{\pi+4}$时,正方形的面积与圆的面积之和最小.

2.解　设堆料场靠墙一侧的边长为 x,则新砌墙壁的长度 $y=x+\dfrac{1024}{x}(x>0)$,令 $y'=1-\dfrac{1024}{x^2}=0$,得 $x=32$.因为 $x=32$ 是开区间$(0,+\infty)$内唯一可能极值点,所以在该点处取得函数最小值.

即堆料场的长为 32m,宽为 16m 时,才能使砌墙所用的材料最省.

第三章检测训练 B

一、单选题

1.C.　解　因为 $\ln x^2$ 在点 $x=0$ 处不连续,$|x|$在点 $x=0$ 处不可导,$\dfrac{1}{x+1}$ 在点 $x=-1$ 处无定义,所以选项 A,B,D 不满足罗尔定理条件.

2.B.　解　由拉格朗日中值定理得,$f'(\xi)=\dfrac{f(1)-f(0)}{1-0}=\dfrac{9-8}{1}=1$,又由 $f(x)=x^3+8$ 得 $f'(\xi)=3\xi^2$,所以 $3\xi^2=1,\xi=\dfrac{1}{\sqrt{3}}$.

3.B.　解　令 $f(x)=e^x-x-1$,则 $f'(x)=e^x-1$,令 $f'(x)=0$ 得唯一驻点 $x=0$,而 $f''(0)=e^0=1>0$,所以 $f(0)=0$ 为函数 $f(x)=e^x-x-1$ 的极小值点,也是最小值点,于是方程 $e^x-x-1=0$ 有且仅有一个实根 $x=0$.

4.D.　解　$f'(x_0)=0$ 且 $f''(x_0)<0$ 是函数 $y=f(x)$ 在点 x_0 处取得极大值的充分条件,但不是必要条件.当 $f'(x_0)=0$ 且 $f''(x_0)=0$ 时,函数 $y=f(x)$ 在点 x_0 处也可能取得极大值,例如 $f(x)=-x^4$.

5.A.　解　$f'(x)=3x^2+12x+11,f''(x)=6x+12$ 有且仅有一个零点,所以方程 $f''(x)=0$ 有且仅有一个实根.

6.B.　解　由$\lim\limits_{x\to a}\dfrac{f'(x)}{x-a}=-1$ 得$\lim\limits_{x\to a}f'(x)=\lim\limits_{x\to a}\dfrac{f'(x)}{x-a}\cdot(x-a)=(-1)\cdot 0=0$,$f'(x)$ 在 $x=a$ 处连续,则 $f'(a)=\lim\limits_{x\to a}f'(x)=0$,于是$\lim\limits_{x\to a}\dfrac{f'(x)}{x-a}=\lim\limits_{x\to a}\dfrac{f'(x)-f'(a)}{x-a}=f''(a)=-1<0$,由极值存在的第二充分条件得,$x=a$ 是 $f(x)$ 的极大值点.

7.C.　解　驻点不一定是极值点,只有当驻点左、右两边单调性不同时才是极值点;极值点也不一定是驻点,也可能是导数不存在的点,只有可导的极值点才是驻点.所以,选项 A、B 错误.由极值存在的第二充分条件知,$f'(x_0)=0$ 且 $f''(x_0)<0$ 的点是 $f(x)$ 的极大值点,$f'(x_0)=0$ 且 $f''(x_0)>0$ 的点是 $f(x)$ 的极小值点.

8.B.　解　$f(x)=|x^{\frac{1}{3}}|$在点 $x=0$ 处连续但不可导,所以选项 A、D 错误.因为 $f(x)=|x^{\frac{1}{3}}|\geqslant 0$,所以点 $x=0$ 是 $f(x)$ 的极小值点.

9.B.　解　$F'(x)=G'(x)$,由拉格朗日中值定理推论得 $F(x)=G(x)+C$.

10.B.　解　$\lim\limits_{x\to 0}\dfrac{f'(x)}{\sin x}=\lim\limits_{x\to 0}\dfrac{f'(x)-f'(0)}{x-0}\cdot\dfrac{x}{\sin x}=\lim\limits_{x\to 0}\dfrac{f'(x)-f'(0)}{x-0}\cdot\lim\limits_{x\to 0}\dfrac{x}{\sin x}$

$=f''(0)=\dfrac{1}{2}>0$,且 $f'(0)=0$,

由极值存在的第二充分条件得,$f(0)$ 是 $f(x)$ 的一个极小值.

二、填空题

1.$(-\infty,-2)$和$(1,+\infty)$.　解　$y'=6x^2+6x-12=6(x^2+x-2)$,令 $y'>0$ 得 $x<-2$ 或 $x>1$,所以函数 $y=2x^3+3x^2-12x+1$ 的单调增区间为$(-\infty,-2)$和$(1,+\infty)$.

2.<0.　解　由极值存在的第一充分条件知,当 $f'(x)$ 在区间 I 上小于 0 时,$f(x)$ 在区间 I 上单调减少.

3.$(e,+\infty)$.　解　该函数的定义域为$(0,+\infty)$,令 $y'=\dfrac{\ln x-1}{\ln^2 x}>0$,得 $x>e$.

4.2.　解　$f'(x)=a\cos x+\cos 3x$,因为 $x=\dfrac{\pi}{3}$ 是函数的驻点,所以 $f'\left(\dfrac{\pi}{3}\right)=a\cos\dfrac{\pi}{3}+\cos\pi=\dfrac{a}{2}-1=0$,所以 $a=2$.

5. $\frac{\pi}{6}+\sqrt{3}$. 解 $y'=1-2\sin x$，令 $y'=0$ 得函数在 $\left[0,\frac{\pi}{2}\right]$ 内的驻点为 $x=\frac{\pi}{6}$，由 $f(0)=2$，$f\left(\frac{\pi}{6}\right)=\frac{\pi}{6}+\sqrt{3}\approx 2.25$，$f\left(\frac{\pi}{2}\right)=\frac{\pi}{2}\approx 1.57$，所以 $y=x+2\cos x$ 在区间 $\left[0,\frac{\pi}{2}\right]$ 上的最大值是 $\frac{\pi}{6}+\sqrt{3}$.

6. $x^3-\frac{3}{2}x^2-6x+2$. 解 由曲线 $y=f(x)$ 上任意点的切线斜率为 $3x^2-3x-6$ 得 $y'=3x^2-3x-6$，所以 $y=x^3-\frac{3}{2}x^2-6x+C$，把 $f(-1)=\frac{11}{2}$ 代入，得 $C=2$.

7. 1. 解 $\lim\limits_{x\to0}\frac{g(x)-1}{\ln g(x)}=\lim\limits_{x\to0}\frac{g'(x)}{\frac{g'(x)}{g(x)}}=\lim\limits_{x\to0}g(x)=g(0)=1$.

8. 2. 解 该函数的定义域为 $(-\infty,0)\cup(0,+\infty)$，$y'=e^{\frac{1}{x}}+(x+6)e^{\frac{1}{x}}\cdot\left(-\frac{1}{x^2}\right)=e^{\frac{1}{x}}\cdot\frac{x^2-x-6}{x^2}$，令 $y'<0$，得 $x\in(-2,0)\cup(0,3)$.

9. $(-2,0)$. 解 该函数的定义域为 $(-\infty,+\infty)$，令 $y'=2xe^x+x^2e^x=e^x(x^2+2x)<0$，得 $x\in(-2,0)$.

10. 1. 解 因为函数 $y=x^2-2px+q$ 在点 $x=1$ 处可导且取得极值，所以 $y'(1)=2-2p=0$，解得 $p=1$.

三、计算题

1. 解 $\lim\limits_{x\to0}\frac{x-\arctan x}{\ln(1+x^3)}=\lim\limits_{x\to0}\frac{x-\arctan x}{x^3}=\lim\limits_{x\to0}\frac{1-\frac{1}{1+x^2}}{3x^2}=\lim\limits_{x\to0}\frac{1}{3(1+x^2)}=\frac{1}{3}$.

2. 解 $\lim\limits_{x\to0}\frac{e^{x^2}-1-x^2}{x^2(e^{x^2}-1)}=\lim\limits_{x\to0}\frac{e^{x^2}-1-x^2}{x^4}=\lim\limits_{x\to0}\frac{2xe^{x^2}-2x}{4x^3}=\lim\limits_{x\to0}\frac{e^{x^2}-1}{2x^2}=\lim\limits_{x\to0}\frac{x^2}{2x^2}=\frac{1}{2}$

$=\lim\limits_{x\to0}\frac{x^2}{2x^2}=\frac{1}{2}$.

3. 解 $\lim\limits_{x\to0}\left(\frac{1}{\sin x}-\frac{1}{e^x-1}\right)=\lim\limits_{x\to0}\frac{e^x-1-\sin x}{(e^x-1)\sin x}=\lim\limits_{x\to0}\frac{e^x-1-\sin x}{x^2}=\lim\limits_{x\to0}\frac{e^x-\cos x}{2x}$

$=\lim\limits_{x\to0}\frac{e^x+\sin x}{2}=\frac{1}{2}$.

4. 解 $\lim\limits_{x\to0}\frac{\sqrt{1+\tan x}-\sqrt{1+\sin x}}{x(1-\cos x)}=\lim\limits_{x\to0}\frac{\sqrt{1+\tan x}-\sqrt{1+\sin x}}{\frac{1}{2}x^3}$

$=2\lim\limits_{x\to0}\frac{(\sqrt{1+\tan x}-\sqrt{1+\sin x})(\sqrt{1+\tan x}+\sqrt{1+\sin x})}{x^3(\sqrt{1+\tan x}+\sqrt{1+\sin x})}$

$=2\lim\limits_{x\to0}\frac{\tan x-\sin x}{x^3}\cdot\lim\limits_{x\to0}\frac{1}{\sqrt{1+\tan x}+\sqrt{1+\sin x}}$

$=2\cdot\frac{1}{2}\lim\limits_{x\to0}\frac{\tan x(1-\cos x)}{x^3}=\lim\limits_{x\to0}\frac{x\cdot\frac{1}{2}x^2}{x^3}=\frac{1}{2}$.

5. 解 $\lim\limits_{x\to0}(x+e^x)^{\frac{2}{x}}=\lim\limits_{x\to0}e^{\frac{2\ln(x+e^x)}{x}}=e^{\lim_{x\to0}\frac{2\frac{1+e^x}{x+e^x}}{1}}=e^4$.

6. 解 函数的定义域为 $\mathbf{R}$，$f'(x)=x^{\frac{2}{3}}+\frac{2}{3}(x-1)x^{-\frac{1}{3}}=\frac{5x-2}{3\sqrt[3]{x}}$，令 $y'=0$ 得驻点 $x=\frac{2}{5}$；

$x=0$ 是函数的一阶导数不存在的点. 列表得

x	$(-\infty,0)$	0	$\left(0,\frac{2}{5}\right)$	$\frac{2}{5}\left(\frac{2}{5},+\infty\right)$	
y'	+	不存在	−	0	+
y	↗	极大值 $y(0)=0$	↘	极小值 $y\left(\frac{2}{5}\right)=-\frac{3}{5}\sqrt[3]{\frac{4}{25}}$	↗

由表知，函数的单调增区间是 $(-\infty,0)$ 与 $\left(\frac{2}{5},+\infty\right)$；单调减区间是 $\left(0,\frac{2}{5}\right)$；极大值 $y(0)=0$；极小值 $y\left(\frac{2}{5}\right)=-\frac{3}{5}\sqrt[3]{\frac{4}{25}}$.

7.解　函数的定义域为 $(-\infty,0)\cup(0,+\infty)$，$y'=\frac{4x^2-4(x+1)\cdot 2x}{x^4}=\frac{-4(x+2)}{x^3}$.

令 $y'=0$，得 $x=-1$，列表得

x	$(-\infty,-2)$	-2	$(-2,0)$	$(0,+\infty)$
y'	$-$	0	$+$	$-$
y	↘	极小值 -3	↗	↘

由表知，函数的单调减区间为 $(-\infty,-2)$ 和 $(0,+\infty)$，单调增区间为 $(-2,0)$，极小值为 $y(-2)=-3$.

8.解　函数的定义域为 $(-\infty,1)\cup(1,+\infty)$，$y'=\frac{3x^2(x-1)-2x^3}{(x-1)^3}=\frac{x^3-3x^2}{(x-1)^3}$，令 $y'=0$，得 $x_1=0$，$x_2=3$，列表得

x	$(-\infty,0)$	0	$(0,1)$	$(1,3)$	3	$(3,+\infty)$
y'	$+$	0	$+$	$-$	0	$+$
y	↗	无极值	↗	↘	极小值 $\frac{27}{4}$	↗

由表知，函数的增区间为 $(-\infty,1)$ 和 $(3,+\infty)$，减区间为 $(1,3)$；极小值为 $y(3)=\frac{27}{4}$.

四、证明题

1.证明　取函数 $f(x)=a_0x^n+a_1x^{n-1}+\cdots+a_{n-1}x$，则 $f(x)$ 在 $[0,x_0]$ 上连续，在 $(0,x_0)$ 内可导，且 $f(0)=f(x_0)=0$，由罗尔定理可知至少存在一点 $\xi\in(0,x_0)$，使得 $f'(\xi)=0$，即方程 $a_0nx^{n-1}+a_1(n-1)x^{n-2}+\cdots+a_{n-1}=0$ 必有一个小于 x_0 的正根.

2.证明　取函数 $f(x)=1+x\ln(x+\sqrt{1+x^2})-\sqrt{1+x^2}$，则

$f'(x)=\ln(x+\sqrt{1+x^2})+\frac{x}{\sqrt{1+x^2}}-\frac{x}{\sqrt{1+x^2}}=\ln(x+\sqrt{1+x^2})$，

当 $x>0$ 时，$f'(x)>0$，因此 $f(x)$ 在 $[0,+\infty)$ 内单调递增.

故当 $x>0$ 时，$f(x)>f(0)=0$，即 $1+x\ln(x+\sqrt{1+x^2})>\sqrt{1+x^2}$，$(x>0)$.

五、综合题

1.解　把 $f(1)=-12$ 带入 $f(x)=4x^3+ax^2+bx+5$ 得 $a+b=-21$，$f'(x)=12x^2+2ax+b$，因为在点 $x=1$ 处切线斜率为 -12，故 $f'(1)=12+2a+b=-12$. 由上面两个方程求得 $a=-3$，$b=-18$，所以 $f(x)=4x^3-3x^2-18x+5$.

令 $f'(x)=12x^2-6x-18=6(x+1)(2x-3)=0$，得 $x=-1$，$x=\frac{3}{2}$(舍去)，$f(-2)=-3$，$f(-1)=16$，$f(1)=-12$，所以函数 $f(x)$ 在 $[-2,1]$ 上的最大值为 $f(-1)=16$，最小值为 $f(1)=-12$.

2.解　把 $x=-1$ 带入切线方程得 $y=1$，故切点为 $(-1,1)$. 把点 $(-1,1)$，$(0,2)$ 分别代入 $f(x)$ 得 $b-c+d=2$，$d=2$，$f'(x)=3x^2+2bx+c$，由导数的几何意义得 $f'(-1)=3-2b+c=6$，从而可得 $b=-3$，$c=-3$，$d=2$，所以 $f(x)=x^3-3x^2-3x+2$. $x\in\mathbf{R}$. 令 $f'(x)=3x^2-6x-3=0$ 得驻点 $x_1=1+\sqrt{2}$，$x_2=1-\sqrt{2}$，无不可导点. 列表得

x	$(-\infty,1-\sqrt{2})$	$1-\sqrt{2}$	$(1-\sqrt{2},1+\sqrt{2})$	$1+\sqrt{2}$	$(1+\sqrt{2},+\infty)$
$f'(x)$	$+$	0	$-$	0	$+$
$f(x)$	↗	极大值	↘	极小值	↗

所以，$f(x)$ 的单调增区间为 $(-\infty,1-\sqrt{2})$ 和 $(1+\sqrt{2},+\infty)$，单调减区间为 $(1-\sqrt{2},1+\sqrt{2})$.

第四章检测训练 A

一、选择题

1. B.　解　由题意知，$\int f(x)\mathrm{d}x=\sin x+C$，则 $f(x)=(\sin x+C)'=\cos x$，$\int f'(x)\mathrm{d}x=f(x)+C=\cos x+C$.

2. A.　解　设 $u=\cos x$，则 $\mathrm{d}u=-\sin x\mathrm{d}x$，于是

$$\int \sin x f(\cos x)\mathrm{d}x=\int -f(u)\mathrm{d}u=-F(u)+C=-F(\cos x)+C$$

3. B.　解　$\int \sin e^x \mathrm{d}e^x=-\cos e^x+C$.

4. C.　由 $\int f(x)\mathrm{d}x=F(x)+C$，则 $\int e^{-x}f(e^{-x})\mathrm{d}x=-\int f(e^{-x})\mathrm{d}e^{-x}=-F(e^{-x})+C$.

5. D.　解　根据不定积分的定义有 $f(x)=(x^2e^{2x}+C)'=2xe^{2x}+2x^2e^{2x}=2xe^{2x}(1+x)$.

6. B.　解　由凑微分法有 $\int e^{3x+5}\mathrm{d}x=\frac{1}{3}\int e^{3x+5}\mathrm{d}(3x+5)=\frac{1}{3}e^{3x+5}+C$.

7. C.　解　$\int \mathrm{d}\arctan\sqrt{x}=\arctan\sqrt{x}+C$.

8. D.　解　由不定积分的定义有，$\int f(x)\mathrm{d}x=F(x)+C$，则 $\mathrm{d}\int f(x)\mathrm{d}x=\mathrm{d}(F(x)+C)=f(x)\mathrm{d}x$.

9. D.　解　由 $\int f(x)\sin x\mathrm{d}x=f(x)+C$，知 $f'(x)=[f(x)+C]'=f(x)\sin x$，于是 $\frac{f'(x)}{f(x)}=\sin x$，

则 $\int\frac{f'(x)}{f(x)}\mathrm{d}x=\int\frac{1}{f(x)}\mathrm{d}f(x)=\ln|f(x)|+C=\int\sin x\mathrm{d}x=-\cos x+C$，即 $f(x)=Ce^{-\cos x}$.

10. D.　解　根据不定积分的定义，$f(x)=\left(\frac{1}{x}\right)'=-\frac{1}{x^2}$，则 $f'(x)=\left(-\frac{1}{x^2}\right)'=\frac{2}{x^3}$.

二、填空题

1. $-\frac{1}{2}\ln|1-2x|+C$.　解　设 $u=1-2x$，于是

$$\int\frac{1}{1-2x}\mathrm{d}x=\int\frac{1}{u}\cdot\left(-\frac{1}{2}\mathrm{d}u\right)=-\frac{1}{2}\ln|u|+C=-\frac{1}{2}\ln|1-2x|+C.$$

2. $x+x^2+1$.　解　由 $f'(\ln x)=1+2\ln x$，得 $f'(x)=1+2x$，则根据不定积分的性质有

$$f(x)=\int f'(x)\mathrm{d}x=\int(1+2x)\mathrm{d}x=x+x^2+C,$$

又知 $f(0)=1$，得 $C=1$.

3. $\frac{1}{x}+C$.　解　根据不定积分的性质 $\int f'(x)\mathrm{d}x=f(x)+C=\frac{1}{x}+C$.

4. $y=\arctan x$.　解　设曲线方程为 $y=f(x)$，则 $f'(x)=\frac{1}{1+x^2}$，于是 $f(x)=\int\frac{1}{1+x^2}\mathrm{d}x=\arctan x+C$

通过点 $(1,\frac{\pi}{4})$，则有 $\frac{\pi}{4}=\arctan 1+C$，即 $C=0$，故所求曲线方程为 $y=\arctan x$.

5. $-2\cot 2x+C$.　解　$\int\frac{1}{\sin^2x\cos^2x}\mathrm{d}x=\int\frac{1}{\left(\frac{1}{2}\sin 2x\right)^2}\mathrm{d}x=2\int\csc^2 2x\,\mathrm{d}2x=-2\cot 2x+C$.

6. $f(x)+C$.　解　根据不定积分的性质：$\int f'(x)\mathrm{d}x=f(x)+C$.

7. $\frac{1}{3}\arctan 3x+C$.　解　$\int\frac{\mathrm{d}x}{1+9x^2}=\frac{1}{3}\int\frac{1}{1+(3x)^2}\mathrm{d}3x=\frac{1}{3}\arctan 3x+C$.

8. $-\frac{1}{4}\ln|3-4x|+C$.　解　$\int\frac{\mathrm{d}x}{3-4x}=-\frac{1}{4}\int\frac{1}{3-4x}\mathrm{d}(3-4x)=-\frac{1}{4}\ln|3-4x|+C$.

9. $f(x)+C$.　解　由不定积分的性质，知 $\int\mathrm{d}f(x)=f(x)+C$，于是 $\mathrm{d}\int\mathrm{d}f(x)=\mathrm{d}f(x)$，

从而$\int d\int df(x) = \int df(x) = \int f'(x)dx = f(x)+C$.

10. $e^{x^2}(2x^2-1)+C$. 解 由 $f(x)$ 的一个原函数为 e^{x^2}，知$\int f(x)dx = e^{x^2}+C$，$f(x)=(e^{x^2}+C)'=2xe^{x^2}$，根据分部积分法有

$$\int xf'(x)dx = \int xdf(x) = xf(x)-\int f(x)dx = e^{x^2}(2x^2-1)+C.$$

三、计算题

1. 解 由于 $\cos 2x = \cos^2 - \sin^2 x$，所以$\dfrac{\cos 2x}{\cos^2 \sin^2 x} = \dfrac{\cos^2 x - \sin^2 x}{\cos^2 x \sin^2 x} = \dfrac{1}{\sin^2 x} - \dfrac{1}{\cos^2 x}$

故原积分 $= \int \dfrac{1}{\sin^2 x}dx - \int \dfrac{1}{\cos^2}dx = -\cot x - \tan x + C$.

2. 解 $\int \dfrac{1}{9-4x^2}dx = \int \dfrac{1}{(3-2x)(3+2x)}dx = \dfrac{1}{6}\left(\int \dfrac{1}{3-2x}dx + \int \dfrac{1}{3+2x}dx\right)$

$= -\dfrac{1}{12}\ln|3-2x| + \dfrac{1}{12}\ln|3+2x| + C$.

3. 解 $\int \sin^3 x dx = \int \sin x(1-\cos^2 x)dx = \int \sin x dx - \int \sin x \cos^2 x dx$

$= \int \sin x dx + \int \cos^2 x d\cos x = -\cos x + \dfrac{1}{3}\cos^3 x + C$.

4. 解 令 $t = e^x$，则 $x = \ln t$，

$\int \dfrac{1}{1+e^x}dx = \int \dfrac{1}{t+1}d\ln t = \int \dfrac{1}{t(t+1)}dt = \int \left(\dfrac{1}{t} - \dfrac{1}{t+1}\right)dt = x - \ln(1+e^x) + C$.

5. 解 $\int \dfrac{\sqrt{x^2-4}}{x}dx = \int \dfrac{\sqrt{4\sec^2 t-4}}{2\sec t}2\sec t\tan t dt = \int \tan^2 t dt = 2\int(\sec^2 t - 1)dt$

$= 2(\tan t - t) + C = 2\left(\dfrac{\sqrt{x^2-4}}{2} - \arccos\dfrac{2}{x}\right) + C = \sqrt{x^2-4} - 2\arccos\dfrac{2}{x} + C$.

6. 解 $\int \ln(2+x)dx = x\ln(2+x) - \int \dfrac{x}{2+x}dx = x\ln(2+x) - \int \dfrac{x+2-2}{2+x}dx$

$= x\ln(2+x) - \int 1dx + 2\int \dfrac{1}{x+2}dx = x\ln(2+x) - x + \ln|x+2| + C$.

7. 解 $\int \left(5a^x - \dfrac{3}{x} + e^x\right)dx = \dfrac{5}{\ln a}a^x - 3\ln|x| + e^x + C$.

8. 解 $\int \dfrac{\ln^2 x - 1}{x}dx = \int \dfrac{\ln^2 x}{x}dx - \int \dfrac{1}{x}dx = \int \ln^2 x d\ln x - \ln x + C = \dfrac{1}{3}\ln^3 x - \ln x + C$.

9. 解 $\int \tan x dx = \int \dfrac{\sin x}{\cos x}dx = -\int \dfrac{1}{\cos x}d\cos x = -\ln|\cos x| + C$.

10. 解 $\int \dfrac{1}{1+\sin x}dx = \int \dfrac{1-\sin x}{(1-\sin x)(1+\sin x)}dx = \int \dfrac{1-\sin x}{\cos^2 x}dx$

$= \tan x + \int \dfrac{1}{\cos^2 x}d\cos x + C = \tan x - \sec x + C$.

11. 解 $\int x^2 \ln x dx = \dfrac{1}{3}\int \ln x dx^3 = \dfrac{1}{3}x^3 \ln x - \dfrac{1}{3}\int x^2 dx = \dfrac{1}{3}x^3 \ln x - \dfrac{1}{9}x^3 + C$.

12. 解 $\int x^2 e^{-x} dx = -\int x^2 de^{-x} = -x^2 e^{-x} + \int e^{-x} dx^2 = -x^2 e^{-x} + 2\int x e^{-x} dx$

$= -x^2 e^{-x} - 2x e^{-x} - 2\int e^{-x} dx + C = -e^{-x}(x^2 + 2x + 2) + C$.

13. 解 $f(x) = (\ln^2 x)' = \dfrac{2\ln x}{x}$，

$\int xf'(x)dx = \int xdf(x) = xf(x) - \int f(x)dx = 2\ln x - \ln^2 x + C$.

第四章检测训练 B

一、选择题

1. D.　解　已知 $f(x)$ 的一个原函数是 e^{-x}，得$\int f(x)dx = e^{-x}+C$.

2. B.　解　$\int xf(x^2)dx = \frac{1}{2}\int f(x^2)dx^2 = \frac{1}{2}F(x^2)+C$.

3. A.　解　根据不定积分的性质，有$[\int f(x)dx]' = f(x)$.

4. A.　解　$\int \frac{2}{1+(2x)^2}dx = \int \frac{1}{1+(2x)^2}d(2x) = \arctan 2x + C$.

5. A.　解　要判断两个函数是否具有相同的原函数，即看二者的导数是否相同.

选项 A：$\left(\frac{1}{2}\sin^2 x + C\right)' = \sin x \cdot \cos x$，$\left(-\frac{1}{4}\cos 2x\right)' = \frac{1}{2}\sin 2x = \sin x \cdot \cos$.

6. A.　解　$\int \cos^2 x dx = \frac{1}{2}\int (1+\cos 2x)dx = \frac{1}{2}x + \frac{1}{4}\sin 2x + C$.

7. B.　解　$a dx = d(ax+b)$，$\frac{1}{\sqrt{x}}dx = 2d\sqrt{x}$，$-\frac{1}{x^2}dx = d\left(\frac{1}{x}\right)$.

8. B.　解　$\int \sin 2x dx = \frac{1}{2}\int \sin 2x d2x = -\frac{1}{2}\cos 2x + C$.

9. C.　解　根据分部积分法，选项 C 的确定是正确的.

10. B.　解　根据导数的几何意义，$f'(x) = \frac{1}{x}$，则 $y = f(x) = \int \frac{1}{x}dx = \ln x + C(x>0)$，又知道曲线过$(e^2,3)$，则 $C = 1$，即 $f(x) = \ln x + 1$.

二、填空题

1. $\frac{x^3}{3} - x^2 + C$.　解　$\int x(x-2)dx = \int (x^2-2x)dx = \frac{x^3}{3} - x^2 + C$.

2. $x - \ln|x| + C$.　解　由 $f(1+x) = \frac{x}{x+1} = \frac{x+1-1}{x+1}$，即 $f(x) = \frac{x-1}{x} = 1-\frac{1}{x}$，

即$\int f(x)dx = \int \left(1-\frac{1}{x}\right)dx = x - \ln|x| + C$.

3. $-\cos x$.　解　$\int f(x)dx = \cos x + C$，$f(x) = (\cos x + C)' = -\sin x$，$f'(x) = -\cos x$.

4. $x\sin x - \cos x + C$.　解　根据分部积分的公式，$\int uv'dx = \int u dv = uv - \int v du = x\sin x - \cos x + C$.

5. $\sin x + \cos x + C$.　解　$\int \frac{\cos^2 x - \sin^2 x}{\cos x + \sin x}dx = \int (\cos x - \sin x)dx = \sin x + \cos x + C$.

6. $\arcsin 2x + C$.　解　$\int \frac{2}{\sqrt{1-(2x)^2}}dx = \int \frac{1}{\sqrt{1-(2x)^2}}d2x = \arcsin 2x + C$.

7. $\frac{1}{4}f^2(x^2) + C$.　解　$\int xf(x^2)f'(x^2)dx = \frac{1}{2}\int f(x^2)df(x^2) = \frac{1}{4}f^2(x^2) + C$.

8. $\ln|x+\cos x| + C$.　解　$\int \frac{1-\sin x}{x+\cos x}dx = \int \frac{1}{x+\cos x}d(x+\cos x) = \ln|x+\cos x| + C$.

9. xe^x.　解　由$\int f(x+1)dx = xe^{x+1} + C_1$，得$\int f(x)dx = (x-1)e^x + C$，

则 $f(x) = [(x-1)e^x]' = e^x + (x-1)e^x = xe^x$.

10. $x - \frac{1}{2}x^2$.　解　由 $f'(\cos^2 x) = \sin^2 x$，知 $f'(\cos^2 x) = 1-\cos^2 x$，即 $f'(x) = 1-x$，

则 $f(x) = \int f'(x)dx = \int (1-x)dx = x - \frac{1}{2}x^2 + C$，又知 $f(0) = 0$，则 $C = 0$.

三、计算题

1. 解 $\int \frac{(2x-1)(\sqrt{x}+1)}{\sqrt{x}}dx = \int \frac{2x^{\frac{3}{2}}+2x-x^{\frac{1}{2}}-1}{x^{\frac{1}{2}}}dx = \int (2x+2x^{\frac{1}{2}}-1-x^{-\frac{1}{2}})dx.$

$= x^2+\frac{4}{3}x^{\frac{3}{2}}-x-2x^{\frac{1}{2}}+C.$

2. 解 $\int \frac{1+2x^2}{x^2(1+x^2)}dx = \int \frac{1}{x^2}dx + \int \frac{1}{1+x^2}dx = -\frac{1}{x}+\arctan x + C.$

3. 解 $\int x\sqrt{x^2-3}\,dx = \frac{1}{2}\int \sqrt{x^2-3}\,d(x^2-3) = \frac{1}{3}(x^2-3)^{\frac{3}{2}}+C.$

4. 解 $\int e^x\sqrt{3+2e^x}\,dx = \int \sqrt{3+2e^x}\,de^x = \frac{1}{2}(3+2e^x)d(3+2e^x) = \frac{1}{3}(3+2e^x)^{\frac{3}{2}}+C.$

5. 解 $\int \sin^2 x\cos^3 x\,dx = \int \sin^2 x\cos^2 x\,d\sin x = \int \sin^2 x(1-\sin^2 x)d\sin x$

$\xlongequal{令 t=\sin x} \int (t^2-t)dt = \frac{1}{3}t^3-\frac{1}{5}t^5+C = \frac{1}{3}\sin^3 x-\frac{1}{5}\sin^5 x+C.$

6. 解 $\int \frac{2^{\arcsin x}}{\sqrt{1-x^2}}dx = \int 2^{\arcsin x}d\arcsin x = \frac{2^{\arcsin x}}{\ln 2}+C.$

7. 解 令 $t=\sqrt{2x-1}$，则 $x=\frac{t^2+1}{2}$，

$\int e^{\sqrt{2x-1}}dx = \int te^t\,dt = \int t\,de^t = te^t-\int e^t\,d = te^t-e^t+C = \sqrt{2x-1}\,e^{\sqrt{2x-1}}-e^{\sqrt{2x-1}}+C.$

8. 解 $\int \frac{dx}{x(1+\ln x)} = \int \frac{1}{1+\ln x}d\ln x = \int \frac{1}{1+\ln x}d(1+\ln x) = \ln|\ln x+1|+C.$

9. 解 $\int x\ln x\,dx = \frac{1}{2}x^2\ln x-\frac{1}{2}\int x\,dx+C = \frac{1}{2}x^2\ln x-\frac{1}{4}x^2+C.$

10. 解 令 $t=\sqrt{x}$，则 $x=t^2$，

$\int \arctan\sqrt{x}\,dx = \int \arctan t\,dt^2 = t^2\arctan t-\int t^2\,d\arctan t = t^2\arctan t-\int \frac{1+t^2-1}{1+t^2}dt$

$= t^2\arctan t-t+\int \frac{1}{1+t^2}dt = t^2\arctan t-t+\arctan t+C$

$= x\arctan\sqrt{x}-\sqrt{x}+\arctan\sqrt{x}+C.$

第五章检测训练 A

一、选择题

1. A 解 由定积分对于积分区间的可加性，得 $\int_0^3 f(x)dx = \int_0^2 f(x)dx+\int_2^3 f(x)dx$，其余选项均有不在可积区间[0,4]内的部分.

2. C. 解 $\int_0^x f(t+a)dt = \int_0^x f(t+a)d(t+a) = F(t+a)\Big|_0^x = F(x+a)-F(a).$

3. B. 解 $\int_{-\infty}^{+\infty}\frac{dx}{1+x^2} = (\arctan x)\Big|_{-\infty}^{+\infty} = \lim_{x\to+\infty}\arctan x-\lim_{x\to-\infty}\arctan x = \frac{\pi}{2}-\left(-\frac{\pi}{2}\right) = \pi.$

4. B. 解 本题为 $\frac{0}{0}$ 型未定式的极限，由洛必达法则和变上限积分的导数性质得

$$\lim_{x\to 0}\frac{\int_0^x \sin t^2\,dt}{x^2} = \lim_{x\to 0}\frac{\sin(x^2)}{2x} = \lim_{x\to 0}\frac{x^2}{2x} = \lim_{x\to 0}\frac{x}{2} = 0.$$

5. D. 解 $q=1$ 时，$\int_0^1 x^{-1}dx = \int_0^1 \frac{1}{x}dx = (\ln x)\Big|_0^1 = +\infty$，该积分发散；

$q \neq 1$ 时，$\int_0^1 x^{-q} dx = \left(\frac{x^{1-q}}{1-q}\right)\Big|_0^1 = \begin{cases} \frac{1}{1-q}, q<1, \\ \infty, \quad q>1, \end{cases}$ 故 $q<1$ 时该积分收敛.

6. D. 解 由定积分的几何意义得 $I_1 = \int_0^1 x dx < \int_1^2 x dx$；又因为当 $x \in [1,2]$ 时，$x < x^2$，由定积分的比较性质得 $\int_1^2 x dx < \int_1^2 x^2 dx = I_2$. 因此，$I_1 < I_2$.

7. D. 解 $\int_2^{+\infty} \frac{dx}{x^2} = \left(-\frac{1}{x}\right)\Big|_2^{+\infty} = 0 - \left(-\frac{1}{2}\right) = \frac{1}{2}$.

8. D. 解 $\int_0^4 dx = x\Big|_0^4 = 4 - 0 = 4$.

9. A. 解 由变上限积分的导数性质得 $\frac{d}{dx}\int_0^x \cos t^2 dt = \cos x^2$.

10. B. 解 设 $f(x) = x\sin x^2$，则 $f(-x) = (-x)\sin(-x)^2 = -x\sin x^2 = -f(x)$，所以 $f(x)$ 为奇函数；由定积分的几何意义，奇函数在对称区间内的定积分等于零，即 $\int_{-1}^1 x\sin x^2 dx = 0$.

11. A. 解 $\int_a^b \arcsin x dx$ 是定积分，其值为常数，常数的导数为零，即 $\frac{d}{dx}\int_a^b \arcsin x dx = 0$.

12. B. 解 当 $x \in [0,1]$ 时，$x^2 \geqslant x^3$，由定积分的比较性质，得 $\int_0^1 x^2 dx \geqslant \int_0^1 x^3 dx$；当 $x \in [1,2]$ 时，$x^3 \geqslant x^2$，$x \leqslant x^2$，由定积分的比较性质，得 $\int_1^2 x^3 dx \geqslant \int_1^2 x^2 dx$，$\int_1^2 x dx \leqslant \int_1^2 x^2 dx$.

13. D. 解 $\int_0^x f(t)dt = a^{2x}$，两边对 x 求导，得 $f(x) = \left[\int_0^x f(t)dt\right]' = 2a^{2x}\ln a$.

14. D. 解 由 $f\left(\frac{1}{x}\right) = \frac{x}{x+1} = \frac{1}{1+\frac{1}{x}}$，得 $f(x) = \frac{1}{1+x}$，则

$$\int_0^1 f(x)dx = \int_0^1 \frac{1}{1+x}dx = \int_0^1 \frac{1}{1+x}d(1+x) = \ln(1+x)\Big|_0^1 = \ln 2.$$

二、填空题

1. $2b$. 解 本题利用定积分的几何意义求解. $x\cos x$ 为奇函数，其在对称区间上的定积分为零；$x\sin x$ 为偶函数，其在对称区间上的定积分等于在半个区间上定积分值的 2 倍.

因此，$\int_{-a}^a x(\sin x + \cos x)dx = \int_{-a}^a x\sin x dx + \int_{-a}^a x\cos x dx = 2\int_0^a x\sin x dx = 2b$.

2. -2. 解 由定积分的性质及几何意义，得 $\int_{-a}^a (2x-1)dx = \int_{-a}^a 2x dx - \int_{-a}^a dx = 0 - 2a = 4$，故 $a = -2$.

3. 0. 解 由定积分的性质及几何意义，得 $\int_{-1}^1 x|x|dx = \int_{-1}^0 -x^2 dx + \int_0^1 x^2 dx = 0$.

4. 单位圆. 解 由定积分的几何意义，$\int_0^1 \sqrt{1-x^2}dx$ 表示单位圆(以原点为圆心、半径为1的圆)在第一象限的图形的面积，即单位圆面积的 $\frac{1}{4}$，故 $4\int_0^1 \sqrt{1-x^2}dx$ 表示单位圆的面积.

5. $\frac{1}{\pi}$. 解 因为 $\int_{-\infty}^{+\infty} \frac{dx}{1+x^2} = (\arctan x)\Big|_{-\infty}^{+\infty} = \lim\limits_{x\to+\infty}\arctan x - \lim\limits_{x\to-\infty}\arctan x = \frac{\pi}{2} - \left(-\frac{\pi}{2}\right) = \pi$，

所以，$\int_{-\infty}^{+\infty} \frac{A}{1+x^2}dx = A\int_{-\infty}^{+\infty} \frac{1}{1+x^2}dx = A\pi = 1$，故 $A = \frac{1}{\pi}$.

6. $F(x+a) - F(2a)$. 解 $F'(x) = f(x)$，即 $F(x)$ 是 $f(x)$ 的一个原函数，因此

$$\int_a^x f(t+a)dt = \int_a^x f(t+a)d(t+a) = F(t+a)\Big|_a^x = F(x+a) - F(2a).$$

7. $\frac{9}{14}$. 解 由定积分中值定理，得函数 $y = \frac{1}{\sqrt[3]{x}}$ 在区间[1,8]上的平均值为

$$\bar{y} = \frac{\int_1^8 \frac{1}{\sqrt[3]{x}}dx}{8-1} = \frac{1}{7}\int_1^8 x^{-\frac{1}{3}}dx = \frac{1}{7}\cdot\frac{3}{2}x^{\frac{2}{3}}\Big|_1^8 = \frac{1}{7}\cdot\frac{3}{2}(4-1) = \frac{9}{14}.$$

8. $-2xf(x^2)$. 解 由定积分的性质和变上限积分的导数的性质,得

$$\frac{d}{dx}\int_{x^2}^{1} f(t)dt = -\frac{d}{dx}\int_{1}^{x^2} f(t)dt = -f(x^2)\cdot(x^2)' = -2xf(x^2).$$

9. $\frac{4}{3}$. 解 本题为$\frac{0}{0}$型未定式的极限,由洛必达法则和变上限积分的导数性质,得

$$\lim_{x\to 0}\frac{\int_0^x \sin^2 2t\,dt}{x^3} = \lim_{x\to 0}\frac{\sin^2 2x}{3x^2} = \lim_{x\to 0}\frac{(2x)^2}{3x^2} = \lim_{x\to 0}\frac{4x^2}{3x^2} = \frac{4}{3}.$$

10. 0. 解 被积函数$x^4\sin^3 x$为奇函数,由定积分的几何意义,奇函数在对称区间上的定积分等于零,则$\int_{-2}^{2} x^4\sin^3 x\,dx = 0$.

11. $\frac{\pi}{4}$. 解 $\int_1^{+\infty}\frac{1}{1+x^2}dx = (\arctan x)\Big|_1^{+\infty} = \lim_{x\to+\infty}\arctan x - \arctan 1 = \frac{\pi}{2}-\frac{\pi}{4} = \frac{\pi}{4}$.

三、计算题

1. 解 $\int_1^e \frac{dx}{x(2x+1)} = \int_1^e\left(\frac{1}{x}-\frac{2}{2x+1}\right)dx = \int_1^e\frac{1}{x}dx - \int_1^e\frac{1}{2x+1}d(2x+1) = \ln x\Big|_1^e - \ln(2x+1)\Big|_1^e = 1-\ln\frac{2e+1}{3}$.

2. 解 $\int_0^1\frac{2x+3}{1+x^2}dx = \int_0^1\frac{2x}{1+x^2}dx + \int_0^1\frac{3}{1+x^2}dx = \int_0^1\frac{1}{1+x^2}dx^2 + 3\arctan x\Big|_0^1$

$= \ln(1+x^2)\Big|_0^1 + 3\arctan x\Big|_0^1 = \ln 2 + \frac{3}{4}\pi$.

3. 解 令$x=\sin t$,则

$$\int_0^1\frac{x\,dx}{(2-x^2)\sqrt{1-x^2}} = \int_0^{\frac{\pi}{2}}\frac{\sin t}{(2-\sin^2 t)\sqrt{1-\sin^2 t}}d\sin t = \int_0^{\frac{\pi}{2}}\frac{\sin t}{2-\sin^2 t}dt$$

$$= -\int_0^{\frac{\pi}{2}}\frac{1}{1+\cos^2 t}d\cos t = -\arctan\cos t\Big|_0^{\frac{\pi}{2}} = \frac{\pi}{4}.$$

4. 解 $\int_0^{\pi}\sqrt{\frac{1+\cos 2x}{2}}dx = \int_0^{\pi}\sqrt{\frac{1+2\cos^2 x-1}{2}}dx = \int_0^{\pi}|\cos x|dx = \int_0^{\frac{\pi}{2}}\cos x\,dx - \int_{\frac{\pi}{2}}^{\pi}\cos x\,dx = 2$.

5. 解 $\int_1^2 x^2\ln x\,dx = \frac{1}{3}\int_1^2\ln x\,dx^3 = \frac{1}{3}x^3\ln x\Big|_1^2 - \frac{1}{3}\int_1^2 x^3 d\ln x$

$= \frac{1}{3}x^3\ln x\Big|_1^2 - \frac{1}{3}\int_1^2 x^2dx = \left(\frac{1}{3}x^3\ln x - \frac{1}{9}x^3\right)\Big|_1^2 = \frac{8}{3}\ln 2 - \frac{7}{9}$.

6. 解 $\int_0^2 x^3e^{-x^2}dx = -\frac{1}{2}\int_0^2 x^2(-2x)e^{-x^2}dx = -\frac{1}{2}\int_0^2 x^2de^{-x^2} = -\frac{1}{2}x^2e^{-x^2}\Big|_0^2 + \frac{1}{2}\int_0^2 e^{-x^2}dx^2$

$= \left(-\frac{1}{2}x^2e^{-x^2} - \frac{1}{2}e^{-x^2}\right)\Big|_0^2 = \frac{1-5e^{-4}}{2}$.

7. 解 $\int_0^{\frac{\pi}{2}} x^2\sin x\,dx = -\int_0^{\frac{\pi}{2}}x^2d\cos x = -x^2\cos x\Big|_0^{\frac{\pi}{2}} + \int_0^{\frac{\pi}{2}}\cos x\,dx^2 = -x^2\cos x\Big|_0^{\frac{\pi}{2}} + 2\int_0^{\frac{\pi}{2}}x\,d\sin x$

$= (-x^2\cos x + 2x\sin x + 2\cos x)\Big|_0^{\frac{\pi}{2}} = \pi - 2$.

8. 解 $\lim_{x\to 0}\frac{\int_0^x\frac{\sin t^2}{t}dt}{x^2} = \lim_{x\to 0}\frac{\frac{\sin x^2}{x}}{2x} = \lim_{x\to 0}\frac{\frac{x^2}{x}}{2x} = \frac{1}{2}$.

9. 解 令$t=\sqrt{x}$,则$x=t^2$,

原式$= \int_1^2 e^t dt^2 = 2\int_1^2 te^t dt = 2\int_1^2 t\,de^t = (2te^t - 2e^t)\Big|_1^2 = 2e^2$.

10. 解 令$x=\sin t$,当$x=1$时,$t=\frac{\pi}{2}$;当$x=0$时,$t=0$.则

原式$= \int_0^{\frac{\pi}{2}}\sin^2 t\cos t\,d\sin t = \int_0^{\frac{\pi}{2}}\sin^2 t\cos^2 t\,dt = \frac{1}{4}\int_0^{\frac{\pi}{2}}\sin^2 2t\,dt$

$= \frac{1}{4}\int_0^{\frac{\pi}{2}}\frac{1-\cos 4t}{2}dt = \frac{1}{8}\left(\int_0^{\frac{\pi}{2}}dt - \int_0^{\frac{\pi}{2}}\cos 4t\,dt\right) = \frac{1}{8}t\Big|_0^{\frac{\pi}{2}} - \frac{1}{32}\int_0^{\frac{\pi}{2}}\cos 4t\,d4t = \frac{\pi}{16}$.

四、解答题

1. 解　$A=\int_0^{\frac{2}{3}}\left(2x-\frac{1}{2}x\right)\mathrm{d}x+\int_{\frac{2}{3}}^{\frac{4}{3}}\left[(2-x)-\frac{1}{2}x\right]\mathrm{d}x=\frac{3}{4}x^2\Big|_0^{\frac{2}{3}}+\left(2x-\frac{3}{4}x^2\right)\Big|_{\frac{2}{3}}^{\frac{4}{3}}=\frac{2}{3}$.

2. 解　联立两个方程$\begin{cases}y=2-x^2,\\y=2x+2\end{cases}$得,交点坐标为(0,2),(−2,−2),则所求图形的面积为

$A=\int_{-2}^{0}(2-x^2-2x-2)\mathrm{d}x=\int_{-2}^{0}(-x^2-2x)\mathrm{d}x=\left(-\frac{1}{3}x^3-x^2\right)\Big|_{-2}^{0}=\frac{4}{3}$.

3. 解　曲线$y=\frac{1}{x}$和直线$y=4x$的交点坐标为$\left(\frac{1}{2},2\right)$;曲线$y=\frac{1}{x}$和直线$x=2$的交点坐标为$\left(2,\frac{1}{2}\right)$,则所求图形的面积为

$A=\left(\frac{1}{2}\times 2\times\frac{1}{2}\right)+\int_{\frac{1}{2}}^{2}\frac{1}{x}\mathrm{d}x=\frac{1}{2}+\left(\ln 2-\ln\frac{1}{2}\right)=\frac{1}{2}+2\ln 2$.

4. 解　先求出$y=\ln(x+1)$在点(0,0)处的切线.斜率$k=y'|_{x=0}=\frac{1}{x+1}\Big|_{x=0}=1$,则切线方程为$y=x$.联立方程$\begin{cases}y=x\\y=x^2-2\end{cases}$得,交点坐标为(2,2),(−1,−1),则所求图形的面积为

$A=\int_{-1}^{2}(x-x^2+2)\mathrm{d}x=\frac{1}{2}x^2-\frac{1}{3}x^3+2x\Big|_{-1}^{2}=\frac{9}{2}$.

5. 解　当$x=2$时,$y=1$;当$x=4$时,$y=4$,由此可得,直线的方程为$y=\frac{3}{2}x-2$,

则所围成图形的面积为$A=\int_2^4\left(\frac{3}{2}x-2-\frac{1}{4}x^2\right)\mathrm{d}x=\left(\frac{3}{4}x^2-2x-\frac{1}{12}x^3\right)\Big|_2^4=\frac{1}{3}$.

6. 解　对函数$f(x)$求导得$f'(x)=\frac{x+2}{x^2+2x+2}=\frac{x+2}{(x+1)^2+1}$,$x\in(0,1)$,则当$x\in(0,1)$时,$f'(x)>0$,所以$f(x)$为单调递增函数,从而最小值为$f(0)=0$,最大值为$f(1)=\int_0^1\frac{t+2}{t^2+2t+2}\mathrm{d}t$,即

$f(1)=\int_0^1\frac{t+1+1}{(t+1)^2+1}\mathrm{d}t=\int_0^1\frac{t+1}{(t+1)^2+1}\mathrm{d}t+\int_0^1\frac{\mathrm{d}t}{(t+1)^2+1}$

$=\frac{1}{2}\int_0^1\frac{1}{(t+1)^2+1}\mathrm{d}[(t+1)^2+1]+\int_0^1\frac{1}{(t+1)^2+1}\mathrm{d}(t+1)$

$=[\frac{1}{2}\ln|1+(t+1)^2|+\arctan(t+1)]\Big|_0^1$

$=\frac{1}{2}(\ln 5-\ln 2)+\arctan 2-\frac{\pi}{4}$.

第五章检测训练 B

一、选择题

1. B.　解　定积分的实质是乘积之和的极限,即$\int_a^b f(x)\mathrm{d}x=\lim\limits_{\lambda\to 0}\sum\limits_{i=1}^{n}f(\xi_i)\Delta x_i$;因为$f(x)$在$[a,b]$上可积,则上述极限存在,根据函数极限的局部有界性,得$f(x)$在$[a,b]$上有界.

2. C.　解　$f(x)$在$[a,b]$上连续且$\int_a^b f(x)\mathrm{d}x=0$,由定积分中值定理,在$[a,b]$内至少存在一点$\xi$,使$\int_a^b f(x)\mathrm{d}x=f(\xi)(b-a)$,$(a\leqslant\xi\leqslant b)$.即在$[a,b]$内至少存在一点$x$,使得$f(x)=0$.

3. B.　解　当$x\in[0,1]$时,$x>x^2$,$\mathrm{e}^x>\mathrm{e}^{x^2}$,由定积分的比较性,得$\int_0^1\mathrm{e}^x\mathrm{d}x>\int_0^1\mathrm{e}^{x^2}\mathrm{d}x$.

4. D.　解　$\int_a^x f'(2t)\mathrm{d}t=\frac{1}{2}\int_a^x f'(2t)\mathrm{d}(2t)=\frac{1}{2}f(2t)\Big|_a^x=\frac{1}{2}[f(2x)-f(2a)]$.

5. C.　解　由定积分对于积分区间的可加性,得$\int_{-1}^{1}f(x)\mathrm{d}x=\int_{-1}^{0}f(x)\mathrm{d}x+\int_0^1 f(x)\mathrm{d}x=\int_{-1}^{0}x\mathrm{d}x+\int_0^1 x^2\mathrm{d}x$.

6. A. 解 $f(x)$ 在$[a,b]$上连续,$\varphi(x)=\int_a^x f(t)\mathrm{d}t$,两边对 x 求导,由变上限积分的导数性质,

得 $\varphi'(x)=[\int_a^x f(t)\mathrm{d}t]'=f(x)$,因此 $\varphi(x)$ 是 $f(x)$ 在$[a,b]$上的一个原函数.

7. B. 解 函数 $f(x)$ 在 $x=0$ 处的导数为 $f'(0)=\lim\limits_{\Delta x\to 0}\dfrac{f(0+\Delta x)-f(0)}{\Delta x}=\lim\limits_{\Delta x\to 0}\dfrac{f(\Delta x)}{\Delta x}$,而 $\Phi(x)$ 在 $x=0$ 处的导数

为 $\Phi'(0)=\lim\limits_{\Delta x\to 0}\dfrac{\Phi(0+\Delta x)-\Phi(0)}{\Delta x}=\lim\limits_{\Delta x\to 0}\dfrac{\Phi(\Delta x)-0}{\Delta x}=\lim\limits_{\Delta x\to 0}\dfrac{\Phi(\Delta x)}{\Delta x}$,

则 $\Phi'(0)=\lim\limits_{\Delta x\to 0}\dfrac{\dfrac{\int_0^{\Delta x}tf(t)\mathrm{d}t}{(\Delta x)^2}}{\Delta x}=\lim\limits_{\Delta x\to 0}\dfrac{\int_0^{\Delta x}tf(t)\mathrm{d}t}{(\Delta x)^3}=\lim\limits_{\Delta x\to 0}\dfrac{\Delta x\cdot f(\Delta x)}{3(\Delta x)^2}=\lim\limits_{\Delta x\to 0}\dfrac{f(\Delta x)}{3\Delta x}=\dfrac{1}{3}\lim\limits_{\Delta x\to 0}\dfrac{f(\Delta x)}{\Delta x}$;

因此,$\Phi'(0)=\dfrac{1}{3}\lim\limits_{\Delta x\to 0}\dfrac{f(\Delta x)}{\Delta x}=\dfrac{1}{3}f'(0)$.

8. B. 解 由 $0\leqslant t^2\leqslant l^2$,得 $-l\leqslant t\leqslant l$. 设 $G(x)$ 是 $f(x)$ 的一个原函数,则 $G'(x)=f(x)$. 由题意,得

$F(x)=\int_0^x tf(t^2)\mathrm{d}t=\dfrac{1}{2}\int_0^x f(t^2)\mathrm{d}t^2=\dfrac{1}{2}G(t^2)\Big|_0^x=\dfrac{1}{2}[G(x^2)-G(0)]$,$F(-x)=\dfrac{1}{2}[G(x^2)-G(0)]=F(x)$,

因此 $F(x)$ 在$(-l,l)$上为偶函数.

9. D. 解 由定积分的几何意义,得$\int_{-\frac{\pi}{2}}^{\frac{\pi}{2}}|\sin x|\mathrm{d}x=2\int_0^{\frac{\pi}{2}}|\sin x|\mathrm{d}x=2\int_0^{\frac{\pi}{2}}\sin x\mathrm{d}x=-2(\cos x)\Big|_0^{\frac{\pi}{2}}=-2(\cos\dfrac{\pi}{2}-\cos 0)=2$.

10. A. 解 $\int_0^x f(t)\mathrm{d}t=\dfrac{x^4}{2}$,两边对 x 求导,得 $f(x)=[\int_0^x f(t)\mathrm{d}t]'=\dfrac{4x^3}{2}=2x^3$;$\int_0^4\dfrac{1}{\sqrt{x}}f(\sqrt{x})\mathrm{d}x=2\int_0^4 f(\sqrt{x})\mathrm{d}\sqrt{x}$,

令 $u=\sqrt{x}$,$x\in[0,4]$,则 $u\in[0,2]$,故$\int_0^4\dfrac{1}{\sqrt{x}}f(\sqrt{x})\mathrm{d}x=2\int_0^2 f(u)\mathrm{d}u=2\int_0^2 2u^3\mathrm{d}u=4\cdot\dfrac{1}{4}u^4\Big|_0^2=2^4-0=16$.

11. D. 解 被积函数$\dfrac{1}{x^2}$在积分区间$[-1,1]$上除 $x=0$ 外连续,且$\lim\limits_{x\to 0}\dfrac{1}{x^2}=\infty$,则$\int_{-1}^1\dfrac{1}{x^2}\mathrm{d}x=\int_{-1}^0\dfrac{1}{x^2}\mathrm{d}x+\int_0^1\dfrac{1}{x^2}\mathrm{d}x$,其

中,反常积分$\int_{-1}^0\dfrac{1}{x^2}\mathrm{d}x=\left(-\dfrac{1}{x}\right)\Big|_{-1}^0=+\infty$ 是发散的,$\int_0^1\dfrac{1}{x^2}\mathrm{d}x=\left(-\dfrac{1}{x}\right)\Big|_0^1=+\infty$ 也是发散的,因此,反常积

分$\int_{-1}^1\dfrac{1}{x^2}\mathrm{d}x$ 发散.

12. D. 解 由$\begin{cases}x^2+y^2=8,\\y^2=2x\end{cases}$得,两曲线交点为$(2,\pm 2)$,圆周 $x^2+y^2=8$ 与 x 轴的交点为$(\sqrt{8},0)$,则所求图形的面积

为 $A=\int_0^2[\sqrt{2x}-(-\sqrt{2x})]\mathrm{d}x+\int_2^{\sqrt{8}}[\sqrt{8-x^2}-(-\sqrt{8-x^2})]\mathrm{d}x$,即

$A=\int_0^2 2\sqrt{2x}\,\mathrm{d}x+\int_2^{\sqrt{8}}2\sqrt{8-x^2}\,\mathrm{d}x=2(\int_0^2\sqrt{2x}\,\mathrm{d}x+\int_2^{\sqrt{8}}\sqrt{8-x^2}\,\mathrm{d}x)$.

二、填空题

1. $\dfrac{8}{3}$. 解 由定积分对于积分区间的可加性,得$\int_0^2 f(x)\mathrm{d}x=\int_0^1 f(x)\mathrm{d}x+\int_1^2 f(x)\mathrm{d}x=\int_0^1(x+1)\mathrm{d}x+\int_1^2\dfrac{1}{2}x^2\mathrm{d}x$

$=\left(\dfrac{1}{2}x^2+x\right)\Big|_0^1+\dfrac{1}{2}\cdot\dfrac{1}{3}x^3\Big|_1^2=\dfrac{1}{2}+1+\dfrac{1}{6}(8-1)=\dfrac{8}{3}$.

2. 0. 解 $\int_a^b\arctan^2 x\,\mathrm{d}x$ 是定积分,其值为常数,常数的导数为零,即$\dfrac{\mathrm{d}}{\mathrm{d}x}\int_a^b\arctan^2 x\,\mathrm{d}x=0$.

3. $\pm\dfrac{\sqrt{2}}{8}$. 解 $\int_0^{x^2-1}f(t)\mathrm{d}t=x$,两边对 x 求导,得$[\int_0^{x^2-1}f(t)\mathrm{d}t]'=2x\cdot f(x^2-1)=1$,即 $f(x^2-1)=\dfrac{1}{2x}$;

令 $x^2-1=7$,得 $x=\pm 2\sqrt{2}$,代入得 $f(7)=\dfrac{1}{\pm 2\cdot 2\sqrt{2}}=\pm\dfrac{\sqrt{2}}{8}$.

4. $\dfrac{3x^2}{\sqrt{1+x^{12}}}-\dfrac{2x}{\sqrt{1+x^8}}$. 解 $\dfrac{\mathrm{d}}{\mathrm{d}x}\int_{x^2}^{x^3}\dfrac{\mathrm{d}t}{\sqrt{1+t^4}}=\dfrac{\mathrm{d}}{\mathrm{d}x}\int_{x^2}^{a}\dfrac{\mathrm{d}t}{\sqrt{1+t^4}}+\dfrac{\mathrm{d}}{\mathrm{d}x}\int_a^{x^3}\dfrac{\mathrm{d}t}{\sqrt{1+t^4}}=-\dfrac{\mathrm{d}}{\mathrm{d}x}\int_a^{x^2}\dfrac{\mathrm{d}t}{\sqrt{1+t^4}}+\dfrac{\mathrm{d}}{\mathrm{d}x}\int_a^{x^3}\dfrac{\mathrm{d}t}{\sqrt{1+t^4}}$

$=-\dfrac{2x}{\sqrt{1+(x^2)^4}}+\dfrac{3x^2}{\sqrt{1+(x^3)^4}}=\dfrac{3x^2}{\sqrt{1+x^{12}}}-\dfrac{2x}{\sqrt{1+x^8}}$.

5. 4. 解 $\int_{\frac{1}{e}}^{e^3}\frac{1}{x\sqrt{1+\ln x}}dx=\int_{\frac{1}{e}}^{e^3}\frac{1}{\sqrt{1+\ln x}}d\ln x=\int_{\frac{1}{e}}^{e^3}\frac{1}{\sqrt{1+\ln x}}d(1+\ln x)=2\sqrt{1+\ln x}\Big|_{\frac{1}{e}}^{e^3}$

$=2\left(\sqrt{1+\ln e^3}-\sqrt{1+\ln\frac{1}{e}}\right)=2(2-0)=4.$

6. $\frac{25}{2}-\frac{1}{2}\ln 26$. 解 $\int_0^5\frac{x^3}{x^2+1}dx=\int_0^5\frac{x(x^2+1)-x}{x^2+1}dx=\int_0^5 x\,dx-\int_0^5\frac{x}{x^2+1}dx=\int_0^5 x\,dx-\frac{1}{2}\int_0^5\frac{d(x^2+1)}{x^2+1}$

$=\frac{1}{2}x^2\Big|_0^5-\frac{1}{2}\ln(x^2+1)\Big|_0^5=\frac{25-0}{2}-\frac{\ln 26-0}{2}=\frac{25}{2}-\frac{1}{2}\ln 26.$

7. 0. 解 设被积函数为$F(x)=x^2[f(x)-f(-x)]$,则$F(-x)=(-x)^2[f(-x)-f(x)]=-x^2[f(x)-f(-x)]=-F(x)$,则被积函数$F(x)$为奇函数.由定积分的几何意义,奇函数在对称区间上的定积分等于零,得$\int_{-a}^{a}x^2[f(x)-f(-x)]dx=0$.

8. $-\frac{1}{e}$. 解 xe^{-x}为$f(x)$的一个原函数,则$f(x)=(xe^{-x})'=(1-x)e^{-x}$;由分部积分法,得

$\int_0^1 xf'(x)dx=\int_0^1 x\,df(x)=[xf(x)]\Big|_0^1-\int_0^1 f(x)dx=[x(1-x)e^{-x}]\Big|_0^1-(xe^{-x})\Big|_0^1=0-e^{-1}=-\frac{1}{e}.$

9. $\frac{1}{2}+\frac{\sqrt{3}\pi}{12}$. 解 $\int_0^{\frac{\sqrt{3}}{2}}\arccos x\,dx=(x\arccos x)\Big|_0^{\frac{\sqrt{3}}{2}}-\int_0^{\frac{\sqrt{3}}{2}}x\,d\arccos x=\frac{\sqrt{3}}{2}\cdot\frac{\pi}{6}+\int_0^{\frac{\sqrt{3}}{2}}\frac{x}{\sqrt{1-x^2}}dx$

$=\frac{\sqrt{3}\pi}{12}-\frac{1}{2}\int_0^{\frac{\sqrt{3}}{2}}\frac{1}{\sqrt{1-x^2}}d(1-x^2)=\frac{\sqrt{3}\pi}{12}-\sqrt{1-x^2}\Big|_0^{\frac{\sqrt{3}}{2}}=\frac{\sqrt{3}\pi}{12}-(\frac{1}{2}-1)=\frac{1}{2}+\frac{\sqrt{3}\pi}{12}.$

10. $\frac{3}{4}$. 解 取y为积分变量,由$y=x^3$,得$x=y^{\frac{1}{3}}$,则所求围成的图形的面积为$A=\int_0^1 x\,dy=\int_0^1 y^{\frac{1}{3}}dy=\frac{3}{4}y^{\frac{4}{3}}\Big|_0^1=\frac{3}{4}$.

三、计算题

1. 解 $\lim\limits_{x\to0}\frac{\int_0^x(\arcsin t-t)dt}{x(e^x-1)^3}=\lim\limits_{x\to0}\frac{\int_0^x(\arcsin t-t)dt}{x^4}=\lim\limits_{x\to0}\frac{\arcsin x-x}{4x^3}=\lim\limits_{x\to0}\frac{\frac{1}{\sqrt{1-x^2}}-1}{12x^2}=\lim\limits_{x\to0}\frac{1-\sqrt{1-x^2}}{12x^2\sqrt{1-x^2}}$

$=\lim\limits_{x\to0}\frac{\frac{1}{2}x^2}{12x^2\sqrt{1-x^2}}=\frac{1}{24}.$

2. 解 $\int_0^{\frac{\pi}{4}}\frac{\sec^2x}{(1+\tan x)^2}dx=\int_0^{\frac{\pi}{4}}\frac{1}{(1+\tan x)^2}d\tan x=\left(-\frac{1}{1+\tan x}\right)\Big|_0^{\frac{\pi}{4}}=\frac{1}{2}.$

3. 解 $\int_{-2}^1\frac{1}{(11+5x)^3}dx=\frac{1}{5}\int_{-2}^1\frac{1}{(11+5x)^3}d(11+5x)=-\frac{1}{10(11+5x)^2}\Big|_{-2}^1=\frac{51}{512}.$

4. 解 令$t=\sqrt{e^x-1}$,则$x=\ln(t^2+1)$,当$x=\ln 2$时,$t=1$,则

$\int_0^{\ln 2}\sqrt{e^x-1}\,dx=\int_0^1\frac{2t^2}{t^2+1}dt=\int_0^1 2dt-2\int_0^1\frac{1}{t^2+1}dt=(2t-2\arctan t)\Big|_0^1=2-\frac{\pi}{2}.$

5. 解 令$t=\sqrt{x}$,则$x=t^2$,当$x=4$时,$t=2$,则

$\int_1^4\frac{1}{x(1+\sqrt{x})}dx=\int_1^2\frac{2t}{t^2+t^3}dt=2\int_1^2\left(\frac{1}{t}-\frac{1}{1+t}\right)dt=2[\ln t-\ln(1+t)]\Big|_1^2=2\ln\frac{t}{t+1}\Big|_1^2=2(2\ln 2-\ln 3).$

6. 解 $\int_{-\frac{\pi}{2}}^{\frac{\pi}{2}}\sqrt{\cos x-\cos^3x}\,dx=2\int_0^{\frac{\pi}{2}}\sqrt{\cos x-\cos^3x}\,dx=2\int_0^{\frac{\pi}{2}}\sin x\sqrt{\cos x}\,dx$

$=-2\int_0^{\frac{\pi}{2}}\sqrt{\cos x}\,d\cos x=-\frac{4}{3}\cos^{\frac{3}{2}}x\Big|_0^{\frac{\pi}{2}}=\frac{4}{3}.$

7. 解 根据对称性可得

$\int_{-2}^2(|x|+x)e^{-|x|}dx=2\int_0^2|x|e^{-|x|}dx=2\int_0^2 xe^{-x}dx=-2\int_0^2 x\,de^{-x}=-2xe^{-x}\Big|_0^2+2\int_0^2 e^{-x}dx$

$=(-2xe^{-x}-2e^{-x})\Big|_0^2=-4e^{-2}-2e^{-2}-2=-6e^{-2}-2.$

8. 解　将被积函数展开后，利用对称性可得

$$\int_{-1}^{1}(\sqrt{1+x^2}+x)^2\mathrm{d}x=\int_{-1}^{1}(1+2x^2+2x\sqrt{1+x^2})\mathrm{d}x=\int_{-1}^{1}(1+2x^2)\mathrm{d}x+\int_{-1}^{1}2x\sqrt{1+x^2}\mathrm{d}x$$

$$=\int_{-1}^{1}(1+2x^2)\mathrm{d}x=\left(x+\frac{2}{3}x^3\right)\Big|_{-1}^{1}=\frac{10}{3}.$$

9. 解　令 $x=\tan t$，当 $x=\sqrt{3}$ 时，$t=\frac{\pi}{3}$，当 $x=1$ 时，$t=\frac{\pi}{4}$，则

$$\int_{1}^{\sqrt{3}}\frac{1}{x^2\sqrt{1+x^2}}\mathrm{d}x=\int_{\frac{\pi}{4}}^{\frac{\pi}{3}}\frac{\cos t}{\sin^2 t}\mathrm{d}t=-\frac{1}{\sin t}\Big|_{\frac{\pi}{4}}^{\frac{\pi}{3}}=\frac{3\sqrt{2}-2\sqrt{3}}{3}.$$

10. 解　令 $t=\ln x$，当 $x=\mathrm{e}$ 时，$t=1$，当 $x=1$ 时，$t=0$，则

$$\int_{1}^{\mathrm{e}}\cos(\ln x)\mathrm{d}x=\int_{0}^{1}\mathrm{e}^t\mathrm{d}\sin t=\mathrm{e}^t\sin t\Big|_{0}^{1}-\int_{0}^{1}\sin t\mathrm{d}\mathrm{e}^t=\mathrm{e}^t\sin t\Big|_{0}^{1}+\int_{0}^{1}\mathrm{e}^t\mathrm{d}\cos t=(\mathrm{e}^t\sin t+\mathrm{e}^t\cos t)\Big|_{0}^{1}-\int_{0}^{1}\cos t\mathrm{d}\mathrm{e}^t,$$

所以 $\int_{0}^{1}\cos t\mathrm{d}\mathrm{e}^t=\frac{\mathrm{e}^t\sin t+\mathrm{e}^t\cos t}{2}\Big|_{0}^{1}=\frac{\mathrm{e}\sin 1+\mathrm{e}\cos 1}{2}-\frac{1}{2}.$

11. 解　令 $t=\sqrt{x}$，则

$$\int_{0}^{1}\ln(1+\sqrt{x})\mathrm{d}x=\int_{0}^{1}\ln(1+t)\mathrm{d}t^2=t^2\ln(1+t)\Big|_{0}^{1}-\int_{0}^{1}\frac{t^2-1+1}{t+1}\mathrm{d}t$$

$$=t^2\ln(1+t)\Big|_{0}^{1}-\int_{0}^{1}\left(t-1+\frac{1}{t+1}\right)\mathrm{d}t=\left[t^2\ln(1+t)-\frac{1}{2}t^2+t-\ln(t+1)\right]\Big|_{0}^{1}=\frac{1}{2}.$$

四、解答题

1. 解　方程两边同时对 x 求导得 $y'\mathrm{e}^{y^2}+\frac{\sin x^2}{x}\times 2x=0$，从而 $\frac{\mathrm{d}y}{\mathrm{d}x}=-\frac{\sin x^2}{\mathrm{e}^{y^2}}.$

2. 解　当 $0\leqslant x\leqslant 1$ 时，$F(x)=\int_{0}^{x}\sin t\mathrm{d}t=1-\cos x$；

当 $1<x\leqslant 2$ 时，$F(x)=\int_{0}^{1}\sin t\mathrm{d}t+\int_{1}^{x}t\mathrm{d}t=1-\cos 1+\frac{x^2}{2}-\frac{1}{2}=\frac{1+x^2}{2}-\cos 1$；

当 $x>2$ 时，$F(x)=\int_{0}^{1}\sin t\mathrm{d}t+\int_{1}^{2}t\mathrm{d}t+\int_{2}^{x}2\mathrm{d}t=1-\cos 1+\frac{2^2}{2}-\frac{1}{2}+2(x-2)=2x-\frac{3}{2}-\cos 1.$

3. 解　联立方程 $\begin{cases}y=x^2\\y=2-x^2\end{cases}$ 得交点的坐标 $(-1,1)$，$(1,1)$，则所求图形的面积为

$$A=2\int_{0}^{1}[(2-x^2)-x^2]\mathrm{d}x=2\int_{0}^{1}(2-2x^2)\mathrm{d}x=\frac{8}{3}.$$

4. 解　设所求点的坐标为 (x_0,x_0^2)，由于 $y'=2x$，则切线斜率 $k=2x_0$，从而切线方程为 $y-x_0^2=2x_0(x-x_0)$.

令 $y=0$ 得 $x=\frac{x_0}{2}$，则切线、曲线及 x 轴所围成图形的面积为

$\int_{0}^{x_0}x^2\mathrm{d}x-\frac{1}{2}\cdot\frac{x_0}{2}\cdot x_0^2=\frac{1}{12}$，即 $\frac{1}{3}x_0^3-\frac{1}{4}x_0^3=\frac{1}{12}$，解得 $x_0=1$，

故所求点的坐标为 $(1,1)$.

5. 解　联立 $\begin{cases}y=\frac{1}{2}x^2,\\x^2+y^2=8\end{cases}$ 得 $x=\pm 2$，从而面积

$$A_1=2\int_{0}^{2}\left(\sqrt{8-x^2}-\frac{1}{2}x^2\right)\mathrm{d}x=2\int_{0}^{2}\sqrt{8-x^2}\mathrm{d}x-\int_{0}^{2}x^2\mathrm{d}x$$

$$=\int_{0}^{\frac{\pi}{4}}\sqrt{8}\cos t\ \mathrm{d}\sqrt{8}\sin t-\int_{0}^{2}x^2\mathrm{d}x=2\pi+4-\frac{8}{3}=2\pi+\frac{4}{3}.$$

$$A_2=8\pi-A_1=6\pi-\frac{4}{3}.$$

6. 解　因为点 P 在抛物线上，设 $P(k,k^2)(0\leqslant k\leqslant 1)$，

$$A=\int_{0}^{k}(k^2-x^2)\mathrm{d}x+\int_{k}^{1}(x^2-k^2)\mathrm{d}x=\left(k^2x-\frac{1}{3}x^3\right)\Big|_{0}^{k}+\left(\frac{1}{3}x^3-k^2x\right)\Big|_{k}^{1}$$

$=k^3-\frac{1}{3}k^3+\frac{1}{3}-k^2-\frac{1}{3}k^3+k^3=\frac{4}{3}k^3-k^2+\frac{1}{3}$，$(0\leqslant k\leqslant 1)$

令 $A'=0$,则 $k=0,k=\frac{1}{2}$,而 $A(0)=\frac{1}{3},A\left(\frac{1}{2}\right)=\frac{1}{4},A(1)=\frac{2}{3}$,所以当 $k=\frac{1}{2}$ 时,所求面积最小.

因此,所求点 P 的坐标为 $P\left(\frac{1}{2},\frac{1}{4}\right)$.

模拟题一

一、选择题

1. B. 解 $\lim\limits_{x\to 0}(1-mx)^{\frac{1}{x}}=\lim\limits_{x\to 0}(1-mx)^{\frac{1}{-mx}\cdot(-m)}=e^{-m}=e^2$,得 $m=-2$.

2. B. 解 $\lim\limits_{h\to 0}\frac{f(x_0-3h)-f(x_0)}{h}=-3\lim\limits_{h\to 0}\frac{f(x_0-3h)-f(x_0)}{-3h}=-3f'(x_0)=1$,得 $f'(x_0)=-\frac{1}{3}$.

3. D. 解 $\lim\limits_{x\to 0^+}\frac{x^2-2x}{x(x^2-4)}=\lim\limits_{x\to 0^+}\frac{x-2}{x^2-4}=\lim\limits_{x\to 0^+}\frac{1}{x+2}=\frac{1}{2}$,

$\lim\limits_{x\to 0^-}\frac{x^2-2x}{-x(x^2-4)}=-\lim\limits_{x\to 0^-}\frac{x-2}{x^2-4}=-\lim\limits_{x\to 0^-}\frac{1}{x+2}=-\frac{1}{2}$,

$\lim\limits_{x\to 0^+}\frac{x^2-2x}{|x|(x^2-4)}\neq\lim\limits_{x\to 0^-}\frac{x^2-2x}{|x|(x^2-4)}$,$x=0$ 为跳跃间断点.

4. C. 解 $\int e^{-x}f(e^{-x})dx=-\int f(e^{-x})de^{-x}=-F(e^{-x})+C$.

5. B. 解 该积分是对称区间上的定积分,先判断被积函数的奇偶性,$\frac{x^5\sin^2 x}{1+x^2+x^4}$ 为奇函数,所以积分值为0.

二、填空题

6. $[-3,4]$. 解 $\begin{cases}16-x^2\geqslant 0,\\ -1\leqslant\frac{2x-1}{7}\leqslant 1,\end{cases}$ 得 $\begin{cases}-4\leqslant x\leqslant 4,\\ -3\leqslant x\leqslant 4,\end{cases}$ 故定义域为 $[-3,4]$.

7. $e-1$. 解 由拉格朗日中值定理得,至少存在一点 $\xi\in(1,e)$,使得 $f(e)-f(1)=f'(\xi)(e-1)$,

即 $\ln e-\ln 1=\frac{1}{\xi}(e-1)$,解得 $\xi=e-1\in(1,e)$.

8. $\frac{1}{3}$. 解 $\lim\limits_{x\to 0}\frac{\int_0^x\sin t^2dt}{x^3}=\lim\limits_{x\to 0}\frac{x^2}{3x^2}=\frac{1}{3}$.

9. $x+y-1=0$. 解 $y'|_{x=1}=\frac{1}{x}\Big|_{x=1}=1$,所以法线的斜率为 -1,因此曲线过点 $(1,0)$ 处的法线方程为

$y=-(x-1)$,即 $x+y-1=0$.

10. 0. 解 $\int_a^b\arctan x\,dx$ 是定积分,积分值为常数,所以 $\frac{d}{dx}\int_a^b\arctan x\,dx$ 是求常数的导数,值为0.

三、计算题

11. 解 $\lim\limits_{x\to 0}\left(\frac{1}{x}-\frac{1}{e^x-1}\right)=\lim\limits_{x\to 0}\frac{e^x-1-x}{x(e^x-1)}=\lim\limits_{x\to 0}\frac{e^x-1}{2x}=\lim\limits_{x\to 0}\frac{x}{2x}=\frac{1}{2}$.

12. 解 方程两端同时对 x 求导得 $2yy'-2y-2xy'=0$,即 $y'=\frac{y}{y-x}$.

13. 解 方程两边同取对数得 $\ln y=\ln x^{\sin 2x}=\sin 2x\ln x$,

方程两边同时求导得 $\frac{1}{y}\cdot y'=2\cos 2x\cdot\ln x+\sin 2x\cdot\frac{1}{x}$,

则 $y'=y\cdot\left(2\cos 2x\cdot\ln x+\sin 2x\cdot\frac{1}{x}\right)$,所以,$dy=(x^{\sin 2x})\cdot\left(2\cos 2x\cdot\ln x+\sin 2x\cdot\frac{1}{x}\right)dx$.

14. 解 令 $y'=4x^3-4x=0$,得驻点 $x=0,x=\pm 1$,

$y''=12x^2-4$,$y''(0)=-4<0$,所以 $x=0$ 为极大值点,极大值为 $f(0)=0$;

$y''(\pm 1) = 8 > 0$,所以 $x = \pm 1$ 为极限值点,极小值为 $f(\pm 1) = -1$.

15. 解　$\int \sin^3 x \cos^2 x \mathrm{d}x = -\int \sin^2 x \cos^2 x \mathrm{d}\cos x = -\int (1-\cos^2 x)\cos^2 x \mathrm{d}\cos x$

$= \int (\cos^2 x - \cos^4 x)\mathrm{d}\cos x = -\frac{1}{3}\cos^3 x + \frac{1}{5}\cos^5 x + C.$

16. 解　$\int_0^1 \arctan x \mathrm{d}x = x\arctan x \Big|_0^1 - \int_0^1 \frac{x}{1+x^2}\mathrm{d}x = \frac{\pi}{4} - \frac{1}{2}\int_0^1 \frac{1}{1+x^2}\mathrm{d}(1+x^2)$

$= \frac{\pi}{4} - \frac{1}{2}\ln(x^2+1)\Big|_0^1 = \frac{\pi}{4} - \frac{1}{2}\ln 2 = \frac{\pi}{4} - \ln\sqrt{2}.$

17. 解　因为 $f(x)$ 为连续函数,所以$\int_0^1 f(t)\mathrm{d}t$ 存在,设$\int_0^1 f(t)\mathrm{d}t = I$,则 $f(x) = x - 3I$,

方程两边同取定积分得$\int_0^1 f(x)\mathrm{d}x = \int_0^1 x\mathrm{d}x - \int_0^1 3I\mathrm{d}x = \frac{1}{2} - 3I$,即 $I = \frac{1}{2} - 3I$,解得 $I = \frac{1}{8}$,所以 $f(x) = x - \frac{3}{8}$.

四、应用题

18. 解　方程两边同时求导得 $2y\cdot y' = 2$,则 $y' = \frac{1}{y}$,切线斜率为 $y'\left(\frac{1}{2}\right) = 1$,因此在$\left(\frac{1}{2},1\right)$处的法线斜率为$-1$. 由此可得法线方程为 $y - 1 = -\left(x - \frac{1}{2}\right)$,即 $y = -x + \frac{3}{2}$,联立抛物线和法线方程可求得交点为$\left(\frac{1}{2},1\right)$,$\left(\frac{9}{2},-3\right)$,

因此围成图形的面积为 $A = \int_{-3}^1 \left(\frac{3}{2} - y - \frac{y^2}{2}\right)\mathrm{d}y = \left(\frac{3}{2}y - \frac{1}{2}y^2 - \frac{y^3}{6}\right)\Big|_{-3}^1 = \frac{16}{3}.$

19. 解　根据题意设长方形的底宽为 x,长为 $2x$,高为 h.

因为长方形体积为 72,所以 $2x\cdot x\cdot h = 72$,即 $h = \frac{36}{x^2}$,

则表面积 $S = 2(2x\cdot x) + 2(2x\cdot h) + 2(x\cdot h) = 4x^2 + 6xh = 4x^2 + \frac{216}{x}(x>0)$.

令 $S' = 8x - \frac{216}{x^2} = 0$,得唯一驻点 $x = 3$.

由于该长方体表面积的最小值一定存在,所以唯一的驻点即为最小值点,所以长、宽、高分别为6,3,4时,表面积最小.

五、证明题

20. 证明　令 $f(x) = \ln\left(1+\frac{1}{x}\right) - \frac{1}{1+x}$,则 $f'(x) = \frac{-1}{x(1+x)^2}$. 当 $x>0$ 时,$f'(x)<0$,因此,在$(0,+\infty)$内,$f(x)$单调减少. 又由于 $\lim\limits_{x\to+\infty} f(x) = \lim\limits_{x\to+\infty}\left[\ln\left(1+\frac{1}{x}\right) - \frac{1}{1+x}\right] = 0$,所以,$f(x)>0$. 即 $\ln\left(1+\frac{1}{x}\right) - \frac{1}{1+x} > 0$,亦即 $\ln\left(1+\frac{1}{x}\right) > \frac{1}{1+x}(x>0)$.

21. 证明　设 $F(x) = xf(x)$,显然 $F(x)$ 在$[0,1]$上连续,在$(0,1)$内可导,且

$F(1) = f(1) = \int_0^1 F(x)\mathrm{d}x$,由积分中值定理得$\int_0^1 F(x)\mathrm{d}x = F(\eta)$,$\eta\in(0,1)$,所以 $F(1) = F(\eta)$.

由罗尔定理得,至少存在一点 $\xi\in(\eta,1)\subset(0,1)$,使得 $F'(\xi) = 0$,又因为 $F'(x) = xf'(x) + f(x)$,

故 $F'(\xi) = \xi f'(\xi) + f(\xi) = 0$.

模拟题二

一、选择题

1. B.　解　$\lim\limits_{h\to 0}\frac{f(x_0-h)-f(x_0)}{h} = -\lim\limits_{h\to 0}\frac{f(x_0-h)-f(x_0)}{-h} = -f'(x_0) = 2.$

2. A.　解　$\lim\limits_{x\to 0}\frac{x^2}{\sin x} = \lim\limits_{x\to 0}\frac{x^2}{x} = \lim\limits_{x\to 0} x = 0.$

3. D.　解　函数 $y = f(x)$ 在点 x_0 处取得极大值,则此点应为驻点或者不可导点.

4. A.　解　由复合函数求导法则,得 $f'(x) = (\arctan e^x)' = \frac{(e^x)'}{1+e^{2x}} = \frac{e^x}{1+e^{2x}}$.

5. A. 解 $\int_{-1}^{1}\sqrt{x^2-x^4}\,dx=2\int_0^1\sqrt{x^2-x^4}\,dx=2\int_0^1 x\sqrt{1-x^2}\,dx=-\int_0^1\sqrt{1-x^2}\,d(1-x^2)$

$=-\frac{2}{3}(1-x^2)^{\frac{3}{2}}\Big|_0^1=\frac{2}{3}.$

二、填空题

6. $\{x\mid 1<x<3$ 或 $x<-1\}$. 解 由已知得 $\begin{cases}3-x>0,\\ |x|-1>0,\end{cases}$ 即 $\begin{cases}3>x,\\ x>1\text{ 或 }x<-1.\end{cases}$

所以定义域为 $\{x\mid 1<x<3$ 或 $x<-1\}$.

7. e^{-1}. 解 $\lim\limits_{x\to\infty}\left(\frac{x+1}{x}\right)^{-x}=\lim\limits_{x\to\infty}\left(1+\frac{1}{x}\right)^{-x}=e^{-1}$.

8. $x+y-8=0$. 解 $y'=\sqrt[3]{3-x}+(x+4)\cdot\frac{1}{3}\cdot(3-x)^{-\frac{2}{3}}\cdot(-1)=\sqrt[3]{3-x}-\frac{1}{3}(x+4)(3-x)^{-\frac{2}{3}}$,

所以 $y'|_{x=2}=-1$,直线方程为 $y-6=-(x-2)$,即 $x+y-8=0$.

9. $x^{\tan x}(\sec^2x\ln x+\frac{1}{x}\tan x)$. 解 幂指函数求导,利用对数求导法,方程两边同取对数 $\ln y=\tan x\ln x$,方程两边同时对 x 求导,$\frac{1}{y}\cdot y'=\sec^2x\ln x+\frac{1}{x}\tan x$,整理得 $y'=x^{\tan x}(\sec^2x\ln x+\frac{1}{x}\tan x)$.

10. $\frac{1}{2}(\tan x-x)+C$. 解 $\int\frac{\sin^2x}{1+\cos 2x}dx=\int\frac{\sin^2x}{2\cos^2x}dx=\frac{1}{2}\int(\sec^2x-1)\,dx=\frac{1}{2}(\tan x-x)+C$.

三、计算题

11. 解 $\lim\limits_{x\to0}\frac{x-\arctan x}{\ln(1+x^3)}=\lim\limits_{x\to0}\frac{x-\arctan x}{x^3}=\lim\limits_{x\to0}\frac{1-\frac{1}{1+x^2}}{3x^2}=\lim\limits_{x\to0}\frac{1}{3(1+x^2)}=\frac{1}{3}$.

12. 解 由题意得 $\lim\limits_{x\to0}\frac{1-\cos x}{mx^n}=\lim\limits_{x\to0}\frac{\frac{x^2}{2}}{mx^n}=\frac{1}{2m}\lim\limits_{x\to0}x^{2-n}=1$,从而有 $m=\frac{1}{2}$,$n=2$.

13. 解 方程两边同取对数,$\ln y=\frac{1}{2}[\ln(x-1)+\ln(x+2)-\ln(3-x)-\ln(4+x)]$,

方程两边同时求导,$\frac{1}{y}y'=\frac{1}{2}\left[\frac{1}{x-1}+\frac{1}{x+2}-\frac{1}{3-x}(3-x)'-\frac{1}{4+x}\right]$,所以

$y'=\frac{y}{2}\left(\frac{1}{x-1}+\frac{1}{x+2}+\frac{1}{3-x}-\frac{1}{4+x}\right)$

$=\frac{1}{2}\sqrt{\frac{(x-1)(x+2)}{(3-x)(x+4)}}\left(\frac{1}{x-1}+\frac{2}{x+2}+\frac{1}{3-x}-\frac{1}{4+x}\right)$

14. 解 函数定义域为 $(-\infty,-1)\cup(-1,+\infty)$,函数的导数 $y'=1-\frac{1}{(x+1)^2}=\frac{x^2+2x}{(x+1)^2}$,令 $y'=0$,得 $x_1=-2$,$x_2=0$.

x	$(-\infty,-2)$	-2	$(-2,-1)$	$(-1,0)$	0	$(0,+\infty)$
y'	+	0	−	−	0	+
y	单增	极大值	单减	单减	极小值	单增

因此,函数的单调增区间为 $(-\infty,-2)$ 和 $(0,+\infty)$,单调减区间为 $(-2,-1)$ 和 $(-1,0)$,极大值 $f(-2)=-3$,极小值 $f(0)=1$.

15. 解 由已知得 $f'(x)=1+x^{-\frac{1}{3}}$,令 $f'(x)=0$,解得驻点为 $x=-1$. $f(x)$ 的不可导点为 $x=0$,它们均在给定区间 $\left(-8,\frac{1}{8}\right)$ 内. 因为 $f(0)=0$,$f(-1)=f\left(\frac{1}{8}\right)=\frac{1}{2}$,$f(-8)=2$,比较大小,函数的最大值为 $\frac{1}{2}$,最小值为 -2.

16. 解 令 $\sqrt{x-3}=t$,则 $x=t^2+3$,$dx=2t\,dt$,于是

$\int\frac{x}{\sqrt{x-3}}dx=\int\frac{t^2+3}{t}2t\,dt=2\int(t^2+3)\,dt=2\left(\frac{1}{3}t^3+3t\right)+C$

$=\frac{2}{3}(x-3)^{\frac{3}{2}}+6(x-3)^{\frac{1}{2}}+C.$

17. 解　令$\sqrt{x}=t$,则$x=t^2$, $dx=2tdt$. 当$x=1$时,$t=1$;当$x=4$时,$t=2$.

$\int_1^4\frac{\ln x}{\sqrt{x}}dx=2\int_1^2\frac{2\ln t}{t}\cdot tdt=4\int_1^2\ln t dt$

$=4(t\ln t\Big|_1^2-\int_1^2 td\ln t)=4(t\ln t\Big|_1^2-\int_1^2 1dt)=8\ln 2-4.$

四、应用题

18. 解　设小正方形的边长为x. 由题意得,$V=(6-2x)(6-2x)x=4x^3-24x^2+36x=12x^2-24x+36$,且$x\in(0,3)$.
令$V'=0$,得驻点$x=3$(舍去),$x=1$,所以$x=1$为唯一驻点.
则由实际意义知该驻点为所求的最值点,即边长为1时盒子容积最大.

19. 解　(1)所围图形的面积$A(a)=\int_0^{\sqrt{a}}(a-x^2)dx+\int_{\sqrt{a}}^1(x^2-a)dx=\frac{4}{3}a^{\frac{3}{2}}-a+\frac{1}{3}$.

(2)$A'(a)=2a^{\frac{1}{2}}-1$,令$A'(a)=0$,得驻点$a=\frac{1}{4}$,则$A\left(\frac{1}{4}\right)=\frac{1}{4}$,且$A(1)=\frac{2}{3}$,$A(0)=\frac{1}{3}$,比较可得,当$a=\frac{1}{4}$时,面积取最小值$\frac{1}{4}$.

注:此题中a的取值范围是闭区间,因此找最值点时,要同时求出函数在驻点和区间两个端点处的函数值,再比较大小,确定最值.

五、证明题

20. 证明　令$f(x)=e^x-1-\sin x$,则$f(x)$在$[0,+\infty)$上连续,且$f(0)=0$,$f'(x)=e^x-\cos x$,因为$x>0$时,$f'(x)=e^x-\cos x>0$,因此函数在$[0,+\infty)$上是单调递增的函数,所以$f(x)>f(0)$,即$e^x-1-\sin x>0$.

21. 证明　令$f(x)=a_0x^n+a_1x^{n-1}+\cdots+a_{n-1}x$,则有$f(0)=0$,$f(x_0)=0$,$f'(x)=na_0x^{n-1}+(n-1)a_1x^{n-2}+\cdots+a_{n-1}$,又因为函数$f(x)$在$[0,x_0]$内连续,在$(0,x_0)$内可导,由罗尔中值定理得$\exists\xi\in(0,x_0)$使得$f'(\xi)=0$,即$\xi$为$na_0x^{n-1}+(n-1)a_1x^{n-2}+\cdots+a_{n-1}=0$的根.

模拟题三

一、选择题

1. A.　解　$\lim\limits_{x\to0^+}x\sin\frac{1}{x}=0$;$\lim\limits_{x\to0^+}e^{\frac{1}{x}}=+\infty$;$\lim\limits_{x\to0^+}\ln x=-\infty$;$\lim\limits_{x\to0^+}\frac{1}{x}\sin x=1$. 因此当$x\to0^+$时,只有选项A是无穷小.

2. B.　解　$\lim\limits_{x\to1}\frac{\sqrt[3]{x}-1}{x-1}=\lim\limits_{x\to1}\frac{1}{x^{\frac{2}{3}}+x^{\frac{1}{3}}+1}=\frac{1}{3}$,$x=1$处极限存在,但是该点没有定义,应为可去间断点.

3. B.　解　由导数的定义,左导数$\lim\limits_{x\to1^-}\frac{f(x)-f(1)}{x-1}=\lim\limits_{x\to1^-}\frac{\frac{1}{3}x^3-\frac{1}{3}}{x-1}=\frac{1}{3}\lim\limits_{x\to1^-}(x^2+x+1)=1$;

右导数$\lim\limits_{x\to1^+}\frac{f(x)-f(1)}{x-1}=\lim\limits_{x\to1^+}\frac{x^2-\frac{1}{3}}{x-1}=\infty$,所以左导数存在,右导数不存在.

4. A.　解　选项A,由$y=|x|$图像可得函数在点$x=0$处出现尖点,导数不存在(因为左、右导数不相等),所以在$[-1,2]$上不满足拉格朗日中值定理的条件;其他选项中的函数都是初等函数,在定义区间内都是连续的,并且也可导,所以选A.

5. D　解　此题的验证过程可以由等式的右边向左边进行,即通过求微分验证四个选项的正确性. 通过计算,只有D选项$d(\sin^2x)=2\sin x\cos xdx=\sin 2xdx$正确.

二、填空题

6. $\left[f'(\ln x)\frac{1}{x}e^{f(x)}+e^{f(x)}f'(x)f(\ln x)\right]dx$.

解 $y'=\frac{1}{x}f'(\ln x)e^{f(x)}+f(\ln x)e^{f(x)}f'(x),dy=y'dx=\left[f'(\ln x)\frac{1}{x}e^{f(x)}+e^{f(x)}f'(x)f(\ln x)\right]dx.$

7. e^6. 解 $\lim\limits_{x\to0}(1+3x)^{\frac{2}{\sin x}}=\lim\limits_{x\to0}(1+3x)^{\frac{1}{3x}\cdot\frac{6x}{\sin x}}=\lim\limits_{x\to0}[(1+3x)^{\frac{1}{3x}}]^{\lim\limits_{x\to0}\frac{6x}{\sin x}}=e^6.$

8. $y=2x-4$. 解 $y'|_{x=2}=2$,切线方程为 $y-0=2(x-2)$,即 $y=2x-4$.

9. $\frac{2}{9}e^3+\frac{1}{9}$. 解 $\int_1^e x^2\ln x\,dx=\int_1^e\ln x\,d\frac{x^3}{3}=\frac{x^3}{3}\ln x\Big|_1^e-\int_1^e\frac{x^3}{3}d\ln x=\frac{e^3}{3}-\frac{x^3}{9}\Big|_1^e=\frac{2}{9}e^3+\frac{1}{9}.$

10. $\frac{1}{2}$. 解 $\lim\limits_{x\to0}\frac{\int_0^x\cos t^2dt}{2x}=\lim\limits_{x\to0}\frac{\cos x^2}{2}=\frac{1}{2}.$

三、计算题

11. 解 $\lim\limits_{x\to0}\frac{e^x-e^{\sin x}}{x^3}=\lim\limits_{x\to0}\frac{e^{\sin x}(e^{x-\sin x}-1)}{x^3}=\lim\limits_{x\to0}e^{\sin x}\cdot\lim\limits_{x\to0}\frac{x-\sin x}{x^3}=1\cdot\lim\limits_{x\to0}\frac{1-\cos x}{3x^2}=\lim\limits_{x\to0}\frac{\frac{1}{2}x^2}{3x^2}=\frac{1}{6}.$

12. 解 $\lim\limits_{n\to\infty}\frac{1+2+3+\cdots+n}{n^2}=\lim\limits_{n\to\infty}\frac{\frac{n(n+1)}{2}}{n^2}=\frac{1}{2}.$

13. 解 $y'=-\frac{\sin x}{\cos x}-e^{\tan x}\sec^2x=-\tan x+e^{\tan x}\sec^2x,y'(0)=-\tan0+e^0\sec^20=1.$

14. 解 $f'(x)=\frac{\sin x^2}{x^2}\cdot2x=\frac{2\sin x^2}{x}.$

$\int_0^1xf(x)dx=\frac{1}{2}\left[x^2f(x)\Big|_0^1-\int_0^1x^2f'(x)dx\right]=-\int_0^1x\sin x^2dx=\frac{1}{2}\cos x^2\Big|_0^1=\frac{1}{2}(\cos1-1).$

15. 解 曲线 $y=\frac{1}{x}$ 与直线 $y=x$ 在第一象限相交于点(1,1),对变量 x 积分,可得面积

$A=\int_0^1x\,dx+\int_1^2\frac{1}{x}dx=\frac{x^2}{2}\Big|_0^1+\ln x\Big|_1^2=\frac{1}{2}+\ln2.$

16. 解 令 $x-2=t$,则 $x=2+t$,

$\int_1^3f(x-2)dx=\int_{-1}^1f(t)\,dt=\int_{-1}^0(1+t^2)\,dt+\int_0^1e^{-t}dt=\frac{7}{3}-\frac{1}{e}.$

17. 解 令 $x=2\sec t$,则 $dx=2\sec t\tan t\,dt$,

$\int\frac{\sqrt{x^2-4}}{x}dx=\int\frac{2\tan t}{2\sec t}\cdot2\cdot\sec t\cdot\tan t\,dt=2\int(\sec^2t-1)dt$

$=2\tan t-2t+C$

$=\sqrt{x^2-4}-2\arccos\frac{2}{x}+C.$

四、应用题

18. 解 设池底半径为 r,水池深 h 万,池壁的单位造价为 a.

由题意得,池底单位造价为 $2a$,水池的总造价为 $A=2\pi r^2a+2\pi rha$.

因为 $V=\pi r^2h$,所以 $h=\frac{V}{\pi r^2}$,则 $A=2\pi r^2a+2\pi r\frac{V}{\pi r^2}=2\pi ar^2+\frac{2V}{r}$,

$A'=4\pi ar-\frac{2V}{r^2}$,令 $A'=0$,得驻点 $r=\sqrt[3]{\frac{V}{2\pi a}}$,

由实际情况知在$(0,+\infty)$内只有唯一驻点 $r=\sqrt[3]{\frac{V}{2\pi a}}$,则一定是 A 的最小值点.

所以当池底半径为 $r=\sqrt[3]{\frac{V}{2\pi a}}$,水池深为 $h=\frac{V}{\pi r^2}=\pi r^{\frac{1}{3}}\sqrt[3]{2\pi a}$ 时造价最低.

19. 解 先求抛物线 $y^2=x$ 与半圆 $x^2+y^2=2(x>0)$ 的交点,联立方程组得交点(1,1),(1,−1),选 y 为积分变量,

$A=2\int_0^1(\sqrt{2-y^2}-y^2)dy=2\int_0^1(\sqrt{2-y^2})dy-2\int_0^1y^2dy\xlongequal{y=\sqrt{2}\sin t}2\int_0^{\frac{\pi}{4}}2\cos^2t\,dt-\frac{2}{3}$

$= 2\left(t + \frac{1}{2}\sin 2t\right)\Big|_0^{\frac{\pi}{4}} - \frac{2}{3} = \frac{\pi}{2} + \frac{1}{3}.$

五、证明题

20. 证明　令 $f(t) = \ln(1+t)$，显然 $f(t)$ 在 $[0,x]$ 上连续，在 $(0,x)$ 内可导，由拉格朗日中值定理得，至少存在一点 $\xi \in (0,x)$，使得 $f'(\xi)(x-0) = f(x) - f(0) = \ln(1+x) - \ln 1 = \ln(1+x)$，即 $\ln(1+x) = f'(\xi)x = \frac{x}{1+\xi}$，因为 $0 < \xi < x$，所以 $\frac{1}{1+x} < \frac{1}{1+\xi} < 1$，显然 $\frac{x}{1+x} < \ln(1+x) = \frac{x}{1+\xi} < x$.

21. 证明　$f(x)$ 为奇函数，则 $f(-x) = -f(x)$，方程两边同时求导得 $f'(-x)\cdot(-x)' = -f'(x)$，所以 $f'(-x) = f'(x)$，即 $f'(x)$ 在区间 $(-a,a)$ 上为偶函数.

模拟题四

一、选择题

1. D.　解　$\lim\limits_{x\to 0}\frac{1-\cos x}{\frac{1}{2}x^2} = \lim\limits_{x\to 0}\frac{2\sin^2\frac{x}{2}}{\frac{1}{2}x^2} = \lim\limits_{x\to 0}\frac{\sin^2\frac{x}{2}}{\left(\frac{x}{2}\right)^2} = 1.$

2. A.　解　由已知，该函数在点 $x=0$ 处连续，$\lim\limits_{x\to 0^+}f(x) = \lim\limits_{x\to 0^-}f(x) = f(0)$，$\lim\limits_{x\to 0^+}f(x) = b$，$\lim\limits_{x\to 0^-}f(x) = 1$，$f(0) = b$，可见只需 $b = 1$ 即可.

3. C.　解　$\lim\limits_{h\to 0}\frac{f(h) - f(-h)}{h} = \lim\limits_{h\to 0}\frac{f(h) - f(0) - [f(-h) - f(0)]}{h}$

$= \lim\limits_{h\to 0}\frac{f(h) - f(0)}{h} + \lim\limits_{h\to 0}\frac{f(-h) - f(0)}{-h} = f'(0) + f'(0) = 2f'(0).$

4. D.　解　$\int \sin^2\frac{x}{2}\,dx = \int \frac{1-\cos x}{2}\,dx = \frac{1}{2}(x - \sin x) + C.$

5. D.　解　$\int_0^2 |x-1|\,dx = -\int_0^1 (x-1)\,dx + \int_1^2 (x-1)\,dx = 1.$

二、填空题

6. 0.　解　$\lim\limits_{x\to 0}\frac{x^2\sin\frac{1}{x}}{\sin x} = \lim\limits_{x\to 0}\frac{x^2\sin\frac{1}{x}}{x} = \lim\limits_{x\to 0}x\sin\frac{1}{x} = 0.$

7. $4\cos 1 - \sin 1$.　解　$y' = 2x\cos x^2\ln x + \frac{1}{x}\sin x^2$，$y'' = 2\cos x^2\ln x - 4x^2\sin x^2\ln x + 2\cos x^2 - \frac{1}{x^2}\sin x^2 + 2\cos x^2$.

8. 3.　解　函数 $f(x) = (x-1)(x-2)(x-3)(x-4)$ 为多项式函数，所以其在定义域内是连续的、可导的，且 $f(1) = f(2) = f(3) = f(4) = 0$，从而 $f(x)$ 在 $[1,2]$，$[2,3]$，$[3,4]$ 上均满足罗尔定理条件.
因此在 $(1,2)$ 内至少存在一点 ξ_1，使 $f(\xi_1) = 0$，ξ_1 是 $f'(x) = 0$ 的一个实根；在 $(2,3)$ 内至少存在一点 ξ_2，使 $f(\xi_2) = 0$，ξ_2 是 $f'(x) = 0$ 的一个实根；在 $(3,4)$ 内至少存在一点 ξ_3，使 $f(\xi_3) = 0$，ξ_3 是 $f'(x) = 0$ 的一个实根. 而 $f'(x)$ 为三次多项式，最多只能有 3 个实根，故 ξ_1，ξ_2，ξ_3 是 $f'(x) = 0$ 的三个实根，它们分别在 $(1,2)$，$(2,3)$，$(3,4)$ 内.

9. $x^x(\ln x + 1)dx$　解　函数 $y = x^x$ 两边同时取对数得 $\ln y = x\ln x$，两边同时对 x 求导数得 $\frac{y'}{y} = \ln x + 1$，于是 $y' = y(\ln x + 1) = x^x(\ln x + 1)$.

10. $\frac{e^x\cdot 5^{-x}}{1-\ln 5} + C$.　解　$\int e^x 5^{-x}\,dx == \int\left(\frac{e}{5}\right)^x dx = \frac{\left(\frac{e}{5}\right)^x}{\ln\frac{e}{5}} + C = \frac{e^x\cdot 5^{-x}}{1-\ln 5} + C.$

三、计算题

11. 解　$\lim\limits_{x\to\infty}\left(\frac{x^2+1}{x+1} - \alpha x - \beta\right) = \lim\limits_{x\to\infty}\frac{(1-\alpha)x^2 - (\alpha+\beta)x + (1-\beta)}{x+1}$,

所以$\begin{cases}1-\alpha=0,\\ \alpha+\beta=0,\end{cases}$解得$\begin{cases}\alpha=1,\\ \beta=-1.\end{cases}$

12. 解　由题意得 $\lim\limits_{x\to 0}\dfrac{\sqrt{1-ax^2}-1}{x\sin x}=\lim\limits_{x\to 0}\dfrac{-\frac{1}{2}ax^2}{x^2}=-\dfrac{1}{2}a=1$,所以 $a=-2$.

13. 解　$f(t)=\lim\limits_{x\to\infty}t\left(1+\dfrac{1}{x}\right)^{2tx}=t\left[\lim\limits_{x\to\infty}\left(1+\dfrac{1}{x}\right)^{x}\right]^{2t}=te^{2t}$,

所以 $f'(t)=e^{2t}+2te^{2t}=(2t+1)e^{2t}$.

14. 解　方程两边同时对 x 求导,$y+x\dfrac{dy}{dx}-2^x\ln 2+2^y\ln 2\cdot\dfrac{dy}{dx}=0$,

解得$\dfrac{dy}{dx}=\dfrac{2^x\ln 2-y}{x+2^y\ln 2}$.

15. 解　由于点(1,0)的坐标不满足方程 $y=\dfrac{1}{x}$,故该点不在曲线 $y=\dfrac{1}{x}$ 上,设切点坐标为(x_0,y_0),其中 $y_0=\dfrac{1}{x_0}$. 又因为切线斜率为 $k=f'(x_0)=-\dfrac{1}{x_0^2}$,故切线方程为 $y-\dfrac{1}{x_0}=-\dfrac{1}{x_0^2}(x-x_0)$,把点(1,0)代入该切线方程得 $0-\dfrac{1}{x_0}=-\dfrac{1}{x_0^2}(1-x_0)$,解得 $x_0=\dfrac{1}{2}$,故所求方程为 $y-2=-\dfrac{1}{\frac{1}{4}}\left(x-\dfrac{1}{2}\right)$,即 $4x+y-4=0$.

16. 解　$y'=\dfrac{2x}{x^2+1}$, $y''=\dfrac{(x^2+1)\cdot 2-2x\cdot 2x}{(x^2+1)^2}=\dfrac{2(1-x^2)}{(x^2+1)^2}$,

令 $y''=0$,得 $1-x^2=0$,$x=\pm 1$,函数无二阶导数不存在的点.

x	$(-\infty,-1)$	-1	$(-1,1)$	1	$(1,+\infty)$
y''	$-$	0	$+$	0	$-$
y	凸	拐点	凹	拐点	凸

所以,函数的凸区间为$(-\infty,-1)$和$(1,+\infty)$,函数的凹区间为$(-1,1)$,曲线的拐点为$(-1,\ln 2)$和$(1,\ln 2)$.

17. 解　$\displaystyle\int_0^2 f(x-1)dx\xlongequal{令x-1=t}\int_{-1}^{1}f(t)dt=\int_{-1}^{0}f(t)dt+\int_0^1 f(t)dt$

$\displaystyle=\int_{-1}^{0}\frac{dt}{1+e^t}+\int_0^1\frac{dt}{1+t}=[t-\ln(1+e^t)]_{-1}^{0}+\ln(1+t)\Big|_0^1=\ln(e+1)$.

四、应用题

18. 解　从 $t=2$ 到 $t=4$ 这两个小时的总产量为

$\displaystyle Q=\int_2^4 f(t)dt=\int_2^4(100+12t-0.6t^2)dt=(100t+6t^2-0.2t^3)\Big|_2^4=260.8$.

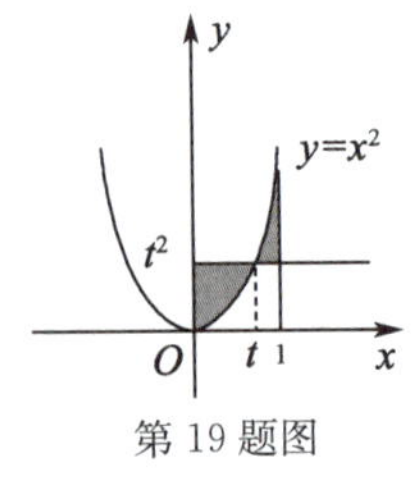

第 19 题图

19. 解　$\displaystyle S_1=\int_0^t(t^2-x^2)dx=\frac{2}{3}t^3$,

$\displaystyle S_2=\int_t^1(x^2-t^2)dx=\frac{1}{3}-t^2+\frac{2}{3}t^3$

由 $S_1=S_2$,得 $t=\sqrt{\dfrac{1}{3}}=\dfrac{\sqrt{3}}{3}$.

五、证明题

20. 证明　$F'(x)=\dfrac{f(x)\int_0^x(x-t)f(t)dt}{\left(\int_0^x f(t)dt\right)^2}$,因为$f(x)>0$,$x>0$,所以$(x-t)f(t)>0$,则$f(x)\int_0^x(x-t)f(t)dt>0$,

从而 $F'(x)>0$,故 $F(x)=\dfrac{\int_0^x tf(t)dt}{\int_0^x f(t)dt}$ 是增函数.

21. 证明　函数 $f(x)$ 在区间$[x_1,x_2]$上连续,(x_1,x_2)内可导,且 $f(x_1)=f(x_2)$,由罗尔中值定理可知,至少存在一

点 $\xi_1 \in (x_1, x_2)$，使得 $f'(\xi_1)=0$；同理至少存在一点 $\xi_2 \in (x_2, x_3)$，使得 $f'(\xi_2)=0$. 则函数 $f'(x)$ 在区间$[\xi_1, \xi_2]$上满足罗尔中值定理，因此至少存在一点 $\xi \in (\xi_1, \xi_2) \subset (x_1, x_3)$，使得 $f''(\xi)=0$.

模拟题五

一、选择题

1. C.　解　要使函数有意义，变量 x 必须同时满足 $\begin{cases} x^2-4x+3 \geqslant 0, \\ x-1 \neq 0, \end{cases}$ 即 $\begin{cases} x \geqslant 3 \text{ 或 } x \leqslant 1, \\ x \neq 1, \end{cases}$ 得 $x \geqslant 3$ 或 $x<1$.

2. B.　解　因为 $y=e^{-\frac{1}{x}}$ 是无穷大量，由指数函数的图像可得，$-\frac{1}{x} \to +\infty$，因此 $\frac{1}{x} \to -\infty$，再由 $y=\frac{1}{x}$ 的图像可得 $x \to 0^-$.

3. C.　解　因为 $f(x)$ 在$[0,1]$上连续，在$(0,1)$内可导，且 $f'(x)>0$，则 $f(x)$ 在$[0,1]$上单调增加，因此 $f(1)>f(0)$.

4. D.　解　$[(e^x+e^{-x})^2]'=(e^{2x}+e^{-2x}+2)'=2e^{2x}-2e^{-2x}$.

5. D.　解　$\varphi'(x)=(\int_0^{2x} e^t \cos t \mathrm{d}t)'=2e^{2x}\cos 2x, \varphi'(0)=2$.

二、填空题

6. $2x+1$.　解　$f[g(x)]=\ln e^{2x+1}=2x+1$.

7. 1.　解　$\lim\limits_{x \to +\infty} x \cdot (\sqrt{x^2+1}-\sqrt{x^2-1})=\lim\limits_{x \to +\infty} \frac{x(\sqrt{x^2+1}-\sqrt{x^2-1})(\sqrt{x^2+1}+\sqrt{x^2-1})}{\sqrt{x^2+1}+\sqrt{x^2-1}}$

$=\lim\limits_{x \to +\infty} \frac{2x}{\sqrt{x^2+1}+\sqrt{x^2-1}}=1$.

8. $\frac{1}{12}$.　解　两边同时求导，得 $f(x^3-1) \cdot 3x^2=1$，取 $x=2$，$f(7) \cdot 12=1$，$f(7)=\frac{1}{12}$.

9. $\ln 2$.　解　由定积分定义得

$$\lim_{n \to \infty}\left(\frac{1}{n+1}+\frac{1}{n+2}+\cdots+\frac{1}{n+n}\right)=\lim_{n \to \infty} \frac{1}{n}\left[\frac{1}{1+\frac{1}{n}}+\frac{1}{1+\frac{2}{n}}+\cdots+\frac{1}{1+\frac{n}{n}}\right]=\int_0^1 \frac{1}{1+x} \mathrm{d}x=\ln 2.$$

10. 1.　解　设直线与曲线相切于点(x_0, y_0)，则由已知得 $y'(x_0)=2x_0+3=5$，所以 $x_0=1$，代入曲线方程，解得 $y_0=6$，所以切线方程为 $y-6=5(x-1)$，即 $y=5x+1$，所以 $m=1$.

三、计算题

11. 解　$f(-x)=-x^3+\ln\frac{1+x}{1-x}=-x^3+\ln\left(\frac{1-x}{1+x}\right)^{-1}=-x^3-\ln\frac{1-x}{1+x}=-f(-x)$，所以该函数为奇函数.

12. 解　$\lim\limits_{x \to 4} \frac{\sqrt{2x+1}-3}{\sqrt{x-2}-\sqrt{2}}=\lim\limits_{x \to 4} \frac{(\sqrt{2x+1}-3)(\sqrt{2x+1}+3)(\sqrt{x-2}+\sqrt{2})}{(\sqrt{x-2}-\sqrt{2})(\sqrt{x-2}+\sqrt{2})(\sqrt{2x+1}+3)}$

$=\lim\limits_{x \to 4} \frac{(2x-8)(\sqrt{x-2}+\sqrt{2})}{(x-4)(\sqrt{2x+1}+3)}=\lim\limits_{x \to 4} 2\frac{(\sqrt{x-2}+\sqrt{2})}{(\sqrt{2x+1}+3)}=\frac{2}{3}\sqrt{2}$.

13. 解　利用隐函数的求导法则，$\left[\frac{1}{2}\ln(x^2+y^2)\right]'=\left(\arctan\frac{y}{x}\right)'$，

即 $\frac{2x+2yy'}{2(x^2+y^2)}=\frac{1}{1+\left(\frac{y}{x}\right)^2} \cdot \frac{y'x-y}{x^2}$，解得 $y'=\frac{x+y}{x-y}$.

14. 解　函数的定义域为$(-\infty,+\infty)$，$y'=2xe^{-x}-x^2e^{-x}=(2x-x^2)e^x$，

令 $y'=(2x-x^2e^x)=0$，得驻点 $x=0, x=2$

在$(-\infty,0)$上，$y'<0$；在$(0,2)$上，$y'>0$；在$(2,+\infty)$上，$y'<0$.

所以 $x=0$ 为极小值点，极小值为 $f(0)=0$；$x=2$ 为极大值点，极大值为 $f(2)=4e^{-2}$.

15. 解　令 $\sqrt{2x-1}=t$，则 $x=\frac{t^2+1}{2}$，$\mathrm{d}x=t\mathrm{d}t$，

$$\int\frac{1}{1+\sqrt{2x-1}}dx=\int\frac{t}{t+1}dt=\int(1-\frac{1}{t+1})dt=t-\ln(1+t)+C=\sqrt{2x-1}-\ln(1+\sqrt{2x-1})+C.$$

16. 解 $\int_0^1\arctan x\,dx=x\arctan x\Big|_0^1-\int_0^1 x\frac{1}{1+x^2}dx=\frac{\pi}{4}-\frac{1}{2}\int_0^1\frac{1}{1+x^2}d(x^2+1)$

$=\frac{\pi}{4}-\frac{1}{2}\ln(x^2+1)\Big|_0^1=\frac{\pi}{4}-\frac{1}{2}\ln2=\frac{\pi}{4}-\ln\sqrt{2}.$

17. 解 $f'(x)=2(x-6)^2+4x(x-6)=6(x-6)(x-2)$,

令 $f'(x)=0$,则 $6(x-6)(x-2)=0$,解得 $x=2$ 或 $x=6$(舍去).

$f(-2)=-256,f(2)=64,f(4)=32$,比较得函数的最大值为 64.

四、应用题

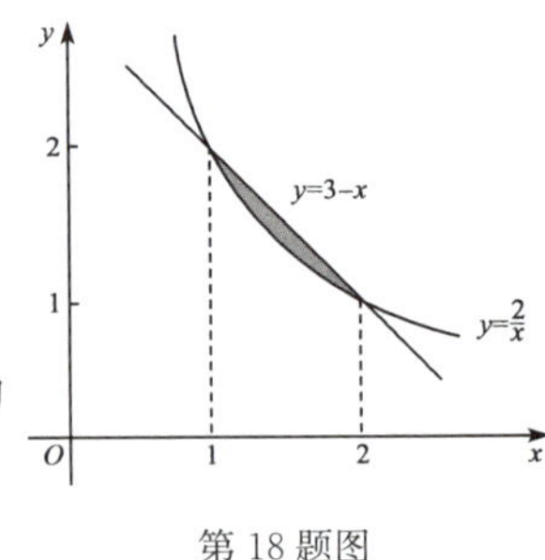

第 18 题图

18. 解 $A=\int_1^2\left[(3-x)-\frac{2}{x}\right]dx$

$=\left(3x-\frac{x^2}{2}-2\ln x\right)\Big|_1^2=\frac{3}{2}-2\ln2.$

19. 目标函数$A=(a-x)\cdot2\sqrt{2px}$,$x\in(0,a)$,令$A'=0$,解得唯一驻点$x=\frac{a}{3}$,唯一的驻点即为最大值点.因此 $x=\frac{a}{3}$ 时,A 最大,此时边长分别为$\frac{2}{3}\sqrt{6pa}$,$\frac{2a}{3}$.

五、证明题

20. 证明 令 $F(x)=f(x)-x$,很显然 $F(x)$ 在$[a,b]$内连续,因为$\begin{cases}F(a)=f(a)-a<0,\\F(b)=f(b)-b>0,\end{cases}$所以 $F(a)\cdot F(b)<0$.

因此$F(x)$在$[a,b]$上满足了零点定理(根的存在定理),则至少存在一点$\xi\in(a,b)$使得$F(\xi)=0$,即$f(\xi)-\xi=0$,$f(\xi)=\xi$.

21. 证明 $\int_x^1\frac{dt}{1+t^2}\xlongequal{t=\frac{1}{u}}\int_{\frac{1}{x}}^{1}\frac{d\frac{1}{u}}{1+\left(\frac{1}{u}\right)^2}=-\int_{\frac{1}{x}}^{1}\frac{du}{1+u^2}=\int_1^{\frac{1}{x}}\frac{du}{1+u^2}=\int_1^{\frac{1}{x}}\frac{dt}{1+t^2}.$

模拟题六

一、选择题

1. A. 解 $\lim\limits_{x\to x_0}\frac{f(x_0+h)-f(x_0-h)}{2h}=\frac{1}{2}\lim\limits_{x\to x_0}\frac{f(x_0+h)-f(x_0)-[f(x_0-h)-f(x_0)]}{h}$

$=\frac{1}{2}\cdot2f'(x_0)=f'(x_0).$

2. D. 解 由拉格朗日中值定理得,$f'(\xi)=\frac{1}{\xi}=\frac{f(2)-f(1)}{2-1}=\ln2$,解得 $\xi=\frac{1}{\ln2}$.

3. B. 解 因为 $f(x)=x\sin^2x\sim x^3$,$\sqrt{1-x^3}-1\sim-\frac{1}{2}x^3$.

4. B. 解 $f(x)=F'(x)=2e^{2x}$,于是$\int xf'(x)dx=xf(x)-\int f(x)dx=2xe^{2x}-e^{2x}+C$.

5. A. 解 $f'(x)=\varphi'\left(\frac{1-x}{1+x}\right)\frac{-2}{(1+x)^2}$,于是 $f'(0)=\varphi'(1)\cdot(-2)=-6$.

二、填空题

6. $(0,1]$. 解 要使函数有意义,变量 x 必须同时满足$\begin{cases}x>0,\\-1\leqslant x\leqslant1,\end{cases}$解得 $0<x\leqslant1$.

7. $2x+\frac{1}{x}$. 解 两边同时求导得,$\left(\int_1^x f(t)dt\right)'=(x^2+\ln x-1)'$,解得 $f(x)=2x+\frac{1}{x}$.

8. $\ln2$. 解 因为$\lim\limits_{x\to0}(1+ax)^{\frac{1}{x}}=\lim\limits_{x\to0}(1+ax)^{\frac{1}{ax}\cdot a}=e^a$,$\lim\limits_{x\to\infty}x\sin\frac{2}{x}=\lim\limits_{x\to\infty}x\cdot\frac{2}{x}=2$,由 $e^a=2$ 得 $a=\ln2$.

9. $S=1$. 解 $A=\int_1^{e}\ln y\mathrm{d}y=y\ln y\Big|_1^{e}-\int_1^{e}y\mathrm{d}\ln y=1$.

10. $a=8$. 解 若 $f(x)$ 在 $(-\infty,+\infty)$ 连续,则 $f(x)$ 在 $x=4$ 处连续,所以 $\lim\limits_{x\to4}y=y(4)=a$,而 $\lim\limits_{x\to4}\dfrac{x^2-16}{x-4}=\lim\limits_{x\to4}2x$ $=8$,所以 $a=8$.

三、计算题

11. 解 $\lim\limits_{x\to0}\dfrac{e^x-e^{-x}}{\sin x}=\lim\limits_{x\to0}\dfrac{(e^x-e^{-x})'}{(\sin x)'}=\lim\limits_{x\to0}\dfrac{e^x+e^{-x}}{\cos x}=2$.

12. 解 $\lim\limits_{x\to\frac{\pi}{2}}\dfrac{\sin2x}{2\cos(\pi-x)}=\lim\limits_{x\to\frac{\pi}{2}}\dfrac{(\sin2x)'}{[2\cos(\pi-x)]'}=\lim\limits_{x\to\frac{\pi}{2}}\dfrac{2\cos2x}{2\sin(\pi-x)}=-1$.

13. 解 $y'=\left(\cos\dfrac{2x}{1+x^2}\right)\cdot\left(\dfrac{2x}{1+x^2}\right)'=\dfrac{2(1-x^2)}{(1+x^2)^2}\cdot\left(\cos\dfrac{2x}{1+x^2}\right)$, $\mathrm{d}y=\dfrac{2(1-x^2)}{(1+x^2)^2}\cdot\left(\cos\dfrac{2x}{1+x^2}\right)\mathrm{d}x$.

14. 解 $\int_0^1\dfrac{1}{e^x+e^{-x}}\mathrm{d}x=\int_0^1\dfrac{e^x}{1+(e^x)^2}\mathrm{d}x=\int_0^1\dfrac{1}{1+(e^x)^2}\mathrm{d}e^x=\arctan e^x\Big|_0^1=\arctan e-\dfrac{\pi}{4}$.

15. 解 方程 $x^3-xt^2+t-1=0$ 两边同时对 t 求导数,得 $3x^2x'-x't^2-2xt+1=0$,

所以 $x'(t)=\dfrac{2xt-1}{3x^2-t^2}$,而 $y'(t)=3t^2+1$,

于是 $\dfrac{\mathrm{d}y}{\mathrm{d}x}=\dfrac{y'(t)}{x'(t)}=\dfrac{(3x^2-t^2)(3t^2+1)}{2xt-1}$,当 $t=0$ 时,$x=1$,所以 $\dfrac{\mathrm{d}y}{\mathrm{d}x}\Big|_{t=0}=-3$.

16. 解 $\int\dfrac{1}{x\sqrt{x+1}}\mathrm{d}x\xlongequal{令\sqrt{x+1}=t}\int\dfrac{2t\mathrm{d}t}{(t^2-1)t}=2\int\dfrac{1}{t^2-1}\mathrm{d}t=\ln\left|\dfrac{t-1}{t+1}\right|+C=\ln\left|\dfrac{\sqrt{x+1}-1}{\sqrt{x+1}+1}\right|+C$.

17. 解 $\int_1^2(2x+1)\ln x\mathrm{d}x=\int_1^2\ln x\mathrm{d}(x^2+x)=(x^2+x)\ln x\Big|_1^2-\int_1^2(x^2+x)\dfrac{1}{x}\mathrm{d}x$

$=6\ln2-\left(\dfrac{1}{2}x^2-x\right)\Big|_1^2=6\ln2-\dfrac{5}{2}$.

四、应用题

18. 解 $A_1=\int_0^a(\sqrt{x}+\sqrt{x})\mathrm{d}x=2\int_0^a\sqrt{x}\mathrm{d}x=\dfrac{4}{3}x^{\frac{3}{2}}\Big|_0^a=\dfrac{4}{3}a^{\frac{3}{2}}$,

$A_2=\int_a^1(\sqrt{x}+\sqrt{x})\mathrm{d}x=2\int_a^1\sqrt{x}\mathrm{d}x=\dfrac{4}{3}x^{\frac{3}{2}}\Big|_a^1=\dfrac{4}{3}(1-a^{\frac{3}{2}})$,

由 $A_1=A_2$ 得 $\dfrac{4}{3}a^{\frac{3}{2}}=\dfrac{4}{3}(1-a^{\frac{3}{2}})$,所以 $a=\dfrac{1}{\sqrt[3]{4}}$.

19. 解 $A_D=\int_{\frac{\pi}{4}}^{\frac{\pi}{2}}(\sin x-\cos x)\mathrm{d}x+\int_{\frac{\pi}{2}}^{\pi}\sin x\mathrm{d}x$

$=(-\cos x-\sin x)\Big|_{\frac{\pi}{4}}^{\frac{\pi}{2}}-\cos x\Big|_{\frac{\pi}{2}}^{\pi}=\sqrt{2}$.

第 19 题图

五、证明题

20. 证明 令 $g(x)=\dfrac{f(x)}{x}$,则 $g'(x)=\dfrac{xf'(x)-f(x)}{x^2}$,下面证明 $xf'(x)-f(x)>0$.

令 $h(x)=xf'(x)-f(x)$,则当 $f(0)<0$ 时,必有 $h(0)=-f(0)>0$

又因为 $h'(x)=[xf'(x)-f(x)]'=f'(x)+xf''(x)-f'(x)=xf''(x)$,

所以当 $x\in(0,+\infty)$ 且 $f''(x)>0$ 时,必有 $h'(x)=xf''(x)>0$,即 $h(x)$ 在 $(0,+\infty)$ 内单调递增,也即 $x>0$ 时,必有 $h(x)>h(0)$

所以,当 $x\in(0,+\infty)$ 时,必有 $h(x)>h(0)>0$,

于是当 $x\in(0,+\infty)$ 时,必有 $g'(x)=\dfrac{xf'(x)-f(x)}{x^2}=\dfrac{h(x)}{x^2}>0$,即 $g(x)=\dfrac{f(x)}{x}$ 在 $[0,+\infty)$ 内单调递增.

21. 证明 令 $f(x)=\int_0^x\dfrac{1}{1+t^2}\mathrm{d}t+\int_0^{\frac{1}{x}}\dfrac{1}{1+t^2}\mathrm{d}t$,则 $f(x)$ 在 $(0,+\infty)$ 上连续可导,且当 $x>0$ 时,有

$f'(x)=\dfrac{1}{1+x^2}+\dfrac{1}{1+\dfrac{1}{x^2}}\cdot\left(-\dfrac{1}{x^2}\right)=0$,由拉格朗日定理的推论得 $f(x)\equiv C(x>0)$.

而 $f(1)=\int_0^1\dfrac{1}{1+t^2}\mathrm{d}t+\int_0^1\dfrac{1}{1+t^2}\mathrm{d}t=\dfrac{\pi}{2}$,故 $C=\dfrac{\pi}{2}$,从而结论成立.

模拟题七

一、选择题

1. A. 解 $\lim\limits_{x\to0}\dfrac{x-\sin x}{x^2}=\lim\limits_{x\to0}\dfrac{1-\cos x}{2x}=\lim\limits_{x\to0}\dfrac{\frac{x^2}{2}}{2x}=0$.

2. A. 解 由已知得,$f'(x_0)=0$,$\lim\limits_{h\to0}\dfrac{f(x_0+2h)-f(x_0)}{h}=2\lim\limits_{h\to0}\dfrac{f(x_0+2h)-f(x_0)}{2h}=2f'(x_0)=0$.

3. B. 解 因为 $f(-x)=-x\dfrac{a^{-x}-1}{a^{-x}+1}=-x\dfrac{1-a^x}{1+a^x}=x\dfrac{a^x-1}{a^x+1}=f(x)$,所以 $f(x)$ 是偶函数,因此函数图像关于 y 轴对称.

4. A. 解 因为 $f(-x)=(\mathrm{e}^{-x}-\mathrm{e}^x)\sin(-x)=(\mathrm{e}^x-\mathrm{e}^{-x})\sin x=f(x)$,所以 $f(x)$ 为偶函数.

5. B. 解 因为 $\lim\limits_{x\to1}\dfrac{x^2-1}{x^2-3x+2}=\lim\limits_{x\to1}\dfrac{2x}{2x-3}=-2$,所以 $x=1$ 为可去间断点.

二、填空题

6. $[-3,4]$. 解 初等函数的连续区间为其定义区间,故此题求定义域即可.要使函数有意义,需满足 $\begin{cases}16-x^2\geqslant0,\\-1\leqslant\dfrac{2x-1}{7}\leqslant1,\end{cases}$ 解得 $-3\leqslant x\leqslant4$.

7. e^2. 解 $\lim\limits_{x\to0}(1+\sin x)^{\frac{2}{x}}=\lim\limits_{x\to0}(1+\sin x)^{\frac{1}{\sin x}\cdot\frac{2\sin x}{x}}=\mathrm{e}^2$.

8. $y=-\dfrac{1}{2}x$. 解 $y'=\dfrac{2}{1+(2x)^2}$,$y'\Big|_{x=0}=2$,故法线斜率为 $-\dfrac{1}{2}$,法线方程为 $y-0=-\dfrac{1}{2}(x-0)$,即 $y=-\dfrac{1}{2}x$.

9. $-\cos\mathrm{e}^x+C$. 解 $\int\mathrm{e}^x\sin(\mathrm{e}^x)\mathrm{d}x=\int\sin(\mathrm{e}^x)\mathrm{d}\mathrm{e}^x=-\cos\mathrm{e}^x+C$.

10. $\dfrac{2}{3}$. 解 $\int_{-1}^1(x^2+x\cos x)\mathrm{d}x=\int_{-1}^1x^2\mathrm{d}x+\int_{-1}^1x\cos x\,\mathrm{d}x=2\int_0^1x^2\mathrm{d}x+0=\dfrac{2}{3}$.

三、计算题

11. 解 $\lim\limits_{x\to\infty}\left(\dfrac{x-1}{x+1}\right)^{x+1}=\lim\limits_{x\to\infty}\left(\dfrac{1-\frac{1}{x}}{1+\frac{1}{x}}\right)^x\left(\dfrac{1-\frac{1}{x}}{1+\frac{1}{x}}\right)=\lim\limits_{x\to\infty}\dfrac{(1-\frac{1}{x})^x}{(1+\frac{1}{x})^x}\times1=\mathrm{e}^{-2}$.

12. 解 令 $x=\tan t$,$\mathrm{d}x=\sec^2t\mathrm{d}t$. 当 $x=1$ 时,$t=\dfrac{\pi}{4}$;当 $x=\sqrt{3}$ 时,$t=\dfrac{\pi}{3}$.

原式 $=\int_{\frac{\pi}{4}}^{\frac{\pi}{3}}\dfrac{\sec t}{\tan^2t}\mathrm{d}t=\int_{\frac{\pi}{4}}^{\frac{\pi}{3}}\dfrac{\cos t}{\sin^2t}\mathrm{d}t=\int_{\frac{\pi}{4}}^{\frac{\pi}{3}}\dfrac{1}{\sin^2t}\mathrm{d}\sin t=-\dfrac{1}{\sin t}\Big|_{\frac{\pi}{4}}^{\frac{\pi}{3}}=\sqrt{2}-\dfrac{2\sqrt{3}}{3}$.

13. 解 $\int_0^1xf''(2x)\mathrm{d}x=\dfrac{1}{2}\int_0^1xf''(2x)\mathrm{d}2x=\dfrac{1}{2}\int_0^1x\mathrm{d}f'(2x)=\dfrac{1}{2}\left[xf'(2x)\Big|_0^1-\int_0^1f'(2x)\mathrm{d}x\right]$

$=\dfrac{1}{2}\left[f'(2)-\dfrac{1}{2}\int_0^1f'(2x)\mathrm{d}2x\right]=\dfrac{1}{2}\left[5-\dfrac{1}{2}f(2x)\Big|_0^1\right]=2$.

14. 解 $\lim\limits_{x\to0}\dfrac{\tan x-x}{x^2(\mathrm{e}^x-1)}=\lim\limits_{x\to0}\dfrac{\tan x-x}{x^3}=\lim\limits_{x\to0}\dfrac{\sec^2x-1}{3x^2}=\lim\limits_{x\to0}\dfrac{\tan^2x}{3x^2}=\dfrac{1}{3}$.

15. 解 两边对 x 求导,得 $2x+2(y+xy')-2yy'-2=0$,得 $y'=\dfrac{1-x-y}{x-y}$.

16. 解 $\int_1^{e^2}\frac{1}{x\sqrt{1+\ln x}}dx=\int_1^{e^2}\frac{1}{\sqrt{1+\ln x}}d(1+\ln x)=2\sqrt{1+\ln x}\Big|_1^{e^2}=2(\sqrt{3}-1)$.

17. 解 设 $f(x)=\ln x-ax(x>0)$,令 $f'(x)=x^{-1}-a=0$,得唯一驻点 $x=a^{-1}$,且 $f''(x)=-x^{-2}$,
$f''(a^{-1})=-a^2<0$.所以当 $x=a^{-1}$ 时,$f(a^{-1})$ 是极大值.
又因为 $\lim\limits_{x\to0+}(\ln x-ax)=-\infty$,$\lim\limits_{x\to+\infty}(\ln x-ax)=-\infty$,
当 $f(a^{-1})>0$,即 $0<a<e^{-1}$ 时,方程 $\ln x=ax$ 有两个不相等的实根;
当 $f(a^{-1})=0$,即 $a=e^{-1}$ 时,方程 $\ln x=ax$ 有唯一实根;
当 $f(a^{-1})<0$,即 $a>e^{-1}$ 时,方程 $\ln x=ax$ 没有实根.

四、应用题

18. 解 (1) 设曲线 $y=x^2$ 上的点为(x_0,x_0^2),切线方程为 $y-x_0^2=2x_0(x-x_0)$,
由 $A=\int_0^{x_0}x^2dx-\frac{1}{2}\cdot\frac{x_0}{2}\cdot x_0^2=\frac{x_0^3}{12}=\frac{2}{3}$ 得 $x_0=2$,点的坐标(2,4).
(2) 切线方程为 $y=4x-4$.

19. 解 设$\int_1^2f(x)dx=a$,则 $f(x)=\frac{1}{x^2}+2a$,$a=\int_1^2f(x)dx=\int_1^2\left(\frac{1}{x^2}+2a\right)dx=\frac{1}{2}+2a$,所以 $a=-\frac{1}{2}$,于是
$f(x)=\frac{1}{x^2}-1$.

五、证明题

20. 证明 令 $f(x)=\ln(x+\sqrt{1+x^2})-\frac{x}{\sqrt{1+x^2}}$,则 $f(x)$ 在$[0,+\infty)$上连续.
且 $f(0)=0$,$f'(x)=\frac{1}{\sqrt{1+x^2}}-\frac{1}{(1+x^2)\sqrt{1+x^2}}=\frac{x^2}{(1+x^2)\sqrt{1+x^2}}$.
显然 $f'(x)>0$,即 $f(x)$ 为单增函数,所以 $x>0$ 时,$f(x)>f(0)$,原不等式得证.

21. 证明 令 $f(x)=x\cdot3^x-x-1$,则 $f(x)$ 在$[0,3]$上连续,又因为 $f(0)=-1$,$f(3)=83$,
由零点定理可知原命题正确.

模拟题八

一、选择题

1. D. 解 $\lim\limits_{x\to0}\frac{\sin^2mx}{2x^2}=\lim\limits_{x\to0}\frac{(mx)^2}{2x^2}=\frac{m^2}{2}$.

2. B. 解 $\lim\limits_{x\to0}\frac{x^2-2x}{x(x^2-4)}=\lim\limits_{x\to0}\frac{1}{x+2}=\frac{1}{2}$,则 $x=0$ 为其可去间断点.

3. A. 解 $\lim\limits_{x\to0}\left(x\arctan\frac{1}{x}-\frac{\arctan x}{x}\right)=\lim\limits_{x\to0}x\arctan\frac{1}{x}-\lim\limits_{x\to0}\frac{\arctan x}{x}=0-1=-1$.

4. D. 解 因为当 $x\in[-1,1]$ 时,$\frac{x\sin^4x}{x^4+3x^2+1}$ 为奇函数,所以该积分值为 0.

5. D. 解 $y'=\ln x+1$, $y''=\frac{1}{x}$, $y'''=-\frac{1}{x^2}$.

二、填空题

6. e^{-2}. 解 $\lim\limits_{x\to\infty}\left(1-\frac{2}{x}\right)^x=\lim\limits_{x\to\infty}\left(1-\frac{2}{x}\right)^{-\frac{x}{2}\cdot(-2)}=e^{-2}$.

7. 1 解 $\lim\limits_{x\to0^-}f(x)=\lim\limits_{x\to0^-}(ae^x+1)=a+1$,$\lim\limits_{x\to0^+}f(x)=\lim\limits_{x\to0^+}(x+2)=2=f(0)$,因为 $f(x)$ 在 $x=0$ 处连续,
所以 $a+1=2$,故 $a=1$.

8. $(\sin x+x\cos x)dx$. 解 $y'=\sin x+x\cos x$,则 $dy=(\sin x+x\cos x)dx$.

9. -1. 解 由已知得切线斜率为-1,则 $f'(x_0)=-1$.

10. 2. 解 ∵$f(x)$ 在 $x=0$ 的某邻域内连续,且$\lim\limits_{x\to0}\frac{f(x)}{\sin2x}=1$,∴$\lim\limits_{x\to0}f(x)=f(0)=0$.
因此$\lim\limits_{x\to0}\frac{f(x)}{\sin2x}=\lim\limits_{x\to0}\frac{f(x)}{2x}=\frac{1}{2}\lim\limits_{x\to0}\frac{f(x)-f(0)}{x-0}=\frac{1}{2}f'(0)=1$,∴$f'(0)=2$.

三、计算题

11. 解 $\lim\limits_{x\to0}\dfrac{\int_0^x \sin(t^2)\mathrm{d}t}{x^2\sin x}=\lim\limits_{x\to0}\dfrac{\int_0^x \sin(t^2)\mathrm{d}t}{x^3}=\lim\limits_{x\to0}\dfrac{\sin(x^2)}{3x^2}=\dfrac{1}{3}$.

12. 解 两边取对数,得 $\ln y=x\ln\left(1-\dfrac{1}{2x}\right)$,

对上式两边对 x 求导,得 $\dfrac{1}{y}y'=\ln\left(1-\dfrac{1}{2x}\right)+x\cdot\dfrac{1}{1-\dfrac{1}{2x}}\dfrac{1}{2x^2}$,

化简得 $y'=\left(1-\dfrac{1}{2x}\right)^x\left[\ln\left(1-\dfrac{1}{2x}\right)+\dfrac{1}{2x-1}\right]$.

13. 解 $x^2y-\mathrm{e}^{2x}=\sin y$ 两边同时对 x 求导,得 $2xy+x^2y'-2\mathrm{e}^{2x}=y'\cos y$,解得 $y'=\dfrac{2(\mathrm{e}^{2x}-xy)}{x^2-\cos y}$

14. 解 $\lim\limits_{x\to0}\left(\dfrac{1}{x\sin x}-\dfrac{\cos x}{x^2}\right)=\lim\limits_{x\to0}\dfrac{x-\sin x\cos x}{x^2\sin x}=\lim\limits_{x\to0}\dfrac{x-\dfrac{1}{2}\sin 2x}{x^3}$

$=\lim\limits_{x\to0}\dfrac{1-\cos 2x}{3x^2}=\lim\limits_{x\to0}\dfrac{2x^2}{3x^2}=\dfrac{2}{3}$.

15. 解 $f(x)=(x\mathrm{e}^x)'=\mathrm{e}^x+x\mathrm{e}^x$, $\int_0^1 xf'(x)\mathrm{d}x=\int_0^1 x\mathrm{d}f(x)=xf(x)\Big|_0^1-\int_0^1 f(x)\mathrm{d}x=x(\mathrm{e}^x+x\mathrm{e}^x)\Big|_0^1-x\mathrm{e}^x\Big|_0^1=\mathrm{e}$.

16. 解 $\int\dfrac{\ln x}{(1+x)^2}\mathrm{d}x=-\dfrac{\ln x}{1+x}+\int\dfrac{1}{1+x}\cdot\dfrac{1}{x}\mathrm{d}x=-\dfrac{\ln x}{1+x}+\int\left(\dfrac{1}{x}-\dfrac{1}{1+x}\right)\mathrm{d}x$

$=-\dfrac{\ln x}{1+x}+\ln\dfrac{x}{1+x}+C$.

17. 解 $\int_1^5\dfrac{1}{1+\sqrt{x-1}}\mathrm{d}x\xlongequal{\sqrt{x-1}=t}\int_0^2\dfrac{2t}{1+t}\mathrm{d}t=2\int_0^2\left(1-\dfrac{1}{1+t}\right)\mathrm{d}t$

$=2\left[2-\ln(t+1)\Big|_0^2\right]=4-2\ln 3$.

四、应用题

18. 解 设 DE 之间的距离为 x km,则由题设知 $AE=\sqrt{40^2+x^2}$,可设每吨每千米铁路与公路运费分别为 $3k$ 和 $5k$,于是 1t 原料的总运费为 $L(x)=3k(100-x)+5k\sqrt{40^2+x^2}\ (x\in[0,100])$,

令 $L'(x)=-3k+\dfrac{5kx}{\sqrt{40^2+x^2}}=k\cdot\dfrac{5x-3\sqrt{40^2+x^2}}{\sqrt{40^2+x^2}}=0$,

$L(0)=500k, L(30)=460k, L(100)=50k\sqrt{116}>500k$.

所以,最小值点为 $x=30$,即点 E 选在距离点 D 30km 处能使原料从供应站 B 联运到工厂 A 的运费最省.

19. 解 设切点为 $(a,\ln a)$,则切线为 $y-\ln a=\dfrac{1}{a}(x-a)$, $y=\dfrac{1}{a}x-1+\ln a$,

$A=\int_2^6\left(\dfrac{1}{a}x-1+\ln a-\ln x\right)\mathrm{d}x=\left(\dfrac{x^2}{2a}+x\ln a-x\ln x\right)\Big|_2^6=\dfrac{16}{a}+4\ln a-6\ln 6+2\ln 2$,

因为 $\dfrac{\mathrm{d}A}{\mathrm{d}a}=-\dfrac{16}{a^2}+\dfrac{4}{a}=0$,解得唯一驻点 $a=4$. 唯一的驻点一定是函数的最小值点.

故所求切线为 $y=\dfrac{1}{4}x-1+2\ln 2$.

五、证明题

20. 证明 $g'(x)=f^2(x)+\dfrac{1}{f^2(x)}$,很显然在 $[a,b]$ 上 $g'(x)>0$, $g(x)$ 单调递增,方程在 (a,b) 内最多有一个零点.

$g(x)$ 在 $[a,b]$ 上连续, $g(a)\cdot g(b)<0$,利用零点定理得出 $g(x)$ 在 (a,b) 内至少有一个零点.

综上, $g(x)$ 在 (a,b) 内有且仅有一个零点.

21. 证明 $y=|x|=\begin{cases}-x, & x<0,\\ x, & x\geqslant0,\end{cases}$

因为 $\lim\limits_{x\to 0^-} y=\lim\limits_{x\to 0^-}(-x)=0$，$\lim\limits_{x\to 0^+} y=\lim\limits_{x\to 0^+} x=0$，$f(0)=0$，所以 $\lim\limits_{x\to 0} y=f(0)$，由连续定义知，函数 $y=|x|$ 在点 $x=0$ 处连续；

又因为 $y'_-(0)=\lim\limits_{x\to 0^-}\dfrac{-x-0}{x-0}=-1$，$y'_+(0)=\lim\limits_{x\to 0^-}\dfrac{x-0}{x-0}=1$，$y'_-(0)\neq y'_+(0)$，故函数 $y=|x|$ 在点 $x=0$ 处不可导.

模拟题九

一、选择题

1. B. 解　由题意得 $\begin{cases}-1\leqslant \ln x\leqslant 1,\\ x>0,\\ 2-x>0,\end{cases}$ 解得 $\begin{cases}e^{-1}\leqslant x\leqslant e,\\ x>0,\\ x<2,\end{cases}$ 所以定义域为 $[e^{-1},2)$.

2. B. 解　$\lim\limits_{x\to 0}\dfrac{x}{\tan 2x}=\lim\limits_{x\to 0}\dfrac{x}{2x}=\dfrac{1}{2}\neq f(0)$，所以 $x=0$ 是函数的第一类可去间断点.

3. C. 解　$\lim\limits_{x\to 0}\dfrac{\alpha(x)}{\beta(x)}=\lim\limits_{x\to 0}\dfrac{\int_0^{3x}\frac{\sin t}{t}dt}{\int_0^{\sin x}(1+t)^{\frac{1}{t}}dt}=\lim\limits_{x\to 0}\dfrac{3\cdot\frac{\sin 3x}{3x}}{(1+\sin x)^{\frac{1}{\sin x}}\cdot\cos x}$

$=\dfrac{\lim\limits_{x\to 0}3\cdot\frac{\sin 3x}{3x}}{\lim\limits_{x\to 0}(1+\sin x)^{\frac{1}{\sin x}}\cdot\lim\limits_{x\to 0}\cos x}=\dfrac{3}{e}\neq 1$，

所以 $\alpha(x)$ 是 $\beta(x)$ 的同阶但不等价的无穷小.

4. B. 解　$\lim\limits_{h\to 0}\dfrac{f(x_0+h)-f(x_0-h)}{h}=2\lim\limits_{h\to 0}\dfrac{f(x_0+h)-f(x_0-h)}{2h}=2f'(x_0)=2.$

5. D. 解　由 $\int f(x)dx=x^3+C$ 得，

$\int xf(1-x^2)dx=-\dfrac{1}{2}\int f(1-x^2)d(1-x^2)=-\dfrac{1}{2}(1-x^2)^3+C.$

二、填空题

6. ln2. 解　$\lim\limits_{x\to\infty}\left(\dfrac{x+2a}{x-a}\right)^x=\dfrac{\lim\limits_{x\to\infty}\left(1+\frac{2a}{x}\right)^{\frac{x}{2a}\cdot 2a}}{\lim\limits_{x\to\infty}\left(1-\frac{a}{x}\right)^{-\frac{x}{a}\cdot(-a)}}=\dfrac{e^{2a}}{e^{-a}}=e^{3a}=8$，则 $3a=\ln 8=3\ln 2$，即 $a=\ln 2$.

7. 2. 解　因为 $f(x)$ 处处连续，所以 $\lim\limits_{x\to 0}f\left(\dfrac{\ln(1+x)}{x}\right)=f\left(\lim\limits_{x\to 0}\dfrac{\ln(1+x)}{x}\right)=f(1)=2.$

8. $-3\tan 3x\,dx$. 解　$dy=d\ln(\cos 3x)=\dfrac{1}{\cos 3x}d\cos 3x=-\tan 3x\,d3x=-3\tan 3x\,dx.$

9. $\sqrt{\ln x}+C$. 解　由已知得 $\int\dfrac{1}{x}f(\ln x)dx=\int f(\ln x)d\ln x=\sqrt{\ln x}+C.$

10. $e^{\frac{4}{3}}$. 解　$\lim\limits_{x\to 0}\left(\dfrac{3+x}{3-x}\right)^{\frac{2}{x}}=\lim\limits_{x\to 0}\dfrac{\left(1+\frac{x}{3}\right)^{\frac{2}{x}}}{\left(1-\frac{x}{3}\right)^{\frac{2}{x}}}=\lim\limits_{x\to 0}\dfrac{\left(1+\frac{x}{3}\right)^{\frac{3}{x}\cdot\frac{2}{3}}}{\left(1-\frac{x}{3}\right)^{-\frac{3}{x}\cdot\left(-\frac{2}{3}\right)}}=\dfrac{e^{\frac{2}{3}}}{e^{-\frac{2}{3}}}=e^{\frac{4}{3}}.$

三、计算题

11. 解　$\lim\limits_{x\to 0}\dfrac{e^{\sin x}-e^x}{\sin x-x}=\lim\limits_{x\to 0}\dfrac{e^x(e^{\sin x-x}-1)}{\sin x-x}=\lim\limits_{x\to 0}e^x\cdot\lim\limits_{x\to 0}\dfrac{\sin x-x}{\sin x-x}=1.$

12. 解　$\lim\limits_{x\to\infty}f(x)=\lim\limits_{x\to\infty}\left(\dfrac{x^2}{x+1}-ax-b\right)=\lim\limits_{x\to\infty}\dfrac{x^2-ax(x+1)-b(x+1)}{x+1}$

$=\lim\limits_{x\to\infty}\dfrac{(1-a)x^2-(a+b)x-b}{x+1}=0$,所以$\begin{cases}1-a=0,\\a+b=0,\end{cases}$解得$\begin{cases}a=1,\\b=-1.\end{cases}$

13.解　方程两边同时对 x 求导,得 $e^{y^2}\cdot y'+\dfrac{\sin x^2}{|x|}\cdot 2x=0$,

当 $x>0$ 时,$e^{y^2}\cdot y'+2\sin x^2=0$,$y'=\dfrac{-2\sin x^2}{e^{y^2}}$;

当 $x<0$ 时,$e^{y^2}\cdot y'-2\sin x^2=0$,$y'=\dfrac{2\sin x^2}{e^{y^2}}$.

14.解　令 $x-1=t$,则 $x=t+1$,$dx=dt$.当 $x=\dfrac{1}{2}$ 时,$t=-\dfrac{1}{2}$,当 $x=2$ 时,$t=1$.

$\int_{\frac{1}{2}}^{2}f(x-1)dx=\int_{-\frac{1}{2}}^{1}f(t)dt=\int_{-\frac{1}{2}}^{0}(1+t^2)dt+\int_0^1 e^{-t}dt=\dfrac{37}{24}-\dfrac{1}{e}$.

15.解　$\int\dfrac{x+\arctan x}{1+x^2}dx=\int\dfrac{x}{1+x^2}dx+\int\dfrac{\arctan x}{1+x^2}dx$

$=\dfrac{1}{2}\int\dfrac{1}{1+x^2}d(1+x^2)+\int\arctan x\, d(\arctan x)=\dfrac{1}{2}[\ln(1+x^2)+\arctan^2 x]+C$.

16.解　$\int_{-1}^{1}x(\sqrt{x^2+1}+e^x)dx=\int_{-1}^{1}x\sqrt{x^2+1}dx+\int_{-1}^{1}xe^x dx=(x-1)e^x\Big|_{-1}^{1}=\dfrac{2}{e}$.

17.解　$S=\int_1^2\left(x-\dfrac{1}{x}\right)dx=\left[\dfrac{1}{2}x^2-\ln x\right]_1^2=\dfrac{3}{2}-\ln 2$.

四、应用题

18.解　设切点为(t,t^2),$y'=2t$,所以切线方程为 $y-t^2=2t(x-t)$,即 $y=2tx-t^2$.

令 $y=0$,$x=\dfrac{t}{2}$,切线与 x 轴的交点为 $M\left(\dfrac{t}{2},0\right)$;

令 $x=8$,$y=16t-t^2$,切线与直线段 AB 的交点为 $N(8,16t-t^2)$;

$S_{\triangle MAN}=\dfrac{1}{2}|AM|\cdot|AN|=\dfrac{1}{2}\left(8-\dfrac{t}{2}\right)(16t-t^2)=\dfrac{1}{4}t^3-8t^2+64t$,$(0<t\leqslant 8)$,

$S'=\dfrac{3}{4}t^2-16t+64$,令 $S'=0$,得 $t=16$(舍去),$t=\dfrac{16}{3}$.

因为 $S(8)<S\left(\dfrac{16}{3}\right)$,所以 $t=\dfrac{16}{3}$ 是 $S_{\triangle MAN}$ 的最大值点,此时切点为$\left(\dfrac{16}{3},\dfrac{256}{9}\right)$.

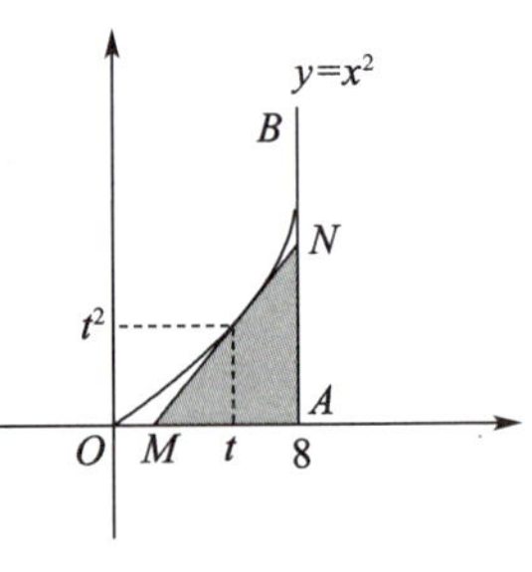

第 18 题图

19.解　该函数的定义域为 **R**.

$f'(x)=-\dfrac{1}{\sqrt{2\pi}}xe^{-\frac{x^2}{2}}$,令 $f'(x)=0$,得 $x=0$.

当 $x>0$时,$f'(x)<0$;当$x<0$时,$f'(x)>0$.所以函数的增区间为$(-\infty,0)$,减区间为$(0,+\infty)$,极大值为$f(0)=\dfrac{1}{\sqrt{2\pi}}$.

五、证明题

20.证明　$\int_{-a}^{a}f(x)dx=\int_{-a}^{0}f(x)dx+\int_0^a f(x)dx$,$\int_{-a}^{0}f(x)dx\xlongequal{x=-t}\int_a^0 f(-t)d(-t)=\int_0^a f(-t)dt=\int_0^a f(-x)dx$.

所以$\int_{-a}^{a}f(x)dx=\int_0^a f(-x)dx+\int_0^a f(x)dx=\int_0^a[f(x)+f(-x)]dx$.

21.证明　因为函数 $f(x)$ 二阶连续可导,所以 $f(x)$ 连续且可导,且 $f(1)=f(0)=0$,由罗尔定理得,存在 $\xi_1\in(0,1)$,使得 $f'(\xi_1)=0$.

又因为 $f'(x)$ 连续且可导,且 $f'(0)=\lim\limits_{x\to 0}\dfrac{f(x)-f(0)}{x-0}=\lim\limits_{x\to 0}\dfrac{f(x)}{x}=0$,所以 $f'(0)=f'(\xi_1)$,由罗尔定理得,存在 $\xi\in(0,\xi_1)\subset(0,1)$,使得 $f''(\xi)=0$.

模拟题十

一、选择题

1. A.　解　因为$\lim\limits_{x\to2}\dfrac{x^3+ax^2+b}{x-2}=8$,所以该极限为$\dfrac{0}{0}$型,可以用洛必达法则求极限.

因此可得$\begin{cases}\lim\limits_{x\to2}(x^3+ax^2+b)=0,\\ \lim\limits_{x\to2}(3x^2+2ax)=8,\end{cases}$即$\begin{cases}8+4a+b=0,\\ 12+4a=8,\end{cases}$解得$\begin{cases}a=-1,\\ b=-4.\end{cases}$

2. D.　解　该题利用函数$f(x)=|x-2|$的图像,可以直接观察出在点$x=2$处函数图像出现尖点,所以导数不存在.本题也可以用分段函数求分段点的左、右导数,根据左、右导数的值不相等,说明$x=2$处导数不存在.

3. B.　解　选项A、C、D都符合连续的定义,只有选项B $\lim\limits_{x\to0}\dfrac{\sin x}{|x|}\neq f(0)$.

4. D.　解　由$f''(x)=\sqrt{x}$得$f'''(x)=\dfrac{1}{2\sqrt{x}}$,$f^{(4)}(x)=-\dfrac{1}{4}x^{-\frac{3}{2}}$.

5. D.　解　从函数图像上可知,在$[0,2]$上,$e^x>x+1$,所以$\int_0^2 e^x\,dx>\int_0^2(1+x)dx$.

二、填空题

6. 12.　解　两个周期函数的和函数的周期为两个周期函数的最小公倍数,所以由已知得$f(x)+g(x)$的周期为12.

7. 2.　解　$\lim\limits_{x\to0}\dfrac{f(x)}{\sin 2x}=\lim\limits_{x\to0}\dfrac{f(x)}{2x}=\lim\limits_{x\to0}\dfrac{f'(x)}{2}=1$,该极限存在,必为$\dfrac{0}{0}$型,所以$f'(0)=2$.

8. -2.　解　$f'(x)=3x^2+6ax+3b$,由已知得$\begin{cases}f'(-1)=0,\\ f(0)=3,\end{cases}$即$\begin{cases}3-6a+b=0,\\ b=1,\end{cases}$解得$\begin{cases}a=1,\\ b=1,\end{cases}$所以$2a-3b=-2$.

9. $y=\dfrac{1}{3}x+\dfrac{4}{3}$.　解　$y'=\dfrac{3+3x-3x}{(1+x)^2}=\dfrac{3}{(1+x)^2}$,切线斜率$k=y'(2)=\dfrac{1}{3}$,

切线方程为$y-2=\dfrac{1}{3}(x-2)$,即$y=\dfrac{1}{3}x+\dfrac{4}{3}$.

10. 1.　解　$f'(x)=2x-1$,由拉格朗日中值定理得$f'(\xi)=2\xi-1=\dfrac{f(2)-f(0)}{2-0}=1$,所以$\xi=1$.

三、计算题

11. 解　$\lim\limits_{x\to0}\cot x\left(\dfrac{1}{\sin x}-\dfrac{1}{x}\right)=\lim\limits_{x\to0}\dfrac{x-\sin x}{\tan x\cdot\sin x\cdot x}=\lim\limits_{x\to0}\dfrac{x-\sin x}{x^3}=\lim\limits_{x\to0}\dfrac{1-\cos x}{3x^2}=\lim\limits_{x\to0}\dfrac{\frac{1}{2}x^2}{3x^2}=\dfrac{1}{6}$.

12. 解　$\ln y=\dfrac{1}{3}[\ln x+\ln(1+x)-2\ln(4-3x)]$,方程两边同时对$x$求导,得

$$\frac{1}{y}\cdot y'=\frac{1}{3}\left(\frac{1}{x}+\frac{1}{1+x}+\frac{6}{4-3x}\right),$$

$$y'=\frac{1}{3}y\left(\frac{1}{x}+\frac{1}{1+x}+\frac{6}{4-3x}\right)=\frac{1}{3}\sqrt[3]{\frac{x(x+1)}{(4-3x)^2}}\left(\frac{1}{x}+\frac{1}{1+x}+\frac{6}{4-3x}\right).$$

13. 解　$\int\tan^3x\sec^3x\,dx=\int\tan^2x(\tan x\sec x)\sec^2x\,dx=\int(\sec^2x-1)\sec^2x\,d(\sec x)$

$=\int(\sec^4x-\sec^2x)d(\sec x)=\dfrac{1}{5}\sec^5x-\dfrac{1}{3}\sec^3x+C$.

14. 解　方程$e^{xy}+y\ln x-\sin 2x$两边同时对x求导得$e^{xy}(y+xy')+y'\ln x+\dfrac{y}{x}=2\cos 2x$,

整理得$y'(xe^{xy}+\ln x)=2\cos 2x-ye^{xy}-\dfrac{y}{x}$,

于是$y'=\dfrac{2x\cos 2x-xye^{xy}-y}{x(xe^{xy}+\ln x)}$.

15. 解　由$\int xf(x)\,dx=e^{-2x}+C$得$xf(x)=(e^{-2x})'=-2e^{-2x}$,于是$f(x)=\dfrac{-2e^{-2x}}{x}$,

$\int \frac{1}{f(x)}\mathrm{d}x = -\frac{1}{2}\int x\mathrm{e}^{2x}\mathrm{d}x = -\frac{1}{4}\int x\mathrm{d}(\mathrm{e}^{2x}) = -\frac{1}{4}(x\mathrm{e}^{2x} - \int \mathrm{e}^{2x}\mathrm{d}x)$

$= -\frac{1}{8}\mathrm{e}^{2x}(2x-1)+C.$

16. 解 $\int_{-4}^{4}|x(x-1)|\mathrm{d}x = \int_{-4}^{0}(x^2-x)\mathrm{d}x - \int_{0}^{1}(x^2-x)\mathrm{d}x + \int_{1}^{4}(x^2-x)\mathrm{d}x$

$= \left[\frac{1}{3}x^3-\frac{1}{2}x^2\right]_{-4}^{0} - \left[\frac{1}{3}x^3-\frac{1}{2}x^2\right]_{0}^{1} + \left[\frac{1}{3}x^3-\frac{1}{2}x^2\right]_{1}^{4} = 43.$

17. 解 $S_D = \int_0^1(2-y-\sqrt{y})\mathrm{d}y = \left[2y-\frac{1}{2}y^2-\frac{2}{3}y^{\frac{3}{2}}\right]_0^1 = \frac{5}{6}.$

四、应用题

18. 解 设切点为$(x_0, 1+x_0^2)$,不妨设$x_0>0$,则$y'\Big|_{x=x_0} = 2x_0$,过$M(0,b)$的切线方程为

$y-b=2x_0(x-0)$,即$y=2x_0x+b$,切点同时在切线和曲线上,所以$x=x_0$时,

$y_0=1+x_0^2=2x_0^2+b$,解得$b=1-x_0^2$.

$A=\int_0^{x_0}[1+x^2-(2x_0x+b)]\mathrm{d}x = \int_0^{x_0}(x^2-2x_0x+x_0^2)\mathrm{d}x = \frac{8}{3}$,解得$x_0=2$,从而$b=1-2^2=-3$.

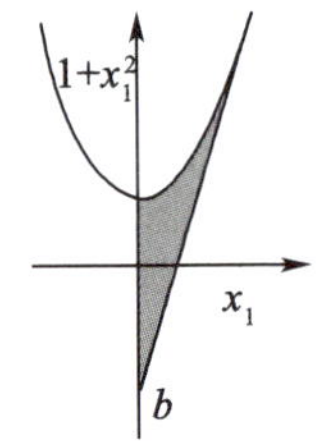

第18题图

19. 解 对等式两边取对数,得$\ln y = \frac{\ln x}{x}$,

两边同时对x求导数,得$\frac{y'}{y} = -\frac{\ln x}{x^2}+\frac{1}{x^2}$,从而$y' = x^{\frac{1}{x}}\cdot\frac{1-\ln x}{x^2}$,

令$y'=0$,得驻点$x=\mathrm{e}$.

因为在区间$(0,\mathrm{e})$内,$y'>0$,因为在区间$(\mathrm{e},+\infty)$内,$y'<0$,而函数$y=x^{\frac{1}{x}}$又在区间$(0,+\infty)$内连续,所以$x=\mathrm{e}$时y取最大值$\mathrm{e}^{\frac{1}{\mathrm{e}}}$.

由y在$(\mathrm{e},+\infty)$内的单调性知,$\sqrt[3]{3}>\sqrt[4]{4}>\cdots>\sqrt[n]{n}>\cdots$且已知$\sqrt{2}<\sqrt[3]{3}$,所以$\sqrt[3]{3}$是此数列中最大的一项.

五、证明题

20. 证明 令$F(x)=f(x)-x^2-x$,

因为$f(x)$在闭区间$[0,1]$上连续,在开区间$(0,1)$内可导,且$f(0)=0$,$f(1)=2$,

所以$F(x)$在闭区间$[0,1]$上连续,在开区间$(0,1)$内可导,

$F(0)=f(0)=0$, $F(1)=f(1)-2=2-2=0$,

由罗尔定理得,至少存在一点$\xi\in(0,1)$,使得$F'(\xi)=0$,即$f'(\xi)=2\xi+1$成立.

21. 证明 因为$f(x)=x\mathrm{e}^{-x^2}\int_0^x \mathrm{e}^{t^2}\mathrm{d}t$,

则$f(-x) = -x\mathrm{e}^{-x^2}\int_0^{-x}\mathrm{e}^{t^2}\mathrm{d}t \xlongequal{令t=-u} -x\mathrm{e}^{-x^2}\int_0^{x}\mathrm{e}^{u^2}\mathrm{d}(-u) = x\mathrm{e}^{-x^2}\int_0^{x}\mathrm{e}^{u^2}\mathrm{d}u = f(x)$,所以$f(x)$为$(-\infty,+\infty)$上的偶函数.

附　录

附录一　山东省普通高等教育专升本

高等数学Ⅲ(文史类)考试大纲

Ⅰ.指导思想

高等数学是山东省普通高校专升本招生考试科目之一,考试注重考查学生基础知识、基本技能和思维能力、运算能力、以及分析问题和解决问题的能力.因此,考试应有较高信度、效度、必要的区分度和适当的难度.

本大纲适用于需要参加高等数学考试的文史类各专业考生.

Ⅱ.考试形式和试卷结构

一、答题方式

答题方式为闭卷、笔试形式.

二、试卷满分和考试时间

试卷满分100分,考试时间120分钟.

三、试卷结构

1、选择题:5小题,每小题3分,共15分.

2、填空题:5小题,每小题3分,共15分.

3、解答题:7小题,每小题6分,共42分.

4、综合题:4小题,每小题7分,共28分.

Ⅲ.考核目标及要求

《高等数学》科目考试要求考生掌握必要的基本概念、基本理论、较熟练的运算能力,在识记、理解和应用不同层次上达到普通高校专科生高等数学的基本要求,为进一步学习奠定基础.

一、知识要求

对考试内容的要求,由低到高分为了解、理解、掌握、熟练掌握四个层次,且高一级的层次要求包含低一级的层次要求.

了解:对所列知识内容有初步的认识,会在有关问题中进行识别和直接应用.

理解(会求,会解):对所列知识内容有理性的认识,能够解释、举例或变形、推断,并利用所列知识解决简单问题.

掌握:对所列知识内容有较深刻的理性认识,形成技能,并能利用所列知识解决有关问题.

熟练掌握:系统的把握知识的内在联系,并能运用相关知识分析解决较复杂的或综合性的问题.

考生应按本大纲的要求了解或理解《高等数学》中函数、极限和连续、一元函数微分学、一元函数积分学的基本概念与基本理论,学会掌握或熟练掌握上述各部分的基本方法.

二、能力要求

高等数学考试是对考生思维能力、运算求解能力和应用能力的考查.考生应具有一定的抽象思维能力、逻辑推理能力、运算能力、空间想象能力;有运用基本概念、基本理论和基本方法正确地推理证明,准确的计算能力;能综合运用所学知识分析并解决简单的实际问题.

Ⅳ.考试范围与要求

一、函数、极限与连续

1.函数

(1)理解函数的概念,掌握函数的表示法,会求函数的定义域,会建立应用问题的函数关系.

(2)了解函数的有界性、单调性、周期性和奇偶性.

(3)了解分段函数和反函数的概念,理解复合函数的概念.

(4)掌握函数的四则运算与复合运算法则.

(5)掌握基本初等函数的性质及其图形,了解初等函数的概念.

2.极限

(1)理解数列极限和函数极限(包括左极限与右极限)的概念.

(2)了解极限的性质与极限存在的两个准则(夹逼准则与单调有界准则),掌握极限的四则运算法则,掌握利用两个重要极限求极限的方法.

(3)理解无穷小量的概念和基本性质,掌握无穷小量的比较方法.了解无穷大量的概念及其与无穷小量的关系.

3.连续

(1)理解函数连续性的概念(含左连续与右连续),会判别函数间断点的类型.

(2)掌握连续函数的性质.

(3)掌握闭区间上连续函数的性质(有界性定理,最大值和最小值定理,介值定理).

(4)理解初等函数在其定义区间上连续,并会利用连续性求极限.

二、一元函数微分学

1.导数与微分

(1)理解导数的概念及可导性与连续性之间的关系,了解导数的几何意义,会求平面曲线的切线方程和法线方程.

(2)熟练掌握导数的基本公式、四则运算法则以及复合函数的求导方法.

(3)掌握隐函数的求导法、对数求导法,会求分段函数的导数.

(4)了解高阶导数的概念,会求简单函数的二阶导数.

(5)了解函数微分的概念,了解微分与导数的关系,会求函数的一阶微分.

2.中值定理及导数的应用

(1)理解罗尔定理、拉格朗日中值定理,掌握这两个定理的简单应用.

(2)掌握洛必达法则,会用洛必达法则求$\frac{0}{0}$,$\frac{\infty}{\infty}$型未定式的极限.

(3)掌握函数单调性的判别方法,理解函数极值的概念,掌握函数极值、最大值和最小值的求法及其应用.

三、一元函数积分学

1.不定积分

(1)理解原函数和不定积分的概念,了解原函数存在定理,掌握不定积分性质.

(2)熟练掌握不定积分的基本公式.

(3)掌握不定积分的第一、第二换元法和分部积分法.

2.定积分

(1)理解定积分的概念与几何意义,了解可积的条件.

(2)掌握定积分的基本性质.

(3)理解积分上限函数,会求它的导数,掌握牛顿-莱布尼茨公式.

(4)掌握定积分的换元积分法与分部积分法.

(5)会利用定积分计算平面图形的面积.

附录二　各章常考知识点

第一章　函数极限与连续　常考知识点：

①求定义域　②函数的性质　③求极限　④无穷小

⑤连续的性质　⑥间断点　⑦零点定理

知识点重要性排序：③①④⑤⑥⑦②

第二、三章　一元函数微分学　常考知识点：

①导数(定义式、计算和切线方程)　②微分　③隐函数、参数方程求导，对数求导法

④微分中值定理(罗尔定理和拉格朗日定理)　⑤洛必达法则

⑥曲线的单调、极值、凹凸、拐点和渐近线　⑦函数最值(应用题)

知识点重要性排序：⑥①⑤⑦②③④

第四、五章　一元函数积分学　常考知识点：

①不定积分　②定积分　③变上限积分

④无穷区间的反常积分　⑤求平面图形面积

知识点重要性排序：②③①⑤④

附录三　常用数学公式

一、微积分

(一) 导数公式

常函数的导数	1. $C'=0$	
幂函数的导数	2. $(x^{\mu})'=\mu x^{\mu-1}$ 常用的,$\left(\frac{1}{x}\right)'=-\frac{1}{x^2}$;$(\sqrt{x})'=\frac{1}{2\sqrt{x}}$	
指数函数的导数	3. $(a^x)'=a^x\ln a$	4. $(e^x)'=e^x$
对数函数的导数	5. $(\log_a x)'=\frac{1}{x\ln a}$	6. $(\ln x)'=\frac{1}{x}$
三角函数的导数	7. $(\sin x)'=\cos x$ 9. $(\tan x)'=\sec^2 x$ 11. $(\sec x)'=\sec x\tan x$	8. $(\cos x)'=-\sin x$ 10. $(\cot x)'=-\csc^2 x$ 12. $(\csc x)'=-\csc x\cot x$
反三角函数的导数	13. $(\arcsin x)'=\frac{1}{\sqrt{1-x^2}}$ 15. $(\arctan x)'=\frac{1}{1+x^2}$	14. $(\arccos x)'=-\frac{1}{\sqrt{1-x^2}}$ 16. $(\text{arccot}\, x)'=-\frac{1}{1+x^2}$

(二) 基本积分公式

1. $\int k\,dx=kx+C$(k 为常数)	9. $\int \csc^2 x\,dx=-\cot x+C$
2. $\int x^{\mu}dx=\frac{1}{\mu+1}x^{\mu+1}+C(\mu\neq-1)$	10. $\int \sec x\tan x\,dx=\sec x+C$
3. $\int \frac{1}{x}dx=\ln\|x\|+C$	11. $\int \csc x\cot x\,dx=-\csc x+C$
4. $\int a^x dx=\frac{a^x}{\ln a}+C$	12. $\int \frac{1}{1+x^2}dx=\arctan x+C=-\text{arccot}\, x+C$
5. $\int e^x dx=e^x+C$	13. $\int \frac{1}{\sqrt{1-x^2}}dx=\arcsin x+C=-\arccos x+C$
6. $\int \cos x\,dx=\sin x+C$	14. $\int \tan x\,dx=-\ln\|\cos x\|+C$
7. $\int \sin x\,dx=-\cos x+C$	15. $\int \cot x\,dx=\ln\|\sin x\|+C$
8. $\int \sec^2 x\,dx=\tan x+C$	16. $\int \sec x\,dx=\ln\|\sec x+\tan x\|+C$

二、代　数

(一) 两数和与差的平方、立方及因式分解公式

1. $(a\pm b)^2=a^2\pm 2ab+b^2$.

2. $(a\pm b)^3=a^3\pm 3a^2b+3ab^2\pm b^3$.

3. $a^2-b^2=(a+b)(a-b)$.

4. $a^3\pm b^3=(a\pm b)(a^2\mp ab+b^2)$.

5. $a^n-b^n=(a-b)(a^{n-1}+a^{n-2}b+a^{n-3}b^2+\cdots+ab^{n-2}+b^{n-1})$($n$ 为正整数).

(二) 指数公式

1. $a^n=\underbrace{aa\cdots a}_{n}$.

2. $a^{-n}=\dfrac{1}{a^n}(a\neq 0)$.

3. $a^0=1(a\neq 0)$.

4. $a^m\cdot a^n=a^{m+n}$.

5. $\dfrac{a^m}{a^n}=a^{m-n}$.

6. $a^{\frac{m}{n}}=\sqrt[n]{a^m}=(\sqrt[n]{a})^m$.

其中 a,b 是正实数，m,n 为任意实数.

(三) 对数公式($a>0$, $a\neq 1$)

1. $a^b=N\Leftrightarrow \log_a N=b$.

2. $a^{\log_a N}=N$; $e^{\ln N}=N$.

3. $\log_a 1=0$; $\log_a a=1$.

4. $\log_a(MN)=\log_a M+\log_a N$.

5. $\log_a\dfrac{M}{N}=\log_a M-\log_a N$.

6. $\log_a N^x=x\log_a N$.

7. 换底公式：$\log_a N=\dfrac{\log_b N}{\log_b a}$.

(四) 数列公式

1. 等差数列：通项公式 $a_n=a_1+(n-1)d$.

前 n 项和公式 $S_n=\dfrac{n(a_1+a_n)}{2}=na_1+\dfrac{n(n-1)}{2}d$.

2. 等比数列：通项公式 $a_n=a_1q^{n-1}$.

前 n 项和公式 $s_n=\dfrac{a_1-a_nq}{1-q}=\dfrac{a_1(1-q^n)}{1-q}$.

(五) 阶乘公式

1. $n!=n(n-1)(n-2)\cdots 3\times 2\times 1$(规定：$0!=1$).

2. $(2n)!!=2n(2n-2)(2n-4)\cdots 4\times 2$.

3. $(2n-1)!!=(2n-1)(2n-3)(2n-5)\cdots 3\times 1$.

(六) 分式裂项公式

1. $\dfrac{1}{x(x+1)}=\dfrac{1}{x}-\dfrac{1}{x+1}$.

2. $\dfrac{1}{(x+a)(x+b)}=\dfrac{1}{b-a}\left(\dfrac{1}{x+a}-\dfrac{1}{x+b}\right)$.

三、三　角

(一) 同角三角函数关系式

1. $\tan x=\dfrac{\sin x}{\cos x}$; $\cot x=\dfrac{\cos x}{\sin x}$.

2. 三个倒数关系：$\sec x=\frac{1}{\cos x}$；$\csc x=\frac{1}{\sin x}$；$\cot x=\frac{1}{\tan x}$.

3. 三个平方关系：$\sin^2 x+\cos^2 x=1$；$1+\tan^2 x=\sec^2 x$；$1+\cot^2 x=\csc^2 x$.

(二) 倍角公式

1. $\sin 2\alpha=2\sin\alpha\cos\alpha$.

2. $\cos 2\alpha=\cos^2\alpha-\sin^2\alpha=2\cos^2\alpha-1=1-2\sin^2\alpha$.

3. $\tan 2\alpha=\frac{2\tan\alpha}{1-\tan^2\alpha}$.

(三) 万能公式

1. $\sin^2\alpha=\frac{1-\cos 2\alpha}{2}$.

2. $\cos^2\alpha=\frac{1+\cos 2\alpha}{2}$.

(四) 两角和与差公式

1. $\sin(\alpha\pm\beta)=\sin\alpha\cos\beta\pm\cos\alpha\sin\beta$.

2. $\cos(\alpha\pm\beta)=\cos\alpha\cos\beta\mp\sin\alpha\sin\beta$.

3. $\tan(\alpha\pm\beta)=\frac{\tan\alpha\pm\tan\beta}{1\mp\tan\alpha\tan\beta}$.

四、几　何

(一) 几何公式

1. 圆

(1) 周长 $C=2\pi r$，r 为半径；

(2) 面积 $S=\pi r^2$，r 为半径.

2. 扇形

面积 $S=\frac{1}{2}r^2\alpha$，α 为扇形的圆心角，以弧度为单位，r 为半径.

3. 平行四边形

面积 $S=bh$，b 为底长，h 为高.

4. 梯形

面积 $S=\frac{1}{2}(a+b)h$，a，b 分别为上底与下底的长，h 为高.

5. 圆柱体

(1) 体积 $V=\pi r^2 h$，r 为底面半径，h 为高；

(2) 侧面积 $L=2\pi rh$，r 为底面半径，h 为高.

6. 圆锥体

(1) 体积 $V=\frac{1}{3}\pi r^2 h$，r 为底面半径，h 为高；

(2) 侧面积 $L=\pi rl$，r 为底面半径，h 为高，l 为斜高.

7. 球体

(1) 体积 $V=\frac{4}{3}\pi r^3$，r 为球的半径；

(2) 表面积 $L=4\pi r^2$，r 为球的半径.

(二) 平面解析几何公式

1. 距离与斜率

(1) 两点 $P_1(x_1,y_1)$ 与 $P_2(x_2,y_2)$ 之间的距离：$d=\sqrt{(x_2-x_1)^2+(y_2-y_1)^2}$；

(2) 线段 P_1P_2 的斜率 $k=\frac{y_2-y_1}{x_2-x_1}$.

2. 直线的方程

(1) 点斜式 $y-y_1=k(x-x_1)$；

(2) 斜截式 $y = kx + b$；

(3) 两点式 $\frac{y-y_1}{y_2-y_1} = \frac{x-x_1}{x_2-x_1}$；

(4) 截距式 $\frac{x}{a} + \frac{y}{b} = 1$.

3.圆

方程$(x-a)^2+(y-b)^2=r^2$,圆心为(a,b),半径为r.

4.抛物线

(1) 方程 $y^2 = 2px$,焦点$\left(\frac{p}{2},0\right)$,准线 $x = -\frac{p}{2}$；

(2) 方程 $x^2 = 2py$,焦点$\left(0,\frac{p}{2}\right)$,准线 $y = -\frac{p}{2}$；

(3) 方程 $y = ax^2 + bx + c$,顶点$\left(-\frac{b}{2a},\frac{4ac-b^2}{4a}\right)$,

对称轴方程 $x = -\frac{b}{2a}$.

5.椭圆

方程$\frac{x^2}{a^2}+\frac{y^2}{b^2}=1(a>b)$,焦点在 x 轴上.

6.双曲线

(1) 方程$\frac{x^2}{a^2}-\frac{y^2}{b^2}=1$,焦点在 x 轴上；

(2) 等轴双曲线,方程 $xy = k$.